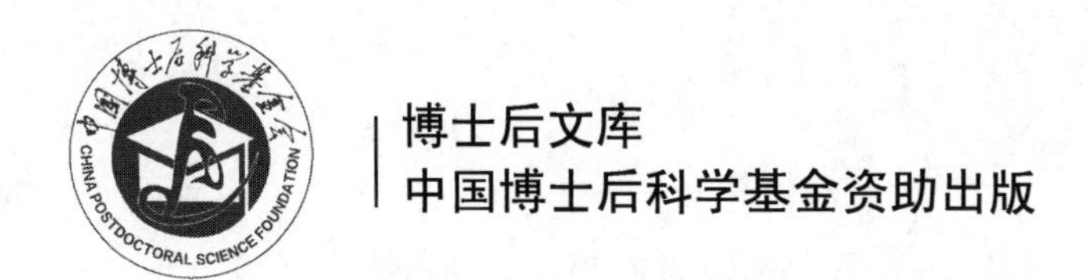

海砂矿冶炼与利用技术

王振阳　著

科 学 出 版 社
北 京

内 容 简 介

海砂矿是一种大储量、易开采、低成本的矿产资源，本书针对海砂矿的矿物特性，对其进行磨矿磁选与预氧化处理，试验分析其烧结和球团工艺及其应用于烧结和球团时的质量。书中对海砂矿应用于气基直接还原与高温熔分工艺和高温熔分后含钛炉渣铝热法制备钛铁合金等方面进行阐述，较为全面地阐述了海砂矿在有价元素提取过程中反应的内在机理及对冶炼工艺和产品质量的影响，并给出了推荐的冶炼优化方案，最后以具体案例形式介绍了海砂矿短流程工业试验的基本情况。在铁、钛资源国际供应紧张的背景下，期望为我国钢铁和钛冶金行业提供新的资源选择与工艺路径。

本书可供从事冶金行业生产与工程的技术人员、管理人员阅读和参考，也可供高等院校相关专业师生参考。

图书在版编目(CIP)数据

海砂矿冶炼与利用技术/ 王振阳著. —北京：科学出版社，2024.1

(博士后文库)

ISBN 978-7-03-072324-6

Ⅰ. ①海…　Ⅱ. ①王…　Ⅲ. ①海底砂矿-熔炼-研究　Ⅳ. ①P744.2

中国版本图书馆CIP数据核字(2022)第086180号

责任编辑：李　雪 / 责任校对：王萌萌
责任印制：苏铁锁 / 封面设计：陈　敬

科 学 出 版 社 出版
北京东黄城根北街 16 号
邮政编码：100717
http://www.sciencep.com

北京凌奇印刷有限责任公司 印刷
科学出版社发行　各地新华书店经销
*
2024 年 1 月第　一　版　开本：720 × 1000　1/16
2024 年 1 月第一次印刷　印张：18 3/4
字数：373 000

POD定价：　128.00元
(如有印装质量问题，我社负责调换)

《博士后文库》编委会名单

《博士后文库》序言

1985 年，在李政道先生的倡议和邓小平同志的亲自关怀下，我国建立了博士后制度，同时设立了博士后科学基金。30 多年来，在党和国家的高度重视下，在社会各方面的关心和支持下，博士后制度为我国培养了一大批青年高层次创新人才。在这一过程中，博士后科学基金发挥了不可替代的独特作用。

博士后科学基金是中国特色博士后制度的重要组成部分，专门用于资助博士后研究人员开展创新探索。博士后科学基金的资助对正处于独立科研生涯起步阶段的博士后研究人员来说，适逢其时，有利于培养他们独立的科研人格、在选题方面的竞争意识及负责的精神，是他们独立从事科研工作的“第一桶金”。尽管博士后科学基金资助金额不大，但对博士后青年创新人才的培养和激励作用不可估量。四两拨千斤，博士后科学基金有效地推动了博士后研究人员迅速成长为高水平的研究人才，“小基金发挥了大作用”。

在博士后科学基金的资助下，博士后研究人员的优秀学术成果不断涌现。2013 年，为提高博士后科学基金的资助效益，中国博士后科学基金会联合科学出版社开展了博士后优秀学术专著出版资助工作，通过专家评审遴选出优秀的博士后学术著作，收入《博士后文库》，由博士后科学基金资助、科学出版社出版。我们希望，借此打造专属于博士后学术创新的旗舰图书品牌，激励博士后研究人员潜心科研，扎实治学，提升博士后优秀学术成果的社会影响力。

2015 年，国务院办公厅印发了《关于改革完善博士后制度的意见》（国办发〔2015〕87 号），将“实施自然科学、人文社会科学优秀博士后论著出版支持计划”作为“十三五”期间博士后工作的重要内容和提升博士后研究人员培养质量的重要手段，这更加凸显了出版资助工作的意义。我相信，我们提供的这个出版资助平台将对博士后研究人员激发创新智慧、凝聚创新力量发挥独特的作用，促使博士后研究人员的创新成果更好地服务于创新驱动发展战略和创新型国家的建设。

祝愿广大博士后研究人员在博士后科学基金的资助下早日成长为栋梁之才，为实现中华民族伟大复兴的中国梦做出更大的贡献。

中国博士后科学基金会理事长

前　言

2020 年我国铁矿与钛矿的进口量分别为 11.7 亿 t 和 301.4 万 t，占当年我国铁矿与钛矿总消费量的 82.3%和 35.6%，凸显了铁、钛矿石资源较高的对外依存度。在此背景下，国际经贸环境又趋向恶化，国际大宗物料价格异常虚高，国外矿山资源寡头借机捂矿惜售。因此，极有必要探索和拓宽其他种类矿石资源的冶炼工艺路径和资源提取技术。

海砂矿是一种滨海砂矿，其铁、钛元素的含量较高，且储量较大，易于开采，成本较低，来源广泛，因而具备较高的潜在利用价值。目前我国对含铁、含钛岩矿类型的钒钛磁铁矿研究较多，而砂矿类型海砂矿的相关研究则较少见诸报道。鉴于此，作者多年来针对海砂矿的冶炼和利用技术开展了系统的研究工作并按照不同工序分章节整理成稿，期望为该种矿石资源在我国钢铁和钛冶金领域的应用提供技术储备和工艺参考，进而可以对部分外购铁钛矿石资源产生取代作用，确保铁、钛资源外矿占比维持在合理范围。

本书主要探索海砂矿应用于我国现有钢铁冶金炼铁长流程或非高炉炼铁短流程的技术路径与合适的工艺参数及海砂矿的冶炼与利用技术。基于此，本书首先对 18 世纪以来海砂矿的研究历程进行了回顾总结，并对若干关键问题的研究现状进行阐述，详见第 2 章。第 3 章对海砂矿矿物的基础特性进行分析研究，从而为后续冶炼工艺提供基础的数据支撑。从力学角度，建立海砂矿颗粒直径与磁选受力和回收之间的对应关系，明确预氧化处理可以改善海砂矿后续还原动力学条件的机理，分别见第 4 章和第 7 章。第 5 章和第 6 章揭示了配加海砂矿后对烧结与球团工序的影响机理，并优化了操作参数，以确保造块产品的质量。此外，对海砂矿还开展了将其应用于非高炉炼铁工序的研究工作，通过气基直接还原和预还原海砂矿高温熔化深还原获取了合格铁水和含钛炉渣，并以该部分含钛炉渣为原料，通过铝热还原法制取了钛铁合金，详见第 8～10 章，进一步地，第 11 章给出了海砂矿应用于短流程的工业试验案例。此外，第 1 章对全书各章节所涉及的内容进行了简述，第 12 章对全书各章节结论进行了总结归纳，以方便读者对本书主要内容和框架的快速熟知与整体把控。

感谢作者所在团队——北京科技大学炼铁新技术科研团队及成员的支持，感谢中国博士后科学基金(BX20200045、2021M690370)、国家自然科学基金(51904026)对本书所述研究工作的资助及对本书出版的支持。

由于作者水平有限，书中不足之处恳请广大读者批评指正。

王振阳

2022年7月

目　录

《博士后文库》序言

前言

第 1 章　绪论……1

第 2 章　海砂矿的研究历程与关键方向的研究现状……5

2.1　19 世纪海砂矿的研究历程……5

2.2　20 世纪海砂矿的研究历程……6

2.3　海砂矿矿相结构的研究现状……10

2.4　海砂矿磁选的研究现状……12

2.5　海砂矿预氧化的研究现状……15

2.6　海砂矿气基还原的研究现状……17

2.6.1　一氧化碳还原海砂矿的研究现状……17

2.6.2　氢气还原海砂矿的研究现状……20

2.7　海砂矿电炉深还原与熔分的研究现状……23

2.8　含钛炉渣利用的研究现状……28

2.9　钛铁合金冶炼的研究现状……33

2.9.1　钛铁合金的性能与用途……33

2.9.2　钛铁合金的制备工艺……34

2.9.3　铝热法冶炼钛铁合金……39

2.10　国内外钛资源分布及钛工业发展的概况……41

2.10.1　世界钛资源的分布及钛工业的发展……41

2.10.2　中国钛资源的分布及钛工业的发展……44

第 3 章　海砂矿矿物特性……46

3.1　海砂矿常温特性……46

3.1.1　化学成分……46

3.1.2　物相组成……47

3.1.3　粒度分布……48

3.1.4　微观形貌与结构分析……49

3.2　海砂矿高温特性研究……51

3.3　小结……55

第 4 章　海砂矿磨矿磁选……56
4.1　海砂矿细磨磁选的研究方法……56
4.2　海砂矿球磨解离的微观分析……56
4.3　海砂矿磁选工艺参数优化的研究……58
4.4　海砂矿磁选受力机理分析的研究……59
4.5　小结……60
第 5 章　海砂矿的烧结造块工艺……62
5.1　烧结用海砂矿的基础特性……62
5.2　海砂矿烧结实验方法……65
5.3　海砂矿烧结实验方案……70
5.4　含海砂矿成品烧结矿的常温特性……74
5.4.1　含海砂矿成品烧结矿的化学成分……74
5.4.2　含海砂矿成品烧结矿的微观结构……80
5.4.3　含海砂矿成品烧结矿的粒度组成……86
5.4.4　含海砂矿成品烧结矿的转鼓强度……91
5.5　含海砂矿成品烧结矿的高温冶金特性……94
5.5.1　含海砂矿成品烧结矿的低温还原粉化性能……94
5.5.2　含海砂矿成品烧结矿的还原性能……99
5.5.3　含海砂矿烧结矿的软化熔融滴落性能……106
5.6　配加海砂矿对烧结工艺参数的影响……120
5.7　配加海砂矿烧结工业试验……132
5.8　小结……134
第 6 章　海砂矿球团造块工艺……137
6.1　海砂矿造球原料的特性……137
6.2　海砂矿生球制备与生球质量……141
6.3　海砂矿成品球的制备与质量……144
6.4　海砂球团矿的高温冶金性能……146
6.4.1　海砂球团矿的低温还原粉化性能……146
6.4.2　海砂球团矿的还原性能……148
6.4.3　海砂球团矿还原膨胀性能的研究……150
6.5　海砂矿生产球团矿的工业试验……151
6.5.1　某钢企配加印尼海砂矿造球工业试验的原料条件……151
6.5.2　某钢企配加印尼海砂矿造球工业试验的结果……152
6.5.3　某钢企配加新西兰海砂矿造球工业试验原料条件……155
6.5.4　某钢企配加新西兰海砂矿造球工业试验结果……156

6.6 小结……157
第 7 章 海砂矿的预氧化处理……159
7.1 海砂矿预氧化的处理方法……159
7.2 海砂矿预氧化过程的物相转变……160
7.3 海砂矿预氧化过程的晶胞参数变化……162
7.4 海砂矿预氧化过程的元素迁移与富集……165
7.5 小结……166
第 8 章 海砂矿直接还原工艺……168
8.1 海砂矿气基还原工艺参数影响……168
8.1.1 海砂矿气基还原温度的影响……169
8.1.2 海砂矿气基还原气浓度的影响……173
8.1.3 温度与还原气浓度的影响机理……177
8.2 海砂矿气基还原过程的物相转变……180
8.3 海砂矿气基还原过程的微观形貌……183
8.3.1 海砂矿非均质颗粒的微观形貌……184
8.3.2 海砂矿均质颗粒的微观形貌……186
8.4 海砂原矿与预氧化海砂矿气基还原比对……188
8.5 预氧化促进海砂矿还原的动力学解析……191
8.5.1 氢气分压影响因子与反应级数拟合……191
8.5.2 转化率影响因子与表观反应速率常数……192
8.5.3 表观活化能与转化率的模型预测……196
8.5.4 等转化率法对表观活化能的再验证……199
8.6 海砂原矿与预氧化海砂矿还原过程的微观形貌比对……202
8.6.1 海砂原矿与预氧化海砂矿还原初期的微观形貌……202
8.6.2 海砂原矿与预氧化海砂矿还原中期的微观形貌……204
8.6.3 海砂原矿与预氧化海砂矿还原后期的微观形貌……206
8.6.4 TTH 层状物相在整个还原过程中的形貌变化……210
8.6.5 海砂原矿与预氧化海砂矿孔隙特性对比研究……212
8.7 小结……215
第 9 章 预还原海砂矿高温熔分……218
9.1 海砂矿预还原度对熔分炉渣物化性能的影响……218
9.1.1 预还原度对熔分炉渣成分的影响……218
9.1.2 熔分炉渣在不同预还原度下的熔化特性……220
9.1.3 熔分炉渣在不同预还原度下的黏度特性……224
9.1.4 熔分炉渣在不同预还原度下的结构特性……226

9.2 预还原海砂矿的高温熔分实验研究……231
9.3 小结……233
第 10 章 高温熔分含钛炉渣铝热还原制备钛铁合金……234
10.1 铝热还原法制备钛铁合金的实验方案……234
10.2 TiO_2-Fe_2O_3-CaO 三元系炉渣制备钛铁合金……235
10.3 预还原海砂矿熔分高钛渣制备钛铁合金的预实验……244
10.4 钛渣铝热还原制备钛铁合金原料配比影响机理……249
10.4.1 还原剂配加量的影响机理……249
10.4.2 发热剂配加量的影响机理……251
10.4.3 助熔剂配加量的影响机理……252
10.5 预还原海砂矿熔分高钛渣铝热法制备钛铁合金……254
10.6 小结……267
第 11 章 海砂矿短流程工业试验与应用案例……268
11.1 新西兰法冶炼海砂矿工业的应用案例……268
11.2 攀钢回转窑-电炉法冶炼钛精矿工业试验案例……270
第 12 章 结语……271
参考文献……274
编后记……286

第1章 绪　　论

2013 年铁矿石的平均采购价为 134 美元，较 2000 年 26.6 美元相比上涨了约 503%。2014 年，铁矿石市场风雨突变，价格暴跌 25%，全年平均价格为 100.42 美元，12 月份更是降至 75.61 美元，而不变的则是继续攀升的进口铁矿石总量与其对外依存度，全年进口铁矿石为 9.33 亿 t，增长了 13.9%，其中进口澳大利亚 5.56 亿 t，巴西 1.76 亿 t，铁矿石对外依存度达到 78.5%。而 2015 年中国铁矿石进口量增长 7.1%，至 10 亿 t，矿石的对外依存度为 80%，平均价格为 61 美元，2016 年和 2017 年的对外依存度更是上升至 89%和 88.7%。随后，2018 至 2022 年铁矿石对外依存度分别为：77.9%，80.4%，82.3%，76.2%，87.3%。由此可见，近 10 年内，我国铁矿石对外依存度均在 75%～90%波动。在进口铁矿中，来自世界铁矿石三大巨头(澳大利亚必和必拓、力拓矿业及巴西淡水河谷)的量占到 85%以上。

随着国际大型矿山公司对矿石市场价格的控制，造成了矿价在近几年的大幅度波动，如图 1-1 所示，这使得很多国内外中小型矿山濒临破产或已经破产，国际大型矿山公司逐步形成铁矿石寡头，国际矿价的上升在所难免。由于缺乏定价权，国际铁矿石价格的大幅波动必然会对我国钢铁企业带来较大冲击，而铁矿石价格虚高也必然会转嫁到国内消费者身上，推高物价水平。更严重的是，由于我国铁矿石贸易的对外依存度过高、进口来源也过于集中，因此有必要拓宽铁矿石资源来源，储备其他类型铁矿石的应用技术。

图 1-1　巴西淡水河谷铁矿石的价格走势

TFe：全铁

在此背景下，为拓宽我国铁、钛矿石资源的来源，避免在国际矿石价格异常虚高时受制于人，本书以一种大储量、易开采、低成本的滨海砂矿——海砂矿为研究对象，期望可通过对矿物特性的研究、磁选、预氧化处理、烧结球团造块与冶金性能研究、气基直接还原及高温熔分等方法，高效提取海砂矿中的铁、钛资源，并最终形成以铁水、高钛渣及钛铁合金为回收形式的钛、铁终端产品，实现低成本利用海砂矿中铁、钛资源的目标，拓宽铁、钛资源的来源渠道，并提供相关的应用技术储备。

在作者检索范围内，国外从 1806 年 Mitchel[1]发现并记录了一种形状以小圆球状颗粒为主，表面略带金属光泽，坚硬且不透明的铁矿(作者推测为海砂矿)开始，直至近期 Jung[2]在 *Metallurgical and Materials Transactions B* 发表的关于 $CaO/CaCO_3$ 对海砂矿碳热还原的影响，200 多年一直未停止对海砂矿的研究与报道，包括矿物开采与选矿、矿物自身的特性、矿物的应用等方面。

我国在 20 世纪 80 年代曾对攀枝花钒钛磁铁矿做了大量的研究工作，并取得了丰富的研究成果，最终实现了高炉稳定顺行地冶炼钒钛磁铁矿，炉渣中 $w(TiO_2)$ 最高曾达到 26%，成绩喜人。由于资源分布与勘探等客观原因，我国对海砂矿的研究起步较晚。2010 年重庆大学沈维华[3]研究了以海砂矿为含铁原料制备含碳球团，并应用于直接还原的工艺流程，给出了推荐的工艺参数。2014 年东北大学张鹏[4]与 2015 年北京科技大学李永麟[5]对海砂矿应用于气基还原工艺做了系统的基础研究，得到了大量翔实的工艺参数数据。但即便如此，由于我国对海砂矿的研究起步晚，与国外相比，从研究深度与广度来看，还有一定距离，且可参考的海砂矿的相关资料并不多，因此急需开展系统性海砂矿冶炼与应用的科学研究工作，从而补充并充实海砂矿的矿物特性、冶金性能、利用途径等技术资料，填补相关领域的空白。

本书第 2 章首先按照时间顺序回顾了 19～20 世纪海砂矿从发现、勘探、采掘直到应用的研究历程，并从多个角度归纳总结了 21 世纪后国内外海砂矿的研究现状。而后，为充分掌握所研究海砂矿的基础特性，并为后续章节提供数据支持，本书第 3 章对海砂矿矿物的基础特性进行了研究，该章节从常温特性和高温特性两个方面对海砂矿的成分、粒度、物相、微观形貌及高温热解特性进行了分析，包括结合成分和粒度，从工业生产角度分析了该种海砂矿应用于生产的可行性；给出了海砂矿中不同物相的晶体结构、形成机理及其相互转化关系；明确了海砂矿在热解过程中的五个亚反应及其发生条件。

相比于赤铁矿与磁铁矿等普通铁矿，海砂矿的冶炼难度增加，这主要表现在有价元素品位较低和还原动力学条件较差两方面，故而本书中的相关研究对海砂矿进行了预处理。

(1)通过磁选进一步提高钛、铁品位。

(2)通过预氧化处理改善后续的还原动力学条件。

在本书第 4 章的海砂矿磁选研究中，以综合考量精矿品位和回收率为准则，对磨矿时间、矿物粒度、磁选强度等参数进行了优化。此外，还对磨矿过程中海砂矿的微观解离行为和磁选过程中矿物颗粒的受力进行了分析，从微观和力学角度进一步明确了适宜的磨矿时间和磁选参数。

预氧化处理已被相关学者证实可以提高海砂矿的还原性，但其作用机理尚不明确，本书第 7 章利用晶胞精修、氮气吸附、扫描电镜等多种研究手段，分析了预氧化对海砂矿所产生的影响，提出两种主要作用机理。

(1)钛元素与铁、氧元素在预氧化过程中的部分分离降低了后续还原过程中钛对氧、铁元素迁移的阻碍作用。

(2)氧化过程中主要物相的晶格尺寸收缩，导致了孔隙率增加和微裂纹生成，造成还原初期的形核长大控速环节及还原后期的气体扩散控速环节消失，从而改善了海砂矿的还原性。

本书对海砂矿应用于我国炼铁长流程和气基预还原——电炉熔分短流程均分别进行了研究分析，探讨了配加海砂矿对各工艺的内在影响机理与合适的工艺参数范围。本书第 5 章和第 6 章通过向烧结与球团工序中配加海砂矿，研究其对铁前造块工序的影响及海砂矿各组元在烧结与球团中的赋存形式与富存相，对含海砂烧结矿、含海砂球团矿的物理性能与冶金性能进行了研究，探索了其对高炉冶炼的影响，探究了最佳海砂矿配比。本书第 8 章研究了海砂矿气基直接还原，明确了较适宜的温度和氢气浓度等工艺参数，分析了不同反应时刻的物相组成，明确了还原过程中的物相相互转化及三种主要固溶体系在还原过程中的固溶度变化。此外，通过扫描电镜的微观分析，给出了海砂矿两种主要物相钛磁铁矿(titano-magnetite, HTM)和钛赤铁矿(titano-hematite, TTH)在还原初期、中期和末期的微观形貌和形成机理，并对其微观形貌的变化规律进行了分类，从中提出了暗纹结构、未完全反应核结构、块状富集结构和网状富集结构等。在还原之前对海砂矿进行预氧化处理可以显著提高海砂矿的还原性。第 8 章还对海砂原矿和预氧化海砂矿的还原曲线进行了比对，从反应动力学的角度，利用模型拟合法和等转化率法获得了海砂原矿和预氧化海砂矿氢气还原的动力学参数，并进行比对。进一步地，得到海砂原矿和预氧化海砂矿氢气还原在不同阶段的动力学控速环节及产生机理，从而揭示了预氧化对海砂矿还原的促进作用。

海砂矿预还原度是气基还原过程中的可控工艺参数直接影响到预还原海砂矿的成分，由于预还原海砂矿在随后的高温熔分阶段可实现渣铁分离，因此预还原度同样决定了熔分初渣的成分，进而对高温熔分冶炼过程产生影响。本书第 9 章选取 70%～100%预还原度为研究范围，通过比较熔分炉渣的熔化特性、黏度特性及结构特征，选取适宜的海砂矿预还原度，优化了气基预还原和高温熔分两个流程之间的联结参数。以该优化参数对预还原后的海砂矿进行熔分实验，预还原海砂矿可以实现渣铁分离，并可获得成分合格的铁水及高钛渣。

本书第 10 章以化学纯 TiO_2 为实验原料的预实验证实了利用铝热还原(ATR)反应制备钛铁合金的可行性，并得到了钛、铁元素在该过程中的还原率。以此为基础，利用预还原海砂矿熔分后产生的高钛渣，通过加入还原剂金属铝和发热剂 Fe_3O_2，利用铝热还原反应得到了符合国标牌号的钛铁合金，从而实现了从海砂矿中以铁水形式回收铁资源，以高钛渣和钛铁合金形式回收钛资源的目的。

本书第 11 章介绍了国外新西兰钢铁公司采用回转窑预还原与电炉熔分方法冶炼海砂矿的实际工业生产的工艺路线，并对国内攀钢采用回转窑预还原与电炉熔分冶炼钛精矿的工业试验进行了回顾。

本书第 12 章对全书各章节的主要结论进行了总结归纳。

第 2 章　海砂矿的研究历程与关键方向的研究现状

2.1　19 世纪海砂矿的研究历程

19 世纪对海砂矿的研究主要停留在对矿物本身的初步认知，包括矿物的颜色、密度、硬度、形貌、磁性质等物理特性，不同地域海砂矿矿床的地理位置与特点以及对海砂矿化学成分与含量的粗略分析等方面。也正是由于该时期对海砂矿的正确认知与大范围海砂矿矿床的探明，为海砂矿在 20 世纪的理论研究与实际应用奠定了夯实基础。

可检索到有关海砂矿的最早文献来自于 1806 年，Mitchel[1]提到了一种金属伴生矿，他认为这种矿石是由金红石、铁金红石和钛铁砂构成，其中铁砂矿的颜色主要为黑色和黑褐色，形状以小的圆球状颗粒为主，表面略带金属光泽，坚硬且不透明，密度约为 4500kg/m^3。Mitchel 同时还给出了这种矿石的分布情况，其主要分布于匈牙利的罗瑟诺、奥地利的萨尔斯堡、西班牙的布尔格斯及西伯利亚等地。通过 Mitchel 的描述可以判断，该种铁砂矿与本书所研究海砂矿的特征较为一致。该篇文献也是作者所检索到的最早研究海砂矿的资料。由于 Mitchel 研究时期检测条件的限制，因此对铁砂矿的描述主要集中于宏观特性，对其基础的物理化学特性及地质分布并未给出较深入的研究。

1810 年，Thomson[6]在其发表的论文中描述了位于英国阿伯丁郡多尔河中的一种矿物，该种矿物在多尔河多处河床上均有分布，当地居民用它来打磨书写用纸，并称为 ironsand，这也是用英文单词 ironsand 表述海砂矿的最早文献记载。根据 Thomson 的描述，这种黑色的矿物颗粒夹杂着一些白色、微红或褐色的石英、长石和云母颗粒。当磁铁靠近时，可以吸引矿粒，从而可较轻松地实现了对有用矿物与脉石的分离。另外，也可通过将矿物放入倾斜盘子并浸入水中的方式，实现脉石与有用矿物的分离。该种矿物只有较少的棱角，表面粗糙，略有金属光泽，不透光，磨成粉后变为棕黑色，粉末可被磁铁强烈吸附，密度约为 4765kg/m^3。此外，在作者的检索范围内，Thomson 在该文首次利用酸碱滴定手段研究了海砂矿中的物相组成及含量，即首先利用盐酸进行溶解处理，随后通过沉淀、过滤、蒸发、冷凝等湿法手段，对海砂矿中的元素种类及含量进行了研究，结果见表 2-1。

在此后的 1810～1866 年，Thomson[7]、Weaver[8, 9]、Smith[10]和 Forbes[11]等对

海砂矿的磁性质、地质分布等进行了研究，并对各地海砂矿的化学成分及含量进行了粗略的定量分析，与之前学者的工作内容较为相似。

表 2-1 英国多尔河海砂矿的化学成分(质量分数) 单位：%

黑色铁氧化物	白色钛氧化物	砷化物	硅和铝	总计
98.70	12.65	1	1.5	113.85

直至 1875 年，Davidson[12]在研究英国北部贝里克郡的海砂矿时，首次在海砂矿中细致区分了 Fe_2O_3、FeO、TiO_2 及 MgO 这四种氧化物，并通过湿法分析的方式研究了上述氧化物的化学含量，结果见表 2-2。

表 2-2 英国北部贝里克郡海砂矿化学成分(质量分数) 单位：%

Fe_2O_3	FeO	TiO_2	MgO
75.6	17.6	6.2	0.2

1878 年，Wright[13]通过增重的研究方式，首次对海砂矿的还原特性进行了探索，总结出一系列开创性的结论，包括 FeO 相较 Fe_2O_3 及 Fe_3O_4 而言更难还原，是稳定的铁氧化物，并发现了 FeO 中 Fe 与 O 的质量比并非是按原子个数 1:1 时的质量比，Fe 的质量与理论值相比偏低，实际上此时已发现了浮氏体的晶格缺陷现象，但 Wright 解释为氧化作用使其他价态的氧化物生成，从而导致铁元素质量偏低，Wright 把当时实验所获得的产物推测为 $Fe_{16}O_{17}=14FeO\cdot Fe_2O_3=13FeO\cdot Fe_3O_4$。

Wright 同样也对一种新西兰海砂矿的选矿和还原进行了研究，他指出海砂矿在磨细的条件下，可以较轻松地分离脉石与铁氧化物。在水银沸腾的温度下，无论是 CO 还是 H_2，都不能使其质量发生改变。但是在硫黄沸腾的温度下，CO 与 H_2 可以使海砂矿的质量减少，即海砂矿比其他普通铁矿还原所需的条件更为苛刻。在还原过程中，H_2 比 CO 的还原速度更快，作者将其归因于 H_2 的原子质量与扩散能力，并且推测出 H_2 还原海砂矿的开始温度应低于 CO。Wright 试图研究还原反应的开始温度，但受限于控温手段，只给出了温度范围。在该篇论文中，虽然控制温度和控制还原气体成分的手段有限，但是作者已经开始试图研究温度、还原气成分、时间等还原反应参数对还原产物的影响。

2.2 20 世纪海砂矿的研究历程

20 世纪对海砂矿的研究可以用“理论研究与实际应用齐头并进”加以概括。一方面，随着偏光矿相显微镜、X 射线衍射、电子探针等检测技术的发展，海砂矿的微观结构、组织成分等可以清楚地加以表征；另一方面，由于采矿技术的发展，海砂矿矿床的探矿与开采由陆地逐步转向近海区域，与此同时在新西兰、南非、日本、挪威等地，利用海砂矿的炼铁工艺流程与研究结果也相继成熟。因此，至 20 世纪末，对海砂矿的研究逐步转向优化海砂矿冶炼工艺流程与参数，综合利用海砂矿中铁、钛资源的方向。

20 世纪初，Monckton[14]、Jukes-Browne[15]、Cope[16]、Mackenzie[17]和 Heskett[18]等从矿物学与地质勘探的角度，详细研究了海砂矿的矿床分布，并注意到了海砂矿中铁元素的应用价值。

1923 年，Scott[19, 20]与 Thorpe[21]两人利用热酸溶解、过滤、沉淀等湿法手段处理了新西兰海砂矿后，发现总会有一种白色氧化物沉淀出现，他们判断这是一种新的元素氧化物，并通过当时世界上为数不多的 X 射线衍射证实了 72 号元素——铪的存在，并在《自然》杂志上发表了相关研究成果。此时，对海砂矿的研究进入了微量元素阶段。

1924 年，Bishop[22]与 Inouye[23]发表的论文表明，日本此时已经可以将海砂矿作为炼铁原料，与其他铁矿，如磁铁矿、赤铁矿、褐铁矿、钛铁矿等含铁矿物一起，用于熔炼生铁，即海砂矿进入了工业应用阶段。

1937 年，Wylie[24]对新西兰北部群岛沿海区域海砂矿的成矿及风化演变进行了研究，结果表明新西兰海砂主要来源于火山岩，是火山喷发后经空气或海水冷却，而后受到空气与海水的侵蚀，形成了新西兰北部群岛沿海区域大储量、多矿点的海砂矿矿床，其主要物相为钛磁铁矿和钛铁矿。同年，Gibbs[25]注意到了海砂矿中的钒资源，并且对钒元素的含量进行了化学检测。

1938～1949 年，海砂矿的研究多集中在地质勘探领域，并伴随矿床勘探、海砂矿的矿物学分析、选矿以提高有用元素的品位、海砂矿中钒钛资源的应用等方面。其中，Kirkaldy[26]研究了 Haslemere 镇和 Midhurst 镇海砂矿的地质分布；Hull[27]对 Taranaki 岛的海砂矿进行了矿物学分析；Hutton[28-30]对 Patea、Fitzroy 和 Taranaki 三地海砂矿中的钒钛资源进行了分析；Sudo[31]从地质学与矿物学的角度，对日本第三纪海砂矿床进行了调查分析；Modriniak[32]对新西兰 Whakatane 地区的海砂矿进行了地球物理学相关方面的研究；Mason[33]与 Ongley[34]对新西兰海砂矿中铁、钒、钛资源的利用提出了相关途径；Fleming[35]与 Finch[36]对 Wanganui 及 Beck[37]对 Waitara 的海砂矿地质学进行了详细调研。由于海砂矿的品位较低且具有磁性，日本学者[38]于 1950 年研究了日本青森县海岸海砂矿磁选前后的品位与回收率，原矿品位为 TFe：19.69%；TiO_2：4.49%；细磨至 100～150 目后磁选，得到的精矿品位为 TFe：52.24%～64.80%；TiO_2：40.44%；铁的回收率为 77.7%～84.7%，钛的回收率为 46.2%，该种精矿已具备工业利用价值。

1955 年，Martin[39]介绍了新西兰海砂矿的成因、成分及储备情况，总结了过去海砂矿应用于工业生产失败的原因与经验，认为综合利用海砂矿中的铁、钛、钒资源对新西兰的工业既是挑战，也是机遇。由此可知，对海砂矿的研究已不再局限于铁元素上，而是扩展至综合利用方向。

1958 年，Nicholson[40, 41]估计新西兰北部莫考河约有 6 亿 t 铁品位在 58%以上的海砂矿。此外，在新西兰南部的卡拉米亚和杰克逊海湾有超过 9000 万 t TiO_2 品位在 44%～45%的钛铁矿资源。这体现了新西兰丰富的海砂矿资源。

进入 20 世纪 60 年代，对海砂矿的研究同样集中于采矿、选矿及富集和利用方面。McDougall [42]测量了新西兰北部西海岸沿海地区 5～50 英寻①深度的海砂矿浓度，发现海砂矿的最大浓度（30%）出现在浅海海滨，而 50 英寻处为海砂矿矿物分布的界限，此处的海砂矿浓度已经非常低。海砂矿的浓度分布与海砂矿形成后的海浪特性有关。图 2-1 为当时海砂矿海底开采的场景和实验室研究。1962 年，Hirst[43]与 Maung[44]介绍了位于 Singatoka 和 Raglan 地区海砂矿的富集与选矿工作。而 RossI[45]则重点对 Taranaki 地区海砂矿的表面磁导率进行了初步的实验探索。

图 2-1　海砂矿海底开采及研究

1964～1968 年，Wright 连续发表了四篇重要论文，利用偏光矿相显微镜、电子探针、热磁曲线及 X 射线衍射技术，系统阐述了海砂矿的微观组织结构、热磁特性及海砂矿的铁钛化合物组织演变等内容。1964 年，Wright[46]研究了海砂矿中均质与非均质的矿相结构及在不同钛-铁固溶比例条件下的氧化物种类，并通过三元相图的方式，将海砂矿形成后的氧化路径进行了表征，如图 2-2 所示。另外，他也提出了铝尖晶石在氧化过程中的溶出与重溶过程。最后，他通过从火山岩中分离的钛磁铁矿与海砂矿的比对，验证了海砂矿来自于火山岩，它是经过海水与大气冲刷与氧化而形成的。

① 1 英寻=1.8288m。

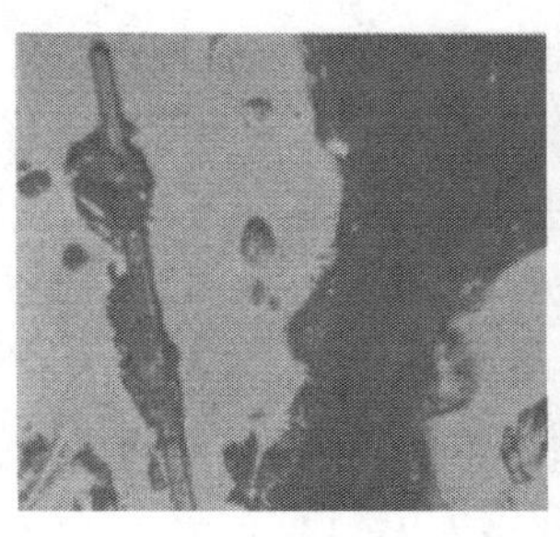
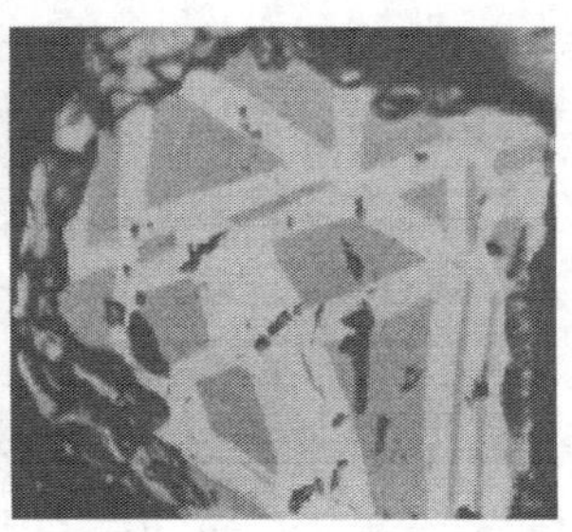
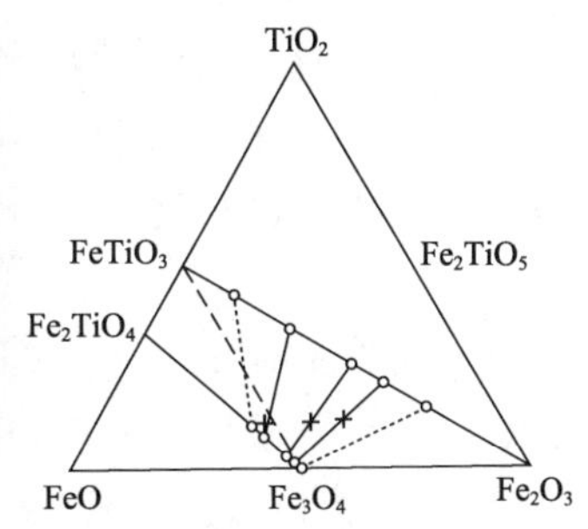

图 2-2　海砂矿均质与非均质结构及其氧化过程中的三元成分示意图

1965 年，Wright[47]利用电子探针技术，对新西兰海砂矿各元素(Fe、Ti、Mg、Al、Mn)的含量进行了精确分析，提出在均质部分不同部位各元素的含量变化不大，平均含有 61%的铁元素和 8%的钛元素，钙主要存在于磷灰石与硅酸盐中，并不会出现在钛磁铁矿结构中；非均质条纹则是均质部分阶段性氧化的结果。1967 年，Wright[48]将海砂矿在空气中加热，均质的钛磁铁矿颗粒氧化为均质的钛赤铁矿颗粒，非均质的钛磁铁矿仍然保持非均质，在最终的产物中，钛只存在于钛赤铁矿相中。此外，铁板钛矿只是暂时性地存在于自然海砂矿及海砂矿氧化过程中，原因在于海砂矿中的 TiO_2 含量较低。1968 年，Wright[49]发现，在海砂矿形成的早期阶段，钛会快速富集于菱方层状结构中，而此时该区域的铁含量较低。随着氧化过程的进行，在矿粒中镁、铝、锰含量较低的条件下，在几乎不存在钛元素的均质立方相中开始富集镁、铝、锰等元素，而在菱方晶相中的铁钛比开始增加，最终结果是形成了均质的钛赤铁矿结构；而在矿粒中镁、铝、锰含量较高的条件下，镁铝锰尖晶石最终会溶解于钛赤铁矿中。海砂矿中均质颗粒与非均质颗粒中的均质部位在成分上基本一致。而随着 Gow[50]研究工作结果的发表，更加肯定了由火山岩形成的海砂矿是海砂矿矿床的主要构成部分。

时间进入 20 世纪 70 年代，对海砂矿的研究从单纯的地质勘探、矿场、选矿及矿物结构转向工业实际应用方向的研究。

1971 年，Jessop [51]发表的论文表明，将海砂矿作为含铁矿物应用于钢铁冶炼越来越受到关注。1976 年，Pajalich [52]对印度尼西亚海砂矿资源的研究结果表明，除南非与新西兰外，印度尼西亚的海砂矿储量也非常巨大。1974 年，Mcadam[53, 54]粗略地研究了海砂矿处于还原气条件下的物相结构变化。同年，McConnell[55]的论文表明新西兰钢铁有限公司正在开采两座钛铁海砂资源矿床，一座在新西兰北部半岛的西海岸，即怀卡托北矿区，其开采的矿物用于新西兰直接还原和电炉炼钢流程，而在特哈若矿区，钛铁矿经离岸的悬浊液处理点粗选后，直接出口日本。在该时期，海砂矿有两种利用途径，一种是在澳大利亚格兰布鲁克，海砂矿作为含铁原料，通过直接还原和电炉熔分流程制得钢水用于钢坯的生产；另一种在日本，海砂矿作为一种烧结原料，应用于高炉生产操作。这表明，在该时期海砂矿已经应用于炼铁长流程和短流程工序当中。

1975 年，Christie[56]、Foley-Fisher[57]与 Ingram[58]等针对新西兰海砂矿研究了其粒度分布、沉积岩相、矿物学与选矿及钢铁工业应用等相关内容。

1979～1981 年，Watson[59-61]与 Low[62]详细介绍了位于新西兰西北部新开发矿床 Waipipi 海砂矿的基本情况，Carter[63]则对新西兰西部沿海大陆架海砂矿的分布及浓度进行了总结与综述，Falconer[64]描述了如何利用海砂矿磁性进行海砂矿的工业开采，可以看出该阶段的研究结果较侧重于海砂矿的应用价值。

1982～1983 年，Watson[65, 66]又连续发表了有关海砂矿重选粗选与磁选精选的研究，这为海砂矿应用于实际工业生产创造了更为有利的条件。Smith[67]对海砂矿应用于炼铁流程进行了评估，认为将海砂矿应用于高炉流程或非高炉流程是完全可行的。

1985 年，Hukkanen[68]在论文中认为，钛磁铁矿可以作为一种复合原材料，用于钢铁、钒与钛的生产。经过适当的磨矿后，钛磁铁矿可以通过弱磁选来提升其品位，而后通过分级还原用以生产铁、钒、钛产品。事实上，铁与钒的还原已经在南非的海威尔德铁钒公司得以实现，生产出钢材与钒渣，钒渣再通过焙烧与浸出获得高品位的 V_2O_5。而新西兰开发出了有效利用海砂矿的“新西兰法”，即在海砂矿开采和初步提纯后，通过直接还原和电炉冶炼将铁分离，该流程还可以得到高品位的 TiO_2 产品——人造金红石，该工艺也在澳大利亚得以实现。海砂矿的另一个利用途径为电炉生产高品位的铸造生铁和钛渣，称为索雷尔(Sorel)流程，这已在加拿大和南非成功实现。而在挪威，当时的研究热点在于将钛磁铁矿中主要有价组分以较高的回收率给予回收利用。

1989 年之后，新西兰又一大海砂矿矿床进入人们的视野，Stokes[69]与 Lawton[70]分别对该矿床的储备与地质学进行了研究。Bates[71]对海砂矿应用于平炉炼钢进行了研究，MacKenzie[72]则提出可以利用海砂矿进行铁氧体的制备，而 Mangkusubroto[73]的论文再次展示了印度尼西亚丰富的海砂矿资源。

2.3　海砂矿矿相结构的研究现状

2010 年，Pearce[74]等在美国《矿物学人》杂志发表了磁铁矿-钛铁尖晶石固溶体(海砂矿的主要物相)中铁、钛、氧原子的占位情况。

FeO-TiO_2-Fe_2O_3 相互间主要存在三种固溶体体系。一是钛磁铁矿体系，即磁铁矿-钛铁尖晶石固溶体系(Fe_3O_4-Fe_2TiO_4)，在海砂矿中，均质部分及非均质部分的基底即为这种立方尖晶石结构的钛磁铁矿，简写为 TTM。二是钛赤铁矿体系，即 α 赤铁矿-钛铁矿固溶体系(αFe_2O_3-$FeTiO_3$)，在海砂矿中，非均质颗粒的层状部分(或称条纹状部分)即为这种菱方晶系的钛赤铁矿，简写为 TTH。在干燥且低于固相线温度的冷却过程中，钛磁铁矿与水、空气作用，经历氧化及磁赤矿化，最终形成在低温低压条件下非常稳定的钛赤铁矿。三是铁板钛矿-亚铁板钛矿固溶体系（Fe_2TiO_5-$FeTi_2O_5$）。而第一种固溶体系是海砂矿的主要矿物结构，并影响着其所在岩石乃至整个地球地壳的磁性。

钛磁铁矿具有尖晶石结构（空间群 $Fd\bar{3}m$），其公式可以表示为 $A_8B_{16}O_{32}$，其中，A 代表+2 价阳离子，占据四面体位置，呈现[AO_4]四面体；B 代表+3 价阳离子，占据八面体位置，呈现[BO_6]八面体，每一个晶胞中存在 32 个氧原子，呈立方体最紧密堆积，堆积方向与三次轴方向[111]垂直。沿三次轴方向，[AO_4]四面体与[BO_6]八面体以共角顶的方式连接，单位晶胞的每一角顶为一个[AO_4]四面体与三个[BO_6]八面体所共有。这种排列方式是以最小晶格能为原则排列的，当低价态的阳离子占据四面体位置时会达到最小静电能，从而形成正尖晶石结构。而反尖晶石结构，如 Fe_3O_4，Fe^{3+}拥有更强的占据四面体的能力，从而导致 Fe^{2+}和其他 Fe^{3+}占据八面体空位。

钛磁铁矿是磁铁矿与钛铁尖晶石所形成的固溶体，磁铁矿中的 Fe^{3+}逐步被钛铁尖晶石中的 Ti^{4+}所取代，并伴随着 Fe^{3+}向 Fe^{2+}的转换，从而保持电价平衡，最终状态为

$$Fe_A^{3+}(Fe^{2+}Fe^{2+})_BO_4\text{-}Fe_A^{2+}(Fe^{2+}Ti^{4+})_BO_4$$

在钛磁铁矿立方尖晶石结构中，Fe^{3+}不同程度地被 Fe^{2+}和 Ti^{4+}取代的方式与其占位情况一直是研究的热点，相关研究者们运用了很多手段，如 X 射线、粉末衍射、穆斯堡尔谱、透射电镜、X 射线吸收光谱等检测手段，试图精确表征钛磁铁矿中离子的占位问题，但是该问题仍未有较明确的说明，仍然存在不同的理论与模型，见表 2-3。

表 2-3　钛磁铁矿中 Fe^{3+}、Fe^{2+}、Ti^{4+}三种离子的占位情况

模型	样品	技术	结论
A[75]	与火山岩分离的铁磁性矿物	化学成分、晶胞参数、磁饱和度、居里温度	$Fe_{1-x}^{3+}Fe_x^{2+}(Fe^{2+}Fe_{1-x}^{3+}Ti_x^{4+})O_4^{2-}$
B[76]	理论研究	理论与经验推测	Ti^{4+}总是占据八面体空位，保持八面体空位填充 Fe^{2+}
C[77]	Fe_2O_3、TiO_2 和 Fe 粉末在真空条件下加热至 1150℃，保温 6h	化学分析、晶胞参数、磁饱和度、居里温度	当$x\leqslant 0.5$时， $Fe_{1-a}^{3+}Ti_a^{4+}(Fe_{1+x}^{2+}Fe_{1-2x+a}^{3+}Ti_{x-a}^{4+})O_4^{2-}$； 当$x\geqslant 0.5$时， $Fe_{2-2x}^{3+}Fe_{2x-1-a}^{2+}Ti_a^{4+}(Fe_{2-x+a}^{2+}Ti_{x-a}^{4+})O_4^{2-}$
D[78]	烧结 Fe_2O_3、TiO_2 与 Fe 的混合物	磁饱和度、导电性	当 $0< x <0.2$ 时，Fe^{3+}优先在四面体占位；当 $0.2< x <0.8$ 时，$Fe_{x-0.2}^{2+}Fe_{1.2-x}^{3+}(Fe_{1.2}^{2+}Fe_{0.8-x}^{3+}Ti_x^{4+})O_4^{2-}$； 当 $0.8< x <1$ 时，Fe^{3+}优先在八面体占位

续表

模型	样品	技术	结论
E[79]	Fe_2O_3、TiO_2和海绵铁在银箔中加热至 930℃，并保温 4～7 天	化学成分、单胞参数、热重参数、中子衍射、磁滞曲线、磁饱和度	Fe^{2+}-Fe^{3+}的占位与成分呈线性关系
F[80]	在 CO-CO_2气氛中的单晶长大	化学成分、磁化曲线、磁滞曲线	当$0 \leqslant x \leqslant 0.2$时， $Fe^{3+}(Fe^{3+}_{1-2x}Fe^{2+}_{1+x}Ti^{4+}_{x})O^{2-}_{4}$； 当$0.2 \leqslant x \leqslant 1$时， $Fe^{3+}_{1.25-1.25x}Fe^{2+}_{1.25x-0.25}(Fe^{3+}_{0.75-0.75x}Fe^{2+}_{1.25-0.25x}Ti^{4+}_{x})O^{2-}_{4}$
G[81]	按化学计量数混合Fe_2O_3和 TiO_2，加热至 1000℃	穆斯堡尔谱	$Fe^{3+}_{f(3-x)}Fe^{2+}_{1-f(3-x)}[(Fe^{3+}_{2(1-x)-f(3-x)}Fe^{2+}_{x+f(3-x)}Ti_{x})O_4$； 当$0 \leqslant x<0.2$时，$f=0.333(1-0.25x)$； 当$0.2 \leqslant x<0.5$时，$f=0.35(1-0.57x)$； 当$0.5 \leqslant x<1$时，$f=0.50(1-x)$
H[82]	在 CO_2与 H_2气氛中单晶长大，并按 1200～900℃缓慢冷却	晶胞参数、化学成分、穆斯堡尔谱	Fe^{3+}四面体+Fe^{3+}八面体=Fe^{2+}四面体+Ti^{4+}八面体
I[74]	按化学计量混合Fe_2O_3、TiO_2和 Fe，在银箔中升温至 897℃，保温 7 天	化学成分、XMCD、XAS、穆斯堡尔谱、晶胞参数	Ti^{4+}总是占据八面体空位，当$0<x<0.45$时，Fe^{2+}在八面体占位逐渐增加，Fe^{2+}优先占据八面体空位，直至$x>0.4$，Fe^{2+}在四面体占位逐渐增加，同时伴随着Fe^{2+}在八面体占位的减少

而对于层状钛赤铁矿物相的产生机理，目前存在两种理论：一种是认为层状区域是磁铁矿与钛铁尖晶石的混溶带；另一种则认为，海水与空气的氧化作用导致海砂矿的阳离子迁移，使钛元素出现了富集现象，造成 TTH 因较低的溶解度从 TTM 中溶出，即 TTH 物相是由从 TTM 物相中溶出而产生的。上述两种理论说明 TTH 的产生机理目前仍不明确。

2.4　海砂矿磁选的研究现状

某些矿石具有磁性，该种矿石发现的时间很早。

早在公元前 550 年，古希腊苏格拉底就对磁铁做过描述，称其不仅可以吸引铁圈，还可以传授铁圈相同的能力去吸引磁铁本身。简而言之，就是相互吸引。

但对于矿石磁性的利用，则发展较晚。

19 世纪中期，Ball、Norton、Edison 等提出了利用磁性，将磁性矿物与非磁性脉石进行分离的想法。19 世纪末，这种想法才得到了初步应用。而后得益于对磁性基本原理认知度的提高及永磁体材料的发展，从粗糙的固体材料至流体，从强磁性材料至反磁性材料，磁选分离都已涉及。

最早是利用永磁体来产生磁场，其特点为不需要任何能源与冷却液体，且磁感应强度始终很稳定。其缺点为磁感应强度不能调节，且随温度的升高而变化。而后，较经济的铁氧体材料出现了，包括钡铁氧体与锶铁氧体，其特点为原料价格低廉、制造工艺简单、成本很低、密度小、质量轻且矫顽力高，其主要缺点为剩磁不高，环境温度对磁性能的影响较大。此外，利用稀土-铁合金也可以产生磁场，该种材料具有很高的磁性能，磁积能较高，但是制造成本也相对较高。

当需要较高的磁感应强度与磁场梯度时，永磁体就无法实现了，这时应当采用电磁体，包括常规铁芯线圈型磁体、螺线管磁体、交变磁场磁体、脉动磁场磁体、脉冲磁场磁体、超导磁体等。

图 2-3～图 2-6 为目前几种大型磁选机的应用情况。

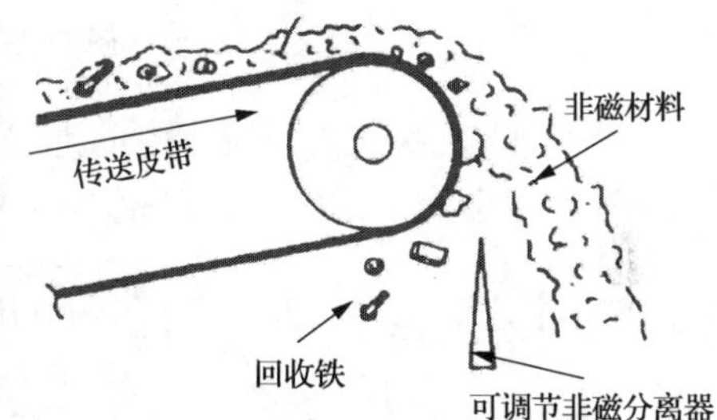

图 2-3　利用磁选分离从非磁材料中回收铁的流程

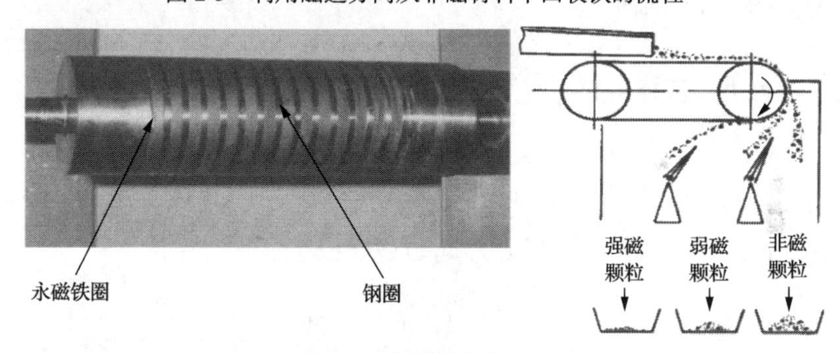

图 2-4　永磁滚动分离机

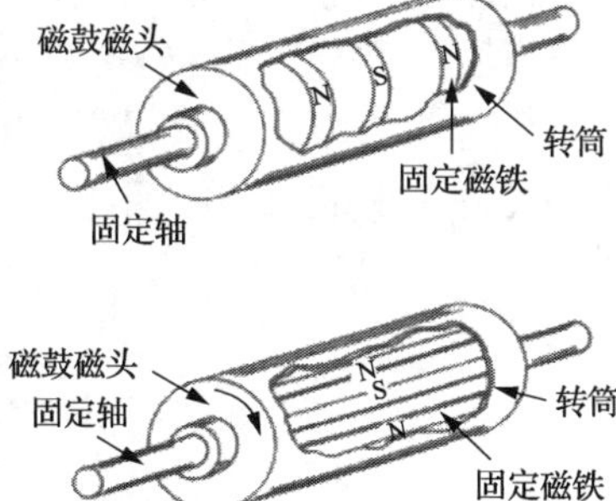

图 2-5　磁鼓分离机

(a) 高梯度磁选机

(b) 超导磁选机

图 2-6 高梯度磁选机和超导磁选机

磁性矿物与非磁性矿物，或者说强磁性矿物与弱磁性矿物，归根到底是由于其受力不同而产生了分离。磁性颗粒在磁场中的受力可以由式(2-1)定量描述，即

$$F_m = \frac{k}{\mu_0} \cdot V \cdot B \cdot \nabla B \tag{2-1}$$

式中，k 为颗粒的体积磁化率；μ_0 为真空磁导率；V 为颗粒的体积；B 为磁感应强度；∇B 为磁场强度梯度。

在磁选分离的过程中，除了磁场力，还受到其他力的作用，包括颗粒所受到的重力、惯性力、流体阻力、表面张力等。重力 F_g 的计算方法见式(2-2)。

$$F_g = \rho \cdot V \cdot g \tag{2-2}$$

式中，ρ 为颗粒的密度；g 为重力加速度。

流体对矿物颗粒所产生的阻力 F_d 可以由式(2-3)表示。

$$F_d = 6 \cdot \pi \cdot \eta \cdot b \cdot v_p \tag{2-3}$$

式中，η 为动力黏性指数；b 为颗粒半径；v_p 为颗粒相对于流体的速度。

当磁性颗粒受到的磁性力大于其受到的阻力时，磁性颗粒可以被分离提取出来。而当磁性颗粒受到的磁性力小于其受到的阻力时，磁性颗粒则不会被提取出来，而是进入尾矿，因此颗粒可以依据其受力的不同而被分离开来。磁选分离的条件如式(2-4)和式(2-5)所示。

$$F_m^{磁性颗粒} > \sum F_d^{磁性颗粒} \tag{2-4}$$

$$F_m^{非磁性颗粒} < \sum F_d^{非磁性颗粒} \tag{2-5}$$

由式(2-1)～式(2-3)可知，颗粒半径 b 对受力的影响较大，如 F_m 与 b^3 成比例，F_g 与 b^3 成比例，F_d 与 b 成比例。在干法磁选中，由于 F_d 可以忽略不计，而颗粒半径对磁场力和重力的作用相当，因此颗粒半径干法磁选的影响不大，但是对于湿法磁选，颗粒半径对受力的影响则较为显著。

目前，Kasama[83]与 Gehring[84]等深入研究了 TTM 基底上熔出的层状 TTH 物相对海砂矿磁性的影响。但对于海砂矿的细磨解离、湿法磁选后的铁、钛回收率及针对海砂矿在磁选过程中的受力情况等实际生产工艺相关的研究则较少见诸报道，因此第 4 章针对上述问题进行了相关理论分析与实验研究。

2.5　海砂矿预氧化的研究现状

预氧化是一种较为常规的矿物处理手段，是指在空气或富氧条件下加热至指定温度，促进所处理矿物与氧气发生氧化反应，从而改变其化学成分或晶体结构，以更利于后续工序的处理与加工。

目前，在钛铁矿生产钛白或生产海绵钛的工艺流程当中，已运用预氧化处理提高了钛铁矿的还原速率[85]。此外，预氧化也被用于含钛高炉渣选择性富集、沉淀回收富钛相的研究当中[86]。预氧化处理可以提高海砂矿的还原速率最早是被 Mcadam 等[87, 88]发现的。

Park[89]则对预氧化的作用机理进行了初步说明。Park 通过研究赤铁矿、磁铁矿与海砂矿的还原特性后发现，在相同温度和还原气氛的条件下，赤铁矿最容易被还原，磁铁矿次之，海砂矿相比而言较难还原，三种矿石在相同反应条件下的还原度曲线如图 2-7 所示[90]。

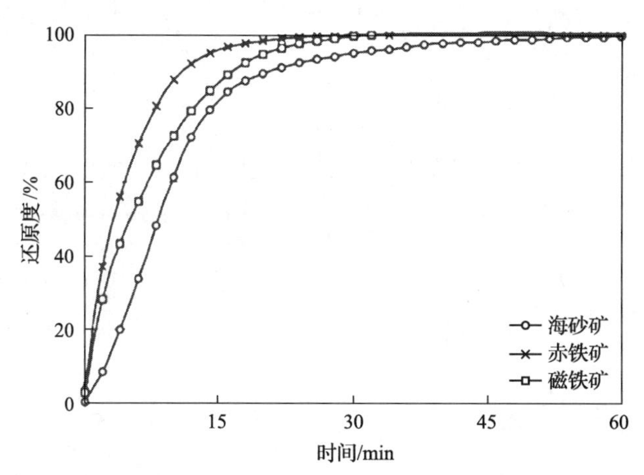

图 2-7　海砂矿-赤铁矿-磁铁矿还原度对比分析［75%CO-25%Ar(体积分数)，1100℃］

当磁铁矿预氧化至赤铁矿后，其还原性会有显著的提高，这主要是由于在晶型转变的过程中，氧原子从磁铁矿的面心立方结构转换成赤铁矿的密排六方结构，体积增大了 25%，打开了晶体结构，从而促进了还原的进行。因此，Park 对海砂矿预氧化后形态与物相组成的变化进行了研究，并在 CO 还原气氛下，对海砂原矿和预氧化海砂矿的还原速率、还原度等指标进行了对比研究，如图 2-8～图 2-10 所示。由图 2-8～图 2-10 可知，预氧化处理在还原速率与还原度两方面促进了海砂矿的还原反应，说明预氧化处理确实提高了海砂矿的还原性。

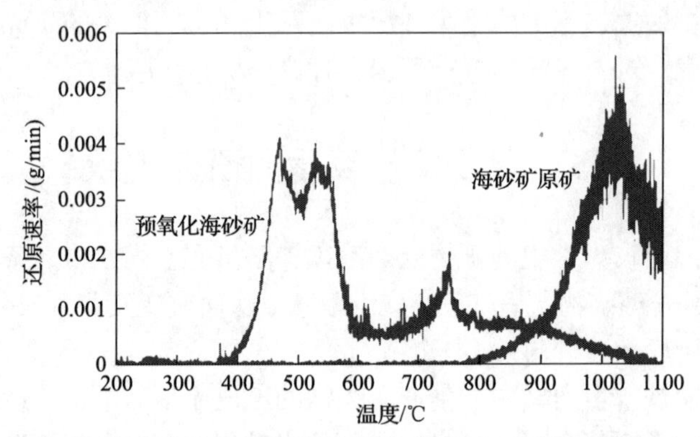

图 2-8　非等温条件下预氧化海砂矿与海砂原矿的还原速率对比[75%CO-25%Ar(体积分数)]

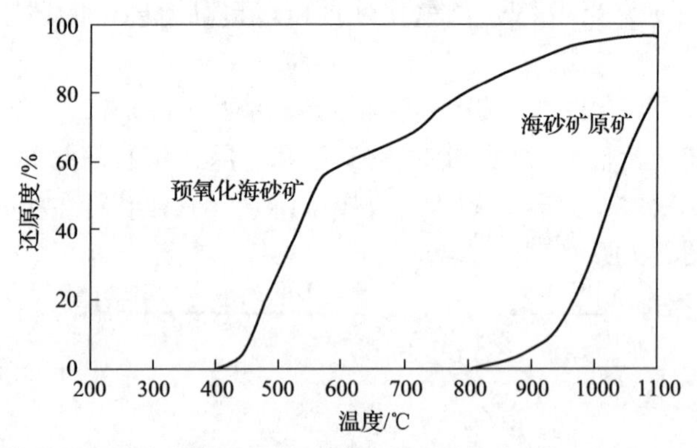

图 2-9　非等温条件下预氧化海砂矿与海砂原矿的还原度对比[75%CO-25%Ar(体积分数)]

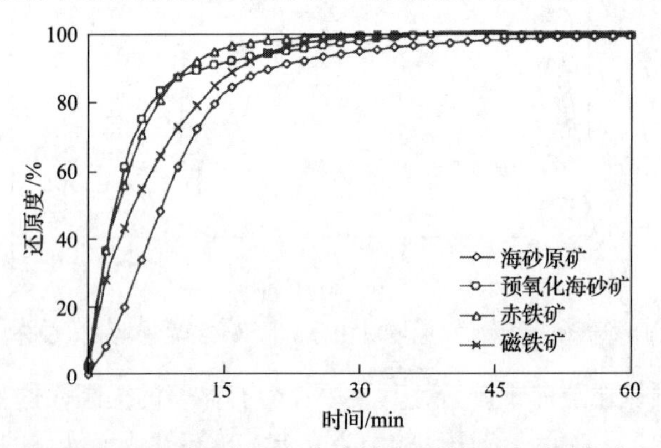

图2-10　等温条件下海砂原矿-预氧化海砂矿-赤铁矿-磁铁矿的还原度对比[75%CO-25%Ar(体积分数)]

更进一步地，Park 在大气环境下，利用马弗炉将海砂矿以 200℃/h 的升温速率加热，并通过 X 射线衍射(XRD)分析，研究了预氧化过程中海砂矿的物相变化。他指出，在 800℃以下时，TTM 一直为海砂矿中的主要物相，且在 800℃之前，氧化分为两步进行，在 600℃时，TTM 中的 Fe_3O_4 被氧化为假象赤铁矿，即成分已变，但结构未发生变化，在 600～800℃，TTM 才开始氧化为 TTH，但在 1000℃以上的等温氧化过程中，则未出现假象赤铁矿，原因可归结于高温下假象赤铁矿并不稳定。在 800～1000℃的温度区间，氧化速度很快，而当温度达到 1000～1100℃时，海砂矿物相已基本不发生变化。基于此，Park E 给出了海砂矿氧化过程中的物相变化公式，见式(2-6)～式(2-8)。

$$Fe_{3-x}Ti_xO_4 + \frac{1}{4}O_2 = \frac{3}{2}Fe_{2-\frac{2}{3}x}Ti_{\frac{2}{3}x}O_3 \tag{2-6}$$

$$Fe_{2-\frac{2}{3}x}Ti_{\frac{2}{3}x}O_3 + \frac{x}{6}O_2 = (1-x)Fe_2O_3 + \frac{2}{3}xFe_2TiO_5 \tag{2-7}$$

$$Fe_{2-\frac{2}{3}x}Ti_{\frac{2}{3}x}O_3 + \frac{1}{6}\left(\frac{2x-3\delta}{2-3\delta}\right)O_2 = \left(\frac{1-x}{2-3\delta}\right)Fe_{2-\delta}Ti_{\delta}O_3 + \frac{2}{3}\left(\frac{2x-3\delta}{2-3\delta}\right)Fe_2TiO_5 \tag{2-8}$$

Park 将预氧化可改善海砂矿还原性的原因归结于具有立方尖晶石结构的 TTM 转变为具有菱方晶系的 TTH，即晶格转变促使海砂矿还原性的提高，但原因仍较为笼统，未能从微观形貌、晶胞尺寸等角度予以解释，且预氧化各个阶段的反应与物相变化公式也仅为推测，并未通过热重等方式予以证明。

2.6　海砂矿气基还原的研究现状

2000 年以后，对海砂矿还原机理的研究较多且范围很广，包括石墨碳与海砂矿之间的还原反应[91-94]、海砂矿在循环流化床与固定床还原时的区别[95]、甲烷与氢气混合气还原海砂矿[96]等。

2003 年，Park 发表了一氧化碳还原海砂矿的研究报告[90]，紧接着在 2004 年发表了氢气还原海砂矿的研究报告[97]。这两篇论文较为详细地反映了在这两种还原气条件下海砂矿的物相、微观形貌、还原速率与还原度的变化规律。

2.6.1　一氧化碳还原海砂矿的研究现状

Park 选取新西兰海砂矿作为研究对象，并通过对比赤铁矿、磁铁矿与海砂矿三种矿石在一氧化碳还原条件下的物相组成与微观形态变化，从而更细致地分析了海砂矿在一氧化碳气氛下的还原特点，其所研究的新西兰海砂矿成分见表2-4。

表 2-4　新西兰海砂矿化学成分(质量分数)　　单位：%

TFe	Fe^{2+}	Fe^{3+}	TiO_2	Al_2O_3	MgO	SiO_2	CaO	Mn
57.2	24.2	33.0	7.43	3.59	2.94	2.17	0.67	0.51

实验设备为垂直管式电阻炉，属于固定床反应器，选择的温度范围为1000～1100℃，原因在于1000℃以上的积碳反应并不显著，且低熔点化合物也不易生成。还原利用了CO-CO_2-Ar混合气体，气体首先通过高纯硫酸钙和4A分子筛除去水分等杂质，再通过质量流量计将流量控制在预定值，而后进入炉内。通过在线质谱仪可随时分析记录气体产物的成分，其他分析手段包括X射线衍射、电子探针、扫描电镜和热重分析等。

从微观形貌角度，均质海砂矿颗粒的还原是从矿粒外部开始，逐渐向中心蔓延的过程，且在30min之内，均质颗粒基本还原完毕，由于这种颗粒代表海砂矿的主要物相，因此该时间节点在还原曲线中有所体现，均质矿粒的微观形貌变化如图2-11所示。

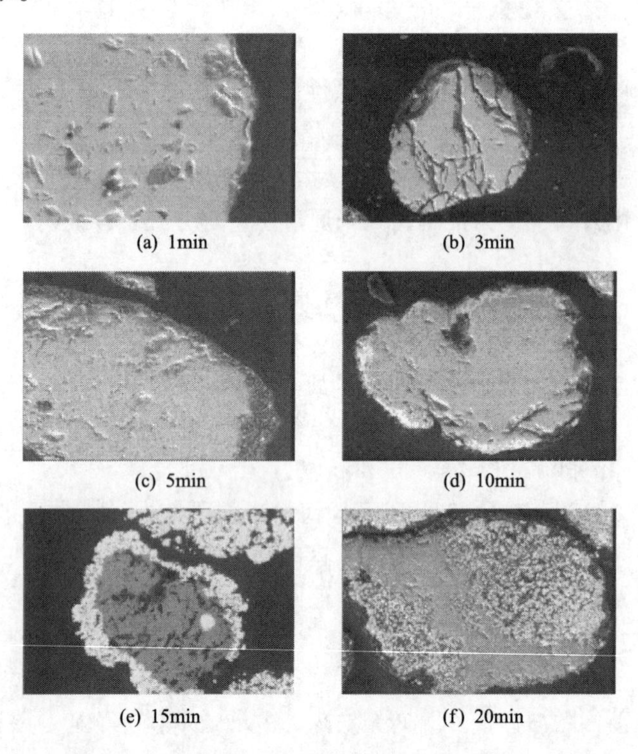

(a) 1min　(b) 3min　(c) 5min　(d) 10min　(e) 15min　(f) 20min

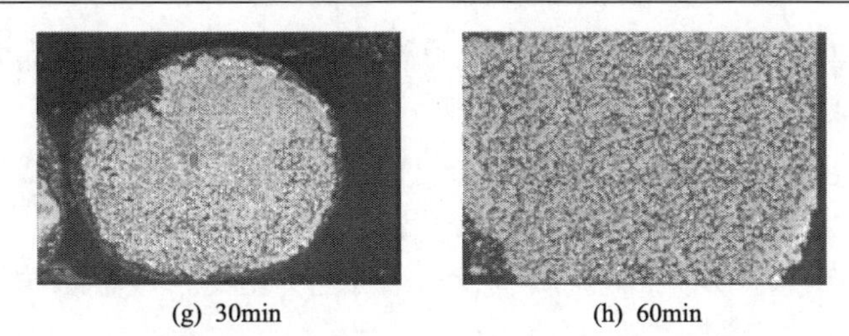

(g) 30min　(h) 60min

图 2-11　均质海砂矿颗粒还原过程的微观形貌变化[75%CO-25%Ar(体积分数)，1100℃]

非均质颗粒的还原是从层状 TTH 物相开始的，TTH 在还原进行至 3min 时开始，而在此时，均质颗粒还未开始还原。层状 TTH 物相的还原进行得很快，以至 15min 之内，非均质颗粒就已经完全还原完毕，如图 2-12 所示。

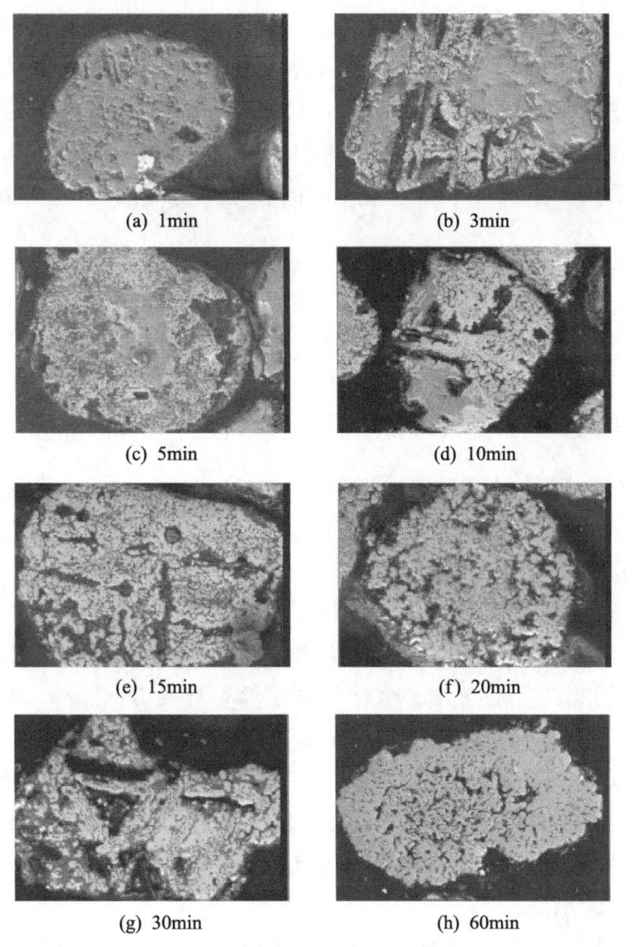

(a) 1min　(b) 3min

(c) 5min　(d) 10min

(e) 15min　(f) 20min

(g) 30min　(h) 60min

图 2-12　非均质海砂矿颗粒的微观形貌变化[75%CO-25%Ar(体积分数)，1100℃]

层状结构的 TTH 较均质部分的 TTM 更易还原的原因在于 TTH 在还原过程

中，存在菱方晶系向立方晶系的转变，从而打开了颗粒的结构，加速了形核及金属铁的长大，从而促进了还原。

Park 还给出了海砂矿还原过程中物相变化的示意公式，见式(2-9)。在还原过程中，Fe 从 TTM 中被还原后迁移分离，形成富 Ti 的 TTM，之后形成钛铁尖晶石，经过被金属铁覆盖的钛铁矿与亚铁板钛矿形式后，最终形成金属铁与脉石镶嵌分布的颗粒。

$$Fe_{3-x}Ti_xO_4 \longrightarrow FeO + Fe_2TiO_4 \longrightarrow Fe + Fe_2TiO_4 \rightarrow Fe + FeTiO_3 \longrightarrow \\ Fe + FeTi_2O_5 \longrightarrow Fe + TiO_2 \tag{2-9}$$

海砂矿热力学较为稳定的原因在于一个 TTM 晶格当中[式(2-10)]，一个 Ti^{4+} 与一个 Fe^{2+} 替代两个 Fe^{3+}，因此 Fe^{3+} 的浓度与活度较低，而相比于磁铁矿中的 Fe^{2+}，TTM 中 Fe^{2+} 的浓度与活度较高，从而解释了 TTM 中 Fe^{3+} 的高热力学稳定性。此外，还原过程去除氧的过程伴随着 $Fe^{3+}\rightarrow Fe^{2+}$ 的转变，这个过程必然将引起 Fe^{2+} 在晶格中浓度的增加，从而导致 Fe^{2+} 加速向 Fe 的还原并阻碍 Fe^{3+} 向 Fe^{2+} 的转变。而 Ti^{4+} 有 6 个配位氧原子在八面体晶格当中，阻碍了氧原子的去除，这又是其稳定的一个因素。

$$\frac{([Fe^{3+}]_{\text{四面体}}[Fe^{3+}, Fe^{2+}]_{\text{八面体}}O_4)_{1-x}}{\text{磁铁矿}} \cdot \frac{([Fe^{2+}]_{\text{四面体}}[Fe^{2+}, Ti^{4+}]_{\text{八面体}}O_4)_x}{\text{钛铁尖晶石}} \tag{2-10}$$

2.6.2 氢气还原海砂矿的研究现状

氢气还原海砂矿的研究极少见诸报道，但在直接还原的工艺生产过程中，氢气与一氧化碳一样，同样也为还原气的主要成分，于是有必要研究氢气对海砂矿的还原作用机理。

2004 年，Park 对 H_2 还原海砂矿进行了研究[97]。相较于之前一氧化碳的研究，他给出了所用新西兰海砂矿的精确固溶度数据，即均质颗粒为钛磁铁矿(TTM)，是磁铁矿(Fe_3O_4)与钛铁尖晶石(Fe_2TiO_4)的固溶体系($Fe_{3-x}Ti_xO_4$；$x=0.27\pm0.02$)；非均质颗粒为层状钛赤铁矿(TTH；$Fe_{2-y}Ti_yO_3$)与钛磁铁矿基体所构成。

实验设备采用实验室竖式管式电阻炉，属于固定床反应器。还原气采用 H_2-Ar 混合气，并由高纯硫酸钙和 4A 分子筛除杂，由质量流量计控制气体流量。检测手段采用 X 射线衍射、扫描电镜及热重分析等，所用实验原料仍是新西兰海砂矿，其成分如表 2-4 所示。

Park 首先对海砂矿的还原热力学进行了分析，如式(2-11)和式(2-12)所示，并给出了不同氢气分压与温度条件下的平衡物相，见图 2-13。由此得到结论：在低还原势与低温条件下，平衡相主要为金属铁与钛铁尖晶石，提高还原势与温度后，平衡相为金属铁与钛铁矿，再次提高还原条件，平衡相为金属铁与二氧化钛。

$$Fe_2TiO_4 + H_2 = Fe + FeTiO_3 + H_2O \quad (2\text{-}11)$$
$$\Delta G^{\ominus}(J/mol) = 24116.4 - 7.49T$$

$$FeTiO_3 + H_2 = Fe + TiO_2 + H_2O \quad (2\text{-}12)$$
$$\Delta G^{\ominus}(J/mol) = 34916.4 - 7.07T$$

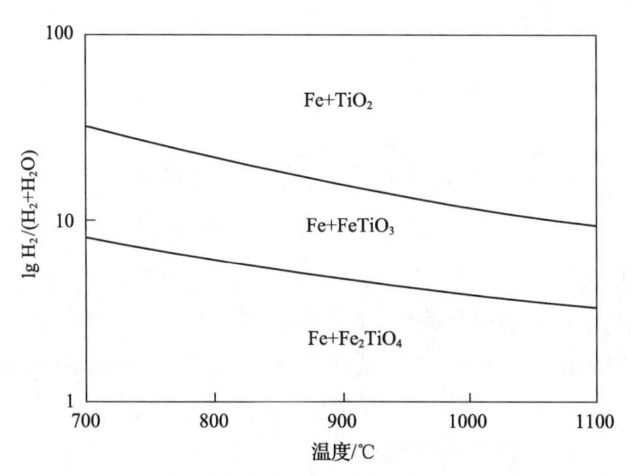

图 2-13　不同温度与氢气分压条件下的海砂矿平衡物相

海砂矿在不同温度与还原气氛下的还原度随时间的变化见图 2-14。由图 2-14(a)可知，在 900℃以上，30min 时海砂矿基本被全部还原，此时在 700～800℃的还原温度下，还原海砂矿的还原度仅为 32%与 65%。随着温度的增加，即从 700～1000℃，还原速率明显增加，但是当继续增加温度至 1100℃，还原速率增加缓慢。由图 2-14(b)可知，氢气体积分数从 5%增加至 10%后，还原速率增加显著，继续

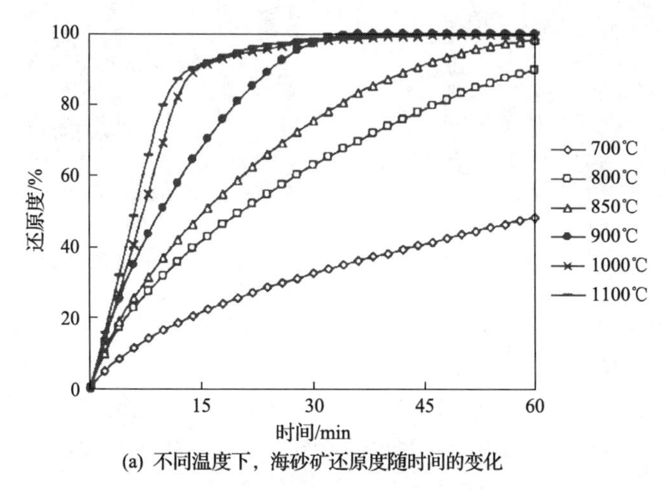

(a) 不同温度下，海砂矿还原度随时间的变化

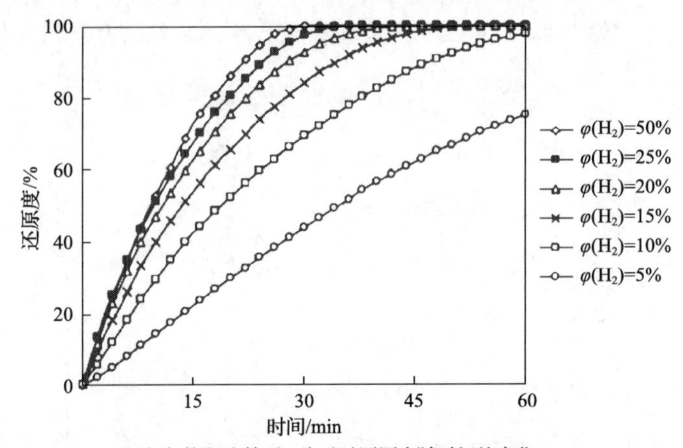

(b) 不同氢气体积分数下，海砂矿还原度随时间的变化

图 2-14　不同温度与还原气氛下海砂矿还原度与时间的关系

增加至 50%，则无法对还原速率的提升产生明显的效果。

在 $25\%H_2$-75%Ar(体积分数)气氛，不同温度条件下还原 60min，得到的微观形貌图见图 2-15。由此可得，在低温条件下，铁主要以铁晶须的形式生长，而当温度升高后，由于还原速率提高与烧结作用的加剧，铁主要以细小的金属铁颗粒的联结形式存在，且孔洞有缩小的趋势。

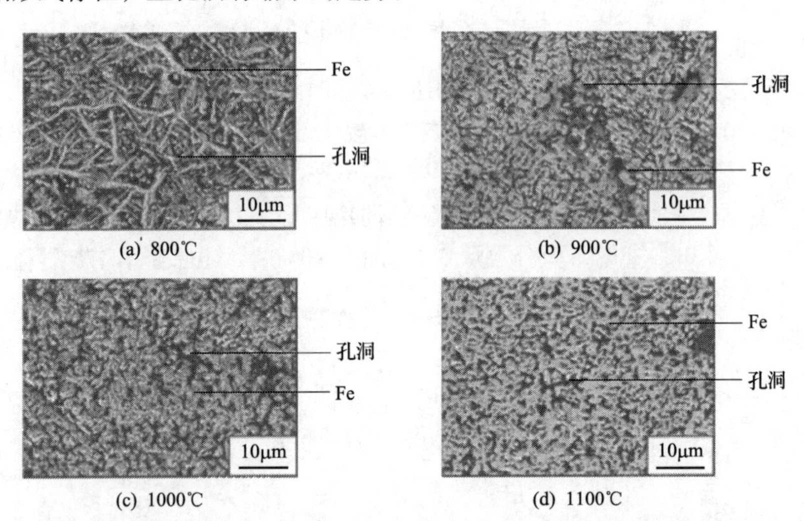

(a) 800℃　(b) 900℃　(c) 1000℃　(d) 1100℃

图 2-15　不同温度下氢气还原海砂矿的微观形貌[$25\%H_2$-75%Ar(体积分数)，还原 60min]

在 $25\%H_2$-75%Ar(体积分数)还原气氛，900℃还原温度条件下，海砂矿均质颗粒与非均质颗粒在不同还原时间的微观形貌图如图 2-16 和图 2-17 所示。均质颗粒在还原开始阶段的反应由外向内进行，因此还原金属铁与未还原部分的界限较为清晰，直至还原结束。而对于非均质颗粒，金属铁优先从 TTH 部位形核长大，

因而产生了针状金属铁结构，这种非均质颗粒在15min之内还原完毕，但是TTM与TTH的界限仍然较为明显。

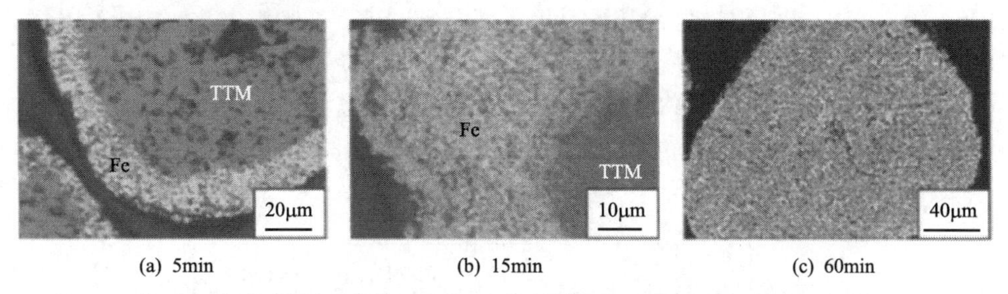

(a) 5min　(b) 15min　(c) 60min

图2-16　均质海砂矿颗粒在不同还原时间的微观形貌[25%H_2-75%Ar(体积分数)，900℃]

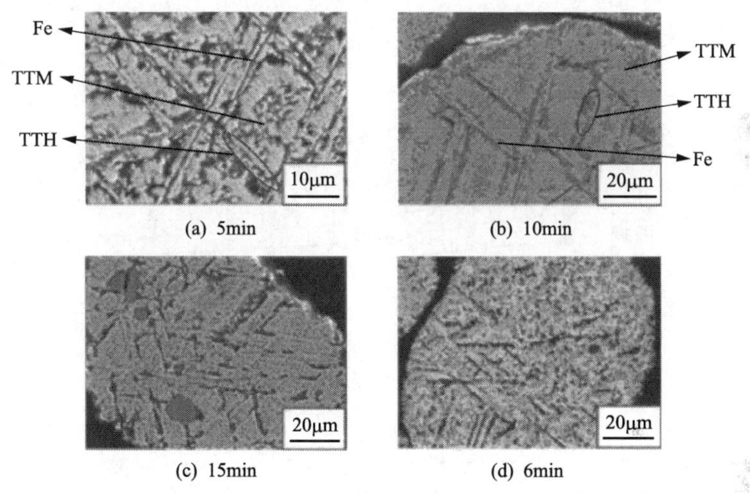

(a) 5min　(b) 10min

(c) 15min　(d) 6min

图2-17　非均质海砂矿颗粒在不同还原时间的微观形貌[25%H_2-75%Ar(体积分数)，900℃]

2.7　海砂矿电炉深还原与熔分的研究现状

当涉及冶炼成本问题时，通常会考虑低品位、低成本矿石，例如，在国际铁矿石价格处于高位的特定时期，会迫使考量使用其他的低成本含铁矿石资源，如TiO_2含量较高的铁矿石。但是这些矿石由于具有高TiO_2含量，会造成一些问题，如矿石的还原度低、液相渣的温度变化、渣精炼能力降低及炉渣黏度偏离最佳区间等，然而含TiO_2的炉渣也有其潜在的益处，例如，含TiO_2的炉渣会在耐火砖表面形成钛碳氮化物保护层，从而可以抑制液相渣铁对耐火材料的侵蚀。

针对TiO_2对炉渣黏度的影响，当前研究结果表明，添加少量TiO_2可以降低炉渣黏度，但是添加大量TiO_2后会有相反的效果。在还原气氛条件下，TiO_2的添加会提高CaO-SiO_2-Al_2O_3-TiO_2渣系的黏度。从TiO_2含量上区分，对于低钛渣，

Shankar 等[98]完成的工作表明，当[(CaO+MgO)/(SiO_2+Al_2O_3)]为 0.46～0.83 时，四元渣系 CaO-SiO_2-MgO-Al_2O_3 在配加 2%TiO_2 后，其黏度会降低。对于中钛渣，Park 等[99]利用黏度仪对含 0～10% TiO_2 的渣系黏度进行了检测，结果见图 2-18，表明炉渣黏度仍然随 TiO_2 含量的增加而下降。对于中高钛渣，Saito 等[100]研究了在 CaO-SiO_2-MgO-Al_2O_3 渣系中 TiO_2 的比例为 10%～20%时的炉渣黏度，结果表明，TiO_2 降低了炉渣的黏度，且随着 TiO_2 含量的增加，炉渣的黏性流动活化能相应下降。

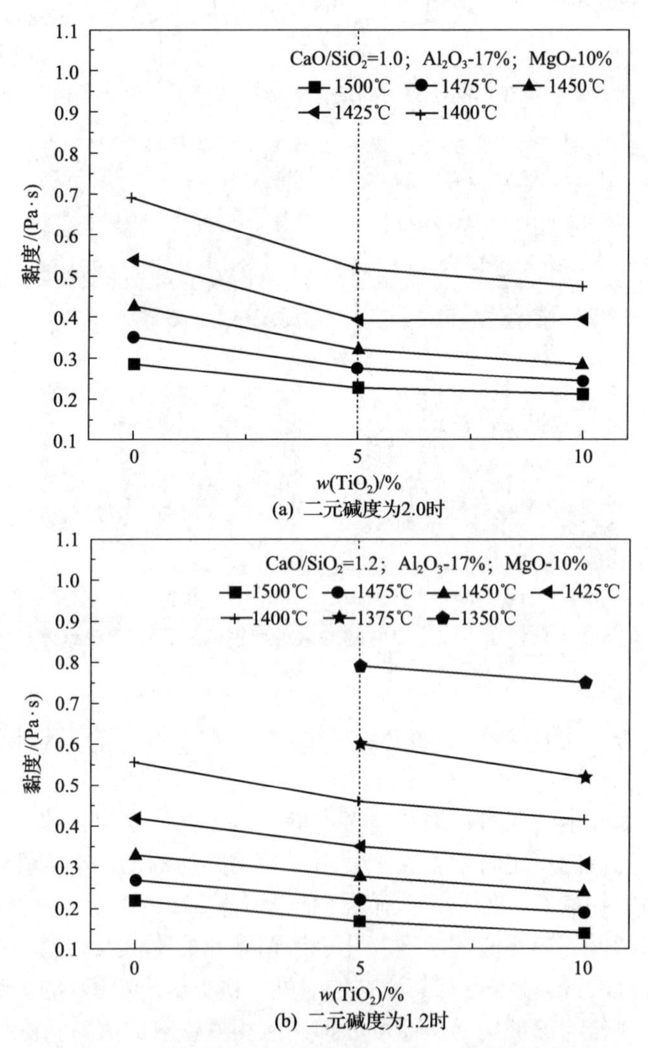

图 2-18　炉渣黏度随 TiO_2 质量分数(0～10%)的变化

而对于 TiO_2 对炉渣结构的影响，Park[99]的研究结果表明，加入 TiO_2 后，复杂的硅酸盐片状结构被解聚为简单的硅酸盐结构。由拉曼光谱的结论可得，加入 TiO_2

对黏度带来的降低作用本质上影响了炉渣硅酸盐、铝酸盐网状结构的解离。通过影响硅酸盐的网状结构，TiO_2 的加入降低了炉渣的黏度。

Nam 等[101]则从冷却结晶与析出物的角度，利用 Factsage 热力学软件计算等手段，对低钛渣（0～5% TiO_2）的性能进行了研究，实验结果表明，随着 TiO_2 含量的增加，低温下炉渣的液相含量也相应增加。对于四种 TiO_2 含量的炉渣，其黏度突然增大的临界温度均出现在液相剩余 40%～45%时。从另一个角度讲，临界温度与镁蔷薇辉石的含量紧密相关，当镁蔷薇辉石占到 35%时，常出现炉渣黏度的临界温度，而随着 TiO_2 含量的增加，镁蔷薇辉石出现的温度与含量均出现了下降。

由此可见，目前对于含钛炉渣的研究多集中在低钛渣和中钛渣上，对于低钛渣，由于其对黏度影响不大，故更侧重于在冷却结晶过程中的物相析出。对于中钛渣，则更侧重于其黏度的变化。而对于高钛渣或超高钛渣[$w(TiO_2)>30\%$]的物化性质，则极少见诸报道。

目前直接还原生产海绵铁及电炉深还原和渣金熔分已经成熟运用于工业生产当中。Tang 等[102]利用预还原度为 88%的高磷铁矿，通过 Si-Mo 高温电阻炉研究了预还原高磷铁矿石在高温下的渣相与铁相熔分情况，通过改变熔分时间与温度，得到了渣铁充分分离的时间与温度分别为 4min 和 1550℃。图 2-19 结果显示，在 1500℃下，金属相与渣相虽然各自出现了聚集现象，但由于流动性及表面张力等因素的制约，仍无法实现渣铁的全部分离，金属相与渣相仍然镶嵌分布。当温度为 1550℃时，渣铁已明显分离，但金属相中仍存在较多渣相。直至熔分温度达到 1600℃后，金属相中的渣相消失，且在由扫描电镜得到微观形貌中，渣点也较少。

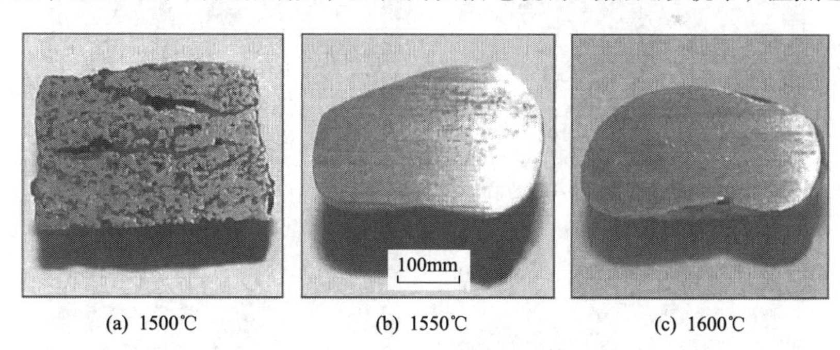

(a) 1500℃　(b) 1550℃　(c) 1600℃

图 2-19　在不同温度下熔分 10min 后金属相的宏观形貌

图 2-20 的结果表明，渣铁熔分可分为四个阶段，在熔分 1min 后，由于矿粉表面已经开始融化，大部分矿粉烧结在一起。2min 时，大部分气孔开始消失，样品经历了一个体积收缩的过程，但是仍然存在较多的固相，所以此时仍保持了初始形貌。3min 时，由于大部分固相向液相的转换已经完成，初始的金属相形成，但是其中存在较多的孔隙和渣相夹杂，渣相夹杂的大小超过了 30μm。当熔分时间为 4min 时，较大的孔隙和夹杂已经消失，渣相夹杂小于 2μm，金属相较为纯净。

因此较彻底的渣铁分离需要在达到熔分温度后保温 4min。

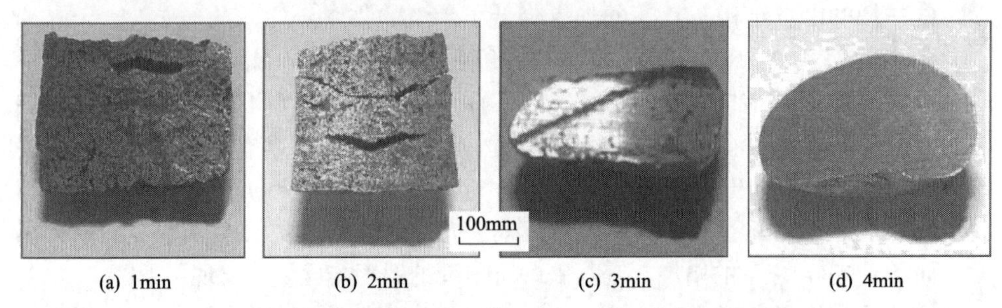

图 2-20　1550℃不同熔分时间条件下金属相的宏观形貌

2014 年，Park 等[103]对高铝矿进行了相关研究，他指出，由于矿石中较高含量的 Al_2O_3 对烧结和高炉冶炼均有不利影响，而直接还原流程对渣成分的要求并不像高炉冶炼那般苛刻。因此，Park 等研究了石墨炭存在条件下预还原高铝矿的渣铁熔分行为。图 2-21 为高温共聚焦电子显微镜的原位观察结果，说明渣铁熔分可分为四个阶段：①在共融温度下铁炭熔体的生成阶段；②炉渣熔化的开始阶段；

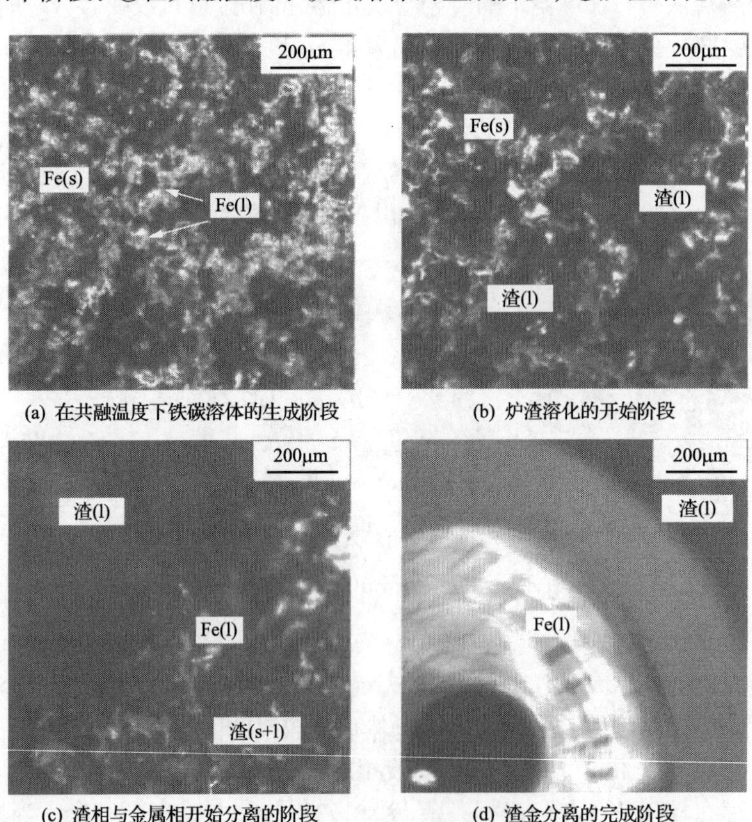

图 2-21　在加热过程中高温共聚焦电子显微镜的原位观察图

③渣相与金属相开始分离的阶段；④渣金分离的完成阶段。

Park 通过原位观察，得到了不同于 Ohno 等[104]的有关熔分过程中铁、炭、渣颗粒大小的理论。Ohno 等认为，铁颗粒、炭颗粒及渣颗粒的平均大小分别为 150μm、25～32μm 和 25～32μm。在这种条件下，大的铁颗粒将形成球团的骨架，而炭颗粒与渣颗粒将填充在大的铁颗粒之间的空隙。而 Park 则认为铁颗粒、炭颗粒及渣颗粒的平均大小分别为 50μm、50μm 及 70μm，按照铁、炭、渣的密度分别为 7.6g/cm^3、2.0g/cm^3 及 3.0g/cm^3 进行计算，一个铁颗粒将与 6 个铁颗粒、2 个炭颗粒和 3 个渣颗粒接触。也就是说，球团骨架为三维方向上紧密排列的铁颗粒，其中一些铁颗粒被炭颗粒与渣颗粒所取代，示意图如图 2-22 所示。

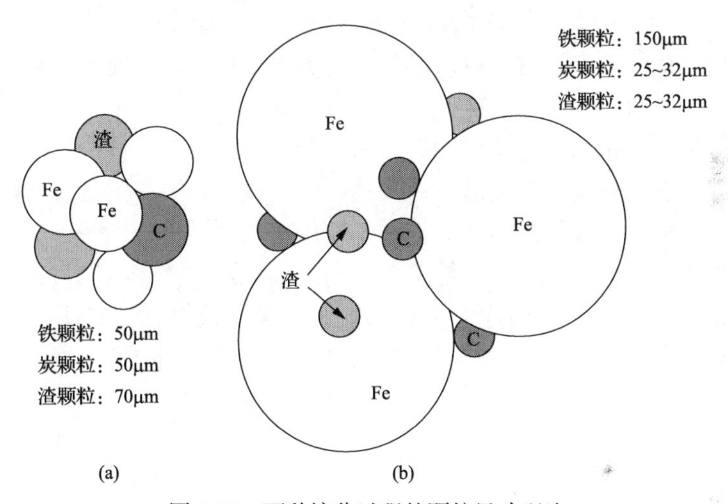

图 2-22　两种熔分过程的颗粒尺寸理论

由此，Park 得到了如图 2-23 所示的熔分过程示意图。①当渣相熔化后，每一

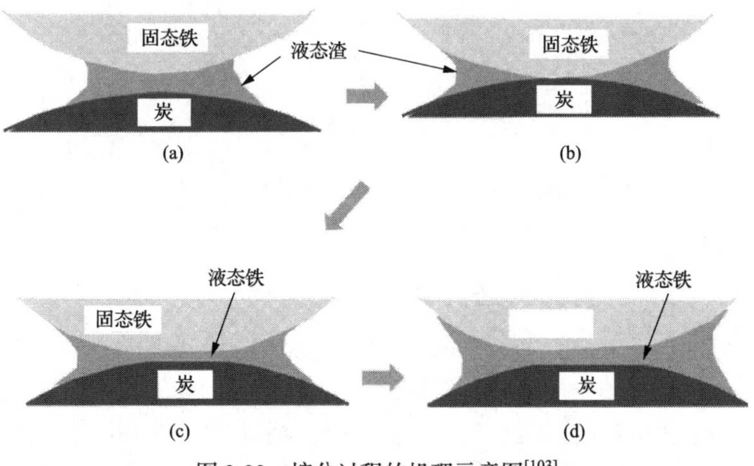

图 2-23　熔分过程的机理示意图[103]

个固态铁与炭颗粒相互靠近并更加紧密；②固态铁颗粒与炭颗粒相互接触；③由于渗炭反应，液态铁逐渐形成；④渣相的存在促进了液态铁与炭颗粒的润湿性，液态铁与炭颗粒的接触面积逐渐增大。

2.8 含钛炉渣利用的研究现状

中国钛资源的储量丰富，世界已探明的钒钛磁铁矿储量达 400 亿 t 以上，仅攀西地区的储量就已超过 100 亿 t，约占世界储量的 25%[105]。目前，高炉冶炼钒钛磁铁矿后约 50%的钛元素进入高炉渣中。攀枝花地区现已堆存的高炉渣在 8000 万 t 以上，且以每年以高于 360 万 t 的速度增加[106]。含钛高炉渣可以直接用作混凝土、渣棉、硅钾肥和混凝土砌块等的原材料，这种方法虽简便、易操作，但其使钒、钛等高价值元素得不到有效利用，造成浪费。

高炉渣中的氧化物以各种硅酸盐矿物的形式存在，其中黄长石、橄榄石、硅酸二钙、硅钙石、硅灰石和尖晶石这几种矿物在碱性高炉渣中是比较常见的，而酸性高炉渣可根据不同的冷却速率形成不同的矿物[107]。钒钛磁铁矿中部分 TiO_2 与 Fe 紧密共生，选矿后进入铁精矿中，高炉冶炼后炉渣中 TiO_2 的含量在 20%以上，形成高炉渣的矿物组成主要有钙钛矿、攀钛透辉石、富钛结晶矿、尖晶石和碳化钛等[108]。对于含钛炉渣的提钛方法，主要有以下几种。

1. 盐酸浸出法

盐酸浸出法是用盐酸作为溶剂，从固体废弃物含钛高炉渣中提取可溶性成分，并加以回收和利用的工艺过程，其工艺流程见图 2-24。

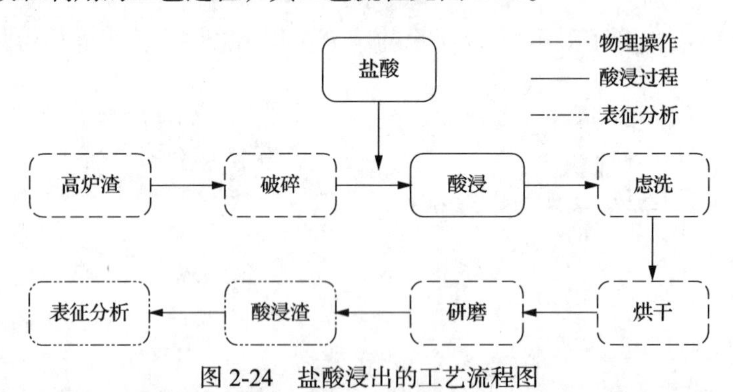

图 2-24 盐酸浸出的工艺流程图

针对该工艺浸出过程的物相变化进行研究分析，结果显示：浸出物相分别为镁铝尖晶石、富钛和攀钛透辉石及钙钛矿；前期溶解的钛元素主要来自富钛和攀钛透辉石，后期主要来自钙钛矿，而有些未反应的钙钛矿会被溶解的透辉石形成和析出的硅酸所包裹从而使钙钛矿浸出缓慢，浸出渣的微观形貌随着浸出时间的变化见图 2-25，其中图 2-25(c)和图 2-25(d)中的表面小颗粒为钙钛矿[109, 110]。

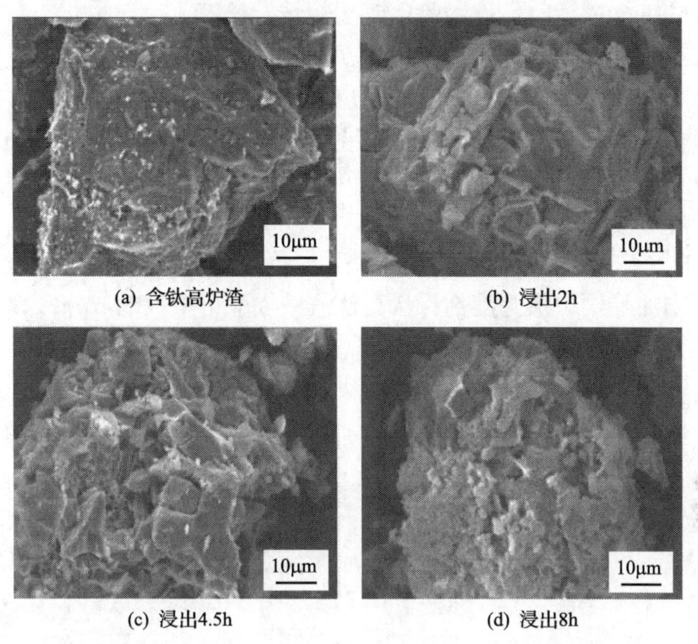

(a) 含钛高炉渣　(b) 浸出2h　(c) 浸出4.5h　(d) 浸出8h

图 2-25　高炉渣及其浸出后炉渣扫描电镜的微观图像[109]

在盐酸浸出过程中影响浸出效率的因素较多，如原料粒度、加热温度、酸渣比、盐酸浓度和浸出时间等。

(1)对原料粒度分别为 830～2360μm、380～830μm、180～380μm、120～180μm 及 120μm 以下的高炉渣在不同温度下的浸出行为进行对比，发现粒度在 120～180μm 且加热温度为 95℃时，其间伴随着 TiO_2 的浸出和 $TiOCl_2$ 的水解，酸浸渣中 TiO_2 的含量最高，其化学方程式见式(2-13)～式(2-19)。

$$CaO + 2HCl = CaCl_2 + H_2O \tag{2-13}$$

$$MgO + 2HCl = MgCl_2 + H_2O \tag{2-14}$$

$$Al_2O_3 + 6HCl = 2AlCl_3 + 3H_2O \tag{2-15}$$

$$Fe_2O_3 + 6HCl = 2FeCl_3 + 3H_2O \tag{2-16}$$

$$TiO_2 + 2HCl = TiOCl_2 + H_2O \tag{2-17}$$

$$TiOCl_2 + 3H_2O = H_4TiO_4 \downarrow + 2HCl \tag{2-18}$$

$$H_4TiO_4 = H_2TiO_3 + H_2O \tag{2-19}$$

(2)酸渣比在 1.75∶1 时 TiO_2 的含量最高，但随着酸量的增加，TiO_2 的酸解速率增加且大量酸的存在阻碍了 $TiOCl_2$ 的水解。因此，在保证 TiO_2 含量较高的条件下，尽量降低酸渣比，所以酸渣比取 1.5∶1 较合适。

(3)然而，随盐酸浓度或浸出时间的增加，浸渣中 TiO_2 含量出现先增加后减少的现象，原因主要为当浓度大于 8mol/L 时，TiO_2 的酸解速率大于 $TiOCl_2$ 的水解速率，致使 TiO_2 含量降低，或者当浸出时间大于 4h 时，会使 $CaTiO_3$ 中的 Ti 浸出，而这也会导致 TiO_2 含量降低[110,111]。

2. 硫酸浸出法

硫酸浸出法是用硫酸为溶剂，从高钛渣中提取可溶性的成分，其工艺流程见图 2-26，主要反应见式(2-20)～式(2-23)。

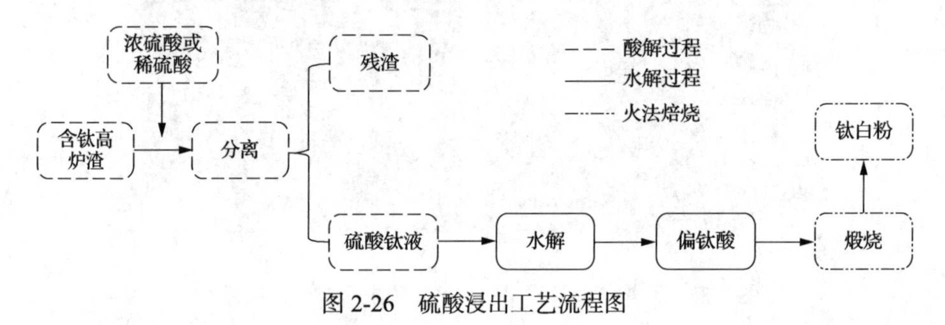

图 2-26 硫酸浸出工艺流程图

与盐酸浸出法相似，硫酸浸出法在硫酸浓度、液固比和酸浸时间等方面同样会对浸出效率产生影响。杨德建等[112]利用废酸对高炉渣的浸取行为进行了研究，结果表明：

(1)浸出率随酸浓度的增加而增加，但硫酸体积分数在 5%～10%时最佳[113]，因为酸浓度过大，会使铝等杂质的浸出率过大，降低钛品位；

(2)钛的浸出率随着原料液固比的增加而增加，但当原料液固比过大时，会导致反应产物在溶液中过度饱和，形成产物膜扩散层，抑制反应的进行；

(3)从时间对浸出过程的影响研究中发现，随时间增加，钛的脱出率降低，因为反应产物包裹在未反应矿物的表面，阻碍了反应物的接触，抑制了反应的进行。

$$H_2SO_4 + TiO_2 = TiOSO_4 \downarrow + H_2O \tag{2-20}$$

$$H_2SO_4 + CaO = CaSO_4 + H_2O \tag{2-21}$$

$$3H_2SO_4 + Al_2O_3 = Al_2(SO_4)_3 + 3H_2O \tag{2-22}$$

$$H_2SO_4 + MgO = MgSO_4 + H_2O \tag{2-23}$$

硫酸浸出法生产钛白的工艺虽然具有价格低廉、工艺技术成熟、设备相对简单、操作简便等优点，但是能耗大、运营成本高、对设备要求高。硫酸浸出法生产1t钛白会产生6～8t废酸，酸消耗量大将对环境带来负面影响[114]。但此工艺对于原料的适应性强，尤其是对含钛原料中钙镁含量的适应性较强，而我国含钛原料中钙镁的含量普遍偏高，因此使用硫酸浸出法生产钛白仍在使用。

3. 碱熔盐法

碱熔盐法是将钛渣中的Ti、Si及Al的氧化物在高温下与NaOH反应，生成可溶性的含氧酸盐，从而实现钛元素的初步分离，之后经水浸或碱浸得到含钛的钛液，再经煅烧后得到钛白粉[115]，其工艺流程如图2-27所示。

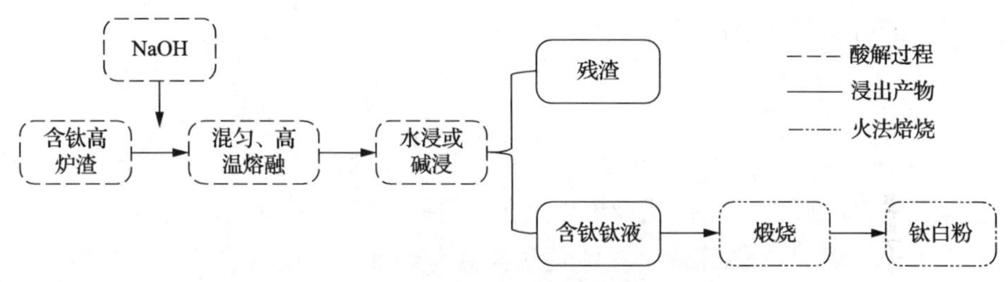

图2-27　碱熔盐制备钛白粉流程图

薛天艳等[116]在运用钠碱熔盐法处理高钛渣制备TiO_2的实验中，分别研究了反应温度、高钛渣粒度对高钛渣分解率的影响，并探讨了钛的溶出行为，结果进一步验证了高钛渣与钠碱熔盐反应的可行性，并且发现升高温度或减小高钛渣粒度均能显著提高高钛渣的分解率。虽然此工艺所获得钛白的品位高，但是该技术的耗碱量大，回收钠盐的成本高，工艺较为复杂，工序处理不当会产生新的污染。

4. 以四氯化钛为富集形式

高温碳化-低温选择性氯化制取四氯化钛技术首先将高炉渣中的二氧化钛碳化为碳化钛，再利用碳化钛的氯化反应热力学和动力学优势，在低温下将碳化钛选择性氯化生成四氯化钛，氯化过的渣经水洗涤脱氯后可用作水泥原料[117]，其工艺流程如图2-28所示。

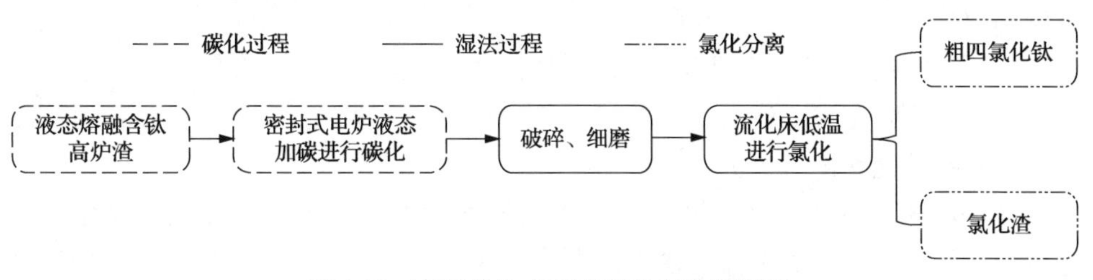

图2-28　高温碳化-低温选择性氯化流程图

在该工艺中，首先把碳与二氧化钛放入电炉内进行碳化反应，生成碳化钛和一氧化碳，而后经冷却、破碎并细磨成颗粒状，再将颗粒状碳化高炉渣在流化床中与氯气接触发生氯化反应，氯化后可生成粗四氯化钛和氯化渣[118]。但有学者对碳化钛氯化进行实验分析时发现，钙和镁的氯化严重，出现这一情况的主要原因是忽视了碳化钛氯化反应产生的碳，这些碳的活性极高，容易与 CaO 和 MgO 发生加碳氯化反应。因此，研究人员提出向反应体系中加入部分氧，使氯化产生的 C 与 O 反应生成 CO_2，此方法可有效降低钙和镁的氯化率，增加钛的获得率[119]。虽然此工艺可行，但如何及时导出反应中产生的巨大反应热，并解决局部过热和氯化反应的可控制性是该工艺的关键。

5. 其他

(1)科研人员研究发现高炉渣可作为光催化降解剂。自从 1972 年 Fujishima 和 Honda[120]发现 TiO_2 光催化现象以来，半导体材料在光催化研究领域受到了广泛关注。杨合等[121]在偶然的实验中发现含钛高炉渣具有较好的光催化性能，并提出处理含钛高炉渣的新方法，制备了具有光催化性能的材料。而后赵娜等[122]研究发现高钛渣对邻硝基酚具有较好的光催化效果，并且使用含钛高炉渣制备的光催化剂可直接利用，不会产生二次污染[123]。

(2)碳氮化——磁选提取钛是将高炉渣先碳化再经两次磁选后，分离提取钛资源的火法冶金工艺。第一次磁选根据碳氮化钛在铁珠周围产生富集现象，以铁珠为载体，达到部分碳氮化钛的分离；第二次采用强磁选与浮选联合实现对余下部分碳氮化钛的分离。但是二次磁选中对磨矿细度的要求较高，消耗的成本也较高[124]。

(3)选择性富集与析出是通过改变条件，使钛组分富集到其富集相中，然后控制其冷却条件，促使钛富集相析出长大，最后确定分离工艺，实现钛富集相与基体相的选择性分离。目前，根据不同的条件，通常选择钙钛矿、金红石和黑钛石作为钛组分的富集相。虽然该工艺对钛渣的处理量大，二次污染少，成本也相对较低，但在富集过程中含钛矿物的转变不彻底，并且能耗高、添加剂消耗量大，钛的回收率不高[125, 126]。

(4)碳化——超重力分离碳化钛是利用焦炭的还原性质，将含钛高炉渣进行碳化还原，其产物主要为碳化钛、黄长石、尖晶石三大物相，还原后再结合超重力分离技术对碳化钛进行分离[127]。

(5)电炉熔炼法是一种使用还原剂无烟煤或石油焦，将钛精矿中的铁氧化物还原成金属铁分离出去的选择性除铁，从而获得 TiO_2 含量在 72%～95%的钛渣的火法冶金方法，其整体投资较高，建设周期长，低产能时的生产成本高[128, 129]。

(6)还原锈蚀法[130, 131]包括五个主要工序：①预氧化焙烧；②还原焙烧，将钛精矿还原为金属铁和 TiO_2；③锈蚀，在含有 0.5% NH_4Cl 的水溶液中进行，通入含氧气体提高锈蚀速率；④分离，将锈蚀产物用水冲洗，有价组分钛留在渣中，铁锈成为泥浆；⑤煅烧，将除去铁锈后的渣在高温下煅烧即可获得人造金红石。但这种方法只适用于处理高品位的钛铁砂矿，不能用于含钙镁高的原生矿。

(7)预处理——电炉联合冶炼高钛渣技术在电炉冶炼的基础上增加了钛精矿回转窑预还原工序，使高价铁还原为低价铁的过程在回转窑中进行。经过预还原后，进入电炉的炉料中高价铁降低，这样可以降低电炉炉温，缩短冶炼时间。该技术同时配备了煤气发电站，使回转窑和电炉产生的煤气得到利用，整体提高能量利用率[132]。

2.9　钛铁合金冶炼的研究现状

2.9.1　钛铁合金的性能与用途

铁合金是含有其他元素的母合金，主要用于铸铁和钢的生产。钛铁合金(Fe-Ti)是一种含钛量至少为 28%的母合金，除含铁、钛外，还含有铝、硅、碳、磷、硫、锰等元素，含钛在 30%左右的钛铁呈现银灰色，易氧化，可因表面氧化而呈现多种颜色。钛铁合金可通过还原相应的原料或其精矿得到，与纯钛相比，钛铁合金具有溶解度好、价格低廉的优点。钛铁合金的起始原料是钛铁矿、白榴石、钙钛矿和由钛铁矿生产的矿渣精矿[133]。由于钛废料的可用性越来越高，也越来越多地用于生产钛铁合金。在钢铁冶金方面，钛铁合金可作为脱氧剂、除气剂和合金剂，可减少钢锭偏析，提高钢的强度和耐磨性能[134, 135]。此外，在化工和能源方面，它还是一种重要的焊条涂料和储氢材料。

钛与铁可组成两种化合物，$TiFe_2$ 和 TiFe。其中 TiFe 是不稳定的化合物，只存在于固态合金中。钛铁的熔点因其化学成分不同而在 1400～1500℃，其密度为 5.7～6.4g/cm^3。钛铁易碎，在冷却时钛铁锭能自行碎裂。根据钛铁的国标 GB3282—87，钛铁的常用牌号及化学成分见表 2-5。

表 2-5　钛铁的常用牌号、化学成分及质量分数(不大于)　单位：%

牌号	Ti	Al	Si	P	S	C	Ca	Mg
FeTi30-A	25～35	8.0	4.5	0.05	0.03	0.10	0.40	2.5
FeTi30-B	25～35	8.5	5.0	0.07	0.04	0.15	0.40	2.5
FeTi40-A	35～45	9.0	3.0	0.05	0.03	0.10	0.40	2.5
FeTi40-B	35～45	9.5	4.0	0.08	0.04	0.15	0.40	2.5

钛铁合金主要用于冶炼特种钢材的脱氧剂与合金剂，另外还可用作铸铁与焊条的添加剂等。

(1)作脱氧剂、除气剂。就其脱氧能力来讲，钛极大地高于硅和锰，它的脱气产物熔点低，因而分散的炉渣夹杂物易于聚合浮至表面。镇静钢用钛脱氧可以减少钢锭上部的偏析，从而改善钢锭质量，提高钢锭的收得率。钛与溶解在钢水中的氮结合生成一种稳定的不溶于钢水中的氮化铁。

(2)用作合金剂。当作合金剂向钢水中加入一定量的钛铁时，钛与钢水中的碳生成碳化钛，因而可使钢的强度增加，并减少不锈钢的晶间腐蚀倾向，提高钢的抗腐蚀性能。

(3)改善铸铁的性能。高硅铸铁主要用于铸造工业，因为它的熔点较钛铁低而适于在铸铁中加入。在铸铁中加入钛，过冷时有助于形成细晶石墨。为了使膨胀倾向尽可能小，所以在高硅耐热铸铁中有时要加钛。较软基体中匀细分散的碳化钛和氮化钛可以保证铸铁具有良好的耐磨性，而又不影响其加工性。

2.9.2 钛铁合金的制备工艺

目前，钛铁合金的生产工艺主要有重熔法、碳热法、电化学法、铝热法。

1. 重熔法

重熔法主要以金属铁和金属钛为原料，经高温熔化、重铸获得所需钛含量的钛铁合金。虽然该方法简单，但是由于废旧金属钛材较少，所以在我国目前无法实现大规模生产。

2. 碳热法

碳还原法主要用于生产高碳钛铁，是将焦炭与含钛原料混合后，用电弧炉在2000℃以上的高温下进行强化还原而得到的。

用碳还原二氧化钛的反应为

$$TiO_2 + 2C \xlongequal{} Ti + 2CO$$

$$\Delta G^{\ominus} = 699146 - 342.54T$$

$$TiO_2 + 3C \xlongequal{} TiC + 2CO$$

$$\Delta G^{\ominus} = 513376 - 328.27T$$

由于高碳钛铁的含碳量高，因此只能作为还原剂和除气剂，目前生产与用量极少。

由于硅与氧的亲和力小于钛与氧的亲和力，故用硅还原 TiO_2 不易进行。

用硅还原二氧化钛的反应为

$$TiO_2 + Si = Ti + SiO_2$$

$$\Delta G^{\ominus} = 8499 + 26.5T$$

若在碳还原二氧化钛时加入硅，钛与硅化合形成钛的硅化物，即硅钛合金（含 Ti 20%～25%，含 Si 20%～25%，含 C 小于 1%），这样可降低合金中的碳，但硅钛合金用量少，一般不冶炼。

黄润等[136]在攀枝花精钛矿真空碳热固相还原的研究中，运用 Factsage、XRD、BSE-EDS 等方法研究了真空碳热还原钛精矿在 1000～1400℃的物相变化和微观形貌变化。他们发现随着还原温度的升高，试样的失重率持续上升，即还原率持续上升。式(2-24)～式(2-30)为碳热还原反应中的主要化学方程式。

$$Fe_3O_4 + C = 3FeO + CO \tag{2-24}$$

$$FeO + C = Fe + CO \tag{2-25}$$

$$FeTiO_3 + FeO = Fe_2TiO_4 \tag{2-26}$$

$$Fe_2TiO_4 + C = Fe + FeTiO_3 + CO \tag{2-27}$$

$$2FeTiO_3 + C = Fe + FeTi_2O_5 + CO \tag{2-28}$$

$$3/5FeTi_2O_5 + C = 3/5Fe + 2/5Ti_3O_5 + CO \tag{2-29}$$

$$2Ti_3O_5 + C = 3Ti_2O_3 + CO \tag{2-30}$$

刘畅等[137]在攀枝花钛精矿真空碳热还原热力学模拟研究中考查了加热温度、压力及配碳量对还原过程的影响。在研究压力的影响中发现，随着压力的降低，各成分挥发进入气相的总质量增加，杂质进入渣相的含量减少，这有利于增加还原率，获得纯度更高的还原产物。在研究加热温度的影响过程中发现，当配碳量不变时，温度高于 1300℃，Mg、SiO、Mn 蒸气开始进入气相，当温度达到 1700℃时，气相和渣相中不同成分的含量趋于一个定值，钛渣品位可高达 88%。此外，配碳量增加，还原率也相应增加。王凯飞等[138]在添加 Fe_2O_3 对碳热还原含钛高炉渣的影响研究中，运用 Factsage 软件对还原反应进行热力学计算，确定反应温度为 1500℃。恒温 4h 后，分别对还原产物进行宏观分析、对渣相及还原产物进行 XRD 分析并对还原产物的微观结构进行分析。结果表明，原料中添加 Fe_2O_3 粉末可有效促进 TiC 晶粒的长大。Gou 等[139]在活性炭碳热还原钛铁矿的动力学研究中发现，碳热还原反应速率和程度随着温度的升高而增加；除 1200℃外，碳的加入量对不同温度下的反应速率影响不大。

3. 电化学法

钛金属的电化学提取方法即 FFC-Cambridge 工艺提钛[140, 141]，是在以氯化钙为溶质的熔盐电解质中，通过氧化物的阴极极化将金属氧化物直接转化为相应金属的一种通用技术[142]。此外，利用 FFC-Cambridge 工艺也可以从钛铁矿中提取钛铁合金[143, 144]，且在熔盐电解质中加入适量的氧化钙可以提高钛铁矿的还原速率[145]。Li 等[146]在《钙的加入对钛铁矿电化学还原制备钛铁的影响》一文中利用 FFC 剑桥法以 $CaCl_2$-NaCl 混合熔盐为电解质，从钛铁矿中制备出了钛铁合金，同时，也描述了关于 CaO 的加入对还原过程影响的两重性：在熔融盐中加入适量的氧化钙，可显著提高钛铁矿的还原速率；但当过量添加 CaO 时，则会阻止中间 $CaTiO_3$ 的还原。之后又有学者提出了一种新型电化学方法来制备钛铁合金，即 SOM 电化学法[147, 148]，后经研究发现新型 SOM 工艺可以通过缩短电解时间，提高电解效率，降低制备成本和能耗[149]。然而，电解时间长和多孔结构产品是电化学还原过程中不可避免的缺点，这使得目前业界更倾向于选择铝热还原法来制备钛铁合金[150]。

4. 铝热法

Gao 等[151]以金属铝为还原剂，研究了不同还原度钛铁矿对钛铁生产的影响。研究结果表明，提高钛铁矿还原度可以降低铝的消耗量，而且降低钛铁中氧的含量，提高了钛铁的牌号。Pourabdoli 等[152]针对钛渣直接还原为钛铁合金做了相关研究，通过使钛渣与试剂在高温炉内发生铝热反应，分别研究了 Al 配加量和 CaO 加入量对钛铁合金成分和合金产出的影响，实验结果如图 2-29 所示。

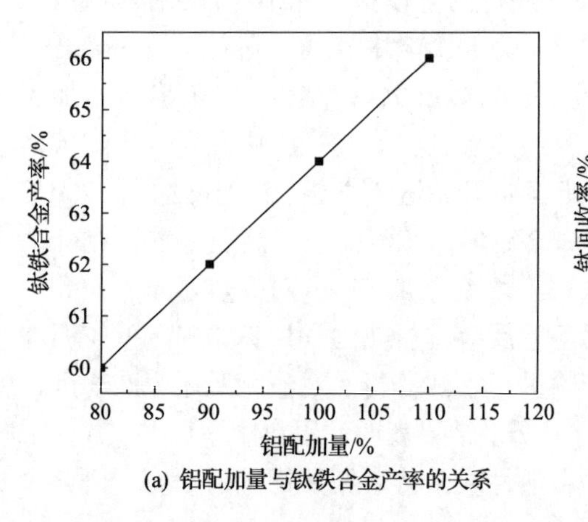

(a) 铝配加量与钛铁合金产率的关系

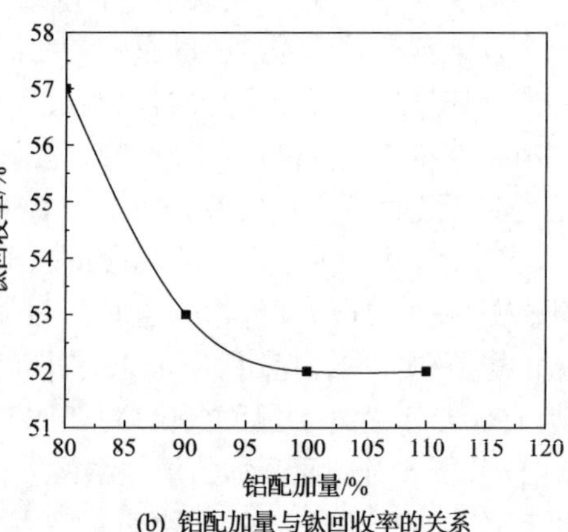

(b) 铝配加量与钛回收率的关系

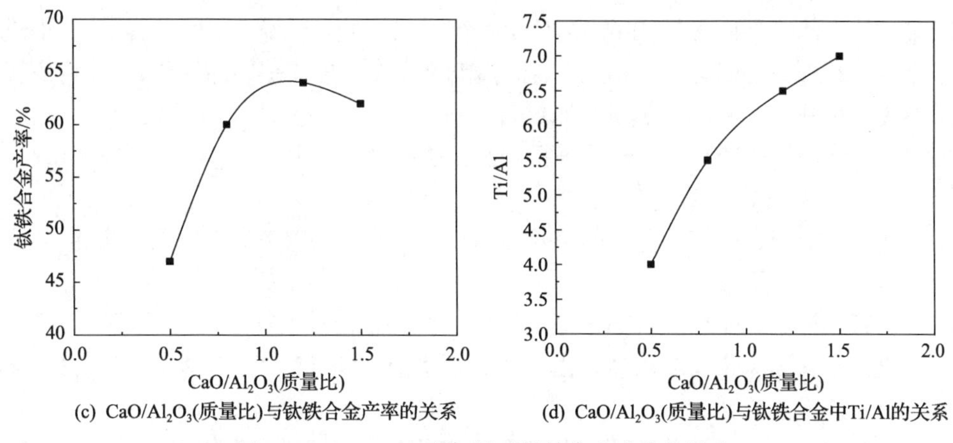

(c) CaO/Al_2O_3(质量比)与钛铁合金产率的关系　　(d) CaO/Al_2O_3(质量比)与钛铁合金中Ti/Al的关系

图 2-29　Al、CaO 配加量对钛铁合金成分的影响

随着 Al 的配加量从 80%增加到 110%，钛铁合金的收得率从 60%增加到 66%，而钛的还原率从 57%降到 52%，主要原因是在铝热还原过程中部分 TiO_2 还原成 TiO 和 Ti_2O_3，这些氧化物比较稳定且难还原，且 TiO 是强碱性化合物，易与 Al_2O_3 反应，所以不参与还原反应。随着 Al 配加量的增加，生成的钛铁合金中 Ti/Al 的比值降低。但随着 CaO 的增加，钛铁合金的产量明显增加，当 CaO/Al_2O_3 的比值为 1∶1 时，钛铁合金的产量达到最大。由于 CaO 对应的水化物比 TiO 对应的水化物碱性更强，随着 CaO/Al_2O_3 比值增大，减弱了 TiO 与 Al_2O_3 的反应，促进了还原反应的进行，这使得合金中 Ti/Al 的比值增大，式(2-31)～式(2-34)为铝热反应的主要化学反应方程式。

$$3TiO_2 + 4Al = 3Ti + 2Al_2O_3 \tag{2-31}$$

$$Fe_2O_3 + 2Al = 2Fe + Al_2O_3 \tag{2-32}$$

$$3SiO_2 + 4Al = 3Si + 2Al_2O_3 \tag{2-33}$$

$$3FeO + 2Al = 3Fe + Al_2O_3 \tag{2-34}$$

甄玉兰等[153]在铝热法还原含钛高炉渣的试验研究中对铝热反应的开始反应最佳温度、保温时间和 CaO 添加量的影响进行了分析，发现铝热还原反应的最佳温度为 1600℃，10min 反应基本完成，适当添加 CaO 可降低渣的黏度。豆志河等[154]采用铝热自蔓延法制备了低氧高钛铁合金，研究了不同反应体系的热力学，考查了不同铝配加量对反应的影响。结果表明：高钛铁合金主要由 $TiFe_2$、Fe、TiO_2 和 Al_2O_3 等相组成，微观结构上存在 Al_2O_3 夹杂相区、钛铁共溶体区和钛基体区等区域。氧化物夹杂相的存在是造成合金中氧含量高及微观缺陷存在的直接原因。高钛铁合金中钛的质量分数为 61.58%～66.27%，铁的质量分数为 20.53%～16.15%，硅的质量分数为 3.82%～2.78%，均符合优质高钛铁的标准，且合金中的氧被有效去除，最低为 2.62%，远低于传统铝热法的 12.2%。牛丽萍等[155]在铝热还原制备高钛铁的研究中，通过对绝热温度的计算和分析得出铝还原的平均值较低，单靠铝热反应放出的热量难以维持能量平衡，通过热力学计算发现 Al 还原 TiO_2 和 Fe_2O_3 在 1000℃左右开始进行；而在 Al 还原 TiO_2 和 Fe_2O_3 体系中添加 CaO，则在 1236℃左右发生反应。

此外，部分针对铝热法的研究用到了氯酸钾作为发热剂，这使得金属铝的消耗量增大，产生了较多的氧化铝，渣量较大。此外，氯酸钾分解产生氧气的同时还生成氯化钾，氯化钾在高温下会随烟气挥发出来，故增加了烟气处理的难度。该反应虽然是自氧化反应供热，由于发热剂氯酸钾和金属铝的成本较高，因此该反应的综合成本较高。

熔融制备钛铁硅合金处理高钛型高炉渣可以强化熔渣中的传递过程，改善反应动力学条件，大幅度提高还原效率，可最大限度地提高高炉渣中钛的回收率，降低残渣中 TiO_2 的含量，在适当的条件下可实现高钛型高炉渣中钛等有价金属元素的高效分离提取。

其他钛铁合金的制备方法如表 2-6 所示。

表 2-6　不同研究中钛铁合金制备的结果

编号	项目	成分，方法，含量	文献
1	钛渣/%	TiO_2:63；FeO:17；Al_2O_3:2.5；MgO:1.2；MnO:2.3；SiO_2:10；CaO:3.5；V_2O_5:0.4；P_2O_5:0.2	[152]
	反应方法	钛铁是在交流电渣炉中用铝热还原钛渣生产的	
	合金元素质量分数/%	Ti:45～54.5；Fe:22.2～30；Al:6～11.3；Si:9.1～11.5；Mn:1.59～2；C:0.72～0.93；P:0.07～0.08	
2	金红石和钛铁矿/%	TiO_2:89.2；SiO_2:5.4；Al_2O_3:2.4；TiO_2:50.6；TiFe:32.3；SiO_2:4.1	[156]
	反应方法	将反应混合物放入石墨反应器封闭的氧化镁衬里中，将镁粉放入反应物表面，然后点燃镁以诱导自蔓延高温合成反应	
	合金元素质量分数/%	Ti:44.87～71.23；Al:1.18～4.43；O:0.83～4.37；Fe:18.88～29.01；Si:3.52～24.11	
3	高钛渣/%	TiO_2:86.03；Fe_2O_3:2.4；Al_2O_3:3.3；SiO_2:5.6；S:0.665	[157]
	反应方法	还原剂铝粉与原料混合均匀，表面包覆一层镁粉，点燃镁粉产生自蔓延反应	
	合金元素质量分数/%	Ti:58.73～60.91；Al:11.29～12.85；Si0.68～0.76；O:3.69～4.39；S:0.49～0.76	
4	高炉渣/%	TiO_2:20.78；Al_2O_3:14.61；MgO:8.57；MnO:0.73；SiO_2:26.48；CaO:26.17；FeO:1.61	[158]
	反应方法	以含钛高炉渣为原料，在感应炉中采用铝热法制备钛合金	
	合金元素质量分数/%	Ti:38～50；Si:29～34；Al:4～11；Mn:1.6～2.2	

2.9.3　铝热法冶炼钛铁合金

钛铁合金冶炼原料主要包括含钛矿物、铁矿、还原剂铝、石灰等。

1. 含钛矿物

常见含钛矿物的种类与性质如表2-7所示。

表2-7　常见含钛矿物物理性质

矿物	分子式	$w(TiO_2)$/%	密度/(kg/m^3)	莫氏硬度	色泽
钛铁矿	$FeO \cdot TiO_2$	<53	4560～5240	5～6	褐色或黑褐色
金红石	TiO_2	90～98	4200	6～6.5	红色
白钛矿	$TiO_2 \cdot nH_2O$	66～79	3860～4000	5～6	深褐色至白色
黄钛矿	$TiO_2(Al_2O_3) \cdot nH_2O$	80～95	2500～3000	—	浅黄色
榍石	$CaO \cdot SiO_2 \cdot TiO_2$	34～42	3400～3600	5～6	黄色至黑色
钙钛矿	$CaO \cdot TiO_2$	58～59	4000	5～6	不定

我国的钛矿主要由广东、广西、海南、云南和四川攀枝花开采生产，主要产品为钛铁矿精矿，也有少量金红石精矿。经过磁选的钛铁矿$w(TiO_2)$为48%～51%，$w(TFe)$为32%～38%，$w(FeO)<33\%$，$w(SiO_2)<1.5\%$，$w(P)<0.04\%$，$w(S)<0.04\%$，$w(C)<0.04\%$，$w(H_2O)<2.0\%$。

2. 铁矿

生产钛铁合金时，铁矿作为钛铁合金成分的调整剂，可使铝热法反应过程的单位热效应提高，也便于调整合金中铁和钛的比例，一般宜用富铁矿，其成分是：$w(TFe)<64\%$，$w(FeO)<10\%$，$w(SiO_2)<7\%$，$w(P)<0.02\%$，$w(S)<0.05\%$，$w(C)<0.1\%$。

3. 铝粒

生产钛铁的铝粒，含铝越高越好。一般采用A3牌号，其中$w(Al)$为98%，$w(Fe)<1.1\%$，$w(Si)<0.02\%$，$w(Cu)<0.05\%$。

4. 石灰

石灰作为熔剂配入炉料，以改善炉渣的流动性。冶炼时采用新烧石灰，有效$w(CaO)>85\%$，$w(C)>1.0\%$，$w(SiO_2)<2\%$，经加工后其粒度小于2mm。

铝热法制备钛铁合金的主要反应为

$$TiO_2+\frac{4}{3}Al = Ti+\frac{2}{3}Al_2O_3$$

$$\Delta G^{\ominus}=-167472+12.1T$$

TiO_2的还原是分步进行的，部分TiO_2先被还原为TiO，然后再还原为单质钛：

$$2TiO_2+\frac{4}{3}Al = 2TiO+\frac{2}{3}Al_2O_3$$

$$\Delta G^{\ominus}=-452655+14.36T$$

$$2TiO+\frac{4}{3}Al = 2Ti+\frac{2}{3}Al_2O_3$$

$$\Delta G^{\ominus}=-1178588+9.92T$$

TiO的水化物是强碱性的，只有在含足够多的CaO的渣中，CaO和Al_2O_3结合才有利于提高TiO的活度，使TiO_2还原成Ti，其总反应如下：

$$TiO_2+\frac{4}{3}Al+\frac{2}{3}CaO = Ti+\frac{2}{3}(CaO\cdot Al_2O_3)$$

$$\Delta G^{\ominus}=-190813+12.14T$$

用铝热法冶炼钛铁时，钛的回收率一般仍不超过65%～75%。实践表明，当石灰消耗量为铝量的20%左右时，钛的回收率最高。

在电炉中用铝作还原剂生产钛铁，即用电-铝热法代替炉外铝热法生产钛铁，这是铝热法的发展方向。与铝热法相比，电炉炼钛铁具有以下优势。

(1)用电产生的热比金属氧化产生的热便宜得多。

(2)在电炉冶炼时，可用碳作还原剂，只还原部分易还原的氧化物，从而可以节约大量的铝。

(3)在电炉中冶炼钛铁，可将廉价铝屑全部加在炉底上，在上面再加点火炉料。炉子通电后将点火炉料点燃，生成的炉渣可防止钛的烧损。电炉给满负荷后，加石灰，再逐渐加入基本炉料，料熔后，加入精炼料。在炉内镇静5～10min，放渣，合金留在炉内全冷，冶炼过程大约需要20h以上。

炉料矿石部分的钛精矿，如用25%～100%的钙钛矿精矿来代替，并加入精矿量为12.5%～50%的铁矿，可炼得标准钛铁。钙钛矿精矿应加热到873～973℃，使料温不低于573℃。当钛铁精矿被取代25%时，经济效益最高，钛的回收率可达到77%，$\overline{w}$(Ti)为27.5%～45%，此法可用于大量生产高品位钛铁。在电炉中使用钙钛精矿进行冶炼，可得到w(Ti)为38%～45%的钛铁，钛的回收率为68%～70%。

苏联克留切夫斯克铁合金厂采用两步熔炼法炼钛铁，按精矿总量的 50%加入钙钛矿精矿进行熔化，然后电炉停电，加入钛精矿并与铝一起熔化。这样炼制的钛铁，钛的含量占 37.5%～40.0%，铝耗量为 380kg/t，钛的回收率为 71%。

在电炉里还可以用铝粉将钛渣还原成半成品(铝钛铁)和得到优质的水泥原料，或用硅铁、铝粉还原出半成品(硅钛合金)。钛铁在熔炼炉熔完后，将 70%的渣倒入钛渣还原电炉，加硅石、石灰的同时加铝粉进行还原，结果得到硅钛铁和高 Al_2O_3 结块。

此外，苏联冶炼高钛铁时采用感应炉冶炼钛铁，即采用感应炉重熔金属钛铁废料和金属铁。该方法特点为：在熔炼结束后用电加热炉渣，保持一定温度，使金属颗粒从渣中完全下沉到金属中去。此做法可提高钛的回收率 8%，铝耗降至 70kg/t。

工业生产钛铁的成分(质量分数)为 Ti：25%～31%；Si：3.3%～5.0%；P：0.02%～0.03%及大量的 O_2、N_2、H_2。炉渣平均含 TiO_2：11.7%～13.3%；SiO_2＜0.5%；CaO：10%～14%；MgO：3%～4%；FeO：0.8%～2.0%；Al_2O_3：70%～74%；渣铁比为 1.3。冶炼 1t 钛铁消耗 980～1000kg 钛精矿(含 42%TiO_2)、420kg 铝、70kg 铁矿、45kg 金属钛废料及 100kg 石灰。将烧损计算在内，钛的总利用率为 66%～68%。

2.10　国内外钛资源分布及钛工业发展的概况

2.10.1　世界钛资源的分布及钛工业的发展

钛及其合金具有密度小、强度高、比强度大、耐腐蚀、无磁性、生物相容性好等诸多优异性能，在航空航天、石油化工、船舶制造、海水淡化、冶金电力、生物医药、体育休闲等领域都有着广泛的应用。钛及钛合金的研发与应用水平已经成为一个国家新材料研究开发应用水平和综合国力的重要体现[159]。因钛的冶炼过程十分复杂，冶炼成本高，所以限制了钛及其合金的普及。含钛高炉渣中含有丰富的钛资源，如何有效提取和利用其中的钛资源，以开发低成本、高性能的新型钛合金，努力使钛合金进入具有巨大市场潜力的民用工业领域，一直是相关领域科研人员努力和奋斗的目标[160]。

全球钛矿床按成因可分为岩浆型矿床、水动力沉积矿床、原岩风化矿床、变质成因矿床和变质改造矿床 5 个大类，根据围岩、原岩和成矿机理的不同可进一步划分为 11 个小类，如表 2-8 所示[161]。目前，全球开发利用的钛矿资源主要为钛铁矿、金红石，其中以钛铁矿为主[162, 163]。据美国地质调查局统计，钛铁矿约占世界钛矿石消费量的 89%，截至 2017 年底，全球钛矿资源量以 TiO_2 当量计已超过 20 亿 t，储量为 9.34 亿 t，其中钛铁矿储量为 8.73 亿 t，约占 93.47%，如表 2-9 所示。除南极洲外，其余六大洲均有丰富的钛矿资源，涉及 29 个国家[164]。澳大利亚钛储量居世界第一位，其次为中国、印度、南非、肯尼亚、巴西、马达加

表 2-8　全球钛矿床类型的划分方案[165]

大类	小类	典型工业钛矿物	成矿时代	典型矿床
岩浆型矿床	基性岩型	金红石、钛铁矿、钒钛磁铁矿	前寒武纪、古生代	Tellnes 矿床，挪威
	碱性岩型	钙钛矿、铌-金红石、铌-板钛矿	从元古宙到中生代	Powderhorn 矿床，美国科罗拉多
水动力沉积矿床	河流砂型	钛铁矿、金红石	新生代	Gbangbama 矿床，塞拉利昂
	湖滨砂型	钛铁矿	中-新生代	PortLeyden 矿床，美国纽约
	海滨砂型	钛铁矿、蚀变钛铁矿、金红石	中-新生代	RichardsBay 矿床，南非
原岩风化矿床	碱性原岩型	锐钛矿	新生代	Tapira 矿床，巴西
	基性原岩型	钛铁矿	新生代	Roseland 矿床，美国弗吉尼亚
	砂原岩型	蚀变钛铁矿	新生代	TrailRidge 矿床，美国佛罗里达
变质成因矿床	含钛岩浆原岩型	金红石	前寒武纪	Piampaludo 矿床，意大利
	含钛沉积原岩型	金红石	前寒武纪	Evergreen 矿床，美国科罗拉多
	钛矿原岩型	金红石	前寒武纪、古生代	D Dinning 矿床，美国马里兰

表 2-9　世界主要钛矿资源国家储量统计表（以 TiO_2 折算量为钛矿储量）[161]

国家	2017 年产量/万 t			储量/万 t			全球占比/%	可采年限/a	
	钛铁矿	金红石	合计	钛铁矿	金红石	合金		钛铁矿	金红石
澳大利亚	90	45	135	25000	2900	27900	29.86	277	64
中国	80		80	22000		22000	23.54	275	
印度	20	2	22	8500	740	9240	9.89	425	370
南非	130	6.5	136.5	6300	830	7130	7.63	48	127
肯尼亚	37.5	8	45.5	5400	1300	6700	7.17	144	162
巴西	5		5	4300		4300	4.60	860	
马达加斯加	14		14	4000		4000	4.28	285	
挪威	26		26	3700		3700	3.96	142	
加拿大	47.5		47.5	3100		3100	3.32	65	
莫桑比克	55	0.7	55.7	1400	88	1488	1.59	25	125
乌克兰	35	9	44	590	250	840	0.90	16	27
美国	10		10	200		200	0.21	20	
越南	30		30	160		160	0.17	5	
塞拉利昂		16	16		49	49	0.05		3
塞内加尔	30	1	31			NA	NA		
其他国家	9	1.5	105	2600	400	2640	2.83	288	
总计	619	89.7	708.7	87250	6197	93447	100		

斯加、挪威、加拿大、莫桑比克、乌克兰、美国、越南和塞拉利昂[166]，上述 14 个国家的钛储量约占世界总储量的 97%[161]。

由表 2-9 可知，排名前五的钛矿资源国家的探明储量占全球总储量的 78.09%。澳大利亚是世界最大的钛生产国和出口国，储量居世界首位。钛矿以沉积海滨砂矿为主，主要分布在澳大利亚的东西海岸。澳大利亚西海岸的金红石矿床位于巴谢尔顿到埃巴尼以北 1300km 的斯万滨海平原上和巴谢尔顿以南 160km 的斯科特滨海平原上。重矿物富集物沉积在下伏中生代基岩的浪蚀地台中，在更新世时期因海退和海岸线升高而生成了矿床。西海岸带砂矿重矿物的总蕴藏量在 5900 万 t 以上，其中有许多大型钛铁矿砂矿。澳大利亚东海岸的重矿物矿床南起新南威尔士州的肖尔黑文河口，沿海岸线北到昆士兰州的开普克林顿，全长约 1700km。矿床类型以现代及古老海岸线的海滨砂型重矿物砂为主，其中少部分风化矿床也是沿着海滨砂和海岸砂丘的隆起处及海岸线靠近内陆的海侵砂丘系分布。这些矿床多形成于上新世的末期或更新世的初期至全新世。金红石储量约 610 万 t[161]。由于澳大利亚的钛矿资源主要位于或靠近海岸，因国家土地分配的其他用途而导致澳大利亚约有 19%的钛铁矿和 26%的金红石资源是不可用的，可开采的矿床主要分布在东西海岸和中部的莫里盆地。2017 年，澳大利亚共生产钛铁矿 90 万 t、金红石 45 万 t，大部分金红石用于出口，51%的钛铁矿也用于出口，其余的则用于深加工生产合成金红石[161]。

此外，日本也是一个钛工业极为发达的国家，与美国不同的是，日本钛工业以民用为主。日本海绵钛企业仅有两家：住友钛和东邦钛，钛加工材生产企业有神户制钢、住友金属和新日铁公司等。除几个大型钛企业外，还有许多专业性很强的小企业，这些企业大都致力于开发钛在体育、休闲、医疗等领域的产品，因此日本钛行业充满活力，各种钛产品层出不穷[161]。

俄罗斯拥有世界上最大的海绵钛工厂阿维斯玛和最大的钛加工材生产厂上萨尔达。上萨尔达拥有先进的加工能力，是波音、空客的主要供应商。哈萨克斯坦与乌克兰本身对钛几乎没有需求，其所生产的海绵钛几乎全部出口至美国和西欧。西欧没有生产海绵钛的企业，钛的熔铸能力也很不足，但他们在钛及其合金的超塑成形技术、锻造技术、焊接技术和精铸技术等方面有很高的水平[160]。

2017 年全球钛矿原材料产量以 TiO_2 当量计为 708 万 t，其中前十大供应商产量约占全球总供应量的 79%，前六大供应商垄断了超过 60%的市场份额，如表 2-10 所示，其中，力拓、伊鲁卡和特诺分别控制了加拿大、澳大利亚、南非的主要钛矿资源和原料供应。目前，中国虽然存在众多中小型钛矿原材料生产企业，但还没有能跻身全球前十位的企业，且产量和质量上都不能满足国内下游企业对钛原料的需求，每年仍需要从越南、澳大利亚等国进口大量的高品质钛原料。

表 2-10 全球主要钛矿原材料供应商情况

供应商	公司总部	矿产品	产量/万 t	市场份额/%
力拓(RioTinto)	英国	金红石	170	25.0
伊鲁卡(Iluka)	澳大利亚	钛精矿、金红石	110	16.2
特诺(Tronox)	美国	钛精矿、金红石、钛渣	75	11.0
克罗诺斯(Kronos)	挪威	钛精矿	40	5.9
肯梅尔(Kenmare)	爱尔兰	钛精矿、金红石	33	4.9
科斯特矿业(Cristal Mining)	澳大利亚	钛精矿、金红石	27	4.0
印度稀土公司(IREL)	印度	钛精矿、金红石	25.5	3.8
V.V.Mineral	印度	钛精矿、金红石	22	3.2
Irshansky GOK	乌克兰	钛精矿	19	2.8
联合金红石公司(CRL)	澳大利亚	钛精矿、金红石	17	2.5

2.10.2 中国钛资源的分布及钛工业的发展

中国的钛资源现居世界之首，共有钛矿床 142 个，分布于 20 个省区，主要产地为四川、河北、海南、湖北、广东、广西、山西、山东、陕西、河南等省，储量与分布如表 2-11 所示。钛铁矿占我国钛资源总储量的 98%，金红石仅占 2%。我国钛矿床的矿石工业类型比较齐全，既有原生矿也有次生矿，其中原生钒钛磁

表 2-11 我国主要产钛区资源表[167]

地区	钛矿类型	储量/万 t	比率/%
四川	钒钛磁铁矿	87349	86.36
河南	金红石岩矿	5000	4.94
海南	钛铁矿砂矿	2556	2.53
河北	钒钛磁铁矿	2031	2.0
云南	钛铁矿砂矿	1146	1.13
广西	钛铁矿砂矿	708	0.7
	金红石岩矿	0.3	
广东	钒钛磁铁矿	1062	1.77
	钛铁矿砂矿	629	
	金红石岩矿	91.1	
	高钛金红石砂矿	11	
湖北	金红石岩矿	565	0.56

铁矿为我国的主要工业类型。在钛铁矿型钛资源中，原生矿占97%，砂矿占3%；在金红石型钛资源中，绝大部分为低品位的原生矿，其储量占全国金红石资源的86%，砂矿为14%。我国钛资源总量丰富，也是全球第一大钛资源消费国，主要以钒钛磁铁矿为主，与国外高品质的钛砂矿相比，我国的钛纯度低，故钛精矿的进口依赖度较高。此外，钒钛磁铁矿一般先用于冶炼钢铁，尾矿再用于生产钛精矿，因此钛精矿产量受钢铁市场的影响较大[162]。

钛矿床主要包括钛铁矿矿床和金红石矿床。按其产状可分为原生矿床和次生矿床两类；按成因可分为岩浆型矿床、火山沉积型矿床、变质矿床、残积(风化壳)矿床、砂矿床5类。我国最主要的钛矿床类型是晚期基性、超基性岩浆结晶分异型和贯入型钒钛磁铁矿岩矿床；第二是海滨沉积型钛铁矿、金红石(共生或伴生)砂矿床；第三是由富含钛矿物地质体风化富集形成的残积型钛铁矿、金红石砂矿床；第四是在富含钛矿物的基性岩或古老变质岩系中形成的区域变质、沉积变质型金红石、钛铁矿岩矿床；第五是由河流冲积形成或湖滨沉积型钛铁矿、金红石砂矿床。目前主要的工业类型分为岩浆型矿床、砂矿床和变质矿床[163]。

尽管我国的钛资源较丰富，但多为共生型原矿，含钛量较低，且主要以岩矿型钛磁铁矿形式存在，便于开采利用的金红石型钛矿仅占2%。此外，国内钛矿的提纯技术不够发达，整体设备规模有限，生产的钛精矿品位较低，所以对于高品位优质钛矿的需求只能通过进口来满足。我国钛精矿进口量总体上呈现增长态势，其中2015年我国钛精矿进口量188.04万t，到2017年中国钛精矿净进口306.51万t，同比增长20.91%。2018年进一步增至311.77万t。2018年之后进口量有所下滑，2019年钛精矿的进口量下降至261.53万t，2020年开始又逐渐恢复，2021年中国钛矿砂及其精矿进口量进一步增加至379.68万t，2022年我国钛矿进口量下降至346.52万t。进口来源国主要为莫桑比克、肯尼亚、澳大利亚、塞内加尔、越南。目前，国内钛行业存在同质化及中低端钛产品产能过剩等问题，但是对高端钛加工材的需求呈逐年快速上涨的趋势，尤其以化工领域需求最大，占比达43.40%[162]。这说明我国对钛资源的需求仍然强劲，因此确保资源来源的安全稳定势在必行[160]。

第3章　海砂矿矿物特性

海砂矿根据其主要物相组成又可称为钛磁铁矿，是一种以钛铁固溶体为主的矿物，通常形成于快速冷却的火山熔岩，因此其多集中分布于沿海区域，如新西兰、印度尼西亚、南非及中国南海等地，而后经历长时间的海水冲刷、大气氧化等环境因素的作用，逐步形成颗粒致密、表面圆滑、形状规则的近球形黑色砂矿，即海砂矿[168]。

海砂矿与一般含铁岩矿相比，区别在于海砂矿具有储量大、易开采的特点，但同样也有还原性差、品位低的劣势，因此有必要对其矿物的基础特性进行全面系统的研究，进而为提取海砂矿中的铁、钛资源提供基础数据支撑[2, 74, 82, 96, 169, 170]。

3.1　海砂矿常温特性

3.1.1　化学成分

本书所研究的海砂矿取自于印度尼西亚东爪哇岛滨海矿场，利用化学综合滴定法得到其化学成分，结果见表3-1。

表3-1　海砂矿化学成分(质量分数)　　单位：%

TFe	FeO	TiO_2	SiO_2	MgO	Al_2O_3	CaO	MnO	V_2O_5
55.63	29.60	11.41	4.13	3.74	3.38	0.60	0.50	0.48
NaO	K_2O	PbO	ZnO	C	P	S	Cl	灼减
0.020	0.017	0.001	0.005	0.10	0.031	0.013	0.009	3.14

由表3-1可知，该海砂矿的TFe品位超过了55%，达到炼铁二级铁矿石标准(一级品＞58%；二级品＞55%)，经计算 Fe^{3+}和 Fe^{2+}的质量分数分别为 32.61%和23.02%，说明铁氧化物主要以磁铁矿形式存在；TiO_2含量为11.41%，略低于我国攀西地区钒钛精矿 TiO_2的含量(12.88%)；钙、硅、镁、铝氧化物的质量分数总和为11.85%，$(CaO+MgO)/(SiO_2+Al_2O_3)$为0.58，属于半自熔性酸性矿；钒的氧化物含量为0.48%，有效利用价值较低；有害元素钾、钠、锌的含量较低，如按1t铁矿需要1.4t矿石进行推算，海砂矿吨铁碱负荷为518g，锌负荷为70g，小于行业入炉标准(NaO+K_2O＜3kg；ZnO＜150g)；硫、磷含量分别为0.013%和0.031%，满足含量小于0.1%的一级矿标准。

综上可得，该海砂矿的有害元素较低，其铁、钛元素具备工业利用的价值。

3.1.2　物相组成

为进一步了解海砂矿的物相组成，对海砂矿原矿进行X射线衍射分析，结果见图3-1。

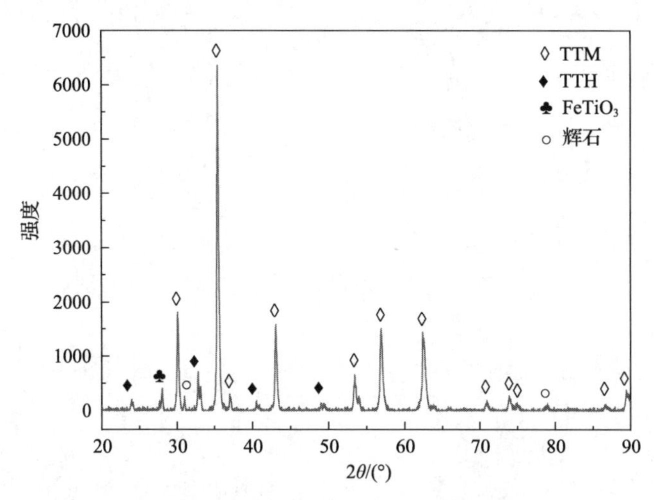

图3-1　海砂矿的X射线衍射图谱

由图3-1可知以下结论。

(1)本书所使用海砂矿中的主要物相为钛磁铁矿，简称TTM，是磁铁矿与钛铁尖晶石的固溶体系，可表示为(1–x)Fe_3O_4-$x$$Fe_2TiO_4$或$Fe_{3-x}Ti_xO_4$，其中$x$表示钛铁尖晶石的固溶度。钛磁铁矿的晶体结构为立方晶系结构，在一个晶胞中包含32个氧原子，通式为$A_8B_{16}O_{32}$，A、B分别为四面体和八面体空位[46, 170-178]。TTM的形成可认为是磁铁矿Fe_3O_4中B空位的Fe^{3+}被Ti^{4+}所取代，与此同时，为保证价态平衡，A空位的Fe^{3+}转化为Fe^{2+}，但是两组离子的取代过程非常复杂，利用X射线磁性圆二色谱，Pearce等[74]已提出最新的TTM形成模型，在此不再赘述，其两种固溶成分的晶体结构见图3-2。

(2)海砂矿中的次要物相为钛赤铁矿，简称TTH，是赤铁矿和钛铁矿的固溶体系，可表示为(1–y)$Fe_2O_{3-y}FeTiO_3$或$Fe_{2-y}Ti_yO_3$，其中y表示钛铁矿的固溶度。钛赤铁矿的晶体结构为三方晶系结构，[FeO_6]八面体和[TiO_6]八面体按一定固溶比例以共棱形式连接，钛、铁均为六次配位，氧为四次配位。TTH最初是在火山熔岩快速冷却的过程中，由于钛元素的过溶解度而析出，而后在长期大气和水中溶解氧的氧化作用下，TTM进一步发展、增多，最终获得在常温常压下稳定的TTH物相，其晶体结构见图3-3。

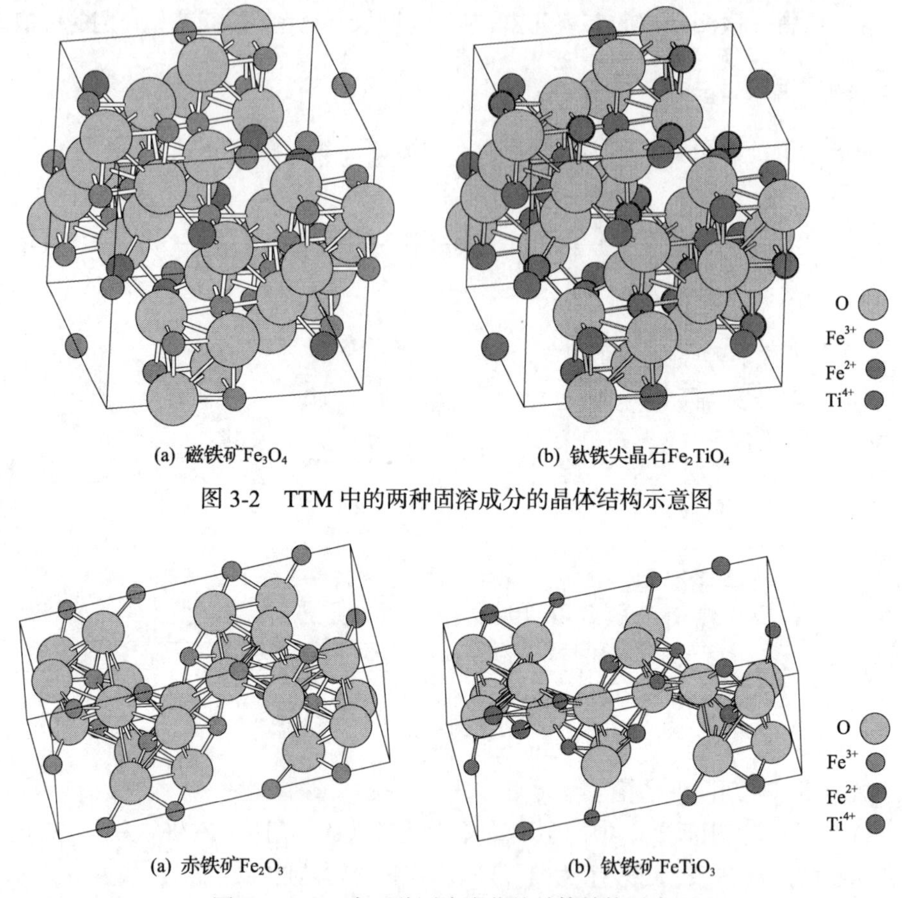

(a) 磁铁矿Fe_3O_4　　(b) 钛铁尖晶石Fe_2TiO_4

图 3-2　TTM 中的两种固溶成分的晶体结构示意图

(a) 赤铁矿Fe_2O_3　　(b) 钛铁矿$FeTiO_3$

图 3-3　TTH 中两种固溶成分的晶体结构示意图

(3)在 25°～30°出现了钛铁矿的特征峰，说明海砂矿原矿中也含有少量单独存在的钛铁矿。此外，硅、镁、铝、钙的氧化物主要以链状辉石的形式存在于海砂矿中。

3.1.3　粒度分布

利用激光粒度分析仪(LPSA)对海砂矿原矿的粒度分布进行检测，测量结果见图 3-4。由图 3-4 可得，海砂矿颗粒分布于 90～420μm，粒级分布较为集中；而 130～250μm 为海砂矿颗粒的主要分布区间，占总量的 69.12%，在该种粒度范围内的矿粒，对于烧结配矿工艺流程而言，既不处于核颗粒的粒度范围，又不适于做黏附粉，因此若不对海砂矿进行预处理，直接作为一种配料用于烧结工艺，则会对混匀矿制粒性及烧结透气性产生较大的影响。对于球团工艺而言，需要 76μm 以下的矿物颗粒且质量分数达到 70%～80%，故仍需要对海砂矿原矿进行磨矿处理，才可作为一种配矿进入球团工艺流程。

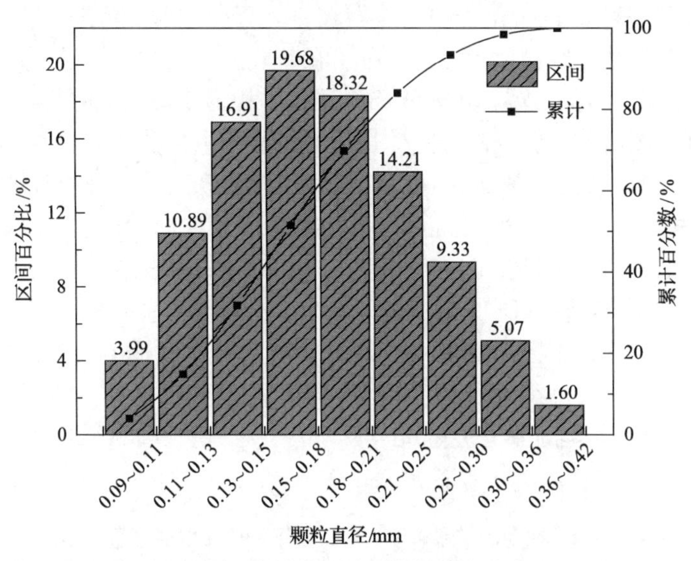

图 3-4　海砂矿原矿颗粒的粒度分布

综上，海砂矿可以不经粒度磨细处理，直接配加入炼铁长流程的烧结工序中，但其原矿粒度并不在最优粒度范围内，因此只能进行少量配加。若作为一种球团配料，则必须经过磨矿细化处理，使其达到成球粒度范围之内。

3.1.4　微观形貌与结构分析

通过扫描电子显微镜(SEM)和能量色散谱仪(EDS)可以获得海砂矿原矿的微观形貌，结果见图 3-5。

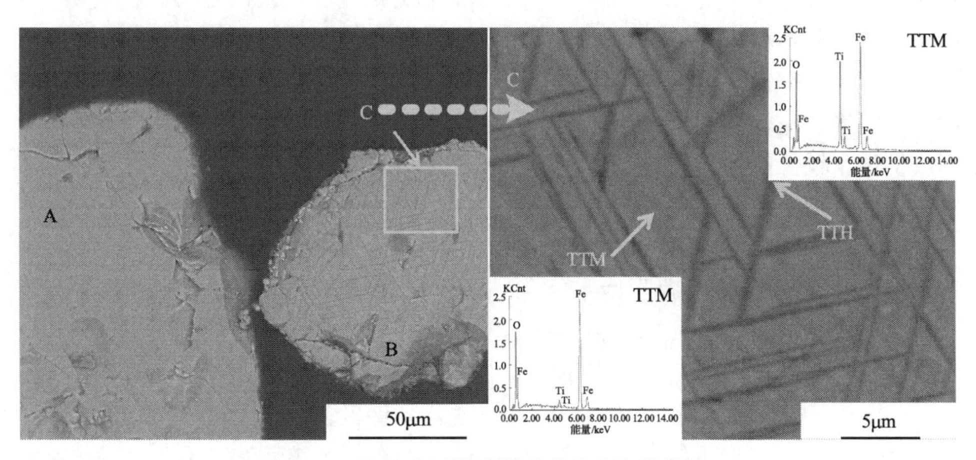

图 3-5　海砂矿原矿的微观形貌及能谱分析

通过对海砂矿原矿的 SEM 和 EDS 分析，可知海砂矿颗粒主要存在两种形式的微观形貌，一种是表面光滑的均质颗粒，元素分布较为平均，其主要物相为 TTM，如图 3-5 中 A 颗粒所示；另一种是在基底上有层状物相沿一定角度析出的非均质颗粒，其中基底仍为 TTM 物相，层状物相为 TTH，如图 3-5 中 B 颗粒及局部放大的 C 图所示。为了降低晶体长大的界面能量，晶体会优先向特定方向生长，通常称为晶体长大的各向异性。层状的 TTH 表现出了一种相对规则的生长方向，层状结构相互交错的角度接近 60°和 120°，说明在海砂矿逐步氧化的过程中，熔出后的 TTH 在 TTM 基底上逐渐沿特定的晶面生长、发展。

由 EDS 的检测结果可知，铁、钛元素在 A 颗粒中基本分布均匀，而在 B 颗粒中，从基底熔出的片层状 TTH 物相相比于基底 TTM 物相，则有更高含量的钛元素和更低含量的铁元素。对这三种不同的物相进行 EDS 定量分析(均质颗粒、非均质颗粒基底、非均质颗粒层状结构)，可得铁、钛、氧元素的原子百分数，并由此计算得到固溶度 x 和 y，结果见表 3-2。

表 3-2　在海砂矿原矿颗粒中三种不同物相的原子百分数

物相	Fe	Ti	O	x 或 y
均质颗粒	43.02	4.07	44.10	$x\approx0.26$
非均质颗粒基底	49.94	2.03	45.10	$x\approx0.12$
非均质颗粒层状结构	31.92	14.36	50.73	$y\approx0.62$

由表 3-2 可知，在非均质颗粒的层状结构中，钛、氧元素的原子百分数明显高于其他部位，这主要是由于在海砂矿成矿后长期的大气和水中溶解氧的氧化作用，造成层状的 TTH 熔出或进一步长大，而在这个过程中，钛、氧元素从非均质颗粒的基底部分富集于层状结构中，所以非均质颗粒层状结构处的钛、氧元素含量明显高于其他区域。此外，对比海砂矿均质颗粒与非均质颗粒基底部位，虽然物相同为 TTM，但是却表现出不同的磁铁矿和钛铁尖晶石固溶度，以及不同的铁、钛、氧元素含量，这也是由于上述过程的物相转变和元素富集，非均质颗粒基底部位呈现出较低的钛元素含量，也就意味着较低的钛铁矿固溶度和 x 值。

综上，由于冷却速率、晶体溶解度、大气氧化环境等因素的影响，海砂矿主要由以下固溶体物相体系构成。

(1) 磁铁矿-钛铁尖晶石固溶体系(Fe_3O_4-Fe_2TiO_4)，称为钛磁铁矿(TTM)。

(2) 赤铁矿-钛铁矿固溶体系(Fe_2O_3-$FeTiO_3$)，称为钛赤铁矿(TTH)。

此外，还存在铁板钛矿-亚铁板钛矿固溶体系(Fe_2TiO_5-$FeTi_2O_5$)，称为铁板钛矿(PSB)，这种固溶体系是比 TTM、TTH 更高一级的氧化态形式，但在海砂矿原矿中并未出现，在本书热解与预氧化实验中，检测到了该固溶体系，其晶体结构见图 3-6。

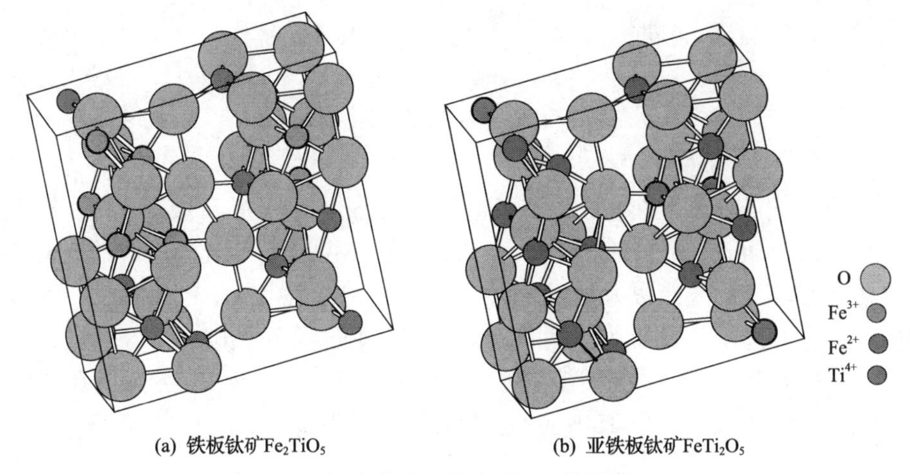

(a) 铁板钛矿Fe_2TiO_5　　(b) 亚铁板钛矿$FeTi_2O_5$

图 3-6　PSB 中两种固溶成分的晶体结构示意图

3.2　海砂矿高温特性研究

在不同的温度和压力条件下，化学反应的吉布斯自由能变化（ΔG_r）取决于反应过程中反应物与产物的化学势。而标准状态下的化学势可以由吉布斯生成自由能获得，如式(3-1)所示。组元的化学势则可由标准状态下的化学势、温度及该组元的活度得到，如式(3-2)所示。基于各组元化学势，可获得化学反应的吉布斯自由能变化，见式(3-3)和式(3-4)[179, 180]。

$$\mu_i^{\ominus} = \Delta G_f^{\ominus} \tag{3-1}$$

$$\mu_i = \mu_i^{\ominus} + RT\ln a_i \tag{3-2}$$

$$\Delta G_r(n, T, p) = \left(\sum_1^M n_i\mu_i\right)_{\text{prod}} - \left(\sum_1^N n_i\mu_i\right)_{\text{react}} \tag{3-3}$$

$$\Delta G_r(n, T, p) = \sum_1^{M+N} n_i\mu_i^{\ominus} + \sum_1^{M+N} n_iRT\ln a_i = \Delta G_r^{\ominus}(n, T, p) + RT\sum_1^{M+N}\ln a_i^{n_i} \tag{3-4}$$

式中，μ_i为组元 i 的化学势；a_i为组元 i 的活度；T 为开尔文温度，K；R 为理想气体常数，J/(mol·K)；p 为压强，Pa；ΔG_r为反应的吉布斯自由能变化，J/mol，n 为化学计量系数；M 为反应后产物种类的个数；N 为反应前反应物种类的个数；$\ominus$ 为标准状态。

当反应达到稳定状态时，化学反应的吉布斯自由能变化为零，此时式(3-4)可

以表示为式(3-5)[181]，即

$$\Delta G_{\mathrm{r}}^{\ominus}(n, T, p) = -RT\sum_{1}^{M+N}\ln a_i^{n_i} \tag{3-5}$$

利用 Factsage 6.4 热力学计算模型(CRCT and Ftoxid)和相关氧化物数据库(FACT oxide database)，可以计算在不同压强和温度条件下化学反应的标准状态吉布斯自由能[182]。本章以大气压强为 0.1MPa、温度范围为 100～1400℃、纯固态物质活度为 1 这三个条件为基准，针对海砂矿热解过程中会出现的三种物质(赤铁矿、钛铁矿和铁板钛矿)，计算其在生成过程中温度与反应所需最小氧分压之间的函数关系，结果见图 3-7，其中三个反应分别标号为 a、b、c。

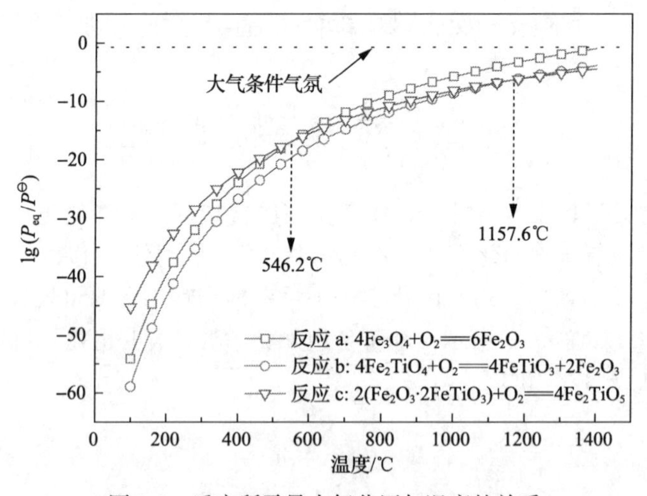

图 3-7　反应所需最小氧分压与温度的关系

由图 3-7 可得，随着温度从 100℃增加至 1400℃，反应 a、b、c 发生所需要的最小氧分压逐渐增加。此外，在 1400℃以下，三个反应均可在低于大气氧分压的条件下发生。铁板钛矿氧化生成反应(反应 c)所需最小氧分压曲线分别在 546.2℃和 1157.6℃与赤铁矿氧化生成反应(反应 a)和钛铁矿氧化生成反应(反应 b)曲线发生交叉。

在非等温热解的初期阶段，虽然钛铁矿($FeTiO_3$)氧化生成反应所需要的氧分压最低，即从热力学角度，该反应理应优先发生。但是由于反应物——钛铁尖晶石的含量较低，所以限制了钛铁矿的氧化生成。因此在该阶段磁铁矿氧化生成赤铁矿占主要地位，钛铁尖晶石氧化生成钛铁矿占次要位置。随着温度的升高和反应时间的延长，伴随着磁铁矿在 TTM 中的进一步氧化和减少，以及更多钛铁尖晶石的生成，钛铁尖晶石氧化生成钛铁矿的反应(反应 b)逐步占据主要地位。当温度达到 1157.6℃时，铁板钛矿的氧化生成反应（反应 c）在三个反应中所需要的氧分压最低。另外，赤铁矿和钛铁矿通过反应 a、b 已经大量生成并存在，这为铁板钛矿的生成提供了充足的反应物，因此在热解后期，铁板钛矿可以顺利地产生。

热重分析是一种在设定温度和气氛的条件下，对反应物质质量变化进行研究的一种手段，此后可以通过热重曲线的一阶导数和二阶导数，进一步表征物质质量变化的速率及反应开始和结束的温度。

对于一个复杂的热解氧化增重反应过程，由于其中可能会有多个亚反应同时进行，所以很难仅通过热重曲线（TG）表征亚反应的开始温度并区分不同的反应阶段。因此，本节引入了热重曲线的一阶导数（DTG）和热重曲线的二阶导数（DDTG），分别用以表征热解过程中海砂矿的质量增减速率并区分重叠发生的亚反应，见式（3-6）～式（3-8）[93, 183]。

$$\alpha_{i,T}=\frac{m_{i,T}-m_{i,0}}{m_0}=\frac{\Delta m_{i,T}}{m_0} \tag{3-6}$$

$$\mathrm{DTG}=\frac{\mathrm{d}(m_T/m_0)}{\mathrm{d}T}=\sum_{i=1}^{N}\frac{\mathrm{d}(m_{i,T}/m_0)}{\mathrm{d}T}=\sum_{i=1}^{N}\frac{\mathrm{d}(m_{i,0}+\Delta m_{i,T})/m_0}{\mathrm{d}T}=\sum_{i=1}^{N}f_i\frac{\mathrm{d}\alpha_{i,T}}{\mathrm{d}T} \tag{3-7}$$

$$\mathrm{DDTG}=\frac{\mathrm{d}^2(m_T/m_0)}{\mathrm{d}T^2}=\sum_{i=1}^{N}f_i\frac{\mathrm{d}^2\alpha_{i,T}}{\mathrm{d}T^2} \tag{3-8}$$

式中，m_0 和 m_T 分别为初始时刻的系统质量、温度为 T 时的系统质量；$m_{i,0}$ 和 $m_{i,T}$ 分别为组元 i 的初始质量和组元 i 在温度 T 时的质量；$\alpha_{i,T}$ 为组元 i 的质量变化速率；f_i 为初始质量分数，$f_i=m_{i,0}/m_0$。

当某一个亚反应开始发生时，也就是说，一个新的组元 i 开始生成时，式（3-7）中 $\sum f_i(\mathrm{d}\alpha_{i,T}/\mathrm{d}T)$ 的变化速率是迅速的，这也就意味着式（3-8）中 $\sum f_i(\mathrm{d}^2\alpha_{i,T}/\mathrm{d}T^2)$ 在其极大值附近。因此，当一个新的亚反应发生时，将会出现 DTG 曲线上的斜率极大值点和 DDTG 曲线上的极大值点。在数学上，相较于斜率极大值点，通过极大值点更容易判断一个独立变化点的位置，因此可以选择利用 DDTG 曲线判断海砂矿热解过程中亚反应的数量和发生温度。

非等温热解实验使用的设备为热重分析仪（型号：BJHJ HCT-3）。首先称取 10mg 海砂矿并放置于一个预称量的高铝坩埚中（直径 4mm×高度 4mm），而后将放置海砂矿的坩埚放置于热重仪的分析天平上。海砂矿以 5℃/min 的升温速率从室温升高至 1200℃，在此过程中，向反应器内以 60mL/min 的流量通入空气，以保证恒定的大气气氛条件。热重分析仪连接计算机控制系统，系统每隔 2s 记录一次海砂矿样品的绝对质量。当达到预定温度后，热重分析仪自动降至室温。通过在相同实验条件下未加入海砂矿的预实验，获得了预实验中的 TG 基线，通过对实验 TG 曲线减去预实验 TG 基线的进一步修正，最终获得较准确的 TG 曲线，以及由 TG 曲线经数学计算得到的 DTG 曲线和 DDTG 曲线[184-186]，如图 3-8 所示。(实线表示海砂矿增重质量分数随温度的变化情况，虚线表示 TG 曲线的一阶导函数，点画线表示 TG 曲线的二阶导函数，结果在三次重复实验下均表现出良好的再现性，不确定性的波动在 5%以内。)

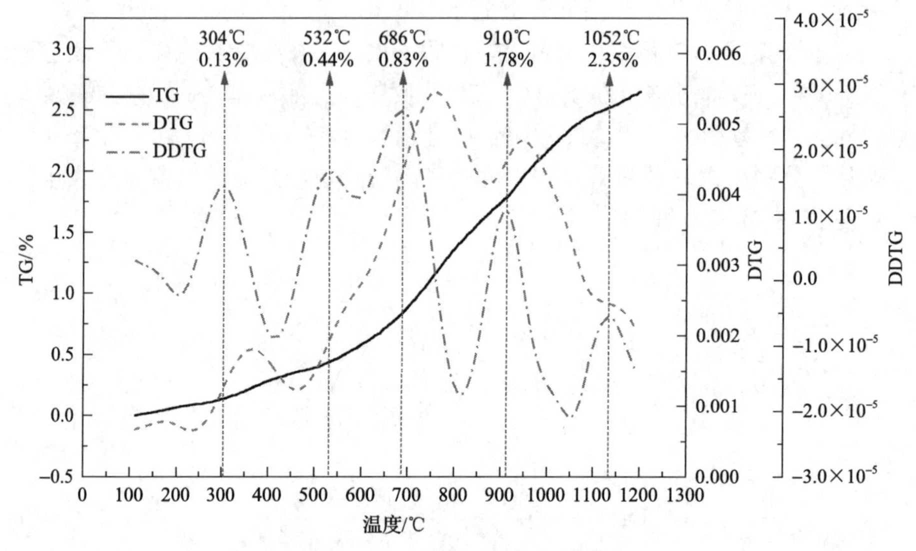

图 3-8　海砂矿非等温热解的热重分析

由图 3-8 可得，DDTG 曲线上出现了多重极大值的峰值，这意味着存在五个亚反应的步骤，在海砂矿的热解过程中，分别在 304℃、532℃、686℃、910℃和 1052℃开始新的亚反应，增重率分别为 0.13%、0.44%、0.83%、1.78%和 2.35%。反应初期的两个温度峰值 304℃和 532℃表示的两个亚反应为 TTM 中的磁铁矿向赤铁矿的转化，这也被图 3-7 中的热力学分析所证实，此外，在图 7-2 的 XRD 图谱中，TTH 沿(116)晶向、(104)晶向的峰强分别在 300～400℃、500～600℃出现显著增加，这也证实了上述亚反应的发生。在随后的阶段，五个极大值点的最大值出现在 686℃，说明该温度下发生的亚反应为五个反应中增重速率最快的反应。这是由于在 600～700℃，TTH 沿(113)、(024)、(012)晶向发展长大，此外 PSB 也沿着(101)晶向首次出现，如第 7 章图 7-2 所示。这使得在 686℃时 DDTG 曲线上出现了最大值点，且海砂矿的增重速率在此时最快。在 910℃时 DDTG 曲线上出现的极大值点意味着另一个亚反应开始发生。由于 TTM 在反应初期的氧化，钛铁尖晶石物相大量生成与积累，这也为钛铁矿的生成提供了充分的反应物，如图 3-7 所示。因此，钛铁矿沿(111)晶向的生长导致了海砂矿在 910℃出现进一步的质量增加。在1052℃时PSB的氧化反应是最后一个亚反应。最终，在1200℃时,海砂矿的质量增加百分数约为2.65%,相比于理论增重量(3.28%)只有约80.8%的Fe^{2+}氧化为Fe^{3+}，这说明仍有部分未氧化的TTM存在于海砂矿原矿中。

3.3 小 结

本书所采用海砂矿中的有害元素较低，铁、钛元素具备工业利用的价值；其主要物相为立方晶系结构的钛磁铁矿，简称TTM，是磁铁矿与钛铁尖晶石的固溶体系，次要物相为三方晶系结构的钛赤铁矿，简称TTH，是赤铁矿和钛铁矿的固溶体系，TTH最初在火山熔岩快速冷却过程中，由于钛元素的过溶解度而析出，而后在长期大气和水中溶解氧的氧化作用下进一步发展增多，最终获得在常温常压下稳定的TTH物相。海砂矿可以不经粒度磨细处理，直接配加入炼铁长流程的烧结工序中，但其原矿粒度并不在最优粒度范围内。若作为一种球团配料，则必须经过磨矿细化处理，使其达到可成球粒度的范围。通过对海砂矿原矿进行SEM和EDS分析，可知海砂矿颗粒主要存在两种形式的微观形貌，一种是表面光滑的均质颗粒，元素分布较为平均，该主要物相为TTM；另一种是在基底上有层状物相沿一定角度析出的非均质颗粒，其中基底仍为TTM物相，层状物相为TTH。

在非等温热解的初期阶段，磁铁矿(Fe_3O_4)氧化生成赤铁矿(Fe_2O_3)的反应占主要地位，钛铁尖晶石(Fe_2TiO_4)氧化生成钛铁矿($FeTiO_3$)的反应占次要位置。随着温度的升高和反应时间的延长，磁铁矿在TTM中进一步氧化并减少，造成更多的钛铁尖晶石生成，此时钛铁尖晶石氧化生成钛铁矿的反应逐步占据主要地位。当温度达到1157.6℃时，铁板钛矿(Fe_2TiO_5)的氧化生成反应在三个反应中所需要的氧分压最低，在热解后期，铁板钛矿(Fe_2TiO_5)可以顺利生成。

第4章　海砂矿磨矿磁选

相较于普通赤铁矿和磁铁矿，海砂矿的劣势在于两方面，一是其有价元素的品位较低，二是其还原动力学条件较差。基于该背景，本书提出在海砂矿还原之前对其进行预处理，期望可以通过物理预处理——磁选，提高其 TFe 和钛氧化物的品位，通过化学预处理——预氧化，改善其在后续还原阶段的动力学条件。

本章着重研究海砂矿磨矿解离、优化磁选工艺参数、磁选的受力机理。第 7 章将聚焦海砂矿预氧化处理等内容，期望可以提高海砂矿的品位和还原性[187]。

4.1　海砂矿细磨磁选的研究方法

本节对海砂矿进行了磨矿和磁选实验，并利用 XRD、SEM 及激光粒度分析(LPSA)等方法，研究了其在不同磨矿阶段的微观解离特点、粒度与磁场强度对精矿品位与回收率的影响及细粒级下磁选过程中的受力机理，从而进一步提高海砂矿品位，为提铁提钛工艺提供高品位原料条件。

干式球磨法较适于处理大批量难磨矿石，本节采用干法球磨机对海砂原矿进行磨矿实验，取海砂原矿 500g 各 4 份，分别将其球磨 10min、20min、30min 和 40min 后分点平均取样，并通过 LPSA 与 SEM，得到不同磨矿时间下的海砂矿粒度与微观解离形貌。

预实验的结果表明，当磁场强度大于 200mT 时，精矿品位与回收率基本不再发生变化，因此选择 40～200mT 作为磁场强度的研究范围。

取不同球磨时间的粉矿各 10g，加入等量的水以保证每次实验的给矿浓度不变，调节磁选机至预定的磁场强度，并保持磁鼓转速与水流速度不变，待磁选机运行稳定后，利用胶头滴管每隔 30s 加入一次矿浆至矿槽中。实验完毕后，将不同磁选条件下所得的精矿粉烘干、称量并制样，利用化学法对 TFe 与 TiO_2 的质量分数进行分析。

4.2　海砂矿球磨解离的微观分析

不同球磨时间的海砂矿粒度与微观解离形貌见图 4-1。

由图 4-1 可得，随着磨矿时间的延长，小于 0.076mm 矿粒的比例逐渐增加，但增加的幅度放缓，即磨矿效率逐渐降低。由海砂原矿的 SEM 图谱可得，矿物的

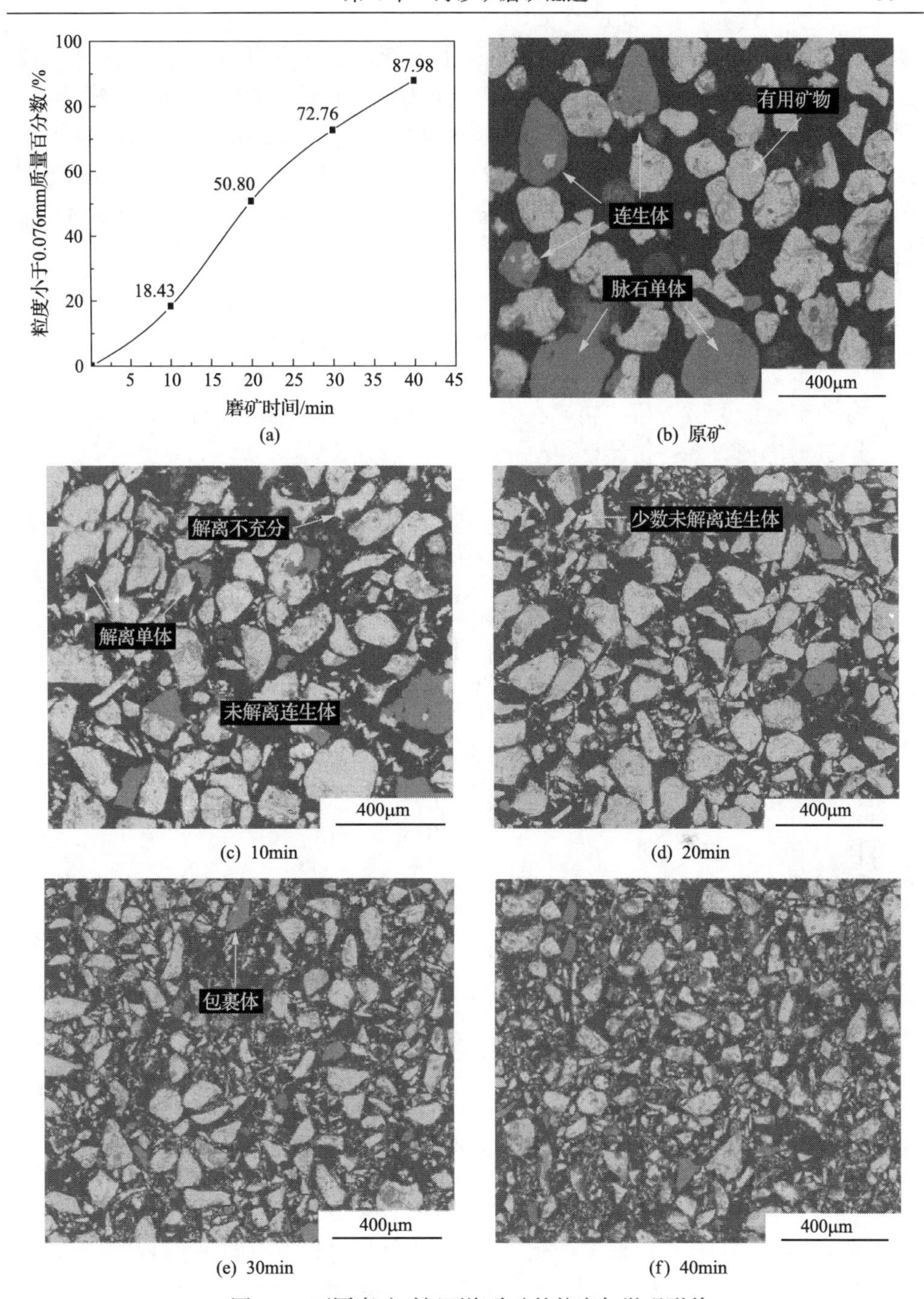

(a)　(b) 原矿

(c) 10min　(d) 20min

(e) 30min　(f) 40min

图 4-1　不同磨矿时间下海砂矿的粒度与微观形貌

形貌组成存在三种形式：灰白色的钛铁固溶体有用矿物，灰黑色的以 SiO_2 为主的脉石单体，以及脉石与有用矿物结合在一起的连生体。当磨矿 10min 后，少部分连生体解离，但仍有大部分连生体存在，因解离不充分而降低了磁选后的精矿品位。当磨矿 20min 后，大部分连生体已经解离，因此对于磨矿 20min 的海砂矿在弱磁选条件下的精矿品位已经可以达到 59%以上。而对于磨矿 30min 的海砂矿，连生体基本以包裹体形式存在，该种连生体较难解离，且随着粒度的减小，磨矿效率明显下降，故虽然磨矿进行至 40min 后，矿粒直径进一步减小，但磁选后品位的提高幅度并不显著。

4.3 海砂矿磁选工艺参数优化的研究

海砂矿经细磨磁选后的精矿在烘干、称量及化学分析后，利用式(4-1)对其 TFe 与 TiO_2 的回收率进行计算。

$$R_i = \frac{m_{精} \times i_{精}}{m_{原} \times i_{原}} \times 100\% \tag{4-1}$$

式中，R_i 为组元 i 的磁选回收率，%；$m_{原}$ 与 $m_{精}$ 分别为原矿与精矿的质量，g；$i_{原}$ 与 $i_{精}$ 分别为组元 i 在原矿与精矿中的质量分数，%。结合化学分析结果，精矿中 TFe 与 TiO_2 的品位与回收率见图 4-2。

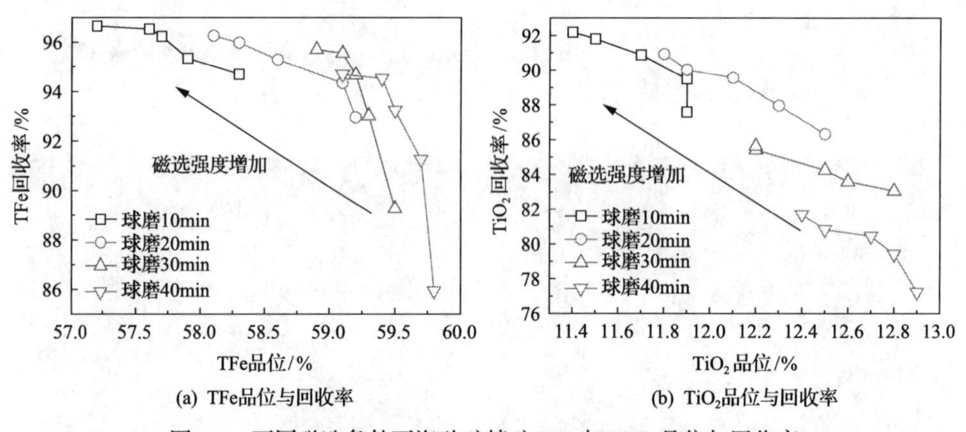

(a) TFe品位与回收率 (b) TiO_2品位与回收率

图 4-2 不同磁选条件下海砂矿精矿 TFe 与 TiO_2 品位与回收率

由图 4-2(a)可得，随着磁场强度的增加，精矿 TFe%是逐渐下降的，而 R_{TFe} 是逐渐增加的，这是由于部分解离不完全的矿粒在逐渐增强的磁场作用下从尾矿进入了精矿，故降低了精矿 TFe%并增加了 R_{TFe}；而在相同的磁场条件下，随着海砂矿粒度的下降，精矿 TFe%是逐渐升高的，但 R_{TFe} 下降，这是由于细粒度海砂矿的解离度更高，有利于脉石与有用矿物的分离及 TFe%的提高，而由于粒度越细的海砂矿所受到水的阻力越大，使其更难到达磁鼓表面，故导致 R_{TFe} 下降。

随着磁选强度由 40mT 增加至 200mT，球磨 10min 的精矿 TFe%由 58.3%降低至 57.2%，减少了 1.1%，而球磨 40min 精矿的 TFe%仅降低了 0.7%，这说明粒度较粗的矿粒受磁场力的影响更加显著(有关磁场中的受力机理将在 4.4 节中予以阐述)。因此，对于粒度较粗的矿粒，应采用弱磁选以保证精矿 TFe%，而对于细粒度矿粒，则应采用强磁选，这样可以在保证精矿 TFe%的同时，提高 R_{TFe}。

由图 4-2(b)可得，经球磨磁选后，相比于 11.41%的原矿中 TiO_2 的质量分数，精矿中 TiO_2 的质量分数均有所提高，且在弱磁选、细粒度条件下 TiO_2 的质量分数更高。如前所述，海砂矿中的 Ti 与 Fe 是以钛磁铁矿、钛赤铁矿等固溶体的形式而共生，因此只有少部分粒度较细的钛铁固溶体颗粒因磁场力小于总阻力而进入尾矿，但大部分颗粒由于铁、钛伴生存在，在提高精矿中铁的品位与回收率，降低脉石质量分数的同时，不可避免地会增加 TiO_2 的质量分数与回收率。

随着磨矿时间的增加与磁场强度的下降，磁选后精矿 TFe%与 TiO_2%是逐渐增加的，但回收率呈现下降的趋势，综合考量，采用(20min，80mT)、(30min，120mT)及(40min，160mT)可以在获得较高品位精矿的同时保证较好的回收率。

4.4　海砂矿磁选受力机理分析的研究

在磁选过程中，矿粒主要受到重力与浮力的合力、水阻力与磁场力的作用，其中重力与浮力的合力、水阻力与磁场力可分别由式(4-2)～式(4-5)表示，即

$$G_{合} = \frac{\pi d^3}{6} \cdot (\rho_{矿} - \rho_{水}) \cdot g \tag{4-2}$$

$$F_{阻} = \psi \left(1 + \frac{2k}{\sqrt{Re}}\right)^2 \cdot \rho_{水} \cdot d^2 \cdot v^2 \tag{4-3}$$

$$Re = \frac{\rho_{水} d v}{\mu_{水}} \tag{4-4}$$

$$f_{磁} = \mu \cdot \chi \cdot V \cdot H \cdot \mathrm{grad}H \tag{4-5}$$

式中，d 为单个矿粒的最大直径，m；$\rho_{矿}$、$\rho_{水}$ 分别为矿粒与磁选介质(水)的密度，kg/m^3；ψ、k 为阻力系数常数；Re 为雷诺数；$\mu_{水}$ 为水的黏度系数，Pa·s；v 为矿粒的运动速度，m/s；μ 为水介质的磁导率，N/A^2；χ 为矿粒的磁化率；V 为单个矿粒的体积，m^3；H 为磁场强度，A/m；grad$H$ 为矿粒所处位置的磁场梯度，A/m^2。

因此，在相同的磁选条件下，矿粒在磁场中的受力只与其最大直径有关。磁选机中磁选管的规格为 ϕ60mm×1000mm，矿粒由磁选管的圆心位置运动至边缘

需要的时间为 t=2.4s，设矿粒为匀速运动，则 v=0.025m/s。按表 4-1 取计算参数，可得海砂矿粒受到的作用力与矿粒最大直径的关系，见图 4-3。

表 4-1　海砂矿粒受力参数

矿粒密度 /(kg/m³)	矿粒比磁化率 /(m³/kg)	水介质磁导率 $\mu_水$/(N/A²)	磁场强度 H/(A/m)	阻力系数 ψ、k	水的黏度 $\mu_水$/(Pa·s)
4070	3740×10^{-7}	$4\pi\times10^{-7}$	6.4×10^{4}	0.11、4.53	10^{-3}

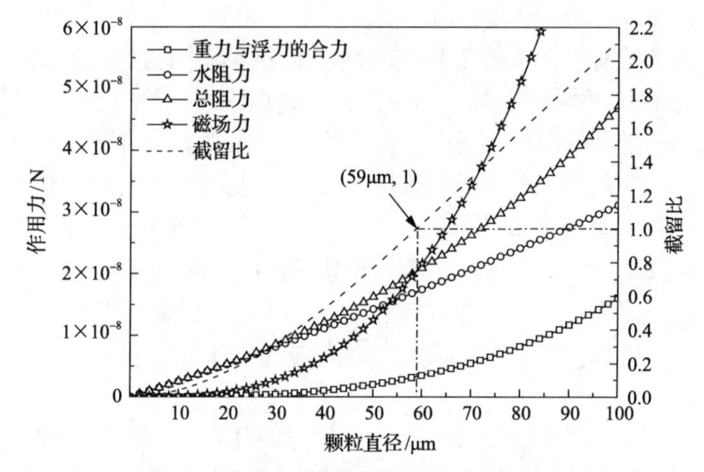

图 4-3　海砂矿粒所受作用力与颗粒直径的关系

由图 4-3 可得，随着海砂矿粒直径的增加，其所受重力与浮力的合力(以下简称重力)、水阻力及磁场力均呈现增加的趋势，当颗粒直径为 0～30μm 时，水阻力较大，而磁场力与重力相对较小，此时水阻力为矿粒所受的主要作用力；当颗粒直径达到 30μm 后，磁场力迅速增加，而重力与水阻力的增加趋势较为缓慢，直至矿粒直径增加至 59μm 时，此时磁场力与总阻力相等，截留比为 1，矿粒刚好可以达到磁鼓表面；而当颗粒直径大于 59μm 时，重力的增加趋势加快，但磁场力大于总阻力，矿粒可以达到磁鼓表面，磁场力此时为矿粒所受的主要作用力。因此，过磨易造成选矿指标下降，同时也从力学角度说明了图 4-2 中细粒度海砂的回收率较低，而粗粒度海砂的回收率较高且受磁场力影响显著的原因。

4.5　小　　结

随着磨矿时间的延长与磁场强度的下降，磁选后海砂矿精矿 TFe 与 TiO_2 的品位逐渐增加，但回收率呈下降趋势，综合考量，采用(20min，80mT)、(30min，120mT)及(40min，160mT)可以在获得较高品位精矿的同时保证较好的回收率。

随着磨矿时间的延长，连生体的解离度逐渐增加，但磨矿 30min 后，连生体基本以包裹体形式存在，该种连生体较难解离，磁选后品位提高的幅度并不明显。矿粒在磁选过程中主要受到重力、浮力、水阻力与磁场力的作用，对本实验磁选条件下的海砂颗粒而言，当其直径在 0～30μm 时，水阻力为主要作用力，而当矿粒直径增加至 59μm 及以上时，磁场力大于总阻力，截留比大于 1，矿粒可达到磁鼓表面，从而说明了细粒度海砂矿的回收率较低，粗粒度海砂矿受磁场力影响更加显著的原因。

第 5 章　海砂矿的烧结造块工艺

除块矿外，入炉含铁原料均需要进行造块工序处理，才可以进入高炉，目前我国高炉的主要含铁原料为烧结矿。因此，本章将重点研究海砂矿配入后对烧结工序的影响，单因素变量分为海砂矿配加量和海砂矿矿物粒级，通过分析上述单因素变量对烧结矿的特性及烧结工序的影响，探索海砂矿对烧结过程的影响，最终优化海砂矿在烧结工序中的应用，使其达到最佳的烧结效果。

5.1　烧结用海砂矿的基础特性

1. 化学成分

利用化学分析法，对海砂矿的化学成分进行分析，分析结果如表 5-1 所示。

表 5-1　海砂矿化学成分(质量分数)　　单位：%

TFe	FeO	SiO_2	CaO	MgO	Al_2O_3	TiO_2	K_2O	Na_2O	ZnO	Cl	S
55.63	29.6	4.13	0.6	3.74	3.38	11.41	0.017	0.020	0.005	0.009	0.013

由表 5-1 可知，海砂矿 TFe 品位达到 55.63%，相比一般含钛岩矿，具有较高的铁含量；FeO 含量较高，说明矿中铁元素主要以磁铁矿形式存在；SiO_2 百分含量为 4.13%，属于中等含硅水平；TiO_2 含量较高，达到 11.41%。

2. 物相组成

利用 XRD 衍射分析对海砂矿进行 X 射线扫描，得到了海砂矿的物相组成，结果见图 5-1。

由图 5-1 中 XRD 衍射图谱可得，海砂矿主要以钛磁铁矿矿相为主。钛磁铁矿为一种固溶体，化学式为 $(1-x)Fe_3O_4\text{-}xFe_2TiO_4$，是一种由磁铁矿和钛铁尖晶石以一定比例固溶后的产物。其中，由于铁、钛原子半径与原子质量相差不大，故钛原子会取代部分铁原子在晶格中的位置，发生类质同象现象，这也是钛磁铁矿在选矿过程中铁、钛不易分离的主要原因[82, 93, 188]。

3. 粒度分布

矿粉的粒度、比表面积等因素会影响烧结二混过程中矿粉的黏附及制粒效果，因此有必要对海砂矿的粒度分布、形貌进行检测。

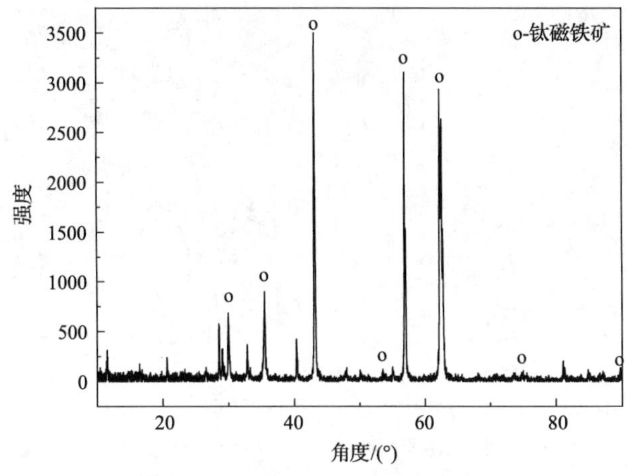

图 5-1　海砂矿的 XRD 衍射分析

采用 SEM 分析海砂矿的形貌特征，结果见图 5-2。采用激光粒度分析结果表征海砂矿的粒度分布，见图 5-3。

由图 5-2 可知，与承德岩矿类型的钒钛磁铁矿相比较，原粒级海砂矿(海砂矿原矿)多以球状或椭球状为主，棱角较为圆滑，比表面积较小，这与海砂矿终年受到海水冲刷，矿石棱角被磨平有关。因而，原粒级海砂矿的成球与黏附性能将不如岩矿类含钛矿物。

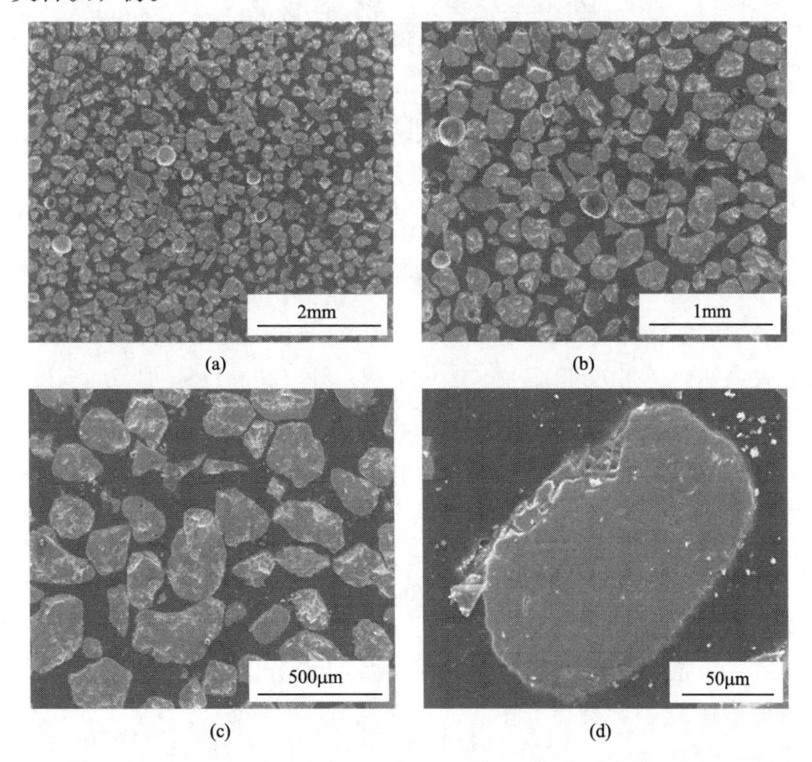

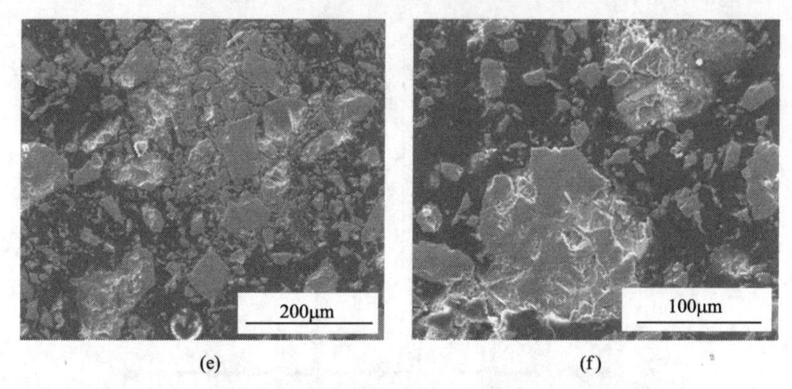

图 5-2　原粒级海砂矿与承德钒钛磁铁矿的微观形貌比较

(a)～(d)为不同倍数的原粒级海砂矿；(e)和(f)为不同倍数的承德钒钛磁铁矿

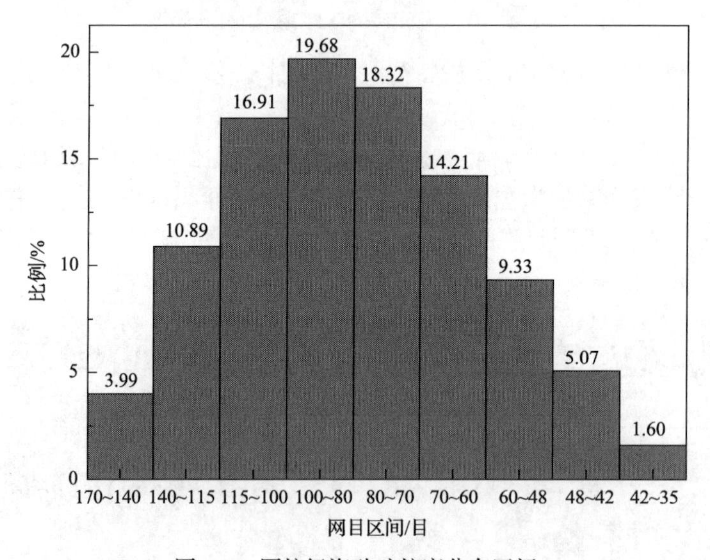

图 5-3　原粒级海砂矿粒度分布区间

由图 5-3 可知，原粒级海砂矿的粒度集中于 70～115 网目，其中 80～100 网目比例最大，达到了 19.68%，而 70～80 网目和 100～115 网目所占比例分别为 18.32%和 16.91%，粒度大于 100 网目所占比例为 68.21%，100～200 网目比例为 31.79%，基本没有小于 200 网目的颗粒。

当矿粉粒度小于 200 网目占到 60%～65%时，可以强化制粒，以改善混合料的透气性，提高烧结矿的产量和质量。烧结料制粒的颗粒是由核心颗粒和黏附层构成的。其中，返矿可作为其中较好的成球核心，粒度以 3～5mm 直径为宜；黏附层粉末是指小于 100 网目的烧结颗粒，而 18～100 网目的中间粒级是恶化混合料透气性的主要原因。而海砂矿处于中间粒级的百分比占到 68.21%。所以，除探索原粒级海砂矿应用于烧结工序外，同样也对海砂矿进行了磨矿处理，从而细化其颗粒，期望将海砂矿作为黏附粉作用于烧结工序中。因此，对海砂矿的磨矿性质进行了研究，从而探索将细化后的海砂矿应用于烧结工序的可行性及其产生的影响。

4. 磨矿特性

对海砂矿进行球磨实验，取 2kg 海砂矿为一组，在球磨机中分别磨矿 5min、10min、15min、20min、25min、30min、35min，取 100g 磨后试样，分别在振筛机中筛分 1h，得到不同磨矿时间对应的小于 200 网目的比例，结果见图 5-4。

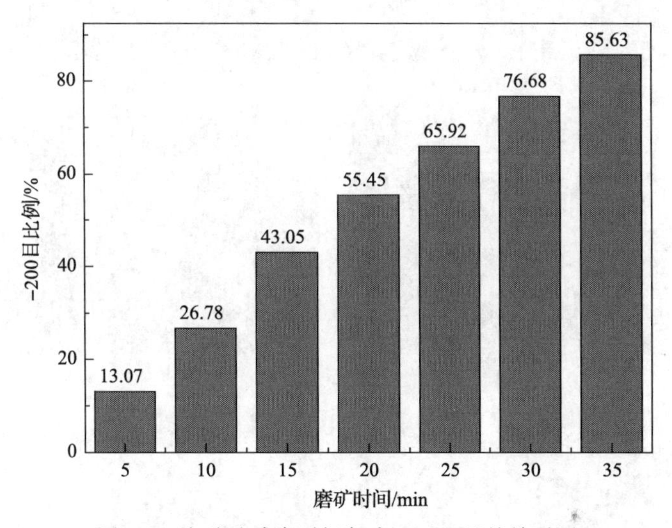

图 5-4　海砂矿球磨时间与小于 200 目的关系图

由图 5-4 可得，随着球磨时间的延长，小于 200 目的颗粒所占比例越来越多，球磨初期，小于 200 目所占比例随球磨时间的增加其增长较为明显，从 13.07%增加至 43.05%，而球磨耗时仅增加了 10min，在球磨中后期，基本呈现球磨时间每增加 5min，小于 200 目比例增加 10%的关系。当球磨时间达到 25min 时，小于 200 目比例达到 65%，此时已经满足了强化制粒，保证料层透气性的标准[189]。

因此，烧结杯实验选取了原粒级海砂矿，以磨矿 25min 的海砂矿（细粒级海砂矿）作为实验海砂矿配料，另外将磨矿成本与烧结矿质量进行折中考虑，选择磨矿 10min 的海砂矿（中间粒级海砂矿）作为第三种烧结杯的配料。

5.2　海砂矿烧结实验方法

1. 烧结杯实验设备

海砂矿应用于烧结工序的实验是在烧结杯中展开的。烧结实验室主要分为主控系统、烧结主系统、料箱、风机、烧结混合制粒机、烧结落下强度实验机、烧结矿水平往复机械筛、烧结转鼓实验机及烧结鼓后筛分机等组成。图 5-5 为烧结杯实验所用到的部分设备和检测装置。设备的主要参数见表 5-2。

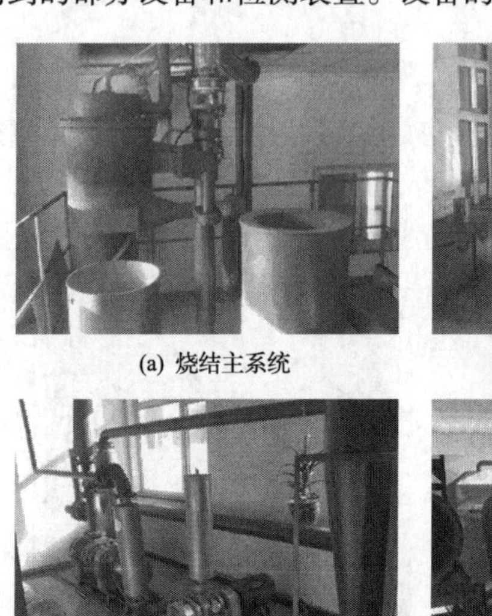

(a) 烧结主系统

(b) 烧结混合制粒机

(c) 风机

(d) 烧结落下强度实验机

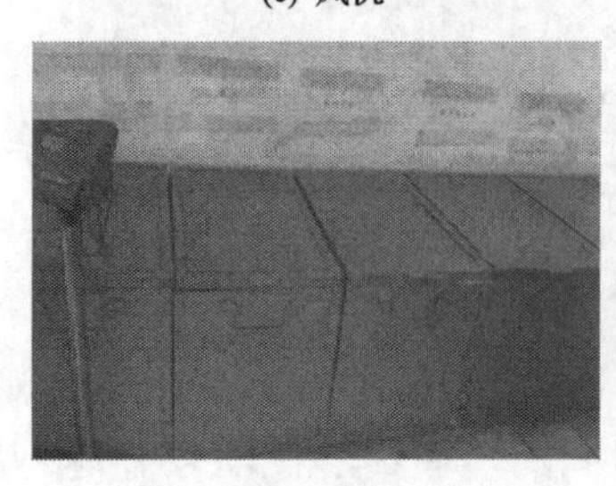

(e) 烧结料箱

(f) 机械筛、转鼓实验机、鼓后筛分机

图 5-5　烧结杯实验室的主要设备与仪器

表 5-2　烧结杯的主要设备参数

设备	参数
烧结鼓后筛分机	筛孔尺寸 6.3mm×6.3mm，筛面倾角–45°～45°，往复速度 20 次/min，电机功率 1.1kW
烧结转鼓实验机	规格 ϕ1000mm×750mm，装料量 7.5kg，电机功率 1.5kW
烧结矿水平往复机械筛	规格 800mm×500mm，往复速度 60 次/min，电机功率 1.5kW
烧结混合制粒机	规格 ϕ600mm×1400mm，转速 7～30r/min，摆动倾角–18°～25°，电机功率 4kW
烧结落下强度实验机	实验落下高度 2000mm，电机功率：提升 1.1kW、倒料 0.75kW、平移 0.75kW
烧结杯系统	烧结杯规格 ϕ300mm×850mm，电机功率：破碎机 4kW、烧结杯 1.5kW

烧结杯实验过程主要包括配料、一次混料、二次混料、烧结、成品检验等五个部分，实验流程见图 5-6。

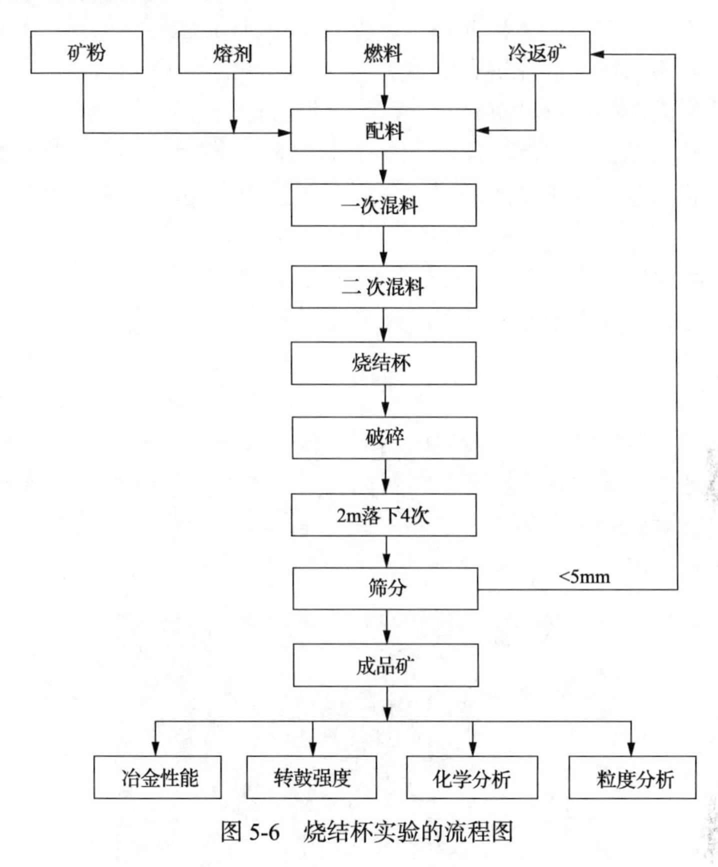

图 5-6　烧结杯实验的流程图

2. 配料

在烧结杯实验之前，应先进行配料，将矿粉、熔剂、燃料和返矿按照计划重量称量并取出。通过该过程，改变海砂矿的配入量，配料料箱见图 5-7。

图 5-7　配料料箱

3. 一次混料

混料分为一次混料和二次混料。混料的主要目的是使各组分均匀分布，以促进烧结矿成分均匀稳定。在物料混合的同时，加水润湿并制粒，从而改善烧结料的透气性，促进烧结的顺利进行。一次混料的目的为混匀并加水，把称好的原料放置于混料板上进行一次混料，并添加适量水分，以满足烧结混合料制粒的需要。

按照实验方案称量 127kg 的烧结原料，进行初步混匀，混匀时将混合料左右倒 3 次；初步混匀完毕后，逐步向烧结混合料中加入一定量的水，每次加水后，将混匀时产生的较大颗粒破碎，再进行混合，如此交替进行，共加入 8%的水，一混完成的标志是混合料中已有部分小球出现。

4. 二次混料

二次混料的目的是烧结混合料的制粒，将一次混合好的烧结料放入二次混料机中进行造球，二次混料在圆筒混料机内完成。本次实验用的圆筒混料机直径为 0.6m，圆筒造球机的转速为 18.6r/min，倾斜角度–5°，混料时间为 5min。圆桶混料机见图 5-8。

图 5-8　圆筒混料机

5. 烧结

先将 3kg 粒度范围在 10～16mm 的烧结返矿用于铺底料，底料放入烧结杯底部，再将二混后的烧结混合料加入烧结杯中。装料完毕后，启动点火器，待点火温度升高到 1050℃时，点火器自动移到烧结杯上方。点火时间控制在 188s，点火负压控制在 8000Pa，烧结负压控制在 16000Pa。当烧结温度达到最高并开始下降时，烧结实验结束。烧结矿在底部抽风的条件下冷却，冷却负压控制在 12000Pa，当废气温度冷却到 250℃时停止抽风，烧结杯会自动倾倒出烧结饼，进入单辊破碎机进行破碎，得到成品烧结矿。

本次烧结杯实验的部分参数模拟首钢京唐2台550m^{2}烧结机的运行参数进行实验，实验过程中的参数设置见表5-3。

表5-3　烧结杯实验参数

参数	设定值	参数	设定值
点火负压/Pa	8000	点火时间/s	188
烧结负压/Pa	16000	破碎机运行时间/s	70
冷却负压/Pa	12000	倒料等待时间/s	70
点火温度/℃	1050	烧结厚度/mm	850
冷却温度/℃	250	一混加水量/L	8

6. 成品检验

(1)烧结结束后，自动翻料，记录烧结所用的时间；

(2)将得到的烧结矿进行称量，得到烧结矿的质量；

(3)烧结料放入落下实验机进行落下实验，落下高度为2m，重复落4次；

(4)转鼓(ISO)实验：将落下实验后的烧结矿放到层筛实验机内进行筛分(筛分为＞40mm、40～25mm、25～16mm、16～10mm、10～5mm、＜5mm六个粒级)，其中＜5mm的烧结矿为冷返矿，＞5mm的烧结矿为成品矿。成品矿中将40～25mm、25～16mm、16～10mm三个粒级按比例各取一定重量(共7.5kg)，放入转鼓中进行转鼓实验，转鼓转动时间为8min，转速为25r/min，共200转。转完后将试样取出放入6.3mm的鼓后筛分机中进行筛分，筛上物的百分比即为转鼓指数，烧结杯系统见图5-9，成品烧结矿检验设备见图5-10。

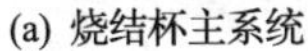

(a) 烧结杯主系统　(b) 烧结抽风机

图5-9　烧结杯系统

(5)计算烧结矿的成品率、粒度组成、烧结垂直烧结速度、烧损率、利用系数、转鼓指数等，计算公式如式(5-1)～式(5-6)所示。根据实验所得结果，利用下述计算公式，可以得出烧结杯实验的各个指标。

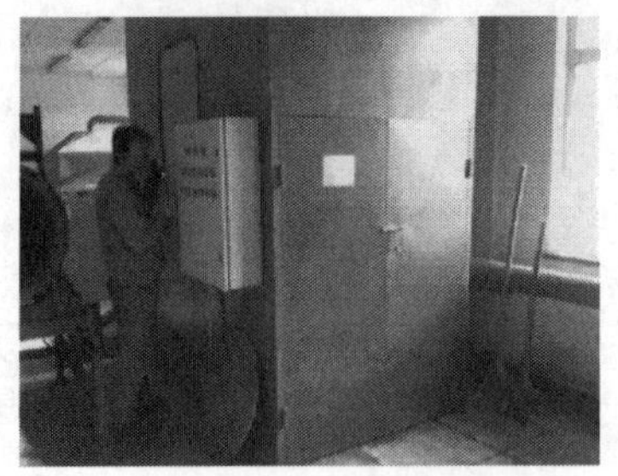

(a) 烧结落下强度实验机

(b) 机械筛、转鼓实验机、鼓后筛分机

图 5-10　成品烧结矿检验设备

$$\text{成品率} = \frac{\text{成品矿重量} - \text{铺底料重量}}{\text{烧结饼重量} - \text{铺底料重量}} \times 100\% \tag{5-1}$$

$$\text{垂直烧结速度} = \frac{\text{料层高度}}{\text{烧结时间}} \tag{5-2}$$

$$\text{烧损率} = \frac{\text{装料量} - (\text{烧结饼重量} - \text{铺底料重量})}{\text{装料量}} \times 100\% \tag{5-3}$$

$$\text{利用系数} = \frac{\text{成品烧结矿重量} - \text{铺底料重量}}{\text{烧结时间} \times \text{烧结面积}} (\text{t/m}^2 \cdot \text{h}) \tag{5-4}$$

$$\text{转鼓指数} = \frac{\text{转鼓后>6.3mm的重量}}{\text{入鼓烧结矿重量}} \times 100\% \tag{5-5}$$

$$\text{燃耗} = \frac{\text{燃料加入量}}{\text{成品烧结矿重量}} (\text{kg/t}) \tag{5-6}$$

5.3　海砂矿烧结实验方案

将原始粒级海砂矿、中间粒级海砂矿、细粒级海砂矿分别配加 2%、5%、8%进行烧结杯实验，为保证实验精度，减小偶然误差对实验结果造成的影响，本次烧结杯实验均设置平行实验，共进行 18 组配加海砂矿的烧结杯实验和 1 组基准样烧结杯实验，见表 5-4。

表 5-4　海砂矿烧结杯总体实验方案

实验次数	基准	配加 2%	配加 5%	配加 8%
原粒级海砂矿	—	两次	两次	两次
中间粒级海砂矿	—	两次	两次	两次
细粒级海砂矿	—	两次	两次	两次

实验分为基准样和三个方案，基准样为不配加海砂矿的对照组实验，方案一、方案二、方案三分别为配加海砂矿 2%、5%和 8%，其中方案一、方案二海砂矿替代马萨杰矿，方案三中海砂矿替代马萨杰、秘鲁原矿和钢渣。烧结杯实验配料方案中的各种烧结配料化学成分见表 5-5。

表 5-5　烧结杯实验配料化学成分　单位：%

名称	TFe	SiO_2	CaO	MgO	Al_2O_3	TiO_2
印尼海砂	55.63	4.13	0.6	3.74	3.38	11.41
巴西烧结粉	63.31	6.3	0.24	0.22	1.14	—
巴卡粉	64.76	2.88	0.19	0.23	1.4	—
澳粉	61.68	3.64	0.22	0.21	2.1	—
杨迪粉	57.23	5.59	0.22	0.21	1.36	—
马萨杰	56.97	4.72	0.41	0.29	2.68	—
秘鲁原矿	55.9	10.2	2.2	2.79	1.51	—
南非粉	64.28	4.48	0.2	0.19	1.78	—
秘鲁球团粉	69.43	1.43	0.53	0.74	0.28	—
钢渣	20.5	12.98	35.65	11.41	1.61	—
氧化铁皮	72	0.75	0.25	0.08	0.27	—
石灰石	—	0.61	53.15	1.36	—	—
白云石	—	1.62	30.16	21.5	—	—
高炉返矿	55.8	5.5	10.3	1.6	1.59	—
除尘灰	47	4.2	3.75	1.58	1.63	—

由于各矿石含水量的不同，烧结配料计算采用干料量计算，各方案的实际配料质量见表 5-6。

表 5-6　烧结杯实验干料配料实际重量　单位：kg

名称	基准样	方案一	方案二	方案三
巴西烧结粉	7.22	7.23	7.24	7.25
巴卡粉	13.66	13.67	13.69	13.72
澳粉	16.91	16.92	16.94	16.98
杨迪粉	9.78	9.79	9.80	9.82
马萨杰	3.50	2.10	0	0
秘鲁原矿	1.60	1.60	1.60	0
印尼海砂	0	1.32	3.31	5.31
南非粉	2.94	2.94	2.95	2.95

续表

名称	基准样	方案一	方案二	方案三
秘鲁球团粉	4.15	4.15	4.16	4.16
钢渣	2.28	2.28	2.28	1.88
氧化铁皮	0.99	0.99	0.99	1.00
脱硫渣铁	0.73	0.73	0.73	0.73
烧结返矿	33.04	33.07	33.12	33.18
高炉返矿	11.33	11.34	11.35	11.37
石灰石	5.47	5.44	5.39	5.20
白灰	5.66	5.67	5.68	5.69
除尘灰	2.68	2.68	2.68	2.68
焦粉	3.95	3.95	3.95	3.95
高炉瓦斯灰	1.13	1.13	1.14	1.14
总计	127	127	127	127

烧结杯实验中干料配料百分比方案、湿料配料百分比方案分别见表 5-7 和表 5-8。

表 5-7　烧结杯实验干料配料方案　　单位：%

名称	基准样	方案一	方案二	方案三
巴西烧结粉	10.6	10.6	10.6	10.6
巴卡粉	19.6	19.6	19.6	19.6
澳粉	24.1	24.1	24.1	24.1
杨迪粉	13.5	13.5	13.5	13.5
马萨杰	5.0	3.0	0	0
秘鲁原矿	2.4	2.4	2.4	0
印尼海砂	0	2.0	5.0	8.0
南非粉	4.4	4.4	4.4	4.4
秘鲁球团粉	5.8	5.8	5.8	5.8
钢渣	3.4	3.4	3.4	2.8
氧化铁皮	1.5	1.5	1.5	1.5
石灰石	6.8	6.8	6.8	6.8
脱硫渣铁	1.0	1.0	1.0	1.0
除尘灰	1.9	1.9	1.9	1.9

注：熔剂白灰、燃料焦粉、高炉瓦斯灰不计入干料配比计算。

表 5-8　烧结杯实验湿料配料方案(质量分数)　单位：%

名称	基准样	方案一	方案二	方案三
巴西烧结粉	5.68	5.69	5.70	5.71
巴卡粉	10.75	10.76	10.78	10.80
澳粉	13.31	13.32	13.34	13.37
杨迪粉	7.70	7.71	7.72	7.73
马萨杰	2.76	1.65	0.00	0.00
秘鲁原矿	1.26	1.26	1.26	0.00
印尼海砂	0.00	1.04	2.61	4.18
南非粉	2.31	2.31	2.32	2.32
秘鲁球团粉	3.27	3.27	3.28	3.28
钢渣	1.79	1.80	1.80	1.48
氧化铁皮	0.78	0.78	0.78	0.79
脱硫渣铁	0.57	0.57	0.57	0.57
烧结返矿	26.01	26.04	26.08	26.12
高炉返矿	8.92	8.93	8.94	8.95
石灰石	4.31	4.28	4.24	4.09
白灰	4.46	4.46	4.47	4.48
除尘灰	2.11	2.11	2.11	2.11
焦粉	3.11	3.11	3.11	3.11
高炉瓦斯灰	0.89	0.89	0.90	0.90
总计	100	100	100	100

取 1kg 混合后的湿料进行称重，烘干后再次称重，可以得到各组混合料的含水量；称量入杯前后的湿料质量可以得到烧结杯中的湿料量。烧结结束后，称量单辊破碎后的烧结矿质量，可以得到烧结矿热破碎后的重量，见表 5-9。

表 5-9　各组烧结杯水分和料量　单位：kg

编号	水分	入杯前总量	入杯后余量	杯中质量	烧结矿热破碎后质量
基准样	6.6	138.04	19.72	118.32	103.27
原粒级-2%-1	7.1	141.17	30.44	110.73	96.88
原粒级-2%-2	6.8	141.56	30.31	111.25	96.09
原粒级-5%-1	6.9	141.84	26.88	114.96	101.52
原粒级-5%-2	7.1	140.69	27.61	113.08	99.26
原粒级-8%-1	6.9	140.51	27	113.51	101.43

续表

编号	水分	入杯前总量	入杯后余量	杯中质量	烧结矿热破碎后质量
原粒级-8%-2	6.9	140.53	27.52	113.01	99.06
中间粒级-2%-1	7	140.77	27.48	113.29	100.25
中间粒级-2%-2	7	141.43	28.67	112.76	97.84
中间粒级-5%-1	6.9	138.84	22.78	116.06	101.69
中间粒级-5%-2	7	141.89	26.96	114.93	100.30
中间粒级-8%-1	6.8	140.69	24.54	116.15	102.51
中间粒级-8%-2	6.6	140.21	24.21	116	102.38
细粒级-2%-1	6.9	141.38	27.95	113.43	100.72
细粒级-2%-2	6.9	139.98	27.41	112.57	97.42
细粒级-5%-1	7.1	141.26	28.28	112.98	99.90
细粒级-5%-2	7	141.05	28.16	112.89	100
细粒级-8%-1	6.8	140.79	26.32	114.47	100.40
细粒级-8%-2	6.9	139.92	24.82	115.1	101.58

注：表格中编号名称按照“粒级-海砂矿配加量-平行样编号”来排列，例如，“中间粒级-2%-1”表示“磨矿10min 海砂矿-配加量 2%-平行样 1#”，“原粒级”表示海砂矿未经磨矿处理，下同。

5.4 含海砂矿成品烧结矿的常温特性

5.4.1 含海砂矿成品烧结矿的化学成分

利用滴定化学分析法对烧结杯实验所得到的不同海砂矿粒度和配加量条件下成品烧结矿的化学成分进行分析，结果见表 5-10。

表 5-10 不同海砂矿粒度和配加量条件下含海砂矿烧结矿的化学成分(质量分数) 单位：%

编号	TFe	FeO	SiO_2	CaO	MgO	Al_2O_3	TiO_2	C
基准	55.68	4.56	5.36	11.48	1.79	1.95	0.178	0.06
原粒级-2%-1	55.41	5.21	5.39	11.56	1.94	1.87	0.303	0.05
原粒级-2%-2	55.44	5.03	5.30	11.76	1.84	1.86	0.361	0.04
原粒级-5%-1	55.44	5.96	5.35	11.58	1.92	1.90	0.361	0.07
原粒级-5%-2	55.32	6.03	5.26	11.57	1.84	1.86	0.584	0.04
原粒级-8%-1	55.18	6.68	5.34	11.48	1.89	1.88	0.858	0.08
原粒级-8%-2	55.42	6.03	5.25	11.41	1.93	1.90	0.894	0.02

续表

编号	TFe	FeO	SiO_2	CaO	MgO	Al_2O_3	TiO_2	C
中间粒级-2%-1	55.73	6.90	5.44	11.14	1.96	1.86	0.500	0.06
中间粒级-2%-2	55.97	7.33	5.61	11.27	1.93	1.89	0.468	0.03
中间粒级-5%-1	55.42	6.68	5.40	10.94	2.10	1.92	0.739	0.11
中间粒级-5%-2	55.40	6.97	5.39	11.16	2.07	1.86	0.767	0.03
中间粒级-8%-1	55.79	4.96	5.27	11.12	1.87	1.88	0.935	0.05
中间粒级-8%-2	55.81	4.45	5.31	10.84	2.26	1.86	0.956	0.03
细粒级-2%-1	55.30	4.88	5.23	11.46	1.80	1.80	0.389	0.02
细粒级-2%-2	55.67	4.89	5.19	11.52	1.68	1.78	0.462	0.03
细粒级-5%-1	55.83	8.48	5.33	11.14	1.81	1.85	0.895	0.05
细粒级-5%-2	55.63	6.68	5.25	11.71	1.69	1.80	0.648	0.03
细粒级-8%-1	55.52	7.47	5.30	11.36	1.83	1.86	0.889	0.11
细粒级-8%-2	55.69	7.54	5.38	11.18	1.71	1.83	0.878	0.13

1. TFe 含量

烧结矿中的 TFe 含量是衡量烧结矿质量的重要指标，在高炉炼铁工序中，含铁炉料品位每提高 1%，可以使高炉焦比降低 2%，高炉产量提高 3%。从图 5-11 中

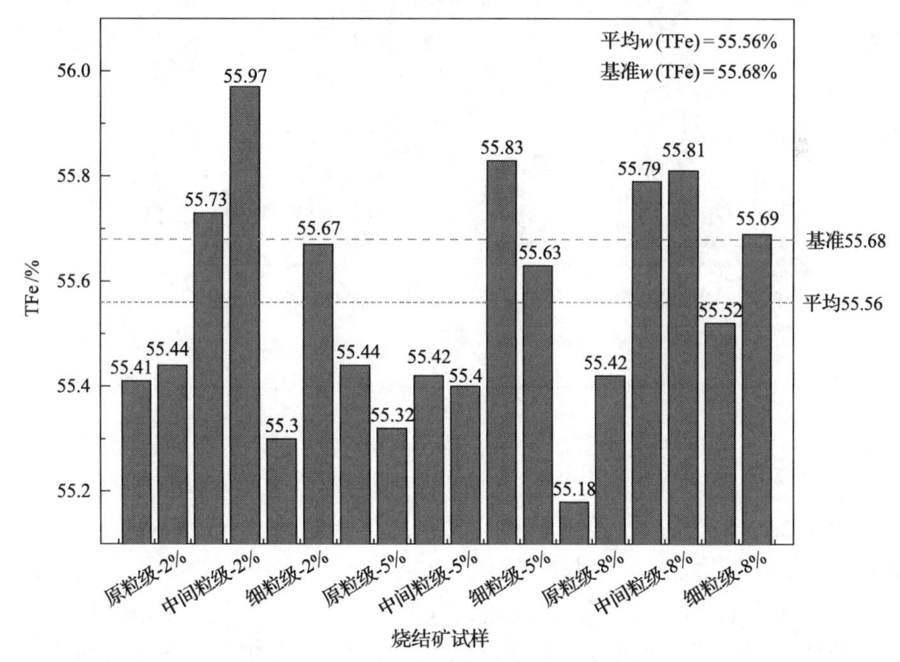

图 5-11　不同海砂矿粒度和不同海砂矿配加量条件下含海砂矿烧结矿的 TFe 含量

可以看出，烧结矿的 TFe 含量稳定在 55.56%左右，波动范围很小，不足 0.3%；而根据冶金行业标准对优质铁矿石的要求，烧结矿的 TFe 含量波动范围为±0.4%，故烧结中合理配加一定比例的海砂矿对于烧结矿全铁含量的影响并不显著。

2. FeO 含量

从图 5-12 可以发现，当烧结中配加海砂矿比例为 0(基准样)时，烧结矿中 *w*(FeO)为 4.56%；当烧结中配加海砂矿比例 2%～8%时，烧结矿中 *w*(FeO)在 4.45%～8.48%波动，其平均值为 6.23%。由此可见，当烧结中配加一定比例的海砂矿时，烧结矿的 FeO 含量会升高。这是因为海砂矿是一种钒钛磁铁矿，烧结中配加海砂矿会使烧结混合料中磁铁矿物相的含量升高，所以烧结矿中 FeO 含量呈升高的趋势。

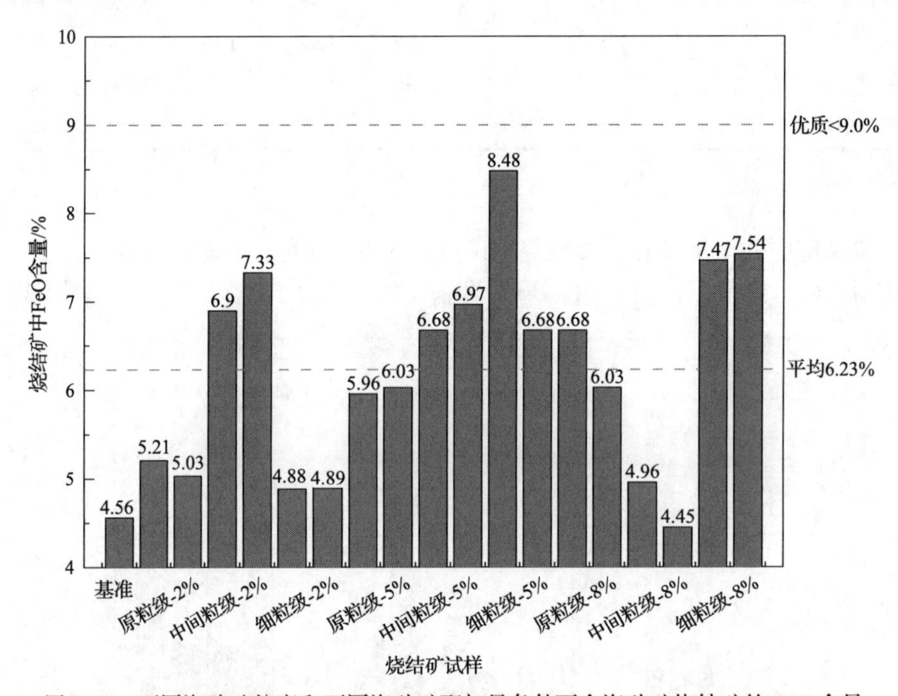

图 5-12　不同海砂矿粒度和不同海砂矿配加量条件下含海砂矿烧结矿的 FeO 含量

烧结矿中的 FeO 含量与铁矿粉的矿物类型、烧结固体燃料配比、烧结气氛、烧结料层的透气性等均有密切关系。对于以磁铁精粉为主要含铁物料的烧结而言，由于磁铁精粉的矿物类型主要为 Fe_3O_4，故烧结矿中的 FeO 含量相对较高；而对于富矿粉烧结，由于富矿粉的矿物类型主要为 Fe_2O_3，所以烧结矿中的 FeO 含量一般要比磁铁精粉烧结矿的低；当烧结固体燃料配加量较大时，烧结料层中的局部还原性气氛会加强，从而使高价铁氧化物被还原，导致烧结矿中 FeO 含量升高[190]。

为保证烧结矿具有较好的还原性，烧结矿中的FeO含量不宜大于11%；对于优质烧结矿，FeO含量则不能高于9%。烧结杯实验所得烧结矿中的FeO含量均小于9%，因此烧结中配加一定比例海砂矿后，烧结矿的FeO含量指标没有超过相关标准。

3. 二元碱度的研究分析

从图5-13中可以发现，基准样的烧结矿碱度$R[w(\mathrm{Cao})/w(\mathrm{SiO_2})]=2.16$，而烧结中配加海砂矿所得烧结矿的平均碱度 R=2.13，因此配加海砂矿后烧结矿的碱度波动范围较小[191]。

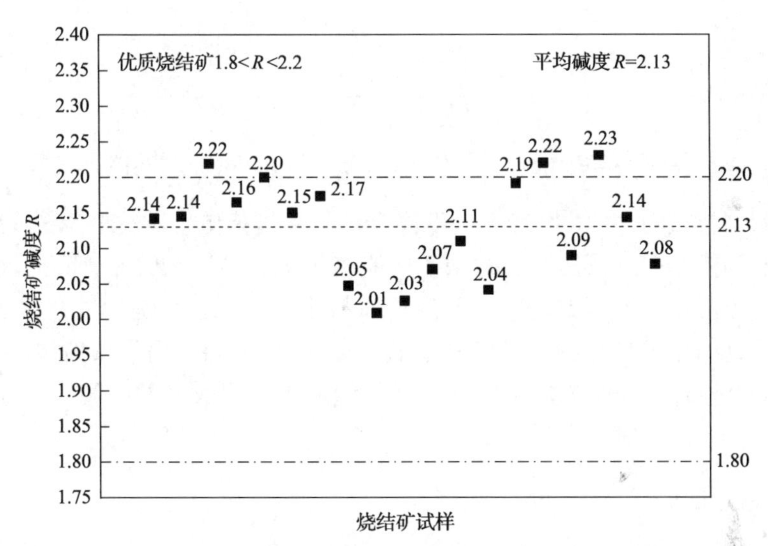

图5-13　不同海砂矿粒度和不同海砂矿配加量条件下的含海砂矿烧结矿碱度

烧结矿碱度 R 是影响烧结矿相组成的重要定量指标，目前我国烧结矿的绝大部分是基于烧结矿复合铁酸钙理论而生产的高碱度烧结矿。复合铁酸钙物相具有较高的强度，其强度仅次于赤铁矿；同时，复合铁酸钙还具有较好的还原性。而要使烧结矿中的主要黏结相为复合铁酸钙，就必须提高烧结混合料的碱度以使混合料中有足够的氧化钙与铁矿粉化合形成强度和还原性都较好的复合铁酸钙[2, 192]。烧结杯实验所获得的含海砂矿烧结矿的碱度符合高碱度烧结矿的碱度要求（$1.8<R<2.2$）。

4. MgO 含量

从图 5-14 可得，在不同海砂矿配比的条件下，烧结矿中平均 MgO 含量为1.89%，而基准样烧结矿中的平均MgO含量为1.79%，海砂矿的配加使烧结矿中的MgO含量提高了5.6%，这主要是海砂矿中MgO含量较高的原因所致。

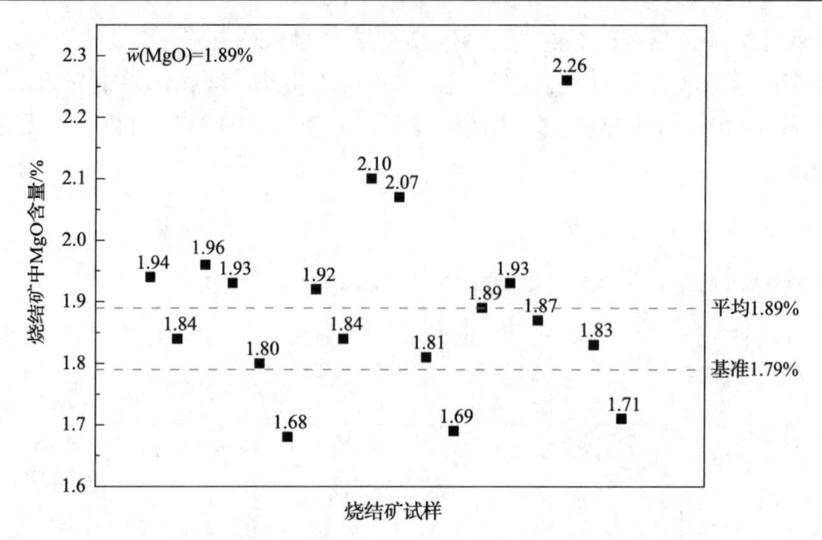

图 5-14　不同海砂矿粒度和不同海砂矿配加量条件下含海砂矿烧结矿的 MgO 含量

MgO 在烧结矿中依据其含量不同会产生不同影响。首先，Mg^{2+}可以进入磁铁矿中取代 Fe^{2+}，从而减小磁铁矿的晶格缺陷，稳定磁铁矿，降低其生成次生赤铁矿的可能性，因此烧结矿低温还原粉化被降低。可是，过高的 MgO 含量则会导致烧结矿在冷凝中产生其他的复杂化合物，由于不同矿物结晶能力的差异性，冷凝时会产生内应力，从而在烧结矿中产生大量的微裂纹，进而加剧粉化。

5. Al_2O_3 含量

由图 5-15 可得，当在烧结中配加一定量的海砂矿后，烧结矿中的 Al_2O_3 含量降低，均比未配加海砂矿时的烧结矿低，基准样烧结矿中 Al_2O_3的为 1.95%，而配加一定量海砂矿的烧结矿中 $\overline{w}(Al_2O_3)$= 1.86%，Al_2O_3 的质量分数降低 4.6%。

烧结矿中 Al_2O_3 含量偏高会较大程度地影响烧结矿的质量，尤其会导致烧结矿低温还原粉化的加剧。这主要是由于 Al_2O_3 可促使赤铁矿的还原应力集中，并且也会导致烧结矿膨胀，裂纹扩展。因此，配加海砂矿后，将有助于降低 Al_2O_3 对烧结矿质量带来的不利影响。

6. TiO_2 含量

从图 5-16 中可以发现，烧结矿中的 TiO_2 质量分数随着海砂矿配比从 0 增大到 8%呈线性增加的趋势。当海砂矿配比为 0(基准样)时，烧结矿中的 TiO_2 含量为 0.18%，当海砂矿配比为 8%时，烧结矿中的 TiO_2 质量分数接近 1%。

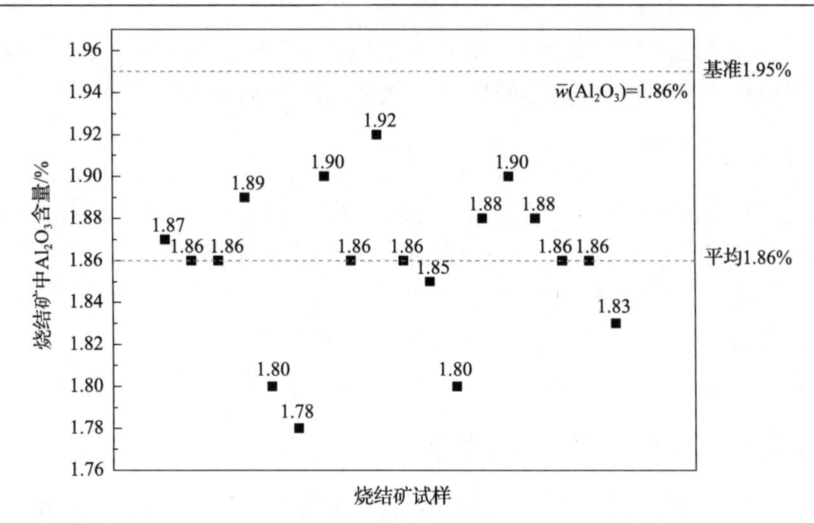

图 5-15　不同海砂矿粒度和不同海砂矿配加量条件下含海砂矿烧结矿的 Al_2O_3 含量

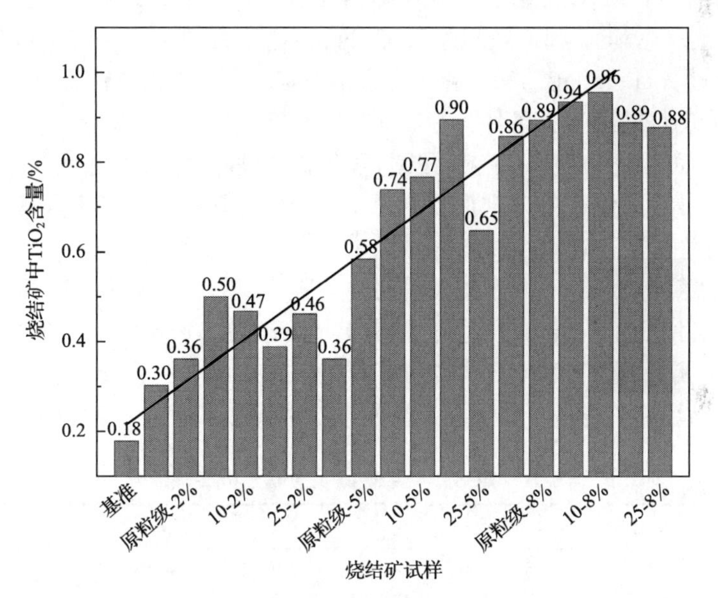

图 5-16　不同海砂矿粒度和不同海砂矿配加量条件下含海砂矿烧结矿的 TiO_2 含量

烧结矿中 TiO_2 的含量也会影响烧结矿低温还原粉化的性能，故 TiO_2 在烧结矿中的含量不宜过高。但是，目前我国部分高炉因特定阶段护炉的需要，一般会在烧结矿或球团矿中加入一定量的钛精粉以达到使高炉长寿的目的。

此外，返矿中的 TiO_2 含量很高，即小于 1mm 烧结返矿中 TiO_2 的含量最高。这是因为烧结过程是自上而下的抽风矿化过程，烧结料层的温度变化剧烈，而位于烧结料层顶部的混合料由于热量供给不足而矿化不完全，顶部烧结矿仍呈散料状态，而这部分烧结矿的绝大部分会进入返矿，其中的细粒度海砂矿也一起进入烧结返矿中。通过之前对海砂矿的粒度分析可知，海砂矿的粒度均小于 1mm，因此小于 1mm 的烧结返矿中的海砂矿含量最高，所以返矿中的 TiO_2 含量较高。

7. 有害元素含量

通过分析烧结矿中 P、S 等有害元素的含量后发现，由于海砂矿中 P、S 元素含量相比其他配料铁矿较低，因此在烧结过程中配加海砂矿可在一定程度上降低烧结矿中有害元素的含量，这对于高炉冶炼和转炉炼钢均会产生积极的影响。

总体来看，烧结工序配加 2%～8%的海砂矿后，对于主要成分并未产生显著的不利影响，而对于 Al_2O_3 含量、有害元素含量等指标却带来有利改变。

5.4.2 含海砂矿成品烧结矿的微观结构

烧结矿的微观结构对烧结矿的冶金性能起着重要作用，由于原料与烧结工艺的参数不尽相同，所以烧结矿的微观结构也不一样。含铁矿物主要包括磁铁矿、赤铁矿（α-Fe_2O_3 和 γ-Fe_2O_3）和浮氏体（Fe_xO），黏结相矿物主要有复合铁酸钙（SFCA）、硅灰石、硅酸二钙、硅酸三钙、铁橄榄石、钙铁橄榄石等。

在不同的烧结混合料条件下，这些矿物类型在烧结矿微观结构中会产生明显的差异，从而也会造成烧结矿在还原性和机械强度等冶金性能方面的不同。通过分析海砂矿成品烧结矿的微观形貌特征，对于分析判断烧结矿质量具有较佳的直观性和便捷性。

对配加不同粒度、不同配加量的海砂矿所得到的烧结矿进行矿相分析和微观结构观察。利用 FEI Quanta250 型环境扫描电子显微镜，通过对烧结矿样进行 SEM-EDS 综合分析处理，以确定不同烧结矿样的矿物组成。实验选取了包括基准样在内的共 10 组烧结矿样进行扫描电镜分析，微观形貌实验样品编号如表 5-11 所示。

表 5-11 海砂矿烧结矿微观形貌分析实验编号

编号	烧结矿样
1	基准样
2	原粒级-2%-1
3	原粒级-5%-1
4	原粒级-8%-1
5	中间粒级-2%-1
6	中间粒级-5%-1
7	中间粒级-8%-1
8	细粒级-2%-2
9	细粒级-5%-1
10	细粒级-8%-2

实验结果如图 5-17～图 5-20 所示，在不同粒度、不同海砂矿配加量条件下，海砂矿烧结矿的矿物类型及其微观结构存在一定的差异。

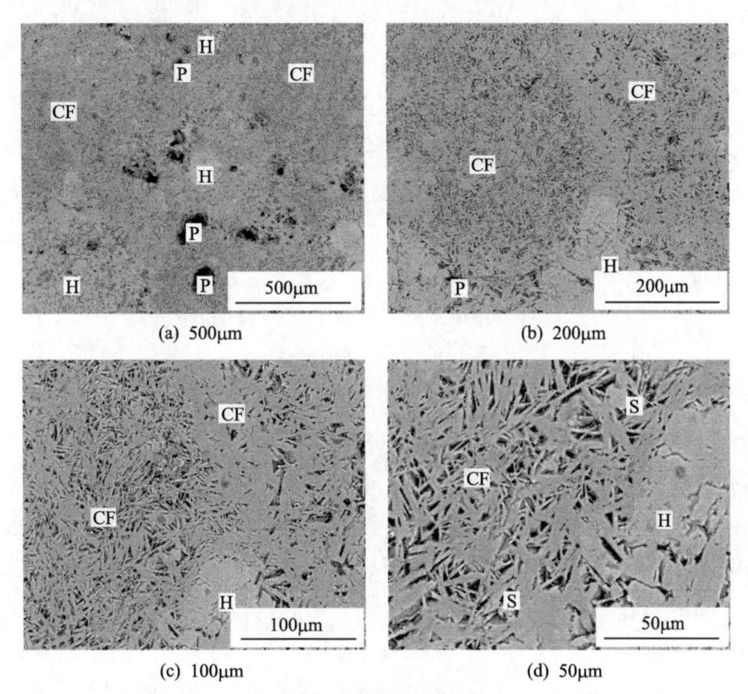

(a) 500μm　(b) 200μm

(c) 100μm　(d) 50μm

图 5-17　基准样烧结矿扫描电镜显微分析结果

(a)～(d)为不同放大倍数

H. Fe_2O_3；CF. 复合铁酸钙；S. 硅酸盐；P. 孔洞

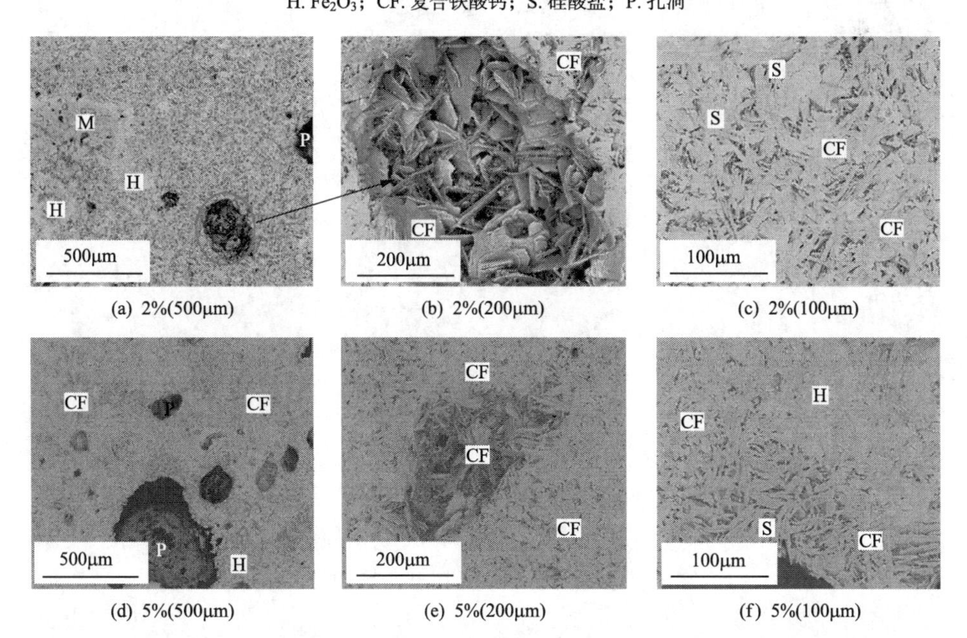

(a) 2%(500μm)　(b) 2%(200μm)　(c) 2%(100μm)

(d) 5%(500μm)　(e) 5%(200μm)　(f) 5%(100μm)

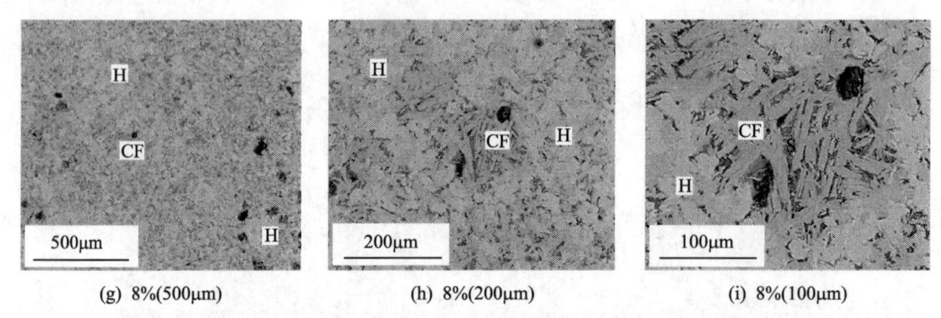

(g) 8%(500μm)　(h) 8%(200μm)　(i) 8%(100μm)

图 5-18　配加不同比例原粒级海砂矿的烧结矿的扫描电镜显微分析结果

H. Fe_2O_3；M. Fe_3O_4；CF. 复合铁酸钙；S. 硅酸盐；P. 孔洞

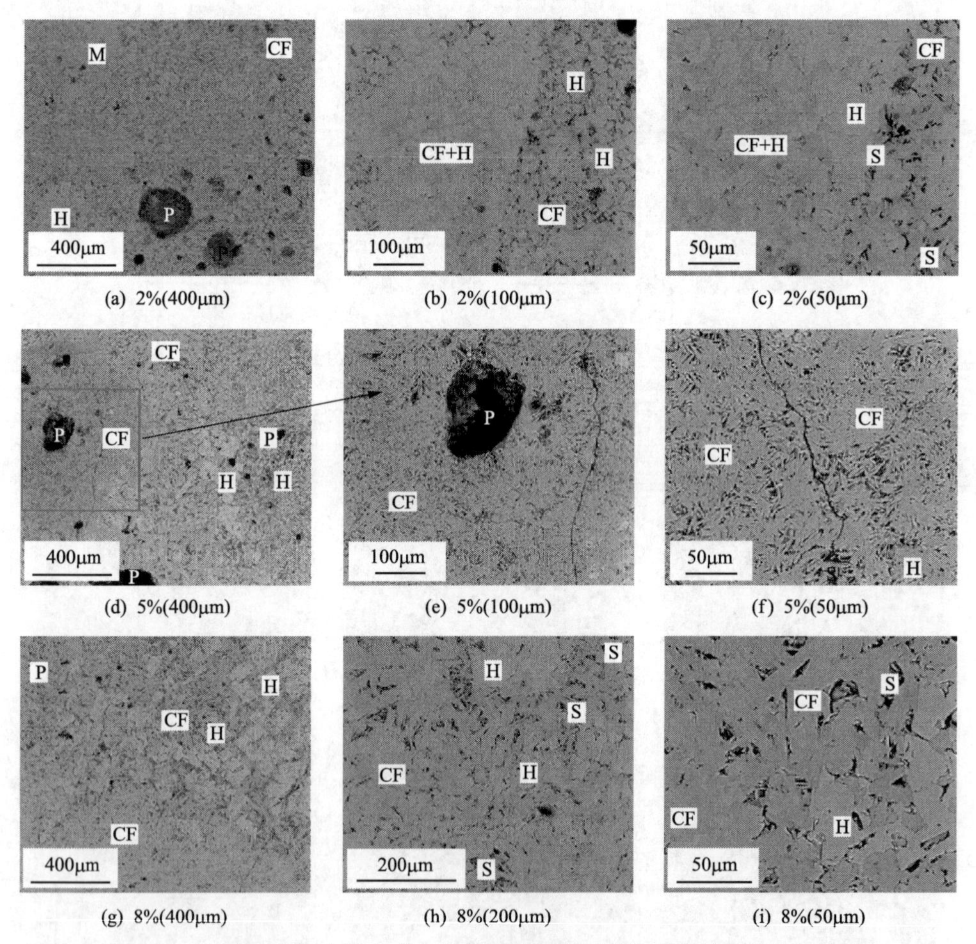

(a) 2%(400μm)　(b) 2%(100μm)　(c) 2%(50μm)

(d) 5%(400μm)　(e) 5%(100μm)　(f) 5%(50μm)

(g) 8%(400μm)　(h) 8%(200μm)　(i) 8%(50μm)

图 5-19　配加不同比例中间粒级海砂矿的烧结矿的扫描电镜显微分析结果

H. Fe_2O_3；M. Fe_3O_4；CF. 复合铁酸钙；S. 硅酸盐；P. 孔洞

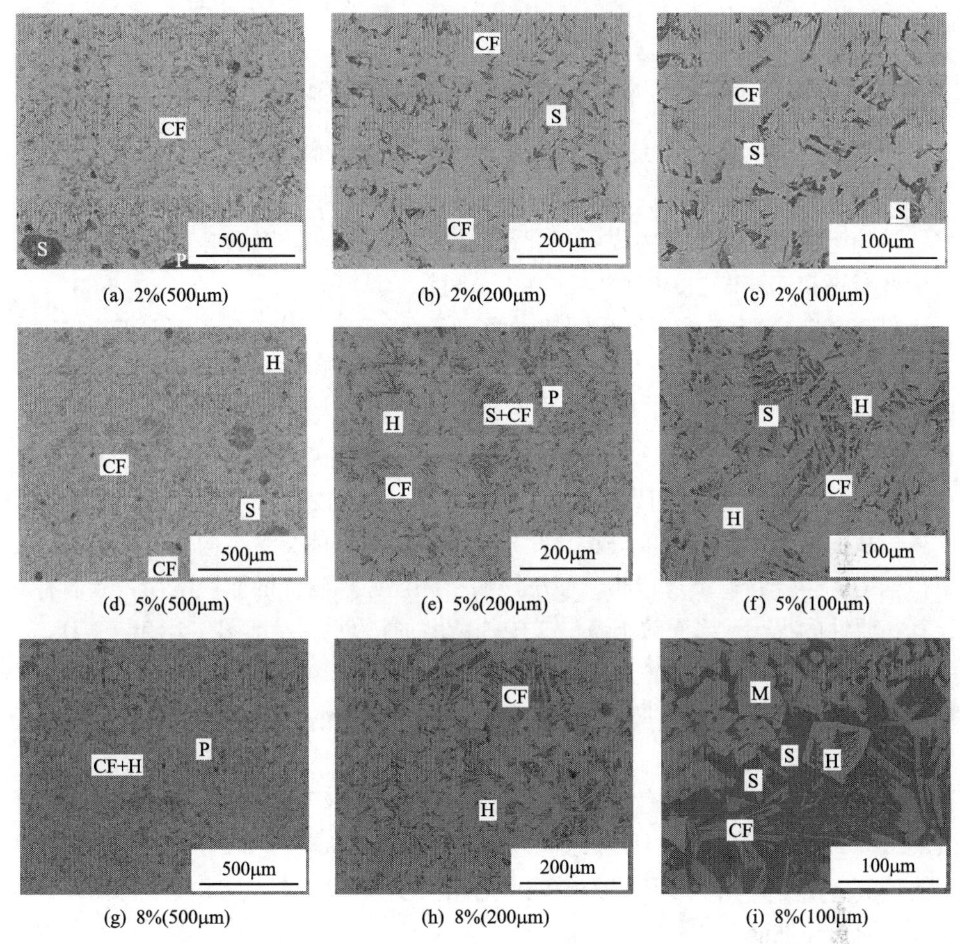

(a) 2%(500μm)　(b) 2%(200μm)　(c) 2%(100μm)

(d) 5%(500μm)　(e) 5%(200μm)　(f) 5%(100μm)

(g) 8%(500μm)　(h) 8%(200μm)　(i) 8%(100μm)

图 5-20　配加不同比例细粒级海砂矿的烧结矿扫描电镜显微分析结果

H. Fe_2O_3；M. Fe_3O_4；CF. 复合铁酸钙；S. 硅酸盐；P. 孔洞

1. 未配加海砂矿的烧结矿的微观形貌分析研究

图 5-17 为未配加海砂矿的基准样烧结矿的扫描电镜显微分析结果。

从图 5-17 中可以看出，基准样烧结矿中的主要矿相为针状复合铁酸钙，针状铁酸钙大部分为四元铁酸钙，这种铁酸钙的强度高，还原性好。赤铁矿与复合铁酸钙胶结良好，在许多微区中可以看到复合铁酸钙液相，恶化烧结矿质量的骸晶状菱形赤铁矿物相并未出现。图 5-17(a) 中的黑色部分(P)为烧结矿中的微小孔洞，烧结矿中的微孔不会对烧结矿强度产生影响，只有当烧结矿中出现薄壁大孔时其强度才会变差；从图 5-17(d) 中可以看到黑色硅酸盐嵌布于复合铁酸钙之间，与复合铁酸钙紧密胶结。

总体来看，基准样中的矿物组成主要以复合铁酸钙为主，与赤铁矿和硅酸盐胶结良好，是理想的烧结矿物组成。

2. 配加原粒级海砂矿的烧结矿的微观形貌分析研究

图 5-18 为配加 2%～8%原粒级海砂矿的烧结矿的微观形貌实验结果。

由图 5-18 可知，烧结配加 2%～8%原粒级海砂矿的烧结矿其矿物组成与基准样的矿物组成基本类似，主要以复合铁酸钙作为黏结相，硅酸盐相呈现嵌布状分布于铁酸钙和赤铁矿相的空隙中，各相之间胶结良好。

图 5-18(a)为原粒级海砂矿配加量为 2%的烧结矿，其中含有赤铁矿相包围磁铁矿相的结构形式，这主要是因为烧结过程中局部区域氧化气氛不足，磁铁矿未被完全氧化和矿化，从而形成外围赤铁矿包裹内核磁铁矿的现象。图 5-18(b)为图 5-18(a)圆圈放大后区域，经 EDS 能谱分析发现，此区域为复合铁酸钙，可以看到复合铁酸钙为层片状并且各个层片结构相互立体地交织在一起，这种结构的强度高，从而使烧结矿的强度提高。此外，这种层状立体交织结构使烧结矿的比表面积剧增，当烧结矿被还原时，使烧结矿接触还原性气体的面积增加，从而有利于其还原性的提高。当原粒级海砂矿配加量增加至 8%时，即图 5-18(h)～(j)，从中可以发现烧结矿中的赤铁矿相明显增多，并且赤铁矿相多呈他形晶或半自形晶，与铁酸钙相紧密胶结，形成烧结矿的主要基体，且铁酸钙相结晶发育良好，呈板条状或交织熔蚀结构。

总体来看，与未配加海砂矿的基准样相比，烧结配加原粒级海砂矿对烧结矿微观结构的影响不明显，当原粒级海砂矿配加量为 8%时，烧结矿中赤铁矿相有增加的趋势，由于赤铁矿在还原为磁铁矿时会发生体积膨胀，因此会影响烧结矿的低温还原粉化性能。

3. 配加中间粒级海砂矿的烧结矿的微观形貌分析研究

图 5-19 为配加 2%～8%中间粒级海砂矿的烧结矿的扫描电镜显微分析结果。

从图 5-19(a)中可以看出，烧结矿中的矿物类型主要为铁酸钙、磁铁矿和赤铁矿，硅酸盐液相较少，赤铁矿多呈粒状分布并与铁酸钙胶结，烧结矿的微观结构中存在孔洞，在孔洞周围的赤铁矿晶粒发育完好，这与孔洞周围氧化气氛较强，有利于赤铁矿形成有关。

在图 5-19(b)和图 5-19(c)中，有大片铁酸钙与赤铁矿的熔蚀状结构，二者呈他形晶状结合在一起，此种结构可有效防止赤铁矿的低温还原粉化行为，对提高烧结矿的强度有利。在图 5-19(b)中可以看到赤铁矿和铁酸钙熔蚀微区与旁边的铁酸钙微区有明显的边界。经分析，产生这种现象的原因是赤铁矿和铁酸钙熔蚀微区是由较大颗粒铁矿被生石灰矿化且保持原有形貌而形成的，其周围的铁酸钙黏结相与其胶结而形成明显边界。

在图 5-19(e)中可以看到，铁酸钙相呈针状交织状并将孔洞和粒状赤铁矿相包围，在孔洞周围有大量再生赤铁矿相生成，再生赤铁矿对烧结矿的冶金性能不利，其在还原时会导致烧结矿的低温还原粉化加剧。将图 5-19(e)中的红色方框区域放大得到图 5-19(f)，从中可以明显看到针状铁酸钙的集中分布区域。

由图 5-19(h)可知，烧结矿中出现了较多的菱形赤铁矿相，其被熔蚀状和针状铁酸钙包裹，这种结构在烧结矿还原时会产生一定的体积膨胀，对烧结矿的冶金性能会产生不利影响。另外，在图 5-19(i)和图 5-19(j)中，赤铁矿呈他形晶或半自形晶，这种结构对烧结矿的冶金性能不会产生不利影响。

总体来讲，对于配加中间粒级海砂矿的烧结矿，当配加比例为 2%～5%时，烧结矿的微观结构与基准样中的较为相似；而当配加比例为 8%时，烧结矿的矿物类型和微观结构有劣化的趋势。

4. 配加细粒级海砂矿的烧结矿的微观形貌分析研究

图 5-20 为配加 2%～8%细粒级海砂矿的烧结矿的扫描电镜显微结果。

从图 5-20(a)～(c)可以看出，当配加细粒级海砂矿比例为 2%时，烧结矿的矿物类型主要是铁酸钙相和硅酸盐相，其中硅酸盐相主要分布于铁酸钙相的空隙中，并将铁酸钙相中的空隙填充。铁酸钙主要呈熔蚀状和板条状，结构紧密，此种结构具有较高的强度和较好的还原性，是烧结矿比较理想的矿物结构类型。因此，当配加细粒级海砂矿比例为 2%时，烧结矿的微观结构与基准样接近。

随着细粒级海砂矿配比增加至 5%，如图 5-20(e)～(g)所示，开始出现赤铁矿相，并且铁酸钙相与硅酸盐相交替出现，这会显著降低烧结矿的还原性。从图 5-20(h)～(j)中可得，当配加细粒级海砂矿比例为 8%时，烧结矿中的矿物类型为铁酸钙相与赤铁矿相交织的结构，赤铁矿相主要以粒状形式存在，铁酸钙相的相对含量减少；铁酸钙相与硅酸盐相胶结，而赤铁矿与铁酸钙相之间变得疏松，这不利于烧结矿强度的提高；特别是在图 5-20(j)中出现了典型的骸晶状菱形赤铁矿，其被硅酸盐相所包裹，由于硅酸盐相和赤铁矿相是脆性相，因此会严重降低烧结矿的高炉冶金性能。同时，通过 EDS 能谱分析发现，在硅酸盐玻璃相中发现了 Ti 元素，这更将加剧烧结矿低温还原粉化指标的恶化。

总体来看：

(1)基准样中的矿物组成主要以复合铁酸钙为主，与赤铁矿和硅酸盐胶结良好，是理想的烧结矿物组成。

(2)烧结配加原粒级海砂矿对于烧结矿的主要矿物类型和微观结构影响不明显。

(3) 当中间粒级海砂矿配加比例为 2%～5%时，烧结矿的矿物类型和微观结构与基准样中的较为相似；但是当海砂矿配加比例为 8%时，烧结矿的微观结构有劣化的趋势。

(4) 当配加细粒级海砂矿比例达到 8%时，在硅酸盐玻璃相中发现了 Ti 元素，这将对烧结矿的低温还原粉化性能产生不利影响。

5.4.3　含海砂矿成品烧结矿的粒度组成

通过对配加海砂矿成品的烧结矿进行粒度筛分，可以获得不同粒度、不同配加量海砂矿条件下成品烧结矿的粒度组成，结果见表 5-12。由此可得对应成品烧结矿的平均粒径，结果见图 5-21 和图 5-22。

表 5-12　成品烧结矿的粒度分布

编号	＞40mm	40～25mm	25～16mm	16～10mm	10～5mm	5～0mm	平均粒径/mm
基准样	16.84	21.04	13.28	11.71	15.53	21.59	21.21
原粒级-2%-1	18.00	22.49	11.78	12.67	14.66	20.40	21.98
原粒级-2%-2	16.26	23.57	13.89	11.57	14.99	19.71	21.76
原粒级-5%-1	10.24	31.52	10.63	12.17	14.78	20.65	20.75
原粒级-5%-2	9.02	25.12	16.73	11.71	18.55	18.88	19.49
原粒级-8%-1	14.57	25.76	13.99	12.64	15.38	17.66	21.76
原粒级-8%-2	9.92	27.27	16.73	13.01	14.76	18.33	20.50
中间粒级-2%-1	14.17	22.49	13.15	12.99	19.52	17.67	20.69
中间粒级-2%-2	8.64	25.28	13.16	14.79	19.75	18.38	19.10
中间粒级-5%-1	11.00	27.84	13.14	12.70	17.10	18.23	20.63
中间粒级-5%-2	7.69	22.17	15.25	15.71	20.20	18.98	18.21
中间粒级-8%-1	22.59	22.54	11.68	10.46	14.97	17.77	23.94
中间粒级-8%-2	32.37	15.45	10.00	9.75	14.50	17.93	26.06
细粒级-2%-1	29.23	16.89	12.39	10.48	14.83	16.17	25.52
细粒级-2%-2	20.26	23.69	13.62	12.14	15.02	15.27	23.71
细粒级-5%-1	9.80	26.72	16.59	12.41	18.29	16.18	20.37
细粒级-5%-2	10.83	31.87	12.88	12.32	16.16	15.95	21.62
细粒级-8%-1	9.94	27.06	12.48	13.20	18.57	18.75	19.90
细粒级-8%-2	11.77	30.75	10.23	11.48	17.40	18.37	21.23

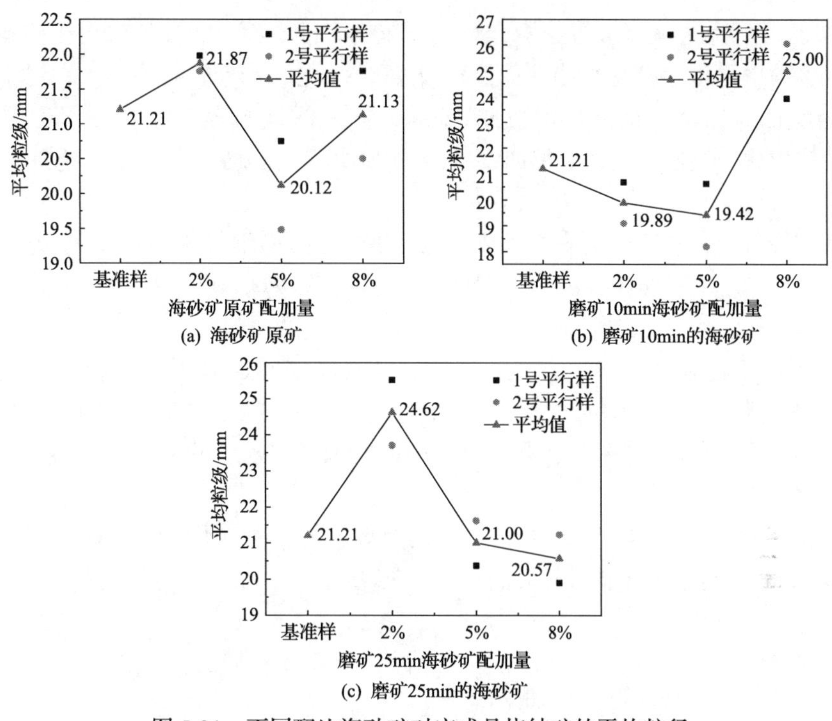

图 5-21　不同配比海砂矿对应成品烧结矿的平均粒径

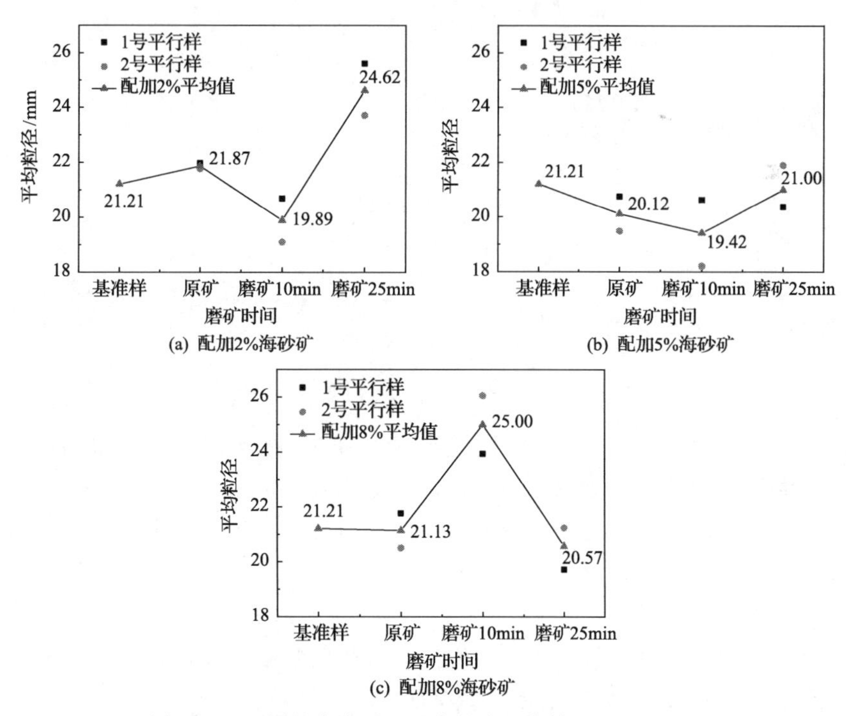

图 5-22　不同粒度海砂矿对应的成品烧结矿的平均粒径

从不同配比的角度进行分析，对于原粒级海砂矿而言，平均粒径相差不大，配加 5%的平均粒径略微偏小，而配加 2%和 8%的平均粒径相差不大；对于配加中间粒级的海砂矿烧结矿，当配加 2%和 5%时，平均粒径差别不大，而配加 8%时，平均粒径则较好；对于配加细粒级的海砂矿，平均粒径则随着配加量的增加而降低。

从不同海砂矿粒度的角度分析，配加原粒级和细粒级海砂矿成品烧结矿的平均粒径在基准样附近波动，而配加中间粒级海砂矿的烧结矿的平均粒径较小。

这是由于原粒级和细粒级的海砂矿可以作为核颗粒和黏附粉存在于烧结料中，而中间粒级的海砂矿粒度则位于恶化烧结料层透气性的粒级，因此烧结矿平均粒径的下降，粉矿增多，这会导致烧结返矿和高炉返矿的增加，并影响高炉的透气性和高炉顺行。

成品矿粒度组成是衡量烧结矿质量的重要指标，针对烧结成品矿的粒度组成实验结果进行分析，结果如图 5-23～图 5-25 所示。

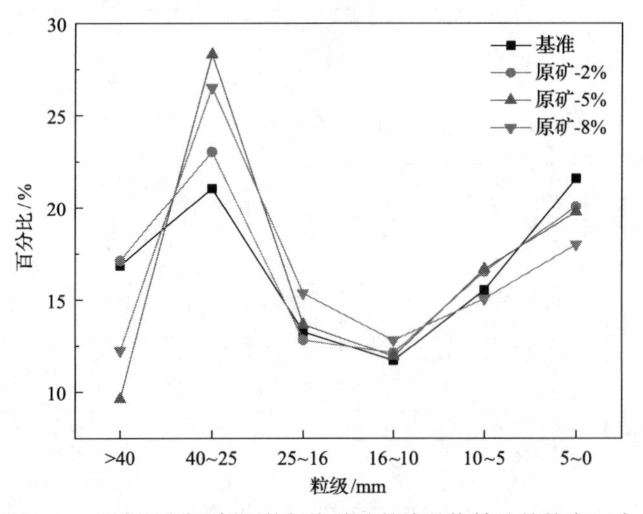

图 5-23　配加不同比例原粒级海砂矿的成品烧结矿的粒度组成

从图 5-23 中可以看出，当使用原粒级海砂矿进行烧结时，随着烧结过程中配加原粒级海砂矿比例的不断提高，烧结矿中大于 40mm 的大块烧结矿和小于 5mm 的返矿所占比例都有不同程度的降低，其中当海砂矿配加比例为 8%时，返矿(小于 5mm)比例最小。25～40mm 的粒级所占比例明显提高，烧结矿的粒度组成得到了明显改善。

对比图中用原粒级海砂矿进行烧结的烧结矿的粒度分布可以发现，配加原粒级海砂矿至 8%可以获得较好的成品烧结矿的粒度组成。

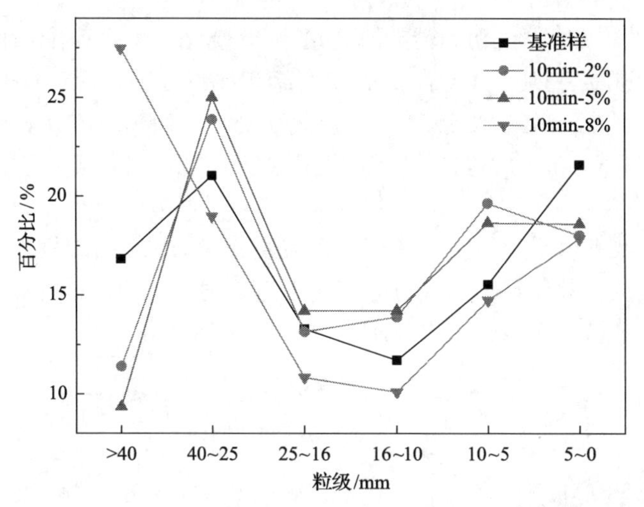

图 5-24　配加不同比例中间粒级海砂矿的成品烧结矿粒度组成

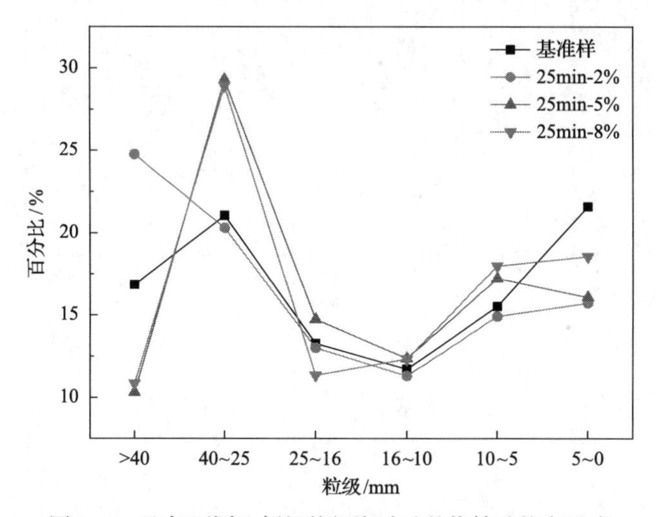

图 5-25　配加不同比例细粒级海砂矿的烧结矿粒度组成

从图 5-24 中可以看出，当使用中间粒级的海砂矿进行烧结时，当海砂矿配加比例小于 5%时，烧结矿的粒度组成相比基准实验有明显改善，返矿（小于 5mm）比例显著下降，大于 40mm 的大块烧结矿也减少，25～40mm 粒级的烧结矿比例接近 25%；当海砂矿配加比例大于 5%时，烧结矿中大于 40mm 的大块烧结矿比例明显增大，中间粒级的烧结矿比例减小，同时烧结返矿（小于 5mm）的比例降低，烧结饼较难破碎。

基于中间粒级海砂矿进行烧结的烧结矿的粒度分布结果，并不推荐配加中间粒级的海砂矿，如一定采用，则配加 2%～5%较好，达到 8%后，成品烧结矿的粒度分布明显恶化。

由图 5-25 可知，当配加细粒级海砂矿后，烧结中海砂矿配加比例为 2%时，烧结矿的粒度组成中大于 40mm 的大块烧结矿比例增加，返矿(小于 5mm)比例降低；当海砂矿配加比例大于 5%时，烧结矿 25～40mm 的粒级占烧结矿比例接近 30%，大于 40mm 的大块烧结矿和返矿明显减少，烧结矿粒度组成分布更加合理。

基于细粒级海砂矿进行烧结的烧结矿粒度分布结果，可以发现配加 5%～8%的海砂矿后，成品烧结矿的粒度分布较为合理。对不同海砂矿配比条件下成品烧结矿的粒度组成进行比较，结果如图 5-26～图 5-28 所示。

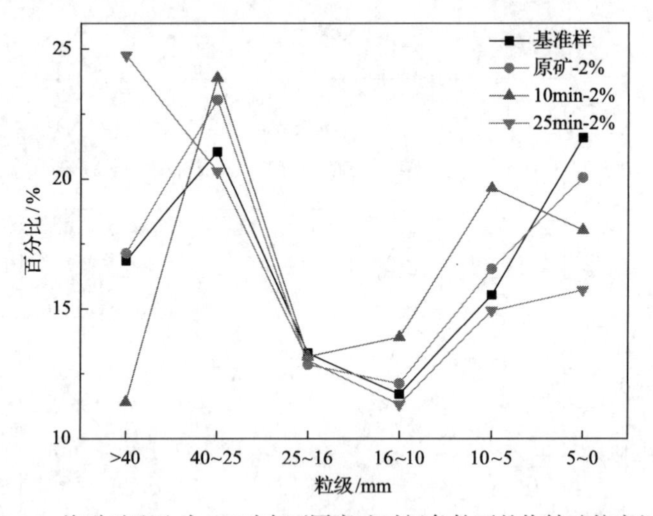

图 5-26　海砂矿配比为 2%时在不同磨矿时间条件下的烧结矿粒度组成

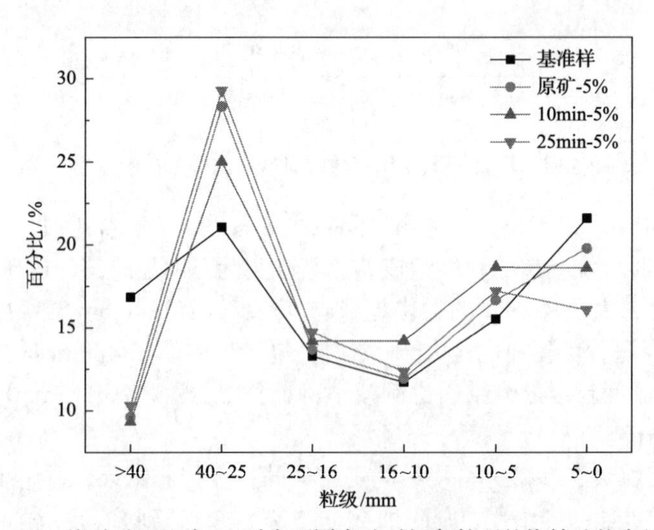

图 5-27　海砂矿配比为 5%时在不同磨矿时间条件下的烧结矿粒度组成

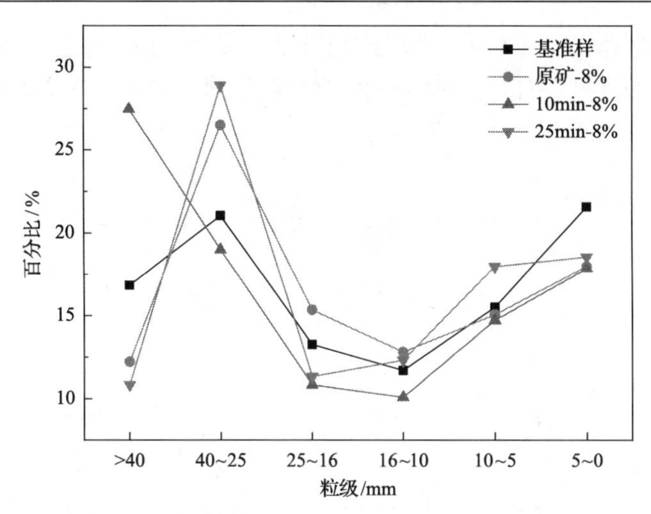

图 5-28　海砂矿配比为 8%时在不同磨矿时间条件下的烧结矿的粒度组成

如图 5-26 所示，当海砂矿配比为 2%时，随着海砂矿磨矿时间的增加，各组烧结矿粒度组成的差异较大，其中细粒级海砂矿进行烧结时，返矿比例较小、大块烧结矿比例较大；中间粒级海砂矿进行烧结时，虽然中间粒级（25～40mm）比例较高，但小粒级（5～10mm）成品烧结矿的比例同样也偏高，入炉后会对高炉透气性产生不利影响；原粒级海砂矿进行烧结时，虽然返矿比例相对较高，但仍低于基准实验中烧结矿的返矿比例，并且其大块烧结矿和 25～40mm 粒级烧结矿的比例适中。因此，综合考量，如配加海砂矿比例控制在 2%，则采用中间粒级海砂矿可以取得较好的成品烧结矿粒度组成分布。

如图 5-27 所示，当海砂矿配加比例为 5%时，细粒级海砂矿进行烧结时，烧结矿中大块烧结矿比例较小、25～40mm 粒级烧结矿比例大、小粒级成品矿和烧结返矿比例都较低，是较为理想的烧结矿粒度分布。当使用原粒级海砂矿进行烧结时，烧结矿粒度分布与细粒级的海砂矿较为相似。因此，当配加 5%海砂矿时，使用原粒级或细粒级海砂矿较为合适，可以获得良好的成品烧结矿粒度分布。

从图 5-28 中可以看出，当海砂矿配加比例为 8%时，在不同磨矿时间条件下烧结矿的粒度组成存在明显差异，配加原粒级海砂矿的成品烧结矿与细粒级的相比，虽然其 25～40mm 的相对较低，但其 25～16mm 的中间粒级远高于细粒级的海砂矿烧结矿。

综上，当配加 8%海砂矿时，使用原粒级海砂矿可以获得粒度组成较为合理的成品烧结矿。

5.4.4　含海砂矿成品烧结矿的转鼓强度

将所获得的成品烧结矿进行筛分后得到三种粒级（>40mm、40～25mm、25～

16mm)的质量百分比，进而得到理论配鼓量，按照配鼓量取三种粒级烧结矿共7.5kg，放入转鼓设备中，转鼓结束后，进行鼓后筛分，成品烧结矿配鼓质量百分比与转鼓筛后质量百分比见表 5-13。

表 5-13 成品烧结矿转鼓强度 单位：%

编号	配鼓			筛后量	
	＞40mm	40～25mm	25～16mm	+6.3mm	–6.3mm
基准样	3.61	1.97	1.92	5.03	2.36
原粒级-2%-1	3.59	1.88	2.02	5.07	2.34
原粒级-2%-2	3.61	2.13	1.77	5.00	2.40
原粒级-5%-1	4.35	1.47	1.68	5.29	2.13
原粒级-5%-2	3.52	2.34	1.64	5.01	2.38
原粒级-8%-1	3.69	2.00	1.81	5.29	2.11
原粒级-8%-2	3.59	2.20	1.71	5.19	2.22
中间粒级-2%-1	3.47	2.03	2.00	5.29	2.10
中间粒级-2%-2	3.56	1.85	2.08	5.11	2.29
中间粒级-5%-1	3.89	1.84	1.77	5.32	2.09
中间粒级-5%-2	3.13	2.15	2.22	5.02	2.40
中间粒级-8%-1	3.78	1.96	1.76	5.15	2.24
中间粒级-8%-2	3.29	2.13	2.08	4.98	2.43
细粒级-2%-1	3.19	2.34	1.98	4.94	2.47
细粒级-2%-2	3.59	2.07	1.84	5.31	2.10
细粒级-5%-1	3.60	2.23	1.67	4.88	2.52
细粒级-5%-2	4.19	1.69	1.62	5.07	2.32
细粒级-8%-1	3.85	1.77	1.88	5.23	2.18
细粒级-8%-2	4.40	1.46	1.64	5.03	2.37

由表 5-13 可以得到大于 6.3mm 筛分量的质量百分比，进而得到不同粒度、不同海砂矿配比条件下的成品烧结矿的转鼓强度，其中基准样转鼓强度为65.47%，为对比方便，图中以实线标出，转鼓强度比较结果见图 5-29。

对不同配加量进行比较，当原粒级配加至 8%时，转鼓强度没有下降，而配加中间粒级或细粒级海砂矿烧结矿的转鼓强度则出现了轻微下降。这主要是由于随着原粒级配加至 8%后，烧结矿中的赤铁矿相与铁酸钙相紧密胶结，形成烧结矿的主要基体，且铁酸钙相结晶发育良好，呈板条状或交织熔蚀结构，使烧结矿的强

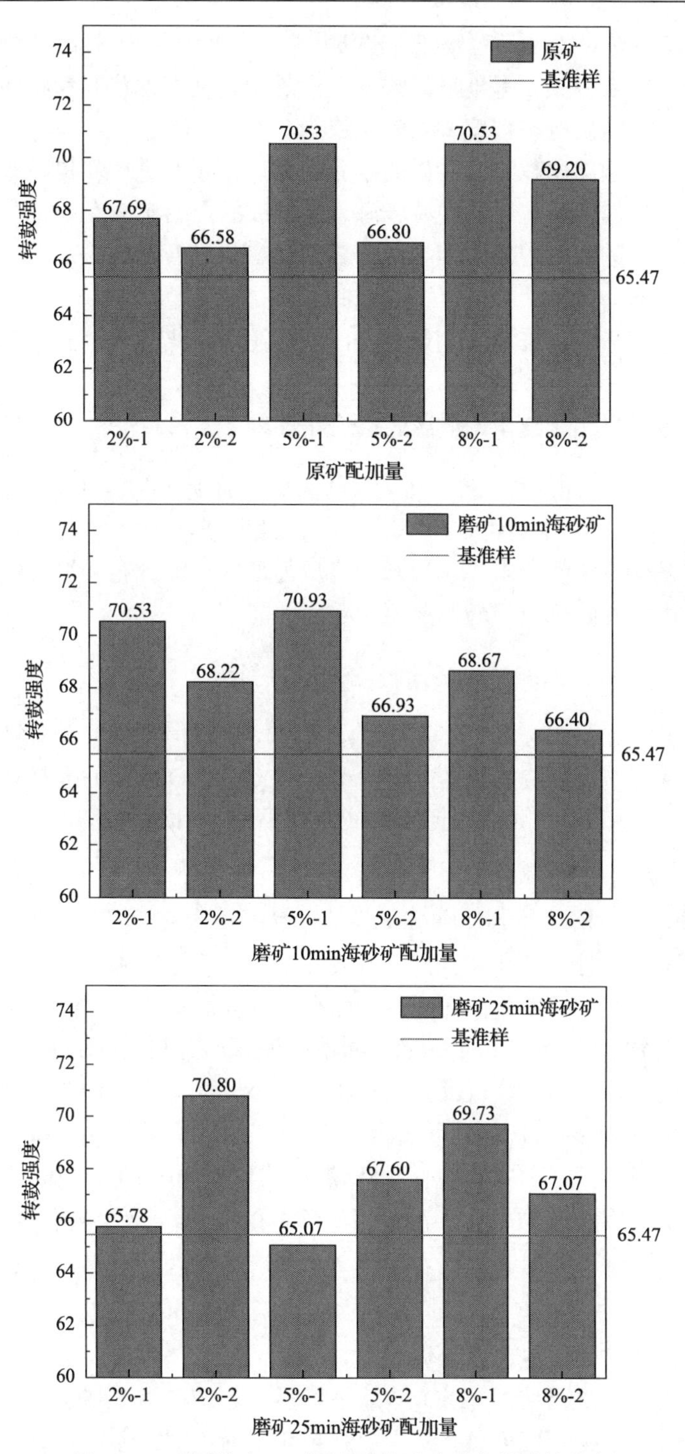

图5-29 不同粒度、不同配比海砂矿对应的转鼓强度

度得到保障。但是对于中间粒级或细粒级海砂矿，当配加至 8%后，烧结矿中出现了较多的菱形赤铁矿相，呈他形晶或半自形晶，其被熔蚀状和针状铁酸钙包裹，这种结构将对烧结矿冷态强度产生劣化趋势。

因此，对于配加原粒级海砂矿的成品烧结矿，还有进一步提高海砂矿配比的空间。而对于配加中间粒级或细粒级海砂矿的成品烧结矿，在 8%配加量条件下，由于粒级对烧结透气性的恶化作用，转鼓强度出现显著下滑。

5.5 含海砂矿成品烧结矿的高温冶金特性

5.5.1 含海砂矿成品烧结矿的低温还原粉化性能

当含铁炉料进入温度为 500～600℃的高炉炉身上部时，由于受气流冲击和炉料还原过程 $Fe_2O_3 \rightarrow Fe_3O_4 \rightarrow FeO$ 的影响，将发生晶形变化，这会导致高炉块状带含铁矿物的粉化，大量粉末将直接影响高炉内部的气流分布和炉料顺行。因此，本节研究论述含海砂烧结矿的低温还原粉化性能。

1. 化学成分对烧结矿低温还原粉化性能的影响

烧结矿中的脉石成分如 CaO、MgO、Al_2O_3、FeO 和 TiO_2 等对烧结矿的低温还原粉化率都有一定影响。烧结矿中 CaO、MgO、FeO 含量的提高有助于还原粉化性能的改善，Al_2O_3 和 TiO_2 则会使烧结矿的还原粉化性能恶化。

1) FeO 对烧结矿低温还原粉化性能的影响

烧结矿中 FeO 的含量和配碳量有关，一般在高碳烧结的情况下，烧结矿有较高含量的 FeO，这使得再生 Fe_2O_3 及 $CaO \cdot Fe_2O_3$ 的含量下降，导致还原过程中赤铁矿晶型的转变并造成粉化率降低，从而有较好的低温还原粉化指标。FeO 在烧结矿中主要以磁铁矿形态（$Fe_2O_3 \cdot FeO$）和铁橄榄石形态（$2FeO \cdot SiO_2$）存在，这两种矿物的低温还原粉化指标均较低。当 w(FeO)＜8%时，随着 FeO 比例的降低，粉化率的变化幅度最为明显；当 w(FeO)在 8%～10%时，低温还原粉化率的变化趋势趋于平缓；当 w(FeO)＞10%时，低温还原粉化率随 FeO 含量的变化不明显。此外，提高 FeO 含量还有利于提高烧结矿的常温强度。

2) SiO_2 对烧结矿低温还原粉化性能的影响

随着烧结矿 SiO_2 含量的增加，铁橄榄石成分逐渐提高，铁氧化物的还原变慢，从而抑制了烧结矿的低温还原粉化性能。同时，SiO_2 与 Fe、Ca 等形成的硅酸盐是起固结作用的主要黏结相，SiO_2 含量下降后，烧结矿微观结构的均匀性有所下降，从交织熔蚀结构转变为斑状结构，其裂纹不断增加，最终导致烧结矿的低温还原粉化性能下降。

3) MgO 对烧结矿低温还原粉化性能的影响

二价镁离子可以进入磁铁矿中取代二价铁离子，促使磁铁矿晶格缺陷降低，稳定磁铁矿，降低其生成次生赤铁矿的可能性，因此烧结矿的低温还原粉化被降低。然而过高的 MgO 含量会导致烧结矿在冷凝中产生其他的复杂化合物，由于不同矿物结晶能力的差异性，冷凝时会产生内应力，在烧结矿中将产生大量微裂纹，从而加剧粉化。

4) TiO_2 对烧结矿低温还原粉化性能的影响

TiO_2 的增加将加剧烧结矿的低温还原粉化性能。某些钢铁厂由于需要进行护炉，所以在高炉炉料中配加了含钛的精矿粉，该措施虽然会对炉缸起到一定的保护作用，但同样也会引起低温还原粉化指标的恶化。

2. 含海砂矿成品烧结矿的低温还原粉化性能

1) 含海砂矿成品烧结矿的低温还原粉化率的实验方法

海砂烧结矿的低温还原粉化率实验是按照中国国家标准(GB/T 13242-91)检验方法所使用的装置及工艺参数进行实验，实验参数如下。

试样粒度：10～12.5mm；试样质量：500g；

还原温度：(500±10)℃；还原气体成分：$\varphi(CO)=20\%$，$\varphi(CO_2)=20\%$，$\varphi(N_2)=60\%$；

气体流量：15L/min；还原时间：60min。

实验试样在(105±5)℃的温度下烘干，烘干时间为 2h，然后冷却至室温，并保存在干燥器中。把称好的试样放到还原管中，将其表面铺平。封闭还原管的顶部，将氮气(或其他惰性气体)通入还原管，标态流量为 5L/min，然后把还原管放入还原炉中。

将还原管放入还原炉并对还原炉进行加热，升温速度小于 10℃/min，当温度接近 500℃后，增大保护气流量至 15L/min，在 500℃时恒温保温 30min，使温度恒定在(500±10)℃。而后通入标态流量为 15L/min 的还原气体，代替惰性气体，连续还原 1h。还原 lh 后，停止通入还原气体，并向还原管中通入惰性气体，标态流量为 5L/min，然后将还原管提出，在炉外进行冷却，直至试样被冷却到 100℃以下。按上述实验条件与步骤对烧结矿进行还原。

2) 含海砂矿成品烧结矿的低温还原粉化实验结果

为探明不同粒度海砂矿和不同海砂矿比例对成品烧结矿低温还原粉化指标的影响，本节系统研究了配加海砂矿后烧结矿的低温还原粉化指标的变化规律，结果如表 5-14 所示。

烧结矿的低温还原粉化指数以 $RDI_{+3.15}$ 为主，而 $RDI_{+6.3}$ 和 $RDL_{0.5}$ 作为参考指数。对于烧结矿而言，低温还原粉化指标 $RDI_{+3.15}$ 和 $RDI_{+6.3}$ 的值越大、$RDL_{0.5}$ 越小，说明烧结矿的低温还原粉化指数越好。因此，对配加相同粒度组成(磨矿时间相同)、不同海砂矿配加比例条件下烧结矿的低温还原粉化性能取平均，分析结果见图 5-30～图 5-32。

表 5-14　海砂烧结矿低温还原粉化性能实验结果

编号	还原前重量/g	还原后重量/g	低温还原粉化筛分粒度/g				低温还原粉化指标/%		
			＞6.3 mm	6.3～3.15 mm	3.15～0.5 mm	＜0.5 mm	$RDI_{+6.3}$	$RDI_{+3.15}$	$RDL_{0.5}$
基准样	500.2	498.6	202.1	144.0	103.9	48.6	41	69	10
原粒级-2%-1	500.8	498.7	146.6	181.5	124.2	46.4	29	66	9
原粒级-2%-2	500.3	499.2	228.9	140.8	93.3	36.2	46	74	7
原粒级-5%-1	499.8	498.7	213.1	158.0	87.1	40.5	43	74	8
原粒级-5%-2	500.6	499.7	307.3	105.4	58.2	28.8	61	83	6
原粒级-8%-1	499.9	496.3	170.6	165.2	102.1	58.4	34	68	12
原粒级-8%-2	499.8	498.5	148.3	184.4	106.2	59.6	30	67	12
中间粒级-2%-1	500.2	496.9	156.6	171.0	116.2	49.8	32	66	10
中间粒级-2%-2	500.6	499.4	266.3	117.7	80.0	35.4	53	77	7
中间粒级-5%-1	500.7	499.2	221.4	127.7	98.4	50.4	44	70	10
中间粒级-5%-2	500.0	498.2	192.4	144.8	106.0	52.7	39	68	11
中间粒级-8%-1	500.6	499.7	344.0	61.0	52.0	36.5	69	81	7
中间粒级-8%-2	499.5	497.9	80.8	146.7	173.5	95.1	16	46	19
细粒级-2%-1	499.6	496.6	113.0	153.7	156.8	71.0	23	54	14
细粒级-2%-2	500.5	496.7	175.3	165.5	105.8	50.1	35	69	10
细粒级-5%-1	500.0	492.1	139.5	182.3	118.9	51.4	28	65	10
细粒级-5%-2	500.4	497.6	223.3	128.8	96.1	47.4	45	71	10
细粒级-8%-1	500.5	498.2	123.6	187.4	123.3	63.9	25	62	13
细粒级-8%-2	500.9	498.7	113.6	182.5	131.3	66.0	23	59	13

由图 5-30 可知，随着原粒级海砂矿配比从 0 增加至 8%，烧结矿的低温还原粉化指数 $RDI_{+3.15}$ 在整体上变化不大，在 67%～78%波动。当原粒级海砂矿配比增

加至 8%时，烧结矿的低温还原粉化指数低于基准样的低温还原粉化指数(69%)，同样也低于二级烧结矿指标标准。

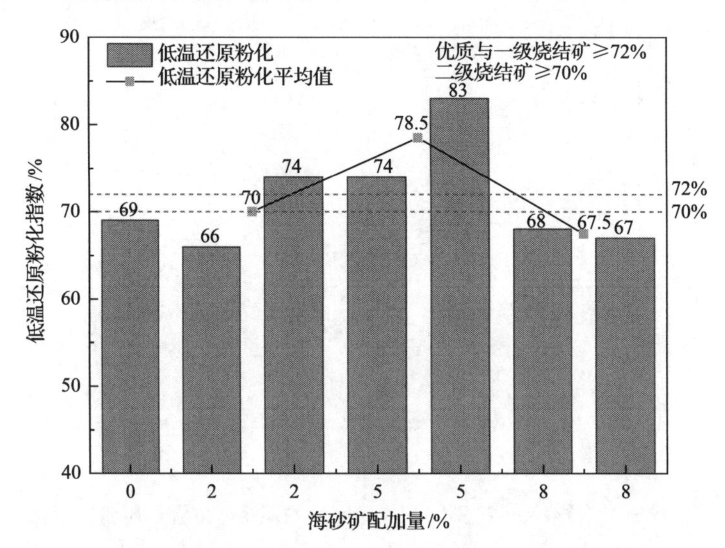

图 5-30　原粒级海砂矿不同配加比例下的烧结矿低温还原粉化指标

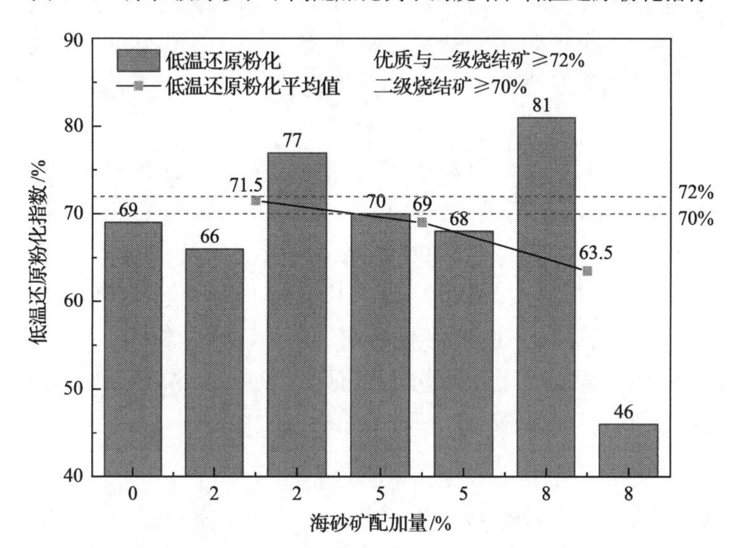

图 5-31　中间粒级海砂矿不同配加比例时的烧结矿低温还原粉化指标

结合前面配加原粒级海砂矿比例达到 8%时的矿物类型和显微结构发现，烧结矿中赤铁矿相增多是其还原粉化指数变差的主要原因。

在图 5-31 中，随着中间粒级海砂矿配加比例从 2%增加到 8%，烧结矿的低温还原粉化指数 $RDI_{+3.15}$ 逐渐减小；当海砂矿配加比例达到 8%时，低温还原粉化指数 $RDI_{+3.15}$ 只有 63%；当海砂矿配加比例为 5%，海砂矿烧结矿的低温还原粉化指

数 $RDI_{+3.15}$ 与基准样的相同，其值都是 69%。

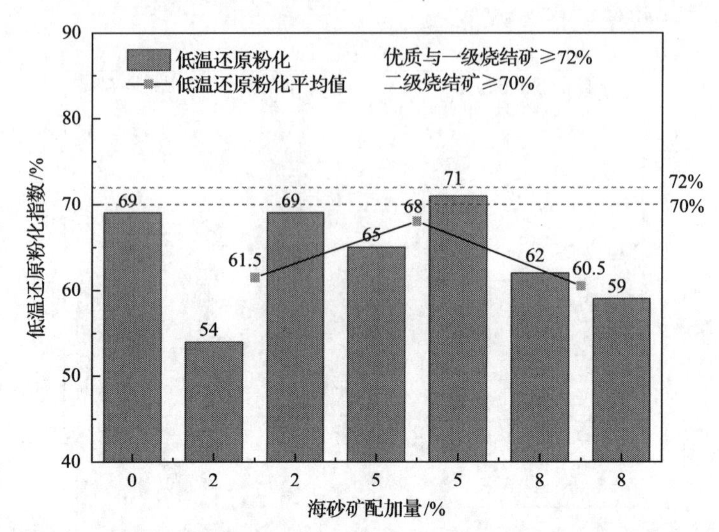

图 5-32　细粒级海砂矿不同配加比例时的烧结矿低温还原粉化指标

上述低温还原粉化恶化行为与其粒度处于中间粒级范围、影响烧结料层的透气性有关。烧结矿中出现较多的菱形赤铁矿相，其被熔蚀状和针状铁酸钙包裹，这种结构在烧结矿还原时会产生一定的体积膨胀，进而对烧结矿的低温还原粉化产生不利影响。

如图 5-32 所示，随着细粒级海砂矿配加比例从 2%增加到 8%，烧结矿的低温还原粉化指数 $RDI_{+3.15}$ 处于低位波动(60%～68%)。由细粒级海砂矿的微观结构可知，该烧结矿中的赤铁矿相主要以粒状形式存在，铁酸钙相的相对含量减少；铁酸钙相与硅酸盐相胶结，而赤铁矿与铁酸钙相之间变得疏松，特别是出现了典型的骸晶状菱形赤铁矿，其被硅酸盐相所包裹，由于硅酸盐相和赤铁矿相是脆性相，因此会严重降低烧结矿的低温还原粉化性能。同时，在硅酸盐玻璃相中发现了钛元素，这更将加剧烧结矿低温还原粉化指标的恶化。

3) 海砂矿对烧结矿低温还原粉化影响的机理分析

结合海砂烧结矿的微观结构发现，当海砂矿配加比例较大且粒级下降时，烧结矿中的赤铁矿相增多，且多呈粒状分布。这种结构较疏松，烧结矿在低温下还原时发生体积膨胀，从而使烧结矿产生应力集中，导致烧结矿中出现裂纹，从而使烧结矿粉化。

此外，随着海砂矿配加比例的增大，烧结矿中 TiO_2 的含量增大，而 TiO_2 在高碱度烧结矿中会与 CaO 结合形成钙钛矿($CaTiO_3$)，这种物质主要分布于烧结矿中的玻璃相，在玻璃相中形成脆性质点，从而降低烧结矿强度，导致烧结矿产生低温还原粉化。随着海砂矿配加比例增大到 8%，烧结矿中赤铁矿相的增多及 TiO_2

含量的增加是海砂矿烧结矿低温还原粉化指标变差的主要原因。

综上，从粒级角度来看，当原始粒级海砂矿配入后，烧结矿的低温还原粉化性能与基准时相差的不大，未受到 TiO_2 含量增多及赤铁矿相增多的影响，但是当海砂矿粒度下降后，对其低温还原粉化率则具有较大的劣化影响。从配加量角度比较，当三种粒级海砂矿配加至8%后，均对其低温还原粉化率带来不利影响。由微观形貌可得，赤铁矿相的增多和钙钛矿的增加限制了海砂矿配入烧结的最大使用量。因此，在原粒级配加8%的海砂矿，其粉化率为68.5%，基本接近70%的二级烧结矿行业标准，可以作为参考的配加粒级和配加比例。

5.5.2　含海砂矿成品烧结矿的还原性能

铁矿石中铁氧化物与气体还原剂 CO、H_2 之间反应的难易程度称为铁矿石的还原性。还原性是评价含铁物料的一个非常重要的指标。还原性提升将增加矿石还原的速率，改善高炉煤气的利用率，从而优化高炉冶炼的技术经济指标。还原性好的矿石，在中温区被气体还原剂还原出的金属铁较多，间接还原得到充分的发展，这不仅可以减少高温区的热量消耗，有利于降低焦比，而且还可以改善造渣过程，促进高炉的稳定顺行，使高炉冶炼高产、高效和优质。

1. 化学成分对还原性的影响机理

铁矿石在高炉内的还原决定于自身的还原性和高炉的操作条件，其还原性与矿石的矿物组成、物理性质和结构有关，铁矿石的物理性质主要包括粒度、气孔率、气孔大小等。对于烧结矿来说，其矿物组成与结构主要指 SiO_2、FeO、碱度及其宏观和微观结构等[95, 193]。

1）碱度对烧结矿还原性的影响

烧结矿的碱度对烧结矿还原性的影响较大，烧结矿的还原性随碱度的变化主要是由烧结矿的矿物组成而决定。当碱度为 1.2 时，烧结矿的黏结相以CS（$CaO·SiO_2$）为主，且大多为玻璃质，这将会抑制烧结矿的还原。当碱度提高到1.4时，将生成CF（$CaO·Fe_2O_3$），此时CS和CF共存，还原性有所提高。随着碱度的继续提高，烧结矿中的铁酸钙量逐渐增多，烧结矿的还原性也逐渐提高。但是烧结矿的碱度也不能超过一定的限度，当烧结矿碱度超过 2.5 时，较难还原的铁酸二钙开始增加，这将会导致烧结矿还原性的降低。

2）SiO_2 对烧结矿还原性的影响

烧结矿中 SiO_2 的含量增加后，烧结矿的还原性逐渐降低。随着 SiO_2 含量的增加，烧结液相的黏度、表面张力等均会增加，影响其烧结透气性，因此降低了烧结矿的气孔率，形成致密的烧结矿。这虽然提高了烧结矿的冷态强度，但对于烧结矿的还原性则呈现恶化的趋势。同时，SiO_2 可以和 FeO 生成铁橄榄石，而铁橄榄石难以还原，这也会影响烧结矿的还原性。

3) FeO 对烧结矿还原性的影响

烧结矿中的 FeO 容易和 SiO_2 反应生成铁橄榄石，因此降低烧结矿中 FeO 的含量既可使烧结矿中最易还原的 Fe_2O_3 含量提高、最难还原的铁橄榄石含量减少，同时又可以使烧结矿的气孔率增加，使矿石与还原气体充分接触，从而提高烧结矿的还原性能。

烧结矿中不同矿相的易还原顺序是：赤铁矿＞$CaO{\cdot}Fe_2O_3$＞$2CaO{\cdot}Fe_2O_3$＞磁铁矿＞橄榄石。烧结过程中应该尽可能保证原生赤铁矿矿相不分解，同时要尽可能少地生成次生赤铁矿，并且需要保证铁酸钙大量出现且微气孔大量发展。针状铁酸钙的还原性好，这也正是因为它拥有大量的微气孔[194]。

2. 含海砂矿成品烧结矿的还原性

1) 含海砂矿成品烧结矿还原性的实验方法

本次海砂烧结矿还原性的实验条件参数如下。

还原气体成分(体积分数)：CO：30%±0.5%(V/V)，N_2：70%±0.5%(V/V)；

还原气体的流量：(15±1) L/min；实验温度：(900±10) ℃。

取出试样后，用还原度计算公式计算烧结矿还原度，如式(5-7)所示。

$$R_t = \left[\frac{0.11W_1}{0.43W_2} + \frac{m_1 - m_2}{m_0 \times 0.43W_2} \times 100\right] \times 100\% \tag{5-7}$$

式中，R_t 为还原 t 时间的还原度，%；m_0 为试样质量，g；m_1 为还原开始前试样质量，g；m_2 为还原 t 时间后试样质量，g；W_1 为还原前试样中的 FeO 的质量分数，%；W_2 为实验前试样中的 TFe 含量，%。

2) 含海砂矿成品烧结矿还原性实验结果

对烧结杯实验所得的基准样烧结矿和不同海砂矿配加量条件下的烧结矿进行测定，实验结果如表 5-15 所示。

表 5-15　海砂矿烧结矿的还原性实验结果

实验编号	还原前质量/g	还原后质量/g	w(TFe)/%	w(FeO)/%	RI/%
基准样	500.4	393.7	55.68	4.56	91.17
原粒级-2%-1	500.5	398.3	55.41	5.21	88.13
原粒级-2%-2	500.6	395.4	55.44	5.03	90.49
原粒级-5%-1	500.4	400.9	55.44	5.96	86.18

续表

实验编号	还原前质量/g	还原后质量/g	w(TFe)/%	w(FeO)/%	RI/%
原粒级-5%-2	500.0	398.2	55.32	6.03	88.40
原粒级-8%-1	500.1	399.3	55.18	6.68	88.07
原粒级-8%-2	500.9	402.7	55.42	6.03	85.08
中间粒级-2%-1	500.3	405.9	55.73	6.90	81.93
中间粒级-2%-2	500.4	411.6	55.97	7.33	77.12
中间粒级-5%-1	500.3	399.4	55.42	6.68	87.74
中间粒级-5%-2	499.6	402.2	55.40	6.97	85.09
中间粒级-8%-1	500.1	402.2	55.79	4.96	83.90
中间粒级-8%-2	500.3	400.6	55.81	4.45	85.10
细粒级-2%-1	500.5	396.4	55.30	4.88	89.75
细粒级-2%-2	500.5	395.8	55.67	4.89	89.66
细粒级-5%-1	500.5	402.8	55.83	8.48	85.23
细粒级-5%-2	499.8	399.7	55.63	6.68	86.83
细粒级-8%-1	500.7	412.4	55.52	7.47	77.34
细粒级-8%-2	499.3	398.0	55.69	7.54	88.22

为探明不同粒度海砂矿和不同海砂矿配加比例对烧结矿还原性的影响，对还原性实验所得结果进行分析，讨论配加海砂矿后烧结矿还原性的变化规律。为便于分析和讨论，将各平行样的两组实验结果求平均值，计算结果如表 5-16 所示。

表 5-16　海砂烧结矿还原性实验结果的平均值

烧结矿编号	RI/%
基准样	91.17
原粒级-2%	89.31
中间粒级-2%	79.52
细粒级-2%	89.70
原粒级-5%	87.29
中间粒级-5%	86.41
细粒级-5%	86.03
原粒级-8%	86.57
中间粒级-8%	84.50
细粒级-8%	82.78

对相同粒度组成、不同海砂矿配比条件下的烧结矿还原度(RI)进行分析，结果见图 5-33～图 5-36。其中，为方便对比，加入基准样品还原度，海砂矿配加比例为 0 的点即为基准样。

由图 5-33 可知，随着原粒级海砂矿配加比例增加，海砂烧结矿还原度指数 RI 呈轻微降低的趋势，但整体相差不大；当原粒级海砂矿配加比例为 8%时，烧结矿的还原度指数 RI 为 86.57%，低于基准还原度指数 4.6%。应当注意的是，在冶金行业标准中对优质烧结矿的要求是还原度指数 RI≥78%，对碱度为 1.5～2.5 的一级和二级烧结矿的还原度指数要求分别为 RI≥78%和 RI≥75%。因此，当原

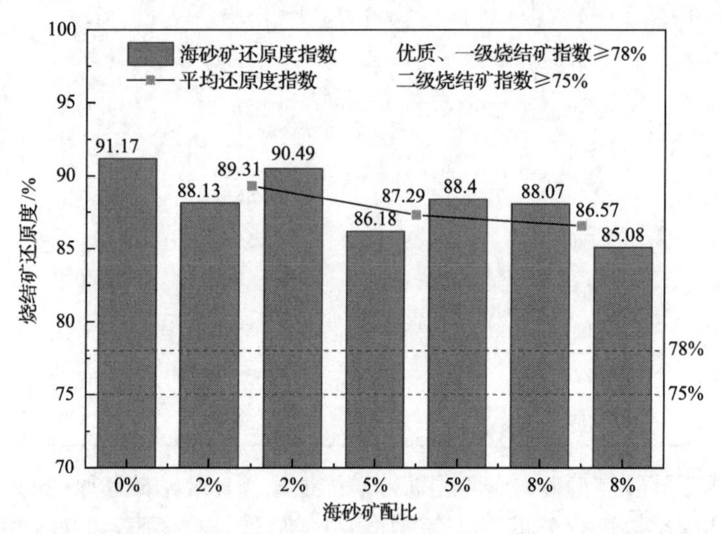

图 5-33　原粒级海砂矿在不同配加比例条件下烧结矿的还原度指数

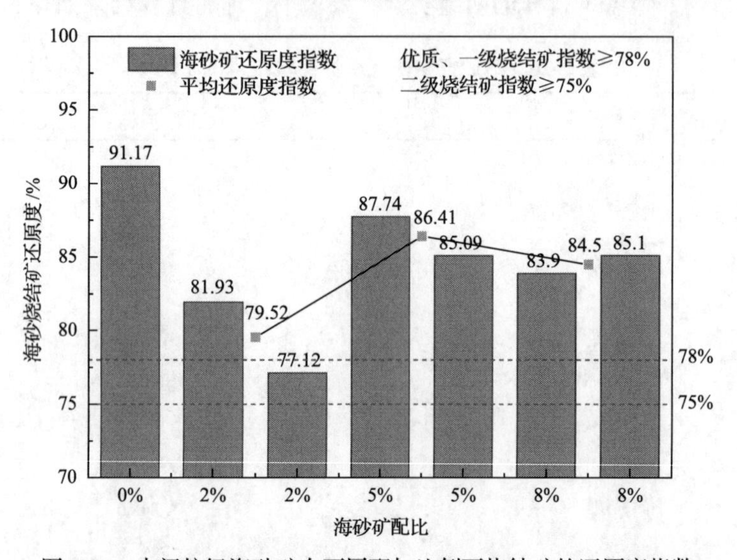

图 5-34　中间粒级海砂矿在不同配加比例下烧结矿的还原度指数

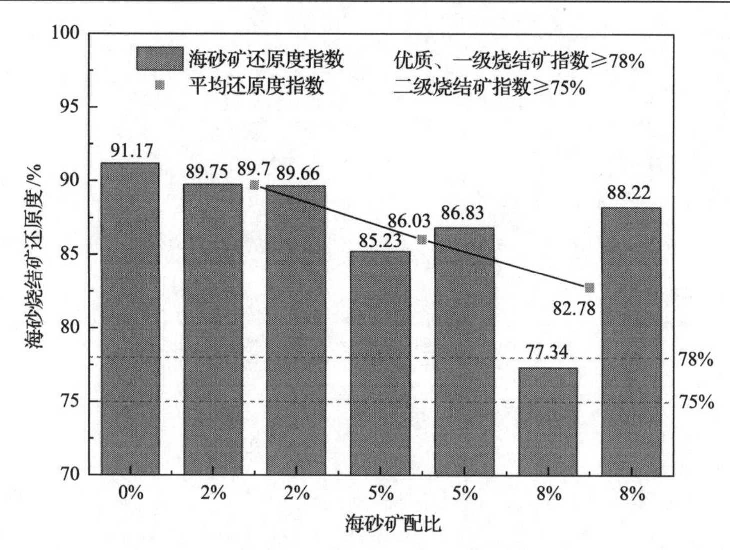

图 5-35　细粒级海砂矿在不同配加比例下烧结矿的还原度指数

粒级海砂矿配加比例达到 8%时的烧结矿还原度指数仍高于冶金行业标准对优质烧结矿的要求。

此外，相比于基准样品，配加海砂矿的烧结矿其还原度降低的原因在于海砂矿的主要矿物成分为钛磁铁矿，其钛元素固溶于磁铁矿相，使海砂矿自身的还原性不如普通铁矿粉，因此配加海砂矿后，将不可避免地降低烧结矿的还原性能。

图 5-34 为中间粒级海砂矿配加比例从 2%增加到 8%，烧结矿的还原度指数的变化趋势。同样地，与基准样烧结矿的还原度指数相比，配加中间粒级海砂矿的还原度指数相对较低，其中中间粒级海砂矿配加比例为 2%时烧结矿的还原度指数 RI 为 79.52%，比基准降低了 11.65%；但还原度指数仍高于冶金标准 78%，故同样属优质烧结矿的范畴。

从图 5-35 中可以看出，烧结矿的还原度指数 RI 随细粒级海砂矿配加比例的增加而逐渐降低，趋势与配加原粒级海砂矿的相似。当细粒级海砂矿的配加比例为 8%时，烧结矿的还原度指数 RI 为 82.78%，比基准降低了 8.4%。

不同粒度范围的海砂矿对烧结矿还原度的影响规律，见图 5-36。

根据图 5-36(a)，当海砂矿配加比例为 2%时，配加中间粒级海砂矿烧结矿的还原度指数最低，为 79.52%。而配加原粒级海砂矿和细粒级海砂矿烧结矿的还原度指数十分接近，均略低于基准样的还原度指数。在图 5-36(b)中，随磨矿时间增加，配加 5%海砂矿烧结矿的还原度指数呈现出降低的趋势。从图 5-36(c)中可以发现，当海砂矿配加比例为 8%时，随着磨矿时间的增加，烧结矿的还原度指数 RI 同样呈降低的趋势。

可以看出，随着磨矿时间的增加，海砂矿的粒度越细，烧结矿的还原度指数

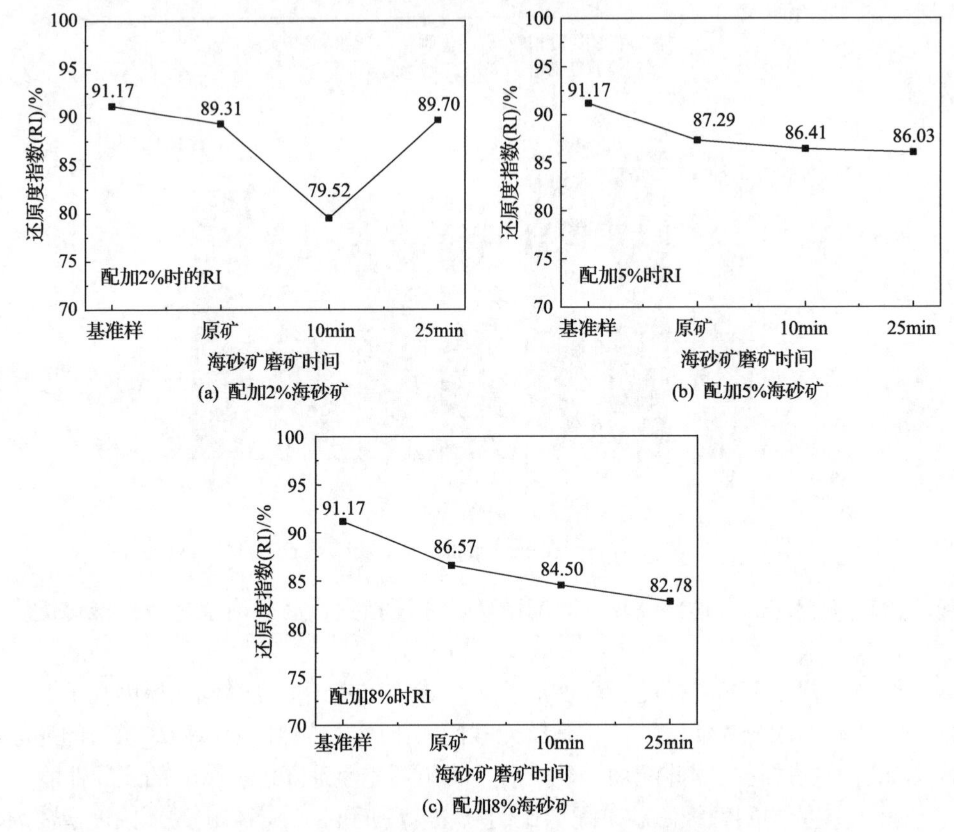

图 5-36　不同粒度海砂矿配加比例对烧结矿还原度指数的影响规律

越低，细粒级海砂矿烧结矿的还原度指数比原粒级海砂矿降低了约 3.8%。这种现象在海砂矿配加比例较大时更为明显，并且由于磨矿会增加烧结生产成本，因此建议可直接使用原粒级海砂矿进行烧结生产，当配加至 8%时，其还原性仍然可以保持在优质烧结矿范围。

3) 海砂矿对烧结矿还原性影响的机理分析

对于高炉冶炼来讲，较好的烧结矿还原性可以提高高炉煤气的利用率，降低高炉焦比。从不同海砂矿配加比例的还原度指数 RI 来看，随着配加海砂矿比例的增加，烧结矿的还原性都有不同程度的降低。产生这种现象的原因在于，海砂矿是一种钒钛磁铁矿，钒钛磁铁矿属于较难还原的一类矿石。随着海砂矿配加比例的增加，烧结矿中难还原的磁铁矿随之增加，从而使烧结矿的还原性变差，导致还原度指数 RI 降低。

由上述实验数据结果可知，烧结矿的还原度指数 RI 均高于冶金行业标准要求的 78%。当海砂矿配加比例达到 8%时，烧结矿的还原度指数仍高于 80%。因此，从还原度指数的角度来讲，海砂矿的配加比例仍有进一步提高的空间。

此外，随着海砂矿粒度的下降，烧结矿的还原度指数也随之降低，这种现象在海砂矿配加比例较大时更为明显，并且由于磨矿增加了烧结生产成本，因此建议可直接使用原粒级海砂矿进行烧结生产，当配加比例增加后，虽然烧结矿的还原性下降，但仍然可以保持在优质烧结矿的范围。

本书同样对海砂烧结矿的还原性与低温还原粉化指数之间的关系进行了研究，对配加海砂矿后的低温还原分指数 $RDI_{+3.15}$ 和还原度指数 RI 作图进行对比分析，如图 5-37 所示。

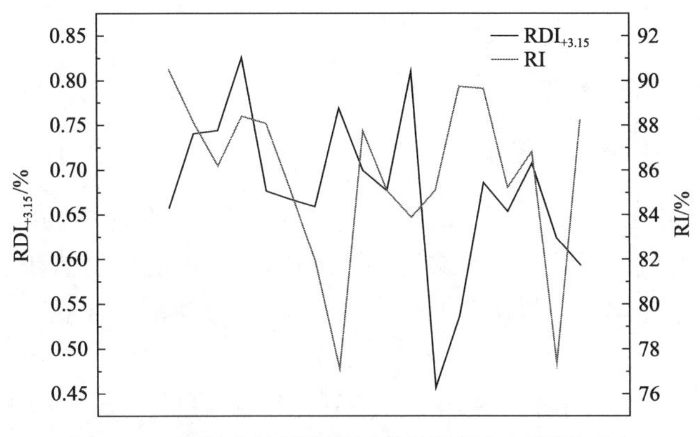

图 5-37　烧结矿的低温还原粉化性能与还原性对比

图 5-37 中，每个折点均代表一种烧结矿。从中发现，多数烧结矿的还原度指数 RI 和低温还原粉化指数 $RDI_{+3.15}$ 呈现出此消彼长的关系。烧结矿的低温还原粉化指数 $RDI_{+3.15}$ 如果较差，其还原度指数 RI 一般会相应较优。

这是因为如果烧结矿的低温还原粉化较为严重，那么烧结矿在进入高炉中温还原区之前将粉化成许多小颗粒，从而可以增加烧结矿与还原性气体的接触面积，烧结矿在相同时间内的还原速度将会加快，从而使其还原度指数升高，反之亦然。这也就是冶金工作当前同时要关注这两项指标的原因，在生产烧结矿时要同时兼顾烧结矿的低温还原粉化性能和还原性能，冶金性能好的烧结矿必须是低温还原粉化指标和还原度指标均较优。

综上，对含海砂矿烧结矿的还原性能进行总结。

(1)所有配加海砂矿的烧结矿其还原度指数 RI 均小于基准，原因是海砂矿是一种钒钛磁铁矿，钒钛磁铁矿是一种较难还原的铁矿石；随着海砂矿配加比例的增加，烧结矿中难还原的磁铁矿相随之增加，从而使烧结矿的还原性变差，还原度指数 RI 降低，但所有配加海砂矿的烧结矿其还原度指数 RI 均大于冶金行业标准对优质烧结矿要求的 78%。

(2)海砂矿粒度的下降不利于烧结矿还原性的提升，这种现象在海砂矿配加比例较大时更为明显，这主要是由于细粒级海砂矿更容易弥散分布于成品烧结矿中，对铁氧化物还原产生极大的抑制作用，所以其主要物相钛磁铁矿可以更大范围地影响成品烧结矿的还原性。因此，建议在以富矿粉为主要含铁物料的烧结中，使用海砂矿时可直接使用原粒级海砂矿进行烧结生产。

(3) 如果烧结矿的低温还原粉化较为严重，那么烧结矿在进入高炉中温还原区之前已粉化成许多小颗粒，从而可以增加烧结矿粉末与还原性气体的接触面积，烧结矿在相同时间内的还原速度将会加快，还原度指数升高，反之亦然。因此，烧结矿的低温还原粉化指数 $RDI_{+3.15}$ 和还原度指数 RI 呈现出此消彼长的关系。

5.5.3 含海砂矿烧结矿的软化熔融滴落性能

1. 高炉软熔带的影响因素

高炉中烧结矿及其他铁矿石的软熔过程可分为以下四个阶段。

第一阶段是铁的高级氧化物被还原为浮氏体，并在铁氧化物的外围生成金属铁壳。在铁矿石软化前，浮氏体和金属铁会发生一定程度的烧结，导致矿石料层收缩。

第二阶段是软化，软化过程中，料层有较大程度的变形，然而由于料层中还存在一定数量的空隙，因此压差不会有很大程度的增加，而每个颗粒则可能有较大的变形。

第三阶段是含 FeO 熔体的渗出，渗出的熔体填充料层中的空隙，同时熔体逐渐被还原，使其熔化温度升高，导致料层压差快速增加。

第四阶段是熔化，随着温度的升高，矿石逐渐熔融，最后形成液体滴落，使料层高度进一步下降。

软熔带的形状、厚度与位置决定了高炉煤气中下部的分布情况，这直接影响着高炉的透气性，可以认为软熔带决定了高炉炉内温度场和煤气流的分布，它的形状与位置会对高炉冶炼过程产生明显的影响。而含铁炉料的高温性能在很大程度上决定了软熔带的形状、厚度和位置。

在高炉的日常生产中，保证高炉炉料均匀稳定地下降，控制高炉煤气流合理的分布，是保证高炉稳定顺行的关键。软熔带内发生着多种固液反应，因此软熔带特征直接影响着高炉煤气流的二次分布，对高炉稳定顺行具有重大影响。

2. 含钛烧结矿软化熔融滴落的性能分析研究

1) 海砂烧结矿软化熔融滴落性能的实验方法

本书所用方法拟在单位荷重质量、控温制度和气氛组成上模拟高炉的实际条件，最高温度达到 1600℃，实验温度和料层收缩率均由计算机自动记录。

铁矿石软化滴落的实验条件如表5-17所示，熔滴实验的标准参数及其意义如表5-18所示。其中，以位移传感器测定料面下降毫米数据，将料面收缩率为10%时的试样温度认定为开始软化温度，料面收缩率为40%时的温度认定为软化终了温度，两者之间的差值认定为软化温度区间；第一滴铁水滴落时的温度认定为滴落温度，滴落温度与料面收缩40%的温度区间认定为熔融区间。

表5-17　软熔性能实验的工艺参数

序号	项目	实验条件
1	试样	粒度为10～12.5mm，试样高度约为60mm
2	坩埚	石墨坩埚，内径75mm
3	还原气体成分(体积分数)	30%CO + 70%N_2
4	实验荷重、还原气体流量	1kg/cm^2、10L/min

表5-18　熔滴实验的标准参数及其意义

参数	意义
T_{10}	软化开始温度(℃)，试样软化收缩10%的温度
T_{40}	软化终了温度(℃)，试样软化收缩40%的温度
ΔT_A	软化区间(T_{40}～T_{10})(℃)
T_d	滴落温度
ΔT_d	熔融区间(T_d～T_{40})(℃)

本节选取了包括基准样在内的共10组烧结矿样品开展软化滴落性能实验，实验样品编号如表5-19所示。

表5-19　海砂矿烧结矿软化熔滴实验编号

编号	烧结矿样	编号	烧结矿样
1	基准样	1	基准样
2-1	原粒级-2%-1	2-2	原粒级-2%-2
3-1	原粒级-5%-1	3-2	原粒级-5%-2
4-1	原粒级-8%-1	4-2	原粒级-8%-2
5-1	中间粒级-2%-1	5-2	中间粒级-2%-2
6-1	中间粒级-5%-1	6-2	中间粒级-5%-2
7-1	中间粒级-8%-1	7-2	中间粒级-8%-2
8-1	细粒级-2%-1	8-2	细粒级-2%-2
9-1	细粒级-5%-1	9-2	细粒级-5%-2
10-1	细粒级-8%-1	10-2	细粒级-8%-2

2) 海砂烧结矿软化熔融滴落实验结果

本次实验针对烧结杯实验所得基准样烧结矿、不同粒度范围及不同海砂矿配加量条件下的烧结矿进行测定，软化熔滴实验典型的压差和位移曲线如图 5-38 所示，软化熔融滴落的实验结果如表 5-20 所示。

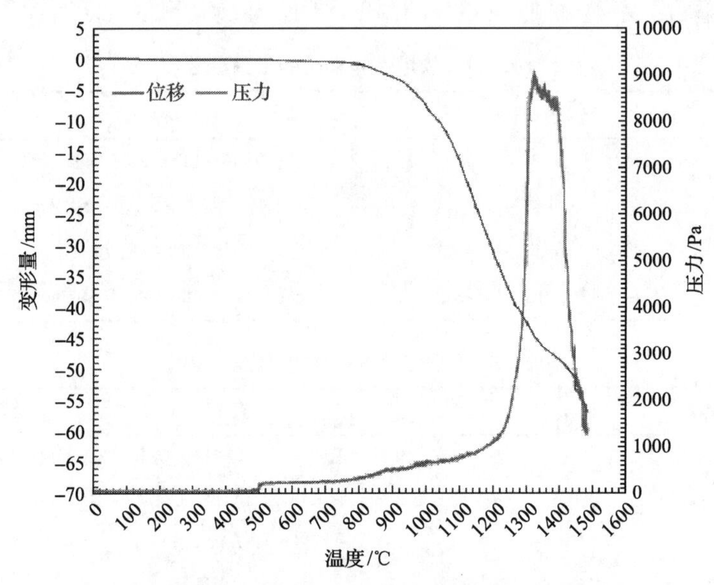

图 5-38　典型海砂矿烧结矿软化熔滴实验压差和位移曲线

表 5-20　海砂矿烧结矿软化熔滴实验结果　　单位：℃

编号	对应烧结矿	T_{10}	T_{40}	T_d	ΔT_A	ΔT_d
1	基准样	1049	1300	1475	251	175
2-1	原粒级-2%-1	1049	1316	1480	267	164
2-2	原粒级-2%-2	1043	1338	1488	295	150
2-平均	2-平均	1046	1327	1484	281	157
3-1	原粒级-5%-1	1054	1321	1474	267	153
3-2	原粒级-5%-2	1074	1337	1504	263	167
3-平均	3-平均	1065	1329	1489	264	160
4-1	原粒级-8%-1	1049	1349	1500	300	151
4-2	原粒级-8%-2	1057	1365	1484	308	119
4-平均	4-平均	1053	1357	1492	304	135
5-1	中间粒级-2%-1	1008	1213	1476	205	263
5-2	中间粒级-2%-2	994	1193	1482	199	289

续表

编号	对应烧结矿	T_{10}	T_{40}	T_d	ΔT_A	ΔT_d
5-平均	5-平均	1001	1203	1479	202	276
6-1	中间粒级-5%-1	1041	1287	1503	246	216
6-2	中间粒级-5%-2	1033	1269	1493	236	224
6-平均	6-平均	1037	1278	1498	241	220
7-1	中间粒级-8%-1	1001	1269	1491	268	222
7-2	中间粒级-8%-2	987	1245	1465	258	220
7-平均	7-平均	994	1257	1473	263	216
8-1	细粒级-2%-1	1021	1250	1479	229	229
8-2	细粒级-2%-2	1045	1260	1493	215	233
8-平均	8-平均	1033	1255	1486	222	231
9-1	细粒级-5%-1	1012	1275	1488	263	213
9-2	细粒级-5%-2	1004	1271	1474	267	203
9-平均	9-平均	1008	1273	1481	265	208
10-1	细粒级-8%-1	998	1261	1479	263	218
10-2	细粒级-8%-2	1012	1277	1469	265	192
10-平均	10-平均	1005	1269	1474	264	205

3. 海砂矿对烧结矿软化熔融滴落性能影响的机理分析

1) 海砂矿对烧结矿软化区间影响的研究

软化区间是影响高炉内透气性的重要因素。一般来说，烧结矿的软化区间越窄，对高炉内透气性的改善就越好。同时，烧结矿在高炉内发生的软化行为主要发生在间接还原阶段，如果烧结矿在还原过程中的软化区间越宽，说明其间接还原发展得不充分，从而也可判断其还原性不好，因此较窄的软化区间既有利于提高高炉透气性，也可以说明烧结矿具有良好的冶金性能。

对各组海砂烧结矿软化温度区间（ΔT_A）进行分析，结果如图 5-39 所示，其中，当配加原粒级海砂矿时，随着配加比例的增加，烧结矿的软化区间具有加宽的趋势；当原粒级海砂矿配加比例为 8%时，烧结矿的软化温度区间达到了 304℃，比基准样高出 53℃。因此，烧结增加原粒级海砂矿配比时不利于烧结矿软化区间的改善。

当烧结工序中配加中间粒级海砂矿时，结果如图 5-40 所示，随着配加比例的增加，烧结矿的软化区间呈现逐渐增大的趋势。当海砂矿配加比例为 2%时，软化区间明显缩小，只有 202℃；当海砂矿配加比例为 8%时，烧结矿软化区间仅比基准样烧结矿的软化区间高 8℃。这表明，当烧结中配加较细粒级的海砂矿时，烧结矿的软化区间得到了一定程度的改善，但中间粒级海砂矿的配加比例不宜超过 8%。

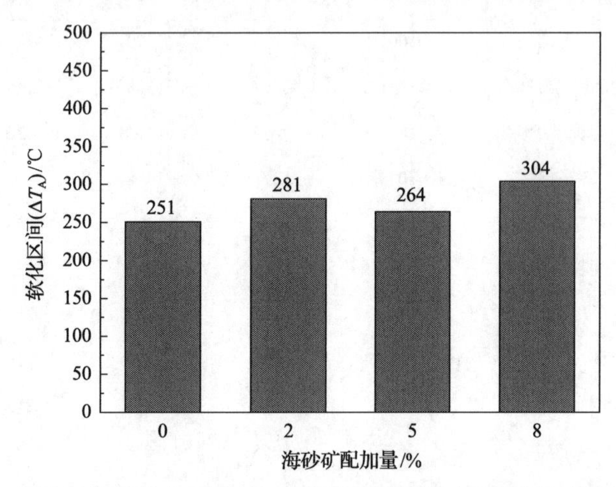

图 5-39　原粒级海砂矿在不同配加比例条件下烧结矿的软化温度区间（ΔT_A）

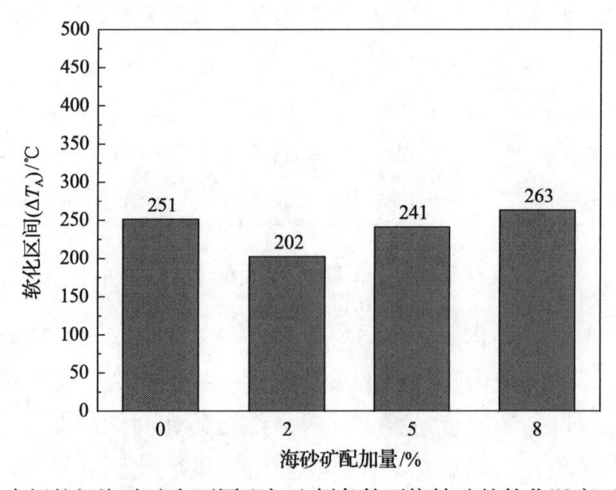

图 5-40　中间粒级海砂矿在不同配加比例条件下烧结矿的软化温度区间（ΔT_A）

从图 5-41 中可知，当烧结中配加细粒级海砂矿时，随着配加比例从 2%增加至 8%，烧结矿的软化区间呈现出先升高后保持稳定的趋势。当海砂矿配加比例为 2%时，烧结矿的软化温度区间为 222℃，相比基准样烧结矿降低了约 30℃；当海砂矿的配加比例为 5%～8%时，烧结矿的软化区间保持稳定，均比基准样烧结矿的软化区间宽约 10℃。

由此可得，当使用细粒级海砂矿时，其烧结矿的软化温度区间相比使用原粒级海砂矿的增加幅度降低，烧结矿的软化温度区间相比基准样增大约 10℃，而使用原粒级海砂矿的烧结矿，其软化区间相比基准样增大约 50℃。

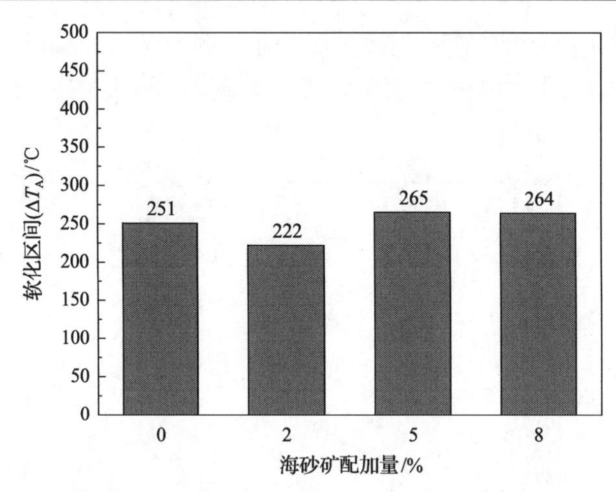

图 5-41　细粒级海砂矿在不同配加比例条件下烧结矿的软化温度区间（ΔT_A）

2）海砂矿对烧结矿滴落温度的影响

对相同粒度组成和不同海砂矿配加比例的烧结矿的滴落温度实验结果进行分析，为方便比对，设定海砂矿配加比例为 0 的点是基准样的烧结矿，结果如图 5-42 所示。

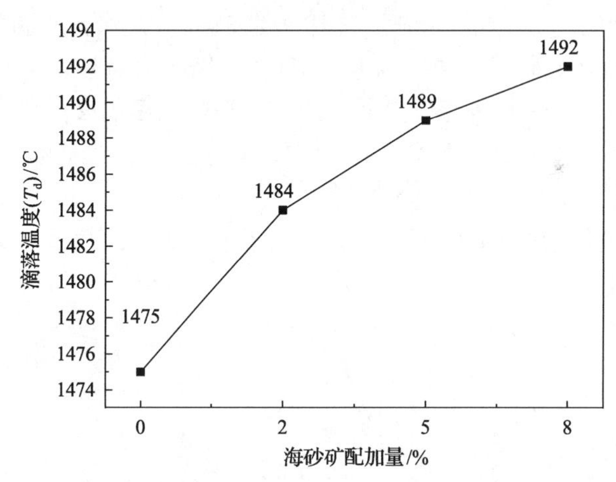

图 5-42　原粒级海砂矿在不同配加比例下烧结矿的滴落温度（T_d）

从图 5-42 中可以发现，随着原粒级海砂矿配加比例的增加，烧结矿的滴落温度呈现出逐渐升高的趋势，烧结矿的滴落温度从基准样的 1475℃升高到原粒级海砂矿配比为 8%时的 1492℃。烧结矿滴落温度的提高可以降低软熔带在高炉内的高度比例，这有利于烧结矿在高炉内间接还原的进行，提高高炉内热量及煤气的有效利用。

从图 5-43 中可看出，随着中间粒级海砂矿配加比例的增加，烧结矿的滴落温度呈现出先增大后降低的趋势。当海砂矿配加比例为 5%时，烧结矿的熔滴温度达到最高，为 1498℃；而当海砂矿配加比例为 8%时，烧结矿的熔滴温度为 1473℃，略低于基准样的熔滴温度。

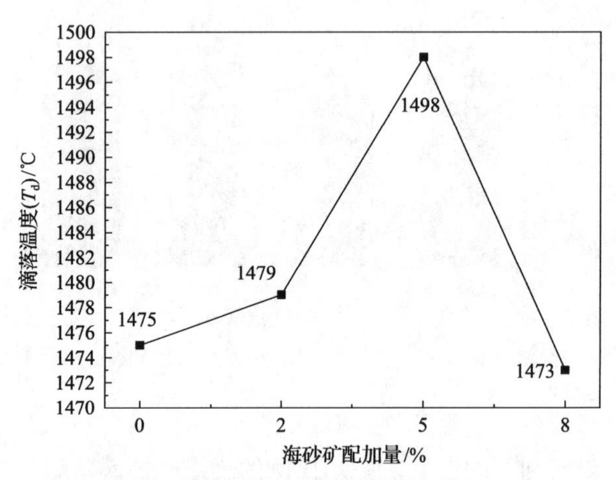

图 5-43　中间粒级海砂矿在不同配加比例条件下烧结矿的滴落温度(T_d)

从图 5-44 可以看出，随着细粒级海砂矿配加比例的增大，烧结矿的滴落温度呈现出逐渐降低的趋势。当海砂矿配加比例为 2%时，烧结矿的滴落温度最高，达到了 1486℃，而当海砂矿配加比例为 8%时，烧结矿的滴落温度为 1474℃。整体来看，当烧结中配加细粒级海砂矿后，烧结矿滴落温度的升高幅度最小，其最高的滴落温度只有 1486℃，比基准样高 11℃，并且当海砂矿配加比例为 8%时，烧结矿的滴落温度基本与基准样持平。对比图 5-42～图 5-44 可得，细粒级海砂矿配入后对烧结矿滴落温度的影响最小，原因在于由于细粒级海砂矿颗粒直径较小，较易熔于其他液相。

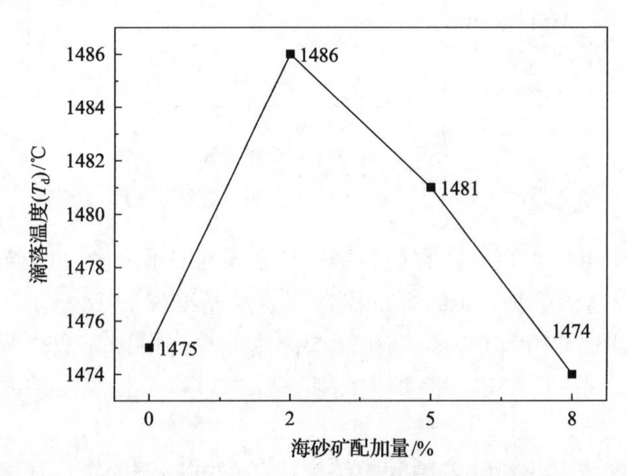

图 5-44　细粒级海砂矿在不同配加比例烧结矿的滴落温度(T_d)

3）海砂矿配加比例对烧结矿熔融温度区间的影响

熔滴实验中的熔融区间是指烧结矿变形量达到 40%与烧结矿开始滴落渣液相渣铁之间的温度范围，冶金性能优良的烧结矿要求具有较窄的滴落区间，这样有利于改善高炉内料层的透气性，提高煤气利用率，降低焦比。对各组海砂烧结矿的熔融温度区间（ΔT_d）进行分析，结果见图 5-45～图 5-47。

由图 5-45 可知，当烧结中配加原粒级海砂矿时，随着配加比例的增加，烧结矿的熔融区间有变窄的趋势；当原粒级海砂矿配加比例为 5%时，烧结矿的熔融区间为 160℃，比基准样烧结矿降低了 15℃；而当原粒级海砂矿配加比例为 8%时，烧结矿的熔融区间为 135℃，比基准样烧结矿降低了 40℃。

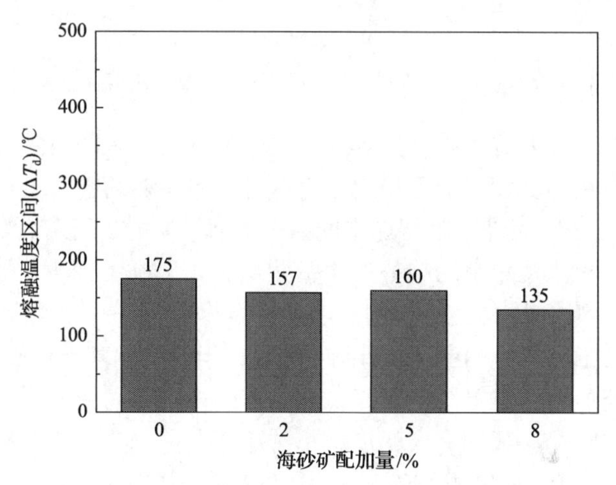

图 5-45　原粒级海砂矿在不同配加比例条件下烧结矿熔融温度区间（ΔT_d）

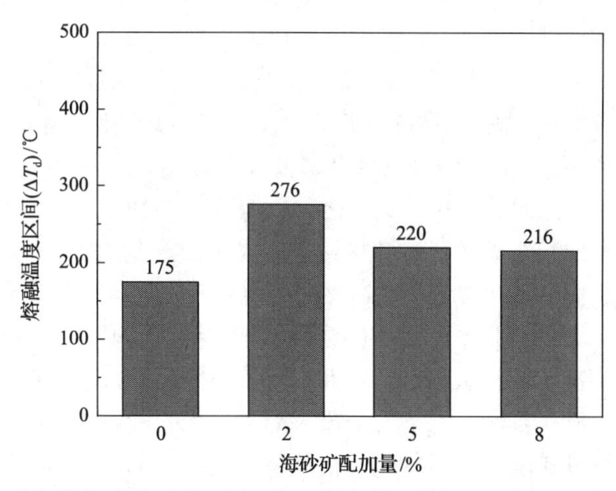

图 5-46　中间粒级海砂矿在不同配加比例条件下烧结矿的熔融温度区间（ΔT_d）

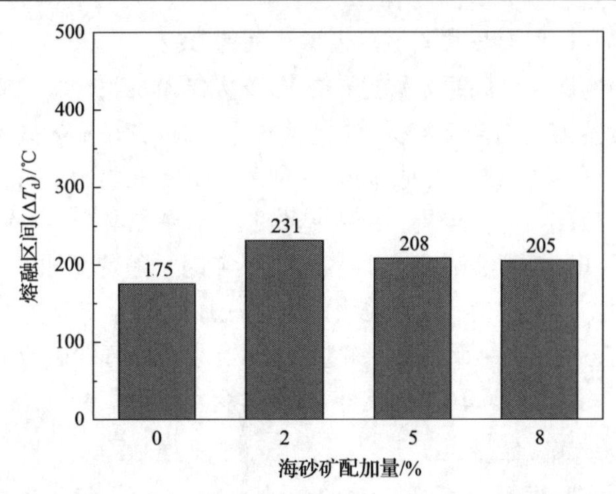

图 5-47　细粒级海砂矿在不同配加比例条件下烧结矿的熔融温度区间(ΔT_d)

这表明当原粒级海砂矿配比增加时，烧结矿的熔滴区间得到改善，此时烧结矿形成的渣铁液相黏度较小，容易滴落，这对于改善烧结矿的质量有利。

由图 5-46 可得，当烧结中配加中间粒级的海砂矿时，随着配加比例的增大，烧结矿的熔融区间呈现减小的趋势；当海砂矿配加比例为 2%时，烧结矿的熔融区间达到了 276℃，比基准样烧结矿的熔融区间高约 100℃；而当海砂矿配加比例为 5%～8%时，烧结矿的熔融区间有降低的趋势，但仍然比基准样高出 40～45℃。

因此，当配加中间粒级海砂矿时，烧结矿的熔融区间变大，虽然当海砂矿配加比例增大时，其熔融区间有大幅度减小的趋势，但仍然比基准样高。这主要是由于配加中间粒级海砂矿的烧结矿其还原度较高，中低熔点物质形成较早所致。

从图 5-47 中可得，当烧结中配加细粒级海砂矿时，相比于未配加海砂矿的基准样，其熔融温度区间呈现增加的趋势。但随着配加比例的增加，烧结矿的熔融区间呈现逐渐减小的趋势，其趋势与配加中间粒级海砂矿的较为相似。当海砂矿配加比例为2%时，烧结矿的熔融区间达到了 231℃，比基准样烧结矿的熔融区间高出 56℃，与中间粒级海砂矿相比，细粒级海砂矿对烧结矿熔融区间的影响大幅减弱；当海砂矿配加比例为 5%～8%时，烧结矿的熔融区间有降低的趋势，比基准样高约 30℃。

当烧结中配加原粒级海砂矿的比例逐渐增大时，烧结矿的软化区间有明显变宽的趋势，当原粒级海砂矿配加比例为 8%时，烧结矿的软化区间达到了 304℃，比基准样高出 53℃；而当烧结中配加中间粒级和细粒级海砂矿的比例逐渐增大时，烧结矿的软化区间相比于原粒级海砂矿，在一定范围内具有减小的趋势，例如，当细粒级海砂矿配加比例达到 8%时，烧结矿的软化区间只增大 10℃左右。烧结矿的滴落温度同样随着海砂矿配加比例的增加而具有不同程度的提高，当配加原粒级海砂矿时，烧结矿滴落温度的提高趋势最为显著，其中最高的滴落温度为 1498℃；当烧结中配加原粒级海砂矿的比例逐渐增加时，烧结矿的熔融区间变窄；而当烧结中配加中间粒级和细粒级海砂矿时，烧结矿的熔融区间变宽，且配加中间粒级海砂矿的增加幅度最大。综上不难发现，对于软化温度区间，其随着海砂矿配加量的增加而呈现增加的趋势，而对于熔融温度区间，其随着配加量的增加而降低。

4) 不同粒级海砂矿对烧结矿软化温度区间影响的研究

对各组软化熔滴实验的软化温度区间（ΔT_A）进行分析。

从图 5-48(a)可知，当海砂矿配加比例为 2%时，配加原粒级海砂矿的烧结矿的软化温度区间最大，达到 281℃，比基准样烧结矿的软化区间高出 30℃；而当配加中间粒级和细粒级海砂矿时，烧结矿的软化温度区间比基准样分别低约 50℃和 30℃。由图 5-48(b)可知，当海砂矿配加比例为 5%时，配加原粒级海砂矿和细粒级海砂矿时烧结矿的软化温度区间比基准样高约 10℃，而当配加中间粒级海砂矿时，烧结矿的软化温度区间则比基准样低 10℃。由图 5-48(c)可知，当海砂矿配

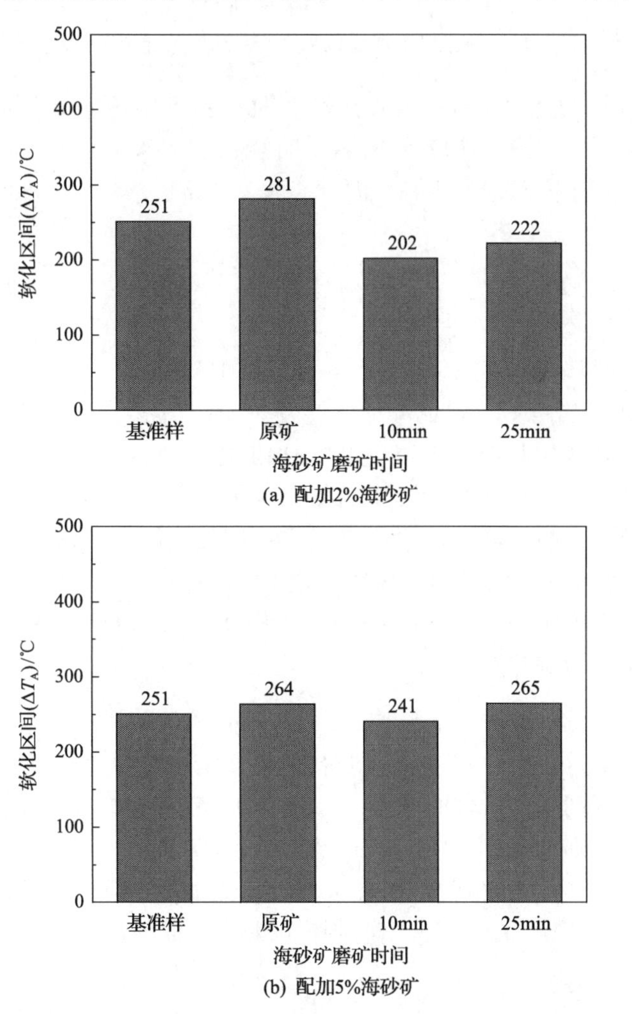

(a) 配加2%海砂矿

(b) 配加5%海砂矿

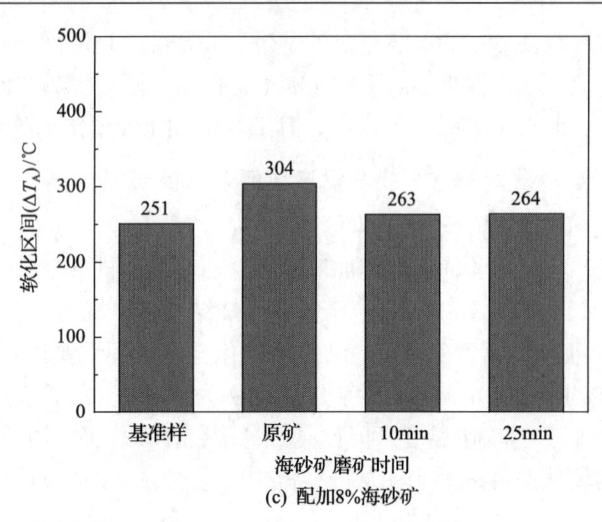

图 5-48　不同粒度海砂矿配加比例为 2%～8%时烧结矿的软化区间（ΔT_A）

加比例为 8%时，随着海砂矿的粒度逐渐变细，烧结矿的软化温度区间呈现减小并保持稳定的趋势；当配加原粒级海砂矿时烧结矿的软化温度区间比基准样高约 50℃；而当配加中间粒级和细粒级海砂矿时，烧结矿的软化温度区间则比基准样高 12℃左右。

综上可以发现，在 2%～8%配加比例条件下，细化海砂矿颗粒的粒度可以降低海砂烧结矿的软化温度区间。

5）不同粒级海砂矿对烧结矿滴落温度影响的研究

由图 5-49 可知，当海砂矿配加比例为 2%时，随着海砂矿粒度变细，海砂烧结矿的滴落温度变化并不显著，在 1479～1488℃波动。而当海砂矿配加比例为 5%时，如图 5-49（b）所示，随着海砂矿的粒度逐渐变细，烧结矿的滴落温度整体上呈现升高的趋势。由图 5-49（c）可知，当海砂矿配加比例为 8%时，随着海砂矿的粒度逐渐变细，烧结矿的滴落温度整体呈现下降的趋势；当配加细粒级海砂矿时，烧结矿的滴落温度则与基准样基本持平。综上可得，海砂矿的粒度变化对海砂烧结矿的滴落温度影响并不显著。

6）不同粒级海砂矿对烧结矿滴落温度影响的研究

从图 5-50（a）可得，当海砂矿配加比例为 2%时，随着海砂矿粒度逐渐变细，烧结矿的熔融区间呈现增大的趋势；当配加中间粒级和细粒级海砂矿时，烧结矿的熔融温度区间则比基准样高 55～100℃。从图 5-50（b）和图 5-50（c）可知，当海砂矿配加比例为 5%和 8%时，随着海砂矿粒度逐渐变细，烧结矿熔融区间的变化呈现出与海砂矿配加比例为 2%时相似的趋势，即细化海砂矿颗粒会导致滴落区间的扩大。

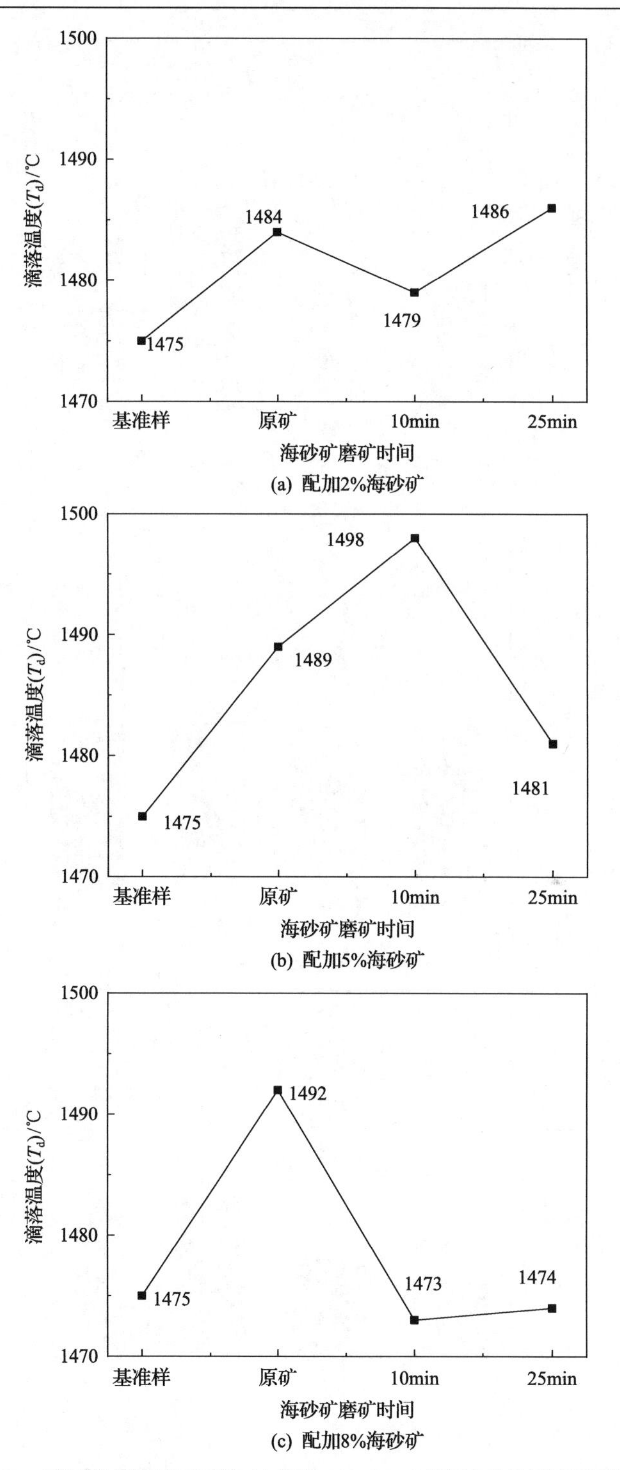

图 5-49　不同粒度海砂矿配加比例为 2%～8%时烧结矿的滴落温度(T_d)

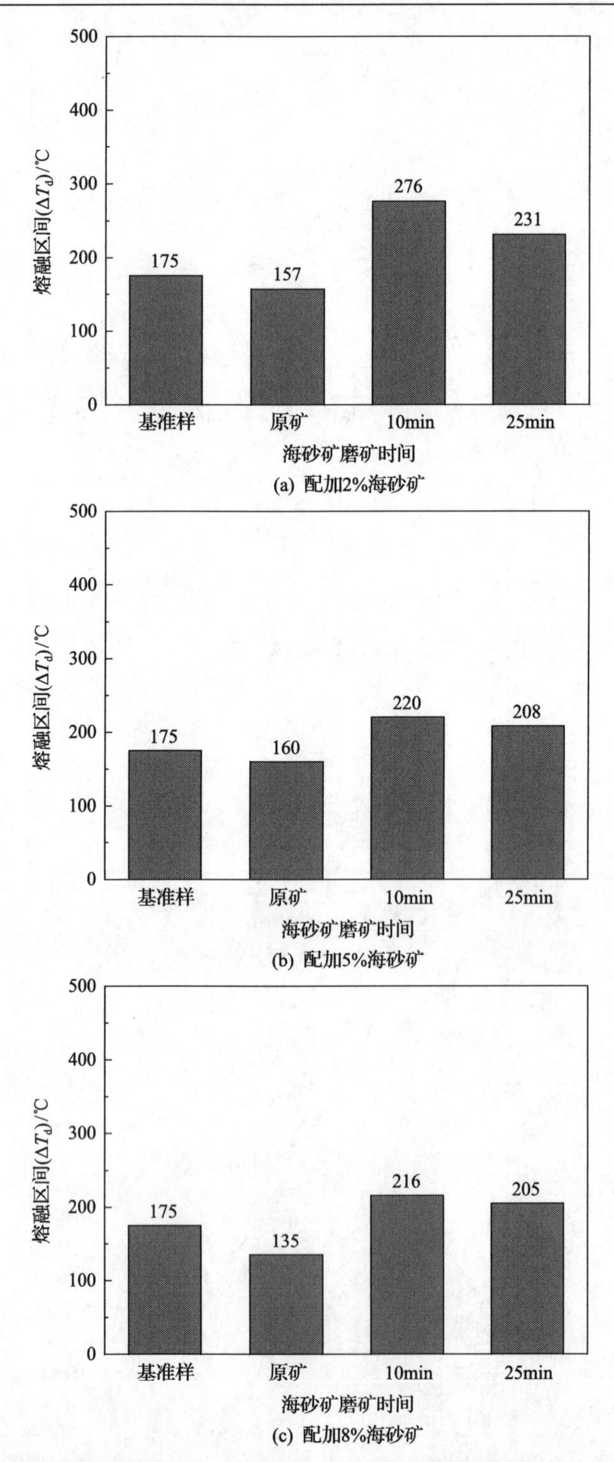

图 5-50　不同粒度海砂矿配加比例为 2%～8%时烧结矿的滴落温度区间（ΔT_d）

总体来看，就烧结矿的软化区间而言，在 2%～8%配加比例条件下，细化海砂矿颗粒的粒度可以降低海砂烧结矿的软化温度区间。就烧结矿的滴落温度而言，海砂矿粒度变化对海砂烧结矿滴落温度的影响并不显著。就烧结矿的滴落区间而言，当海砂矿配加比例为 2%～8%时，细化海砂矿颗粒会导致滴落区间的扩大。

7) 海砂烧结矿综合透气性的研究

为了更好地衡量炉料的熔滴性能，引入熔滴性能总特征值 S 的概念，S 值表征的是在一定温度范围内，压差对温度的积分。因此，S 值越小，说明在特定温度范围内，压差越低，也就是说明炉料的透气性越好，炉料的熔滴性能更好。其计算方法如式(5-8)。

$$S = \int_{T_s}^{T_d} (\Delta P - \Delta P_s) \mathrm{d}T \tag{5-8}$$

式中，T_d 为烧结矿的滴落温度，℃；T_s 为压差陡升的温度，℃；ΔP_s 为压差陡升时刻的压差，Pa；ΔP 为时刻 t 时的压差，Pa。

由此可得海砂烧结矿的总特征值 S，见图 5-51。

由图 5-51 可知，随着海砂矿配加量从 2%增加至 8%，海砂烧结矿的总特征值 S 呈现逐渐增加的趋势，且在三种粒级条件下，均呈现出该增加趋势，说明随着海砂矿配加量的增加，海砂烧结矿的透气性呈现劣化的趋势。这主要是由于随着烧结矿中海砂矿含量的增加，钛氧化物逐渐增加，其在还原气氛下(还原气氛并与焦炭直接接触)生成的碳氮化钛质点颗粒会极大地增加熔融态渣铁的黏度，从而增加气体穿透熔融层的阻力和压差，因此随着海砂矿配加量的增加，海砂烧结矿的透气性逐渐下降。

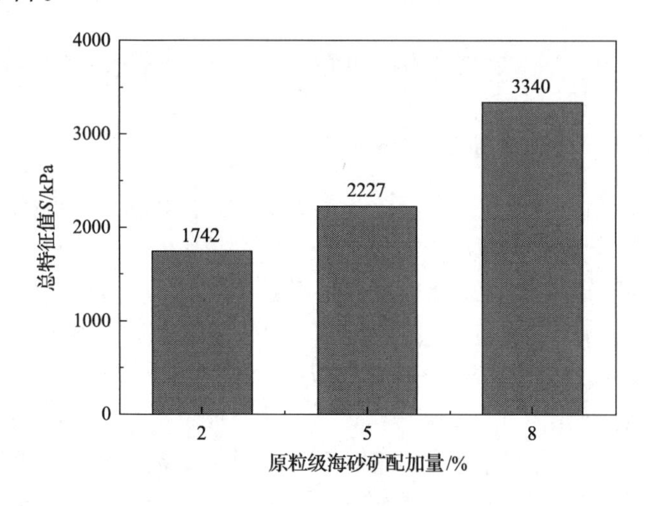

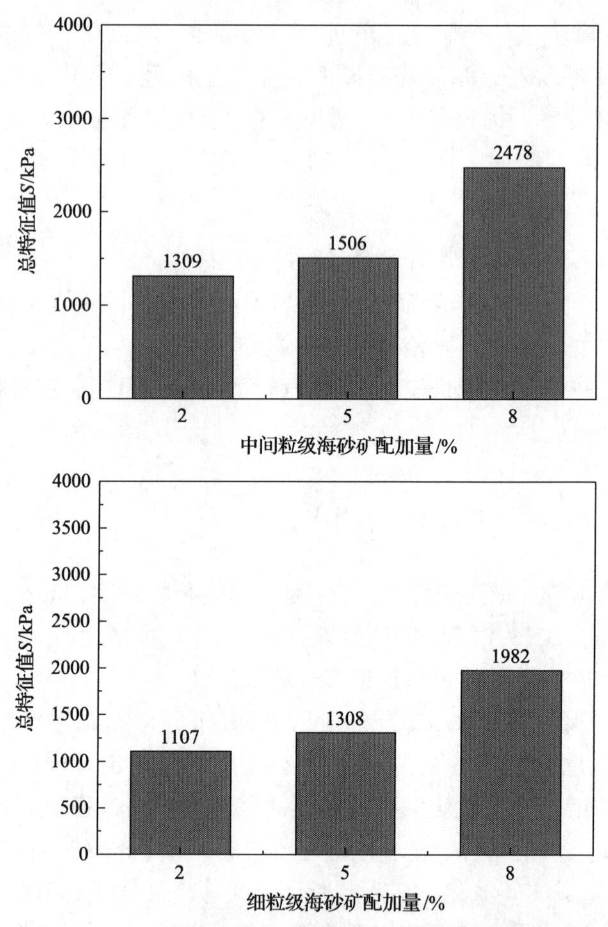

图 5-51 不同配加量下海砂烧结矿的熔滴总特征值 S

5.6 配加海砂矿对烧结工艺参数的影响

1. 配加海砂矿对烧结利用系数的影响

在烧结生产中，利用系数是一个非常重要的综合烧结指标，通过对利用系数的考查可以比较全面地了解在烧结过程中配加不同比例海砂矿对烧结生产效率的影响。本节对不同海砂矿配加比例烧结利用系数进行分析研究，结果见图 5-52。

从图 5-52(a)中可以看出，当烧结过程中配加原粒级海砂矿时，烧结利用系数有明显提高，均高于基准样品。当原粒级海砂矿配加比例为 5%时，烧结利用系数最高，达到了 1.9t/($m^2 \cdot h$)。

如图 5-52(b)所示，随着烧结过程中配加中间粒级海砂矿的比例增加，烧结利

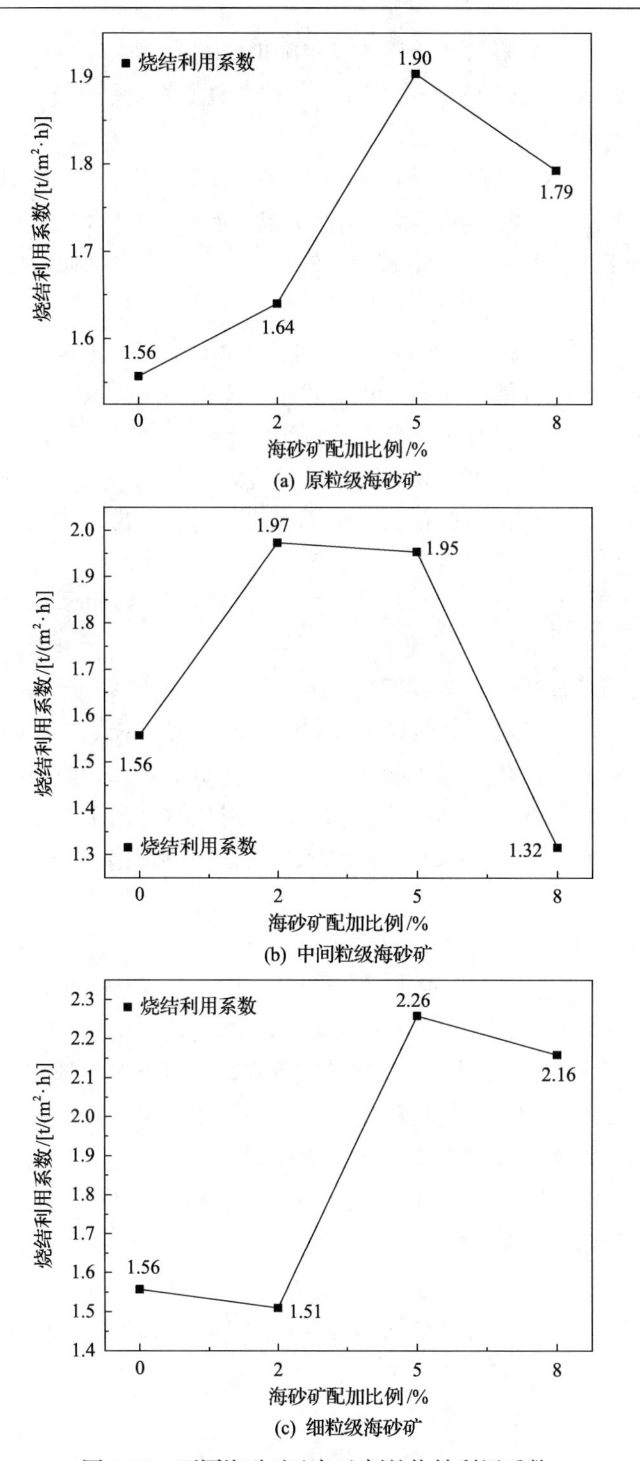

图 5-52　不同海砂矿配加比例的烧结利用系数

用系数呈现出先增大后降低的趋势，其中配加比例为 2%和 5%时的烧结利用系数处于较高水平，均在 1.95t/(m^2·h)以上，而当中间粒级海砂矿配加至 8%时，烧结利用系数只有 1.32t/(m^2·h)。

由图 5-52(c)可知，当细粒级海砂矿配加比例为 2%时，烧结利用系数略有降低，但与基准实验中的烧结利用系数仍处于同一水平，均在 1.5t/(m^2·h)左右。随着海砂矿比例继续增大，烧结利用系数有较大提高，最高可达到 2.26t/(m^2·h)，因此配加细粒级海砂矿提高了烧结利用系数。

综上，除了中间粒级海砂矿配加 8%时会导致烧结透气性下降，降低烧结利用系数，其余条件下配加海砂矿均促进了烧结利用系数的提高。因此，从提高烧结利用系数的角度考虑，当海砂矿在烧结中配加比例＞5%时，建议使用原粒级海砂矿或细粒级海砂矿进行烧结，这样可以取得良好的烧结效果。此外，若考虑磨矿时间和成本因素而不宜进行磨矿时，使用原粒级海砂矿进行烧结时也可得到较好的烧结利用系数。

2. 配加海砂矿对垂直烧结速度的影响

与烧结利用系数相似，垂直烧结速度同样是反映烧结生产效率的一项重要指标。垂直烧结速度过慢会导致烧结利用系数降低，影响烧结生产效率；垂直烧结速度过快会导致烧结矿矿物组成变差、烧结矿质量下降、转鼓强度降低，进而降低烧结矿成品率。因此，合理的垂直烧结速度对烧结生产至关重要。针对烧结过程中的垂直烧结速度，本节对不同海砂矿比例的烧结实验结果进行分析，如图 5-53 所示。

根据图 5-53(a)，对于原粒级海砂矿，随着烧结过程中配加海砂矿的比例不断提高，垂直烧结速度呈现出先增大后降低的趋势，当原粒级海砂矿配加比例为 5%时，垂直烧结速度最大，达到 24.67mm/min，相比基准实验中的垂直烧结速度提高了 16.2%。当配加至 8%时，垂直烧结速度降低，但仍大于基准实验中的垂直烧结速度。烧结过程中配加原粒级海砂矿相比基准样品来说其垂直烧结速度平均提高了 9.6%，这对烧结生产效率的提高十分有利。

由图 5-53(b)可知，随着中间粒级海砂矿配加比例的增加，垂直烧结速度呈现先升高后降低的趋势，特别是在海砂矿配加比例为 8%时，垂直烧结速度降低到 16.32mm/min，推测主要原因为中间粒级海砂矿造成了烧结制粒效果差，烧结混合料在制粒过程中没有形成对烧结透气性有利的球状颗粒，又由于海砂矿的粒度较细，混合料中粉末较多，从而影响了烧结过程中料层的透气性，这些均直接导致该组烧结实验的垂直烧结速度下降。

从图 5-53(c)可以看出，当细粒级海砂矿配加比例为 2%时，垂直烧结速度较

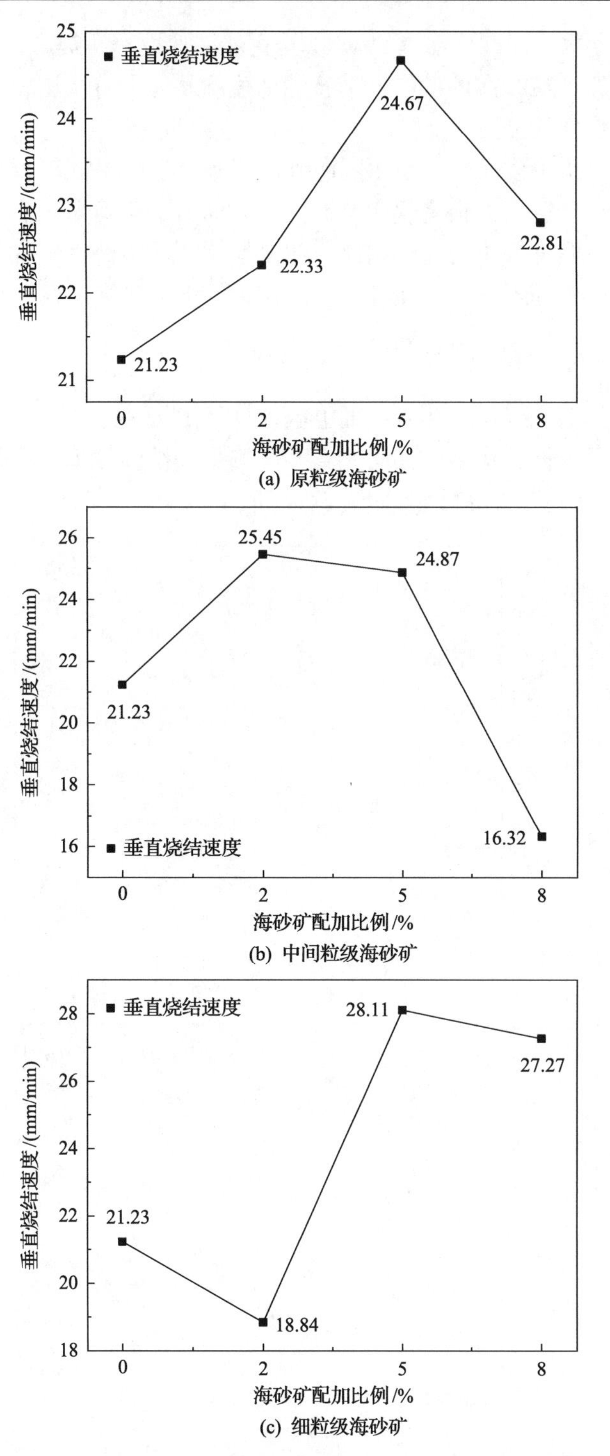

图 5-53　不同粒级海砂矿配加 2%～8%时的垂直烧结速度

基准样的变化不大，当配比超过 5%时，垂直烧结速度有所提高，从整体来看，在烧结过程中配加细粒级海砂矿后，垂直烧结速度整体上有所增加，烧结的生产效率得到了一定程度的提高。

通过上述分析可以发现，在不同海砂矿配加比例、不同粒级条件下，垂直烧结速度呈现出差异性，但仍有规律可循。整体而言，降低海砂矿粒径可以提高垂直烧结速度，但幅度并不明显。因此，建议使用原粒级海砂矿进行烧结生产，这样既可以节约磨矿处理成本，又可以获得较好的垂直烧结速度。

3. 配加海砂矿对烧结矿成品率的影响

烧结矿成品率是根据烧结矿粒度组成计算得出的一个技术指标，是衡量烧结生产效率的重要依据，烧结矿成品率直接影响了烧结的效率。不同海砂矿配比和粒级条件下的烧结矿成品率结果如图 5-54 所示。

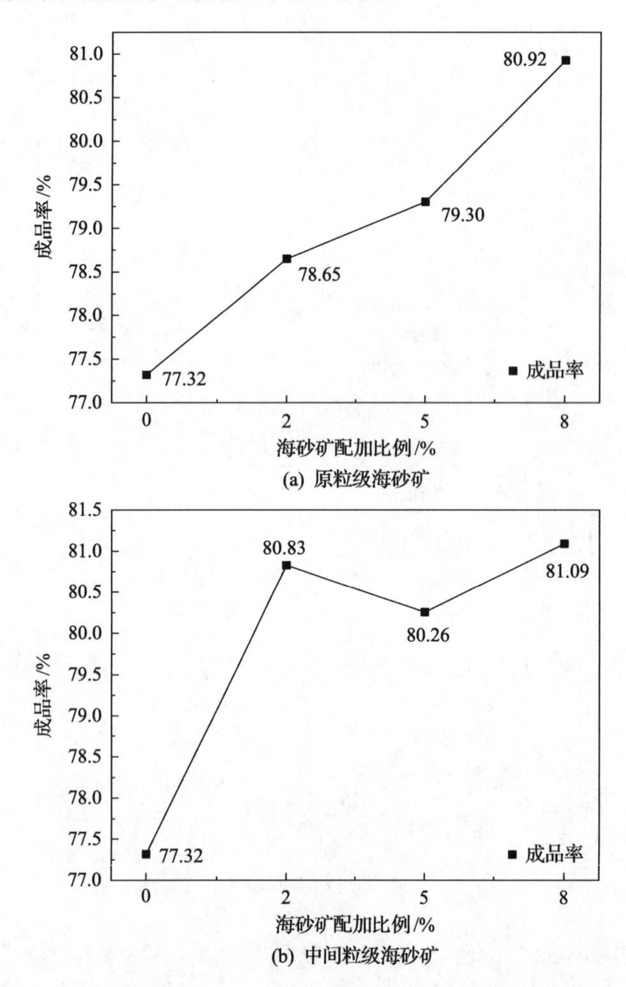

(a) 原粒级海砂矿

(b) 中间粒级海砂矿

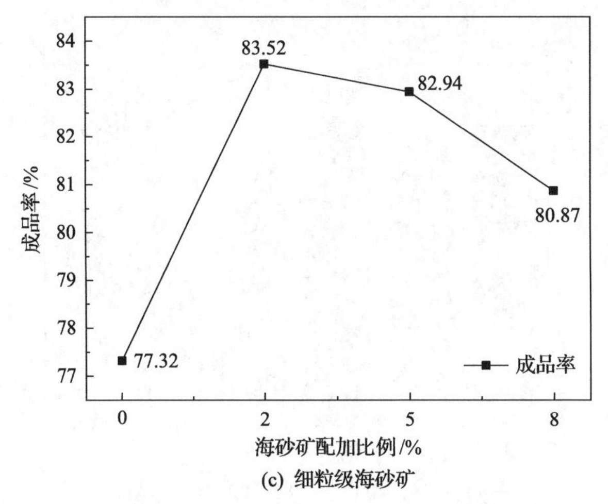

(c) 细粒级海砂矿

图 5-54　不同粒级海砂矿配加 2%～8%时的烧结矿成品率

从图 5-54(a)可以看出，随着烧结过程中配加原粒级海砂矿比例的不断提高，烧结矿成品率呈大幅提高的趋势，当原粒级海砂矿比例为 8%时烧结矿成品率可达到 80.92%，比基准实验中的烧结矿成品率提高了 4.7 个百分点。

由图 5-54(b)可知，随着烧结过程中配加中间粒级海砂矿的比例不断增加，烧结矿成品率呈现出先大幅度提高而后在高水平波动的趋势，其烧结矿成品率均在 80%以上，相比基准实验的烧结矿成品率平均提高了 4.4%。

根据图 5-54(c)，随着烧结过程中细粒级海砂矿配加比例的增加，烧结矿成品率呈现出先升高后降低的趋势，当细粒级海砂矿配加比例为 2%时，烧结矿成品率达到最大值，最大值为 83.52%；当细粒级海砂矿配加比例为 8%时，烧结矿成品率为 80.87%，但仍大于基准实验中的海砂矿成品率，整体来看烧结矿成品率仍然平均提高了 6.6%。

综上可得，当烧结过程中配加海砂矿时，不同粒级海砂矿的烧结成品率随着海砂矿配加比例的提高呈现出不同的趋势。总体上，配加海砂矿可以在不同程度上提高烧结矿成品率，这对于提高烧结的生产效率具有积极作用。

4. 配加海砂矿对烧结返矿比例的影响

烧结返矿量是影响烧结矿成品率的关键因素，较低的烧结返矿量说明烧结矿的质量较好，且节约燃料，避免返矿二次烧结。基准样的返矿比例为 21.59%，为方便对比，图中以实线标识，结果见图 5-55。

对比不同海砂矿配加量条件下的返矿比例，对于原粒级、中间粒级及细粒级海砂矿而言，返矿率均小于基准样的返矿率。对于配加原粒级海砂矿，随着配矿量的增加，返矿率缓慢下降，从 20.40%和 19.71%逐步下降到 17.66%和 18.33%。

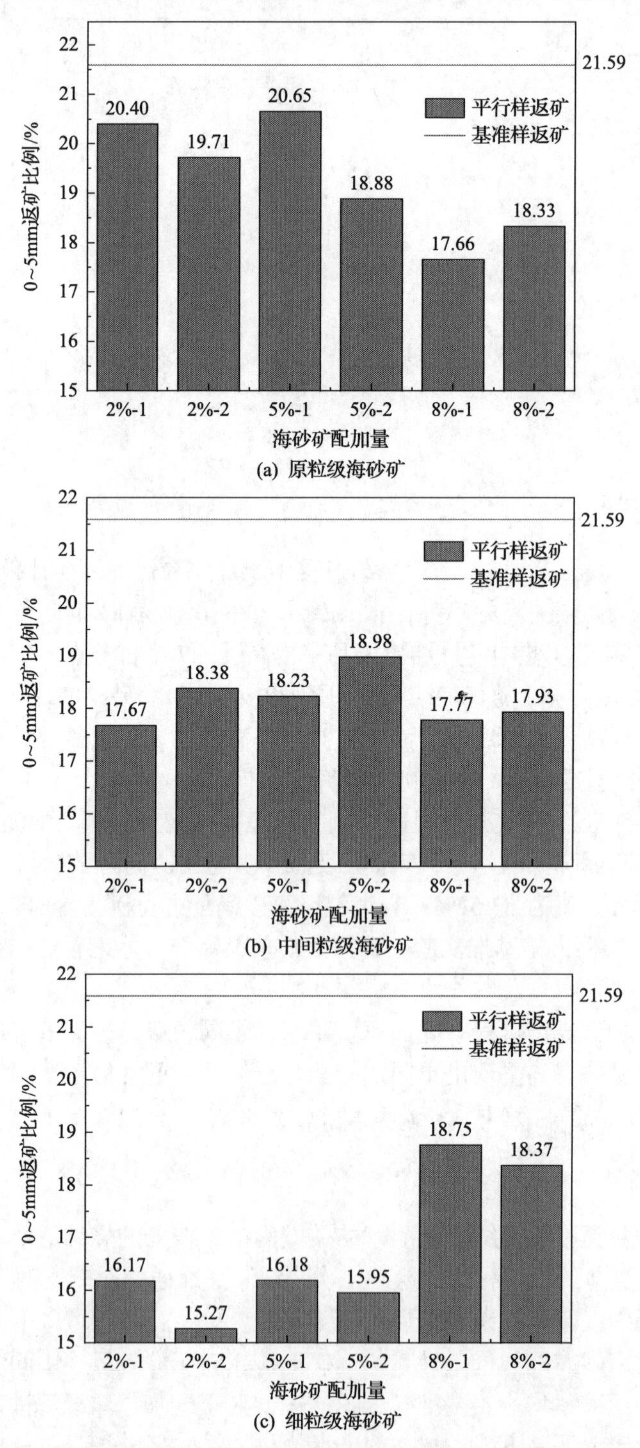

图 5-55　相同粒级、不同配加量条件下海砂矿对应的返矿比例

对于配加中间粒级海砂矿的烧结矿，当配加 2%～8%时，返矿率的变化趋势并不明显，但仍比基准样小；对于细粒级海砂矿的烧结矿，当配加量为 2%和 5%时，返矿率的指标较好，当配加至 8%时，返矿比例增加了 2%。对比在配加相同配比海砂矿的条件下，不同海砂矿的细度对烧结返矿率的影响，见图 5-56。

由图 5-56(a)和图 5-56(b)可知，对比不同海砂矿磨矿时间组别所对应的返矿比例可以得到，在配加 2%和 5%海砂矿的条件下，海砂矿的粒度越小，对应的烧结返矿率就越低，例如，当配加 2%时，原粒级海砂矿的返矿率为 20.40%和 19.71%，而细粒级海砂矿的返矿率仅为 16.17%和 15.27%，低于基准样的返矿率。而当配加 8%海砂矿时，海砂矿粒度对于返矿率的影响不大，返矿率在 17.66%～18.75%。

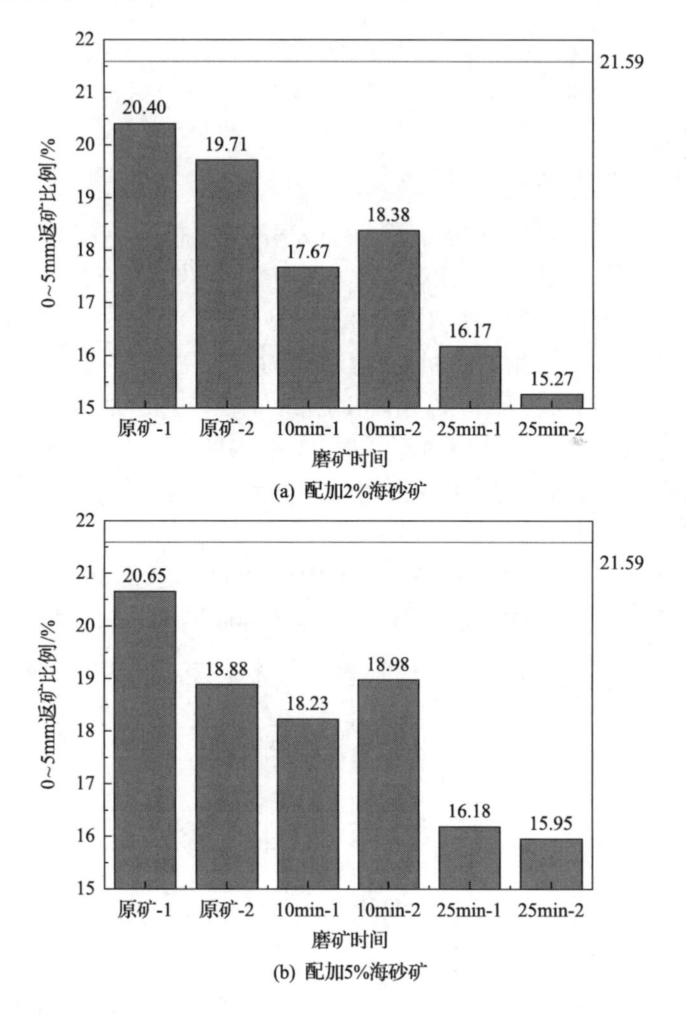

(a) 配加2%海砂矿

(b) 配加5%海砂矿

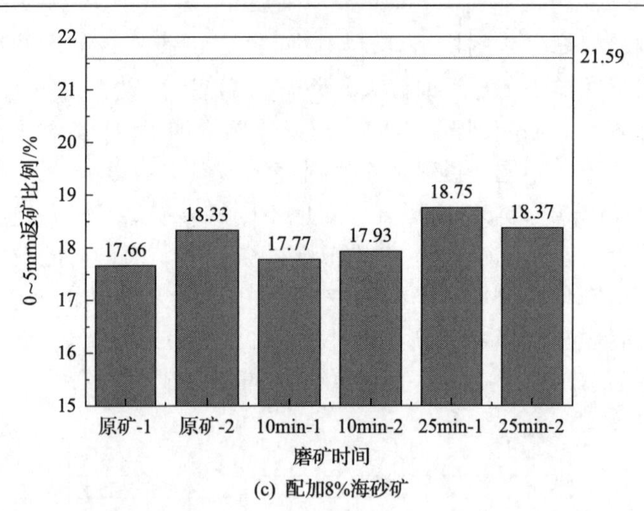

(c) 配加8%海砂矿

图 5-56　相同海砂矿配加量、不同海砂矿粒度对于烧结返矿率的影响

5. 配加海砂矿对烧结固体燃耗的影响

固体燃耗是衡量烧结过程中能量利用效率的重要指标，其对于烧结过程的节能降耗具有直接的现实意义。针对烧结过程中的固体燃耗，对不同海砂矿比例的烧结实验进行分析，如图 5-57 和图 5-58 所示。

由图 5-57 中可得，当烧结过程中配加海砂矿时，整体上可以降低烧结的固体燃耗。随着烧结过程中配加原粒级和中间粒级海砂矿比例的增加，烧结的固体燃耗呈下降的趋势。当配加细粒级海砂矿时，只有当增加至 8%时，固体燃耗出现略微上扬。由此可得，烧结过程中配加海砂矿可大幅降低固体燃料的消耗，对烧结过程的节能降耗十分有利。

对不同磨矿时间条件下烧结的固体燃耗进行分析研究，如图 5-58 所示。

根据图 5-58，当海砂矿配加比例为 2%时，随着海砂矿粒度的下降，烧结固

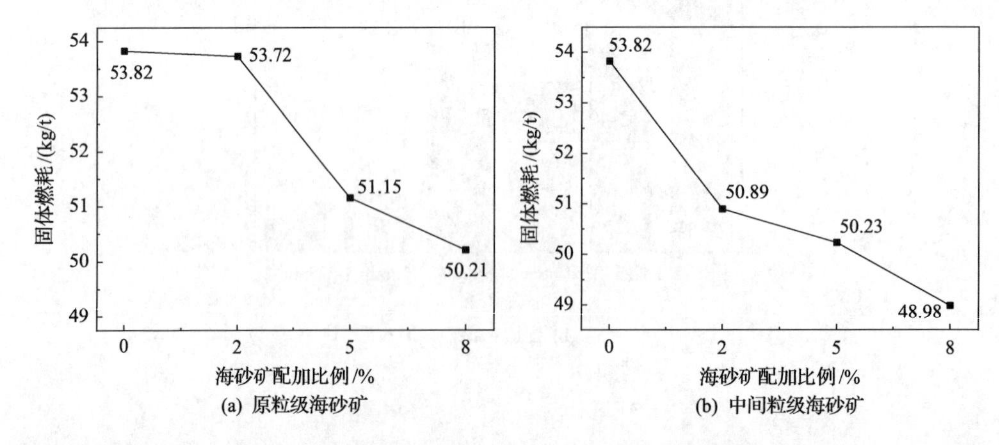

(a) 原粒级海砂矿　　(b) 中间粒级海砂矿

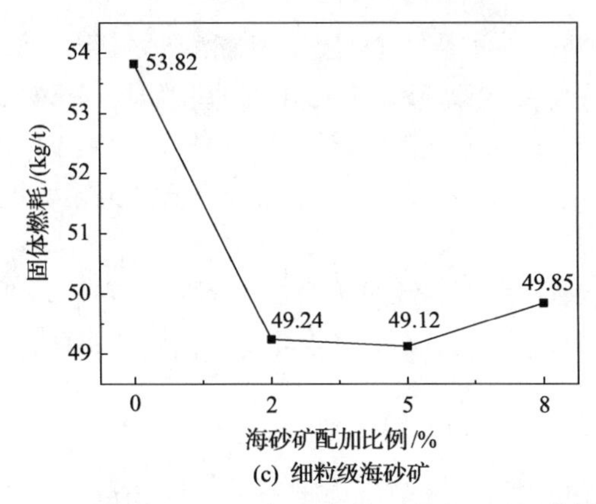

(c) 细粒级海砂矿

图 5-57　相同粒级、不同配加量条件下海砂矿对固体燃耗影响

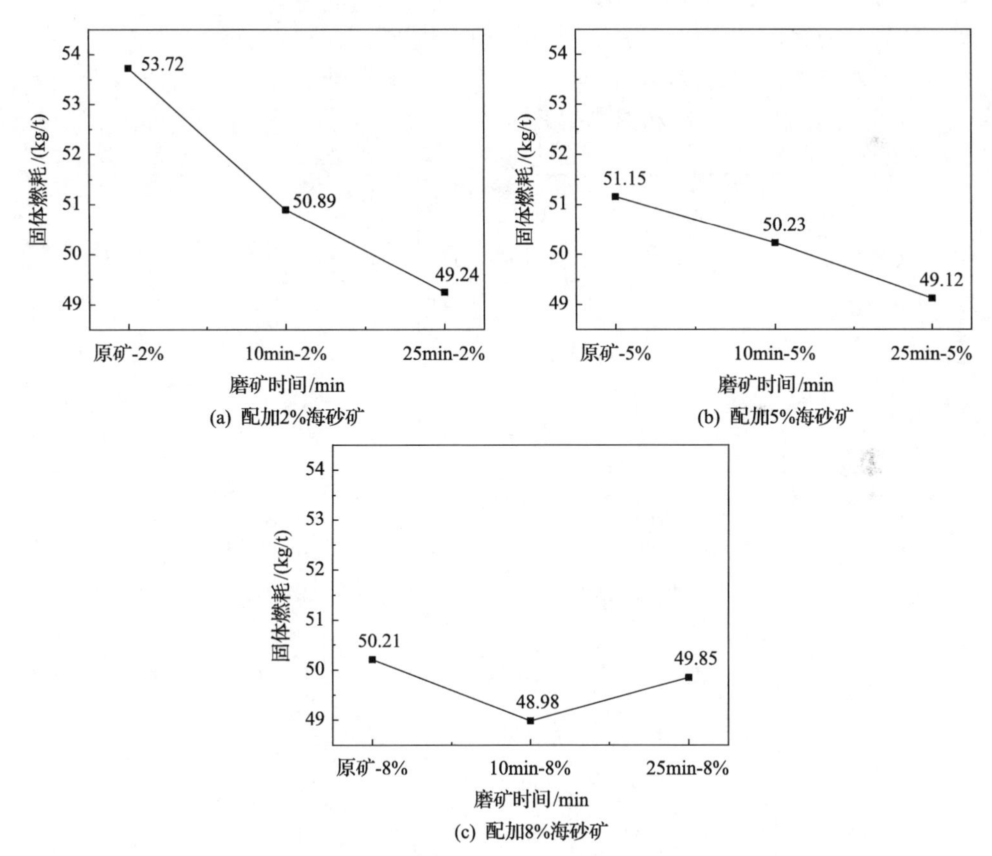

(a) 配加2%海砂矿　(b) 配加5%海砂矿

(c) 配加8%海砂矿

图 5-58　相同配加量、不同粒级条件下的海砂矿对固体燃耗的影响

体燃料消耗呈现出快速降低的趋势，当达到细粒级时，烧结的固体燃耗降低至 49.2kg/t，比基准实验中烧结的固体燃耗降低了 8.6%。而当海砂矿配加比例为 5% 时，见图 5-58(b)，随着海砂矿磨矿时间的增加，烧结的固体燃料消耗也同样呈下

降的趋势，并且在各磨矿时间条件下的固体燃耗都远低于基准实验中的固体燃耗。从图 5-58(c)中可以看出，当海砂矿配加比例为 8%时，随着海砂矿磨矿时间的增加，相较于基准样 53.83kg/t 的固体燃耗而言，整体呈现出下降的趋势。因此，配加海砂矿可以降低烧结的固体燃耗，其中综合降低效果最为明显的是磨矿 25min 的细粒级海砂矿。

综上可得，在小配加量下，降低海砂矿粒径可以有效降低烧结过程中固体燃料的消耗量，在配加至 8%后，降低粒径对固体燃耗的影响并不显著。

6. 配加海砂矿对烧结烧损率的影响

烧损率是指烧结混合料在烧结过程中由于固体燃料消耗、水分挥发、铁矿石和熔剂分解、粉尘吹出等失去的水分、气体和粉末占烧结混合料的百分比。烧损率直接影响烧结矿的产率，通常烧损率应越小越好。

针对烧结过程中的烧损率，对不同粒级、不同海砂矿配比条件下的实验结果进行分析，结果如图 5-59 和图 5-60 所示。

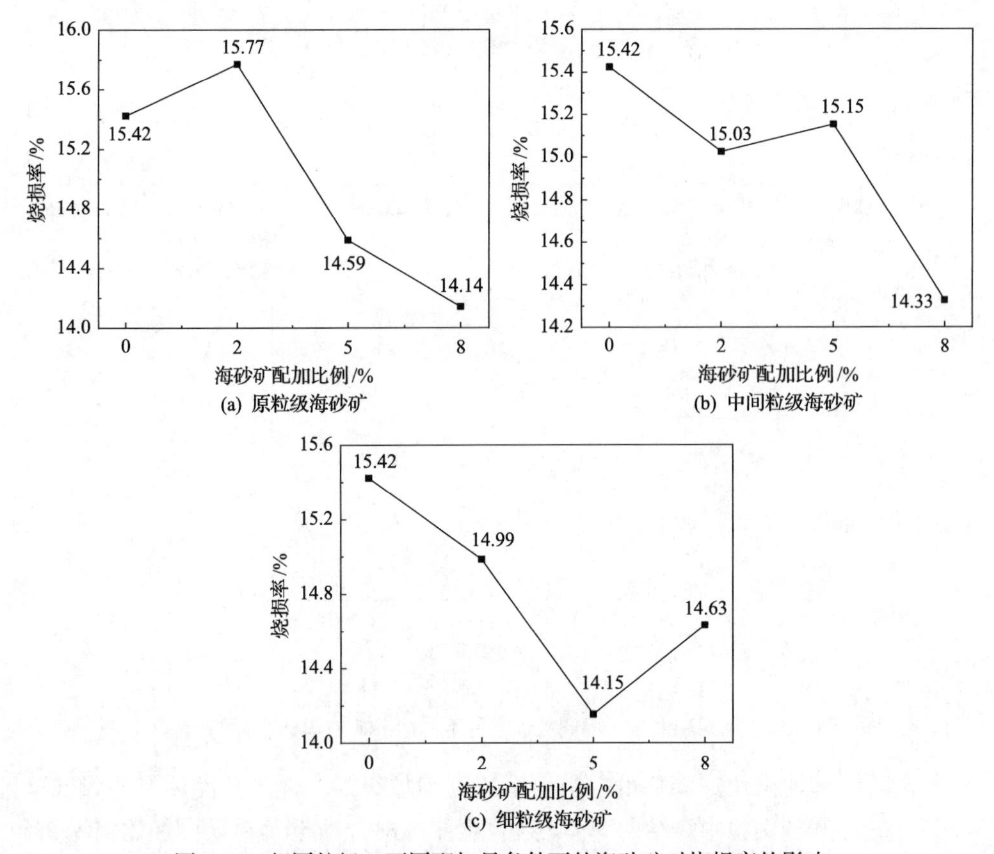

图 5-59　相同粒级、不同配加量条件下的海砂矿对烧损率的影响

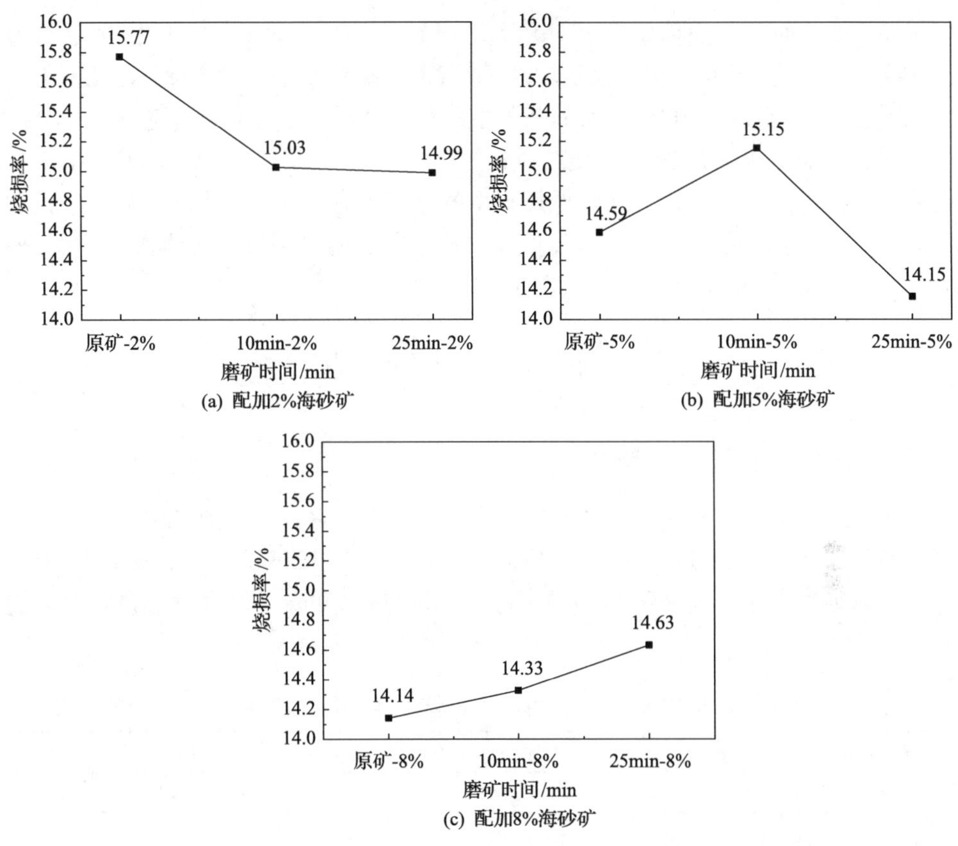

图 5-60　相同配加量、不同粒级条件下的海砂矿对烧损率的影响

由图 5-59(a)可知，随着烧结过程中配加原粒级海砂矿的比例不断提高，烧结矿的烧损率呈现整体降低的趋势，当配加比例达到 8%后，烧损率最小，只有 14.1%，相比基准实验中的烧损率降低了 8.3%。根据图 5-59(b)，随着烧结过程中配加中间粒级海砂矿的比例不断提高，烧损率同样呈现出下降的趋势，当海砂矿配加比例为 8%时，烧损率达到最小值 14.3%，相比基准实验中的烧损率降低了 7.3%，降低效果显著。由图 5-59(c)可知，随着烧结过程中配加细粒级海砂矿的比例不断提高，烧损率整体呈现出降低的趋势。

总体看来，烧结过程中配加海砂矿可以不同程度地降低烧损率，这主要是因为海砂矿的矿相致密、结晶水含量极低，所以随着海砂矿比例的不断增加，烧损率降低。烧损率降低对于烧结节能降耗、提高能量利用率具有较佳的促进作用。

对不同海砂矿粒级条件下的烧损率进行比较，如图 5-60 所示。

从图 5-60(a)中可以看出，当海砂矿配加比例为 2%时，随着海砂矿粒级的下降，烧损率呈现出逐渐降低的趋势。而在图 5-60(b)中，当海砂矿配加比例为 5%时，随着磨矿时间的增加，烧结矿的烧损率表现出先增大后降低的趋势，其中细粒级海砂矿烧结时的烧损率最小，达到了14.2%。从图5-60(c)中可以看出，当海砂矿配加比例为8%时，随着海砂矿粒度的降低，烧结矿的烧损率逐渐增大，但增大幅度较小，而且在不同磨矿时间条件下的烧损率比基准实验平均降低了6.8%。当海砂矿配加比例达到8%时，烧结过程的烧损率相对较低，这也与海砂矿的矿物组成有关。通过以上分析，从降低烧损率的角度考虑，当烧结中海砂矿配加比例＜5%时，建议使用细粒级海砂矿进行烧结生产；当烧结中海砂矿配加比例＞5%时，建议使用原始海砂矿进行烧结生产。

5.7　配加海砂矿烧结工业试验

1. 印尼海砂矿第一次烧结工业试验

印尼海砂矿曾在我国某钒钛矿冶炼企业烧结工序进行了工业试验，探索可行性的同时探索了印尼海砂矿配加方案，在现有原料结构的基础上，配加5%～10%印尼海砂矿替代部分含钒精粉。所用印尼海砂矿成分如表5-21所示，试验方案如表5-22所示。

表5-21　工业试验用印尼海砂矿成分(质量分数)　　单位：%

CaO	MgO	SiO_2	TFe	V_2O_5	TiO_2	Al_2O_3	S	FeO	P
0.57	1.85	2.99	55.97	0.613	12.05	2.56	0.012	21.77	0.033

表5-22　海砂矿烧结工业试验配比方案　　单位：%

方案	混料配比						烧结机配比						
	小营钒粉	庙沟普粉	PB粉	麦克粉	印尼海砂矿	杂料	混料	杂料	钙灰	镁灰	燃料	高返	自返
1	60.0		25	10	5		74.9	8	8.4	3.2	5.5	10	15
2	55.0		25	10	10		75.0	8	8.3	3.2	5.5	10	15
3	57.5	5	15	10	5	7.5	83.3		8	3.2	5.5	10	15

试验结果如表5-23～表5-26所示，当配加5%～10%印尼海砂矿替代含钒精粉时，烧结矿转鼓强度在56.5%～64%，垂直烧结速度在14.5～16.1mm/min，平均粒径在14.3～16.6mm，低温还原粉化指数在19.7%～38.3%，可以在烧结机配加。

方案2配加10%印尼海砂矿时，烧结矿转鼓指数、垂直烧结速度、平均粒径、低温还原粉化指数等指标均最好，可优先选择方案2。

方案3配加5%印尼海砂矿+15%PB+10%麦克+5%庙沟普粉时，烧结矿的各项指标均较差，不予采用。

表 5-23　印尼海砂矿烧结工业试验生产参数结果

方案	烧结时间/min	烧损率/%	垂直烧结速度/(mm/min)	成品率/%	转鼓指数/%	利用系数/[t/(m^2·h)]	燃料消耗/(kg/t)
1	38.00	7.45	15.00	71.62	61.20	1.01	66.38
2	35.45	8.21	16.08	78.92	64.00	1.21	60.74
3	39.33	6.04	14.49	70.29	56.53	0.97	66.62

表 5-24　印尼海砂矿烧结工业试验烧结矿粒度组成

方案	>40mm/%	40～25mm/%	25～15mm/%	15～10mm/%	10～5mm/%	<5mm/%	平均粒径/mm
1	4.86	14.89	18.04	19.37	15.68	27.16	14.30
2	7.28	19.74	18.98	19.01	14.89	20.09	16.58
3	8.72	13.27	18.37	18.31	13.64	27.7	14.82

表 5-25　印尼海砂矿烧结工业试验烧结矿的化学成分(质量分数)　单位：%

方案	CaO	MgO	SiO_2	TFe	V_2O_5	TiO_2	Al_2O_3	S	FeO	P
1	10.83	2.33	4.68	54.63	0.28	2.10	2.32	0.112	14.15	0.051
2	10.95	2.31	5.18	55.18	0.23	1.73	2.15	0.054	11.57	0.042
3	8.02	3.36	3.66	54.94	0.37	3.76	2.30	0.032	5.39	0.038

表 5-26　印尼海砂矿烧结第二次工业试验配比方案

方案	混料配比							烧结机配比					
	钒粉	普粉	PB 粉	麦克粉	北非粉	印尼海砂矿	杂料	混料	杂料	钙灰	镁灰	焦粉	返矿
1		40	35	10	10	5		74.5	8	9.5	3	5	20
2		40	30	10	10	10		74.4	8	9.6	3	5	20
3	57.5		30			5	7.5	83.5		8	3	5.5	30

2. 印尼海砂矿第二次烧结工业试验

对配加该种印尼海砂的普通矿、钒钛矿原料结构进行了第二次工业试验，配比方案如表 5-26 所示。

试验结果如表 5-27 和表 5-28 所示，方案 1 和方案 2 为普矿方案，分别配加 5%、10%印尼海砂矿。从烧结矿质量方面考虑，转鼓指数(70.53%、68.27%)及平均粒径(16.58mm、15.07mm)达到生产要求，但垂直烧结速度偏低，方案 1 略高为 13.58 mm/min，偏低的垂直烧结速度降低了烧结机利用系数，制约了烧结机产量。熔滴性能方面，方案 1 的熔滴性能较好，方案 2 的熔融区间为 476℃，过高，熔融带厚度为 51.19mm，偏厚，经综合考虑，方案 2 不合适。

从方案 3 的两次试验结果看，方案 3 的原料结构不合适。垂直烧结速度的第二次实验最高也只有 11.52mm/min，而一般实验需达到 13mm/min 以上才认为合适，转鼓指数最高 68.53%，没有问题，第二次实验的成品率及成品粒度组成也满足要求。从冶金性能看，第一次实验的软化区间为 137℃，较好；但熔融区间为 425℃，太高；熔融带厚度为 49.2mm，偏厚。第二次实验的软化区间为 176℃，较差；熔融区间为 398℃、熔融带厚度为 44.87mm，都比较差。一般软化区间在 170℃以下，熔融区间在 300℃以下，熔融带厚度小于 30mm 比较合适。

表 5-27　印尼海砂矿第二次烧结工业试验的工艺参数(1)

方案	垂直烧结速度/(mm/min)	成品率/%	转鼓指数/%	利用系数	燃耗/(kg/t)	平均粒径/mm
1	13.58	75.17	70.53	0.92	60.25	16.58
2	11.01	72.91	68.27	0.77	57.75	15.07
3-1	9.79	60.62	63.33	0.57	70.79	14.09
3-2	11.52	78	68.53	0.88	54.82	17.54
普矿平均	18.8	79.6	69.6	1.4	58.8	17.9
钒矿平均	16.5	76.9	67.5	1.2	57	17.4

表 5-28　印尼海砂矿第二次烧结工业试验的工艺参数(2)

方案	$RDI_{+3.15mm}$	压差陡升温度 T_s/℃	软化区间 (T_{40}–T_{10}) /℃	滴落温度 T_d/℃	熔融区间 (T_d–T_s) /℃	熔融带厚度 ΔH/mm	特性值 S
1	30.29	1209	126	1475	266	23.64	473
2	33.61	1009	109	1485	476	51.19	636
3	34.17	1037	137	1462	425	49.02	610
3	35.43	1047	176	1445	398	44.87	467
普矿	31.7	1273	69	1488	220	24.8	191
钒矿	33.6	1208	140	1450	244	26.7	269

5.8　小　　结

本章详细研究了海砂矿矿物的基础特性，包括成分、微观结构、粒度组成和磨矿特性等，并通过烧结杯实验，探索了三种海砂矿粒度分布和在三种不同配加比例下，海砂矿配入烧结系统后对烧结工序的影响，包括烧结矿自身特性的影响和烧结工序过程参数的影响，并依据不同海砂矿粒度、不同海砂矿配加条件下的烧结矿，系统研究了海砂烧结矿的低温还原粉化性能、还原性能及软化熔融滴落性能，获得的相关结论简述如下。

(1) 本实验所用海砂矿的 TFe 品位达到 55.63%，TiO_2 含量为 11.41%，铁钛元素主要以钛磁铁矿物相形式结合并存在于海砂矿中，该种海砂矿可作为一种具有含有较高铁品位的护炉原料。

(2) 配加海砂矿后，成品烧结矿的 TFe 品位、碱度波动变化不大；FeO、MgO 含量增加，但仍处于优质烧结矿标准范围内；Al_2O_3 含量下降，有利于烧结矿冶金性能的提升，TiO_2 呈线性增加的趋势。海砂矿中 P、S 等元素的含量较低，在一定程度上降低了烧结矿中有害元素的含量。

(3) 原粒级海砂矿多以球状或椭球状为主，棱角较为圆滑，比表面积较小，故海砂矿的成球性能与黏附性能均不如普通矿粉。球磨 25min 后，海砂矿粒径小于 200 目的已达到 65%以上，可以达到烧结黏附粉的粒度要求。通过微观矿相分析，发现基准样主要以复合铁酸钙为主，与赤铁矿和硅酸盐胶结良好。与基准样相比，配加原粒级海砂矿后对主要矿物类型和微观结构的影响不明显。当中间粒级和细粒级海砂矿配加比例为 2%～5%时，微观结构与基准样的差别不大；但提高至 8%后，出现骸晶状菱形赤铁矿相，这将对烧结矿的物理性能和冶金性能产生不利影响。

(4) 配加 2%～8%原粒级海砂矿后，成品烧结矿保持了较好的平均粒径。对于中间粒级和细粒级砂矿，其烧结矿的平均粒径随着配加量的增加而降低。对于原粒级海砂矿，当其烧结配加量从 2%增加至 8%后，对转鼓强度几乎没有影响，而对于中间粒级海砂矿，当配加量增加至 8%时转鼓强度出现下降的趋势，这主要与该粒度范围海砂矿既不处于核颗粒，也不处于黏附粉粒度范围有关。

(5) 对于烧结燃料消耗，随着三种粒级海砂矿配加量的增加，固体燃耗下降。改变海砂矿粒径，在小配加量下 (2%和 5%)，粒径越小，燃耗越低，大配加量 (8%) 下粒径减小对于节约燃耗的促进作用已不明显。配加海砂矿后，相比于基准样，烧结利用率和成品率增加，烧损率降低。总之，配加海砂矿后烧结矿的产量指标有所提升，选取原粒级海砂矿配加至 8%，可以满足烧结的生产要求，且大部分指标均好于未配加的基准样指标。降低海砂矿粒度后有助于提升产量，但仍需要关注海砂矿粒级下降后对烧结矿本身质量的影响。

(6) 当海砂矿配加比例为 2%～5%时，海砂矿烧结矿的低温还原粉化性能与基准样相差不大；但当配加比例增加至 8%，增加的 TiO_2 在高碱度烧结矿中与 CaO 结合形成钙钛矿，并集中分布于玻璃相中，这导致其低温还原粉化指数有变差的趋势。此外，配加细粒级海砂矿后，微观下典型的骸晶状菱形赤铁矿相增多，多呈粒状分布，同样也导致了低温还原粉化率增加。当原粒级海砂矿配入后，烧结矿的低温还原粉化性能与基准样相差不大。

(7) Ti 元素固溶对铁氧化物的还原将产生阻碍作用，这导致配加海砂矿后，还原度出现不同程度的下降。配加至 8%后，还原性虽然略低于基准样，但仍高于优质烧结矿标准。当海砂矿配加量一定时，随着粒度的下降，还原性出现劣化的趋势，原因在于海砂矿的粒度变细阻碍了烧结料层的透气性，烧结矿的微孔结构变少，影响了海砂矿烧结矿的还原性。

(8)当烧结中配加原粒级海砂矿的比例逐渐增加时，烧结矿的软化区间有明显变宽的趋势，而当烧结中配加海砂矿的粒级下降时，海砂烧结矿的软化区间在一定范围内具有下降的趋势，当细粒级海砂矿的配加比例达到8%时，烧结矿的软化区间只增大10℃左右。当配加海砂矿的比例增大时，随着高熔点含钛化合物的配入，烧结矿的滴落温度均有不同程度的提高，最大滴落温度为1498℃，而海砂矿粒度变化对海砂烧结矿滴落温度的影响并不显著。当烧结中配加原粒级海砂矿的比例逐渐增大时，烧结矿的熔融区间变窄；而当烧结中配加中间粒级和细粒级海砂矿时，烧结矿的熔融区间变宽，且配加中间粒级海砂矿的增加幅度最大。

(9)随着烧结矿中海砂矿含量的增加，钛氧化物逐渐增加，其在还原气氛下(还原气氛并与焦炭直接接触)生成的碳氮化钛质点颗粒会极大地增加熔融态渣铁的黏度，从而增加了气体穿透熔融层的阻力和压差，所以随着海砂矿配加量的增加，海砂烧结矿的透气性逐渐下降，总特征值S呈现增加的趋势。

(10)从整体来看，烧结过程中配加海砂矿对于烧结的各项生产技术指标均有不同程度的提高。从烧结矿的成品率来看，配加海砂矿后，均实现了较快的增长，且降低海砂矿的粒级同样有助于烧结矿成品率的提升。从烧结利用系数来看，由于中间粒级海砂矿恶化了烧结过程中料层的透气性，导致烧结时间增加，烧结利用系数严重下降。但是，细粒级和原粒级海砂矿均促进了烧结利用系数的提高。从固体燃料消耗来看，烧结过程中配加不同比例的海砂矿，烧结固体燃料的消耗均出现明显降低。虽然在本书实验范围内，细粒级海砂矿加入烧结系统后，固体燃耗的下降最低，但是与原粒级的固体燃耗相差并不显著。综合考量烧结工序过程参数，虽然在某些指标上，如烧结返矿率、烧结利用系数等，细粒级海砂矿对烧结工序参数带来的促进作用较为显著，但是仍需要考虑海砂矿粒径变化对后续烧结矿本身质量的影响。

第 6 章　海砂矿球团造块工艺

本章首先对海砂矿用于氧化球团的生产进行实验研究，优化海砂矿的造球工艺参数，包括原料配比、氧化焙烧温度、生球与成品球制样检测等，然后通过分析海砂球团的高温冶金性能，探索海砂矿应用于球团造块工序的可行性，本章框架如下所述。

(1) 由于原粒级海砂矿的粒度较粗，比表面积较小，因此对原粒级海砂矿进行磨矿预处理，测定磨矿预处理后所得海砂矿精矿粉的粒度及比表面积，确定合适的磨矿工艺参数。

(2) 将磨矿预处理后的海砂矿矿粉按不同比例分别配加在普通铁精粉中，加入一定比例的膨润土后进行混匀和生球制备，取一定比例的合格生球进行抗压强度、落下强度和生球水分的检测。

(3) 合格生球在 105℃的恒温干燥箱中烘干，将烘干后的球团进行预热焙烧实验，对焙烧好的成品球团矿进行抗压强度检测，研究不同预热焙烧制度对球团抗压强度的影响。

(4) 最后对完成焙烧的成品球团矿的冶金性能进行检测，得到球团矿的还原性、低温还原粉化性和还原膨胀性等指标，通过对以上技术指标的分析，明确配加海砂矿后球团矿质量的变化，分析其影响机理及原因，评估海砂矿应用于球团工艺的可行性。

实验方法如图 6-1 所示。

6.1　海砂矿造球原料的特性

1. 海砂矿造球原料的成分与性能

海砂矿造球实验所采用矿粉的化学成分如表 6-1 和表 6-2 所示。

表 6-1　海砂矿化学成分(质量分数)分析　　单位：%

TFe	FeO	SiO_2	CaO	Al_2O_3	MgO	TiO_2	V_2O_5	烧损
55.63	29.60	4.13	0.60	3.38	3.74	11.41	0.48	–3.14

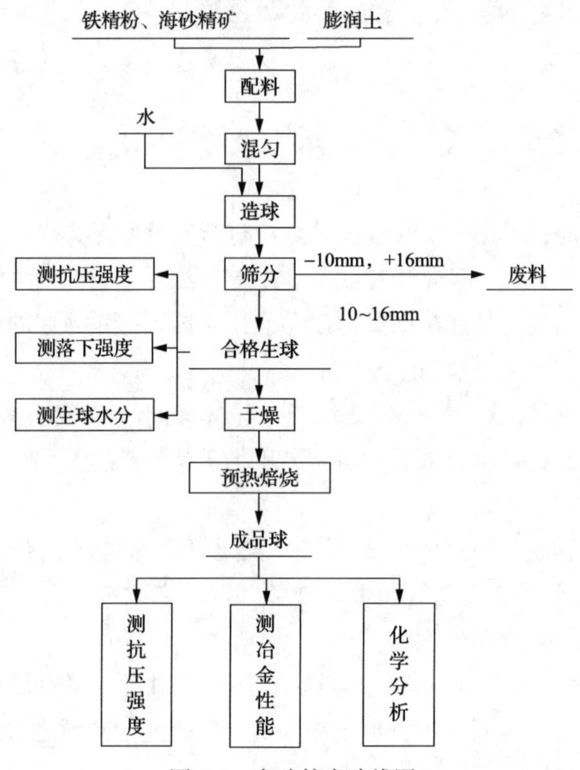

图 6-1 实验技术路线图

表 6-2 实验用另外两种矿粉的化学成分(质量分数) 单位：%

名称	TFe	FeO	SiO_2	CaO	Al_2O_3	MgO	烧损	–0.074mm
秘鲁粉	69.27	29.28	2.11	0.51	0.35	0.53	–2.35	88.51
自加工粉	67.57	29.71	3.19	0.77	0.61	1.02	–2.06	80.30

由表 6-1 和表 6-2 可知，海砂矿的 TFe 为 55.63%，FeO 质量分数为 29.60%，而 TiO_2 和 V_2O_5 的质量分数分别为 11.41%和 0.48%。秘鲁粉与自加工粉两种矿粉的 TFe 质量分数分别达到 69.27%和 67.57%，FeO 质量分数都在 29%以上，是品位比较高的磁铁矿。海砂矿中 SiO_2、Al_2O_3 和 MgO 的质量分数都比秘鲁粉与自加工粉高，分别达到了 4.13%、3.38%和 3.74%。

黏结剂对球团工艺来说不可缺少。选用合适的黏结剂能提高产品质量，降低能耗，也能改善物料的表面性质，从而提高成球性和成品球的强度。此外，黏结剂还能改善球团的冶金性能。本实验所选用的黏结剂为膨润土[194]，实验测得膨润土的性能如表 6-3 所示，同时测得膨润土的化学成分如表 6-4 所示。

表 6-3　膨润土性能

胶质价 mL/15g	膨胀指数	吸水率%/2h	吸蓝量 g/100g	w(蒙脱石)/%	<0.074mm/%
14	9	158	35	81.45	91.5

表 6-4　膨润土的化学成分(质量分数)分析　单位：%

TFe	SiO_2	CaO	Al_2O_3	MgO	S	P	Na_2O	K_2O
2.32	57.1	2.55	17.17	4.45	0.023	0.028	1.92	0.71

2. *海砂矿造球磨矿特性*

实验所用海砂矿的粒度较粗，几乎没有小于 0.074mm 的颗粒，这与造球工艺对原料粒度的要求相差较远，且其颗粒多呈圆形或椭圆形，比表面积较小，成球性能差。为此，需对原粒级海砂矿进行磨矿预处理。

本次实验磨矿所使用的是 Bond 功指数球磨机，如图 6-2 所示。

图 6-2　Bond 功指数球磨机实物图

实验时，每次取海砂矿 2kg，在 Bond 功指数球磨机中进行磨矿，磨至指定时间后倒出，然后取一部分球磨后的海砂矿精矿，用 0.074mm 的标准筛进行筛分并称重，计算其小于 0.074mm 粒级的比例。而后，对部分样品进行比表面积检测，海砂矿精矿中小于 0.074mm 粒级的比例和比表面积结果如图 6-3 和表 6-5 所示。

由图 6-3 可知，虽然海砂矿精矿中小于 0.074mm 粒级的比例随磨矿时间的增加而增多，但是并没有发现在某一时刻小于 0.074mm 粒级的比例有较大幅度的增加，说明海砂矿不容易破碎细化。当磨矿时间为 5min 时，海砂矿精矿中小于 0.074mm 粒级的比例仅为 13.07%，当磨矿时间增加到 20min 时，海砂矿精矿中小

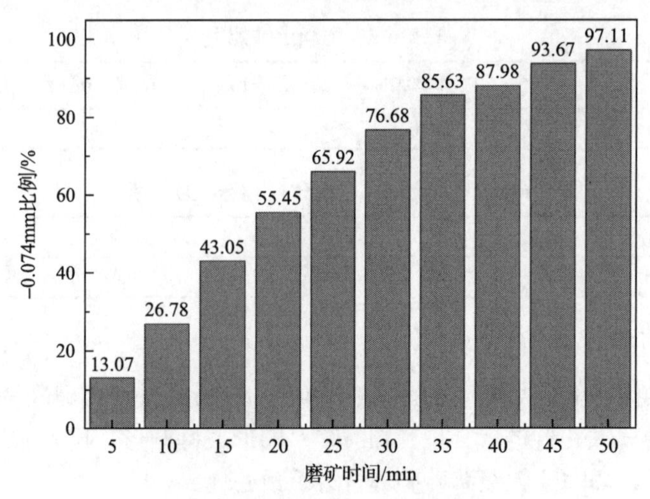

图 6-3　磨矿时间与粒度分布

表 6-5　海砂矿磨矿时间为 25～35min 时的比表面积

磨矿时间/min	25	30	35
比表面积/(cm^2/g)	1891	2276	2741

于 0.074mm 粒级的比例达到 55.45%，比 5min 时增加了 42.38%。当磨矿时间继续增加到 35min 时，海砂矿精矿中小于 0.074mm 粒级的比例为 85.63%，较 20min 时增加了 30.18%；当磨矿时间增加到 50min 时，海砂矿精矿中小于 0.074mm 粒级的比例为 97.11%，较 35min 时增加了 11.48%。

磨矿时间从 5min 增加到 20min，海砂矿精矿中小于 0.074mm 粒级增加的比例要比磨矿时间从 20min 增加到 35min 时高 12.2%，由此可得，磨矿初期海砂矿精矿中小于 0.074mm 粒级的比例随时间增加的幅度较快，磨矿后期海砂矿精矿中小于 0.074mm 粒级的比例随时间增加的幅度变小，20～35min 这一阶段，基本呈现磨矿时间每增加 5min，海砂矿精矿中小于 0.074mm 粒级的比例增加 10%的规律增长，35～50min 这一阶段，海砂矿精矿中小于 0.074mm 粒级的比例基本按照磨矿时间每增加 5min，比例增加约 3%的规律增长。

由表 6-5 可知，当磨矿时间为 25min 时，海砂矿精矿的比表面积为 1891cm^2/g，当磨矿时间增加到 35min 时，海砂矿精矿的比表面积达到 2741cm^2/g，此时海砂矿精矿中小于 0.074mm 粒级的比例也达到 85.63%，可以满足造球过程的要求。综合考虑磨矿成本、磨矿后海砂矿精矿的粒度和比表面积等因素，选择磨矿 35min 后的海砂矿精矿作为后续造球实验的原料。

6.2　海砂矿生球制备与生球质量

按照不同配加比例，在普通铁精粉中配加一定量的海砂矿精矿粉，研究海砂矿精矿配比对球团矿质量的影响。实验方案如表 6-6 所示。

表 6-6　实验方案　单位：%

编号	秘鲁矿	自加工粉	海砂矿	膨润土
1	85	5	10	1.7
2	70	0	30	1.7
3	50	0	50	1.7
4	30	0	70	1.7
5	0	0	100	1.7

造球配料以 4kg 含铁原料为基准，膨润土以含铁矿物质量的 1.7%外加，之后进行人工混匀，再加入适当水分，使混合料的水分略低于生球适宜水分，当所用原料完全混匀后送入造球处理。

造球时按照圆盘造球机的额定加料量，每批料量为 4kg，其中，10～16mm 直径大小的生球可以作为合格生球。取十个生球测定其平均抗压强度和落下强度，当生球达到合格标准后，其余生球经过干燥供后续的预热焙烧实验使用。

造球实验是在圆盘造球机中进行的。圆盘造球机的主要设备参数如下。

直径：800mm；

转速：38r/min；

边高：h=150mm；

倾角：Q=47°。

圆盘造球机如图 6-4 所示。

图 6-4　圆盘造球机

生球落下强度的测定：选 10 个成品生球从 0.5m 高度自由落至 10mm 厚的钢板上，以不破裂的次数计数，取其平均值作为落下强度的测定结果。生球落下强度测定装置如图 6-5 所示。

图 6-5　生球落下强度测定装置

生球抗压强度的测定：取 10 个成品生球，用颗粒强度测定仪测定其抗压强度，取平均值作为抗压强度的测定结果。生球抗压强度测定装置如图 6-6 所示。

图 6-6　生球抗压强度测定装置

按照预定配比，每个试样取干料 4kg，并加 5%左右的水进行人工混匀，然后在 800mm 的圆盘造球机内进行造球，造球时添加一定量的水。取实验所得的 10～16mm 的生球分别检测其落下强度和抗压强度，检测得出的生球质量参数如表 6-7 所示。

表 6-7　生球质量参数

组号	生球落下强度/次	生球抗压强度/N
1	4.0	8.1
2	4.3	8.2
3	4.1	8.2
4	3.3	8.9
5	3.6	8.5

生球落下强度结果如图 6-7 所示。

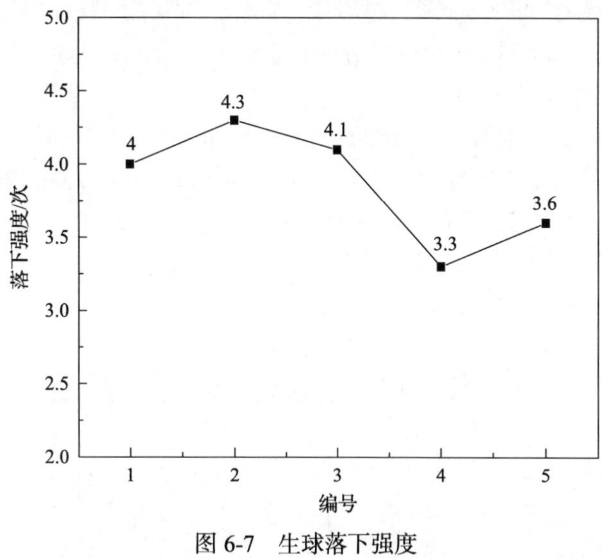

图 6-7　生球落下强度

由图 6-7 可知，当海砂矿配比为 30%时，生球落下强度最高，达到 4.3 次；当海砂矿配比为 70%时，生球落下强度最低，为 3.3 次。但不同海砂矿配比条件下，生球的落下强度都超过 3 次，可以满足生产要求。

生球的抗压强度结果如图 6-8 所示。

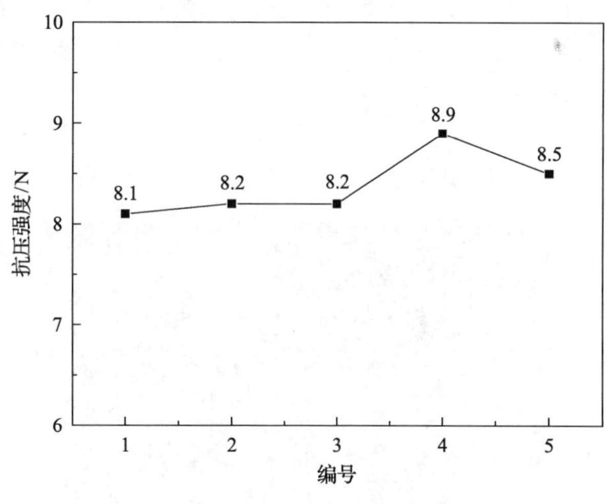

图 6-8　生球的抗压强度

由图 6-8 可知，当海砂矿配比为 70%时，生球抗压强度最大，为 8.9N；使用全海砂矿制备球团时，其生球抗压强度为 8.5N。不同海砂矿配比条件下，生球的抗压强度都在 8N 以上，已经达到生产要求。

通过向普通铁精粉中配加海砂矿后的生球性能进行分析研究，得出如下结论。

(1)在原粒级海砂矿预处理的过程中，当磨矿时间为 35min 时，磨矿后所得的海砂矿精矿粉小于 0.074mm 粒级部分的比例达到 85.63%，比表面积为 2741cm^2/g，达到了造球工艺对矿粉的要求。

(2)对生球落下强度而言，当海砂矿配比为 30%时，生球落下强度最高，达到 4.3 次，当海砂矿配比为 70%时，生球落下强度最低，为 3.3 次。对生球抗压强度而言，在不同海砂矿配比条件下，生球的抗压强度都达到 8N 以上，说明配加海砂矿制备球团时，海砂矿配比对造球过程的影响不大，且使用全海砂造球时，其生球质量也可以满足生产要求。

6.3　海砂矿成品球的制备与质量

生球需要经过干燥、预热及焙烧三个阶段方能成为成品球团。

干燥阶段：温度在 200～400℃，主要进行的反应是水分蒸发脱除，部分结晶水也可以被分解并排出。

预热阶段：温度一般在 900～1000℃，干燥过程中尚有未排出的结晶水在此步骤被排出。其中该阶段的主要反应是磁铁矿氧化成赤铁矿、硫化物的分解和氧化、碳酸盐矿物分解及某些固相反应等。

焙烧阶段：温度一般在 1200～1300℃。预热阶段的分解、氧化、脱硫、固相反应等可以在此阶段继续进行。主要包括铁氧化物的结晶与再结晶、晶粒长大、固相反应及其他低熔点化合物的融化、形成部分液相、球团矿体积收缩和结构致密化等。

球团的预热焙烧实验是在两个卧式管式炉中进行的，选取预热温度为 950℃，预热时间为 15min，焙烧时间为 1260℃，焙烧时间为 15min。设备如图 6-9 所示。

图 6-9　卧式管式炉

对焙烧成品球团矿的化学成分进行检测，结果如表 6-8 所示。随着海砂矿配比的逐渐增加，成品球团矿中的 TFe 品位下降，SiO_2 含量增加，TiO_2 含量同样增加，这主要是由于海砂矿化学成分的影响，另外由于海砂矿属于磁铁矿相，所以虽然经历了氧化焙烧，但是成品球团中 FeO 的含量仍然出现了上升的趋势。

表 6-8　成品球团的化学成分(质量分数)　　单位：%

编号	TFe	FeO	SiO_2	TiO_2
1	64.9	0.32	2.80	1.60
2	62.9	0.35	3.31	3.42
3	60.4	0.62	3.85	6.89
4	58.0	1.12	4.18	8.87
5	53.8	1.72	4.44	11.2

球团矿抗压强度压力机的最大压力为 10^4N，压杆加压速度为(15±5)mm/min，试样粒度为 10～16mm。每组成品球取 10 个球团矿测定其抗压强度，取平均值作为检验指标。设备如图 6-10 所示。5 组成品球团矿的抗压强度检测结果如图 6-11 所示。

由图 6-11 可知，当海砂矿配比为 10%时，球团的抗压强度最大，为 2674N，当海砂矿配比为 100%，即采用全海砂矿制备球团时，球团的抗压强度为 2260N，抗压强度比配加 10%时降低了 414N，但仍满足高炉对球团矿抗压强度大于 2000N 的要求。

图 6-10　球团抗压强度测定设备

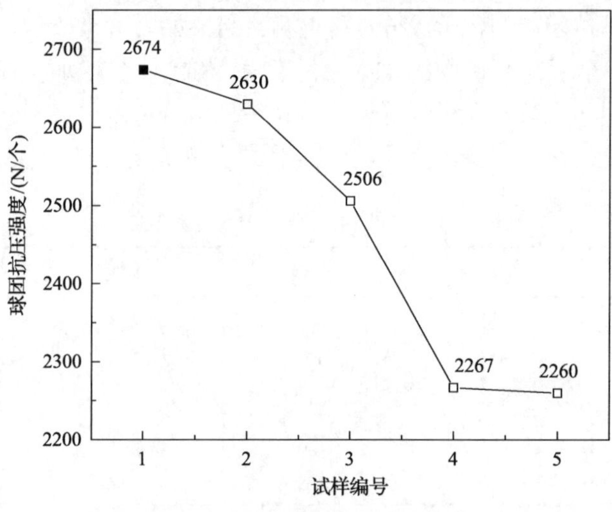

图 6-11　成品球的抗压强度曲线

随着海砂矿配加比例的增加，抗压强度逐渐降低，主要原因是随着海砂矿配加比例的增加，球团矿的品位下降，Fe_3O_4的比例也随之下降，这就导致焙烧固结过程中磁铁矿氧化成新生赤铁矿的数量减少，从而使赤铁矿之间的微晶键也大量减少，降低了球团矿的强度。此外，当海砂矿增加时，成品球中 FeO 的含量逐渐增加，说明球团矿氧化联晶固结不充分，从而导致其抗压强度逐渐下降，但是仍满足大于 2000N 的一级球团矿入炉标准。

6.4　海砂球团矿的高温冶金性能

6.4.1　海砂球团矿的低温还原粉化性能

1. 海砂球团矿低温还原粉化的实验方法

还原粉化指数 RDI 表示还原后的铁矿石在经过转鼓实验后的粉化程度，转鼓实验结束后进行筛分，得到大于 6.30mm、大于 3.15mm 和小于 500μm 的粉末或块状的质量与转鼓前试样总质量之比的百分数，以此来表征球团矿的低温还原粉化性能，并分别用 $RDI_{+6.3}$，$RDI_{+3.15}$ 和 $RDI_{-0.5}$ 加以表达，如式(6-1)～式(6-3)所示。

低温还原强度指数：

$$RDI_{+6.3}=\frac{m_{D1}}{m_{D0}}\times 100\% \tag{6-1}$$

低温还原粉化指数：

$$\mathrm{RDI}_{+3.15}=\frac{m_{\mathrm{D1}}+m_{\mathrm{D2}}}{m_{\mathrm{D0}}}\times 100\% \tag{6-2}$$

低温还原抗磨指数：

$$\mathrm{RDI}_{-0.5}=\frac{m_{\mathrm{D0}}-(m_{\mathrm{D1}}+m_{\mathrm{D2}}+m_{\mathrm{D3}})}{m_{\mathrm{D0}}}\times 100\% \tag{6-3}$$

式中，m_{D0}为转鼓实验前试样的质量，g；m_{D1}为转鼓实验后留在6.30mm筛上的试样质量，g；m_{D2}为转鼓实验后留在3.15mm筛上的试样质量，g；m_{D3}为转鼓实验后留在500μm筛上的试样质量，g。

对于实验结果的评定，通常以$\mathrm{RDI}_{+3.15}$的结果为考核指标，而$\mathrm{RDI}_{+6.30}$和$\mathrm{RDL}_{0.5}$只作为参考指标。

2. 海砂球团矿低温还原粉化的实验结果

低温还原强度指数$\mathrm{RDI}_{+6.3}$、低温还原粉化指数$\mathrm{RDI}_{+3.15}$、低温还原抗磨指数$\mathrm{RDI}_{-0.5}$的实验结果如表6-9和图6-12所示。随着海砂矿配比的增加，球团的低温

表6-9　球团矿的低温还原强度和低温还原抗磨

编号	$\mathrm{RDI}_{+6.3}$/%	$\mathrm{RDI}_{-0.5}$/%
1	94.82	1.74
2	96.86	2.07
3	98.55	1.33
4	98.74	0.74
5	99.68	0.32

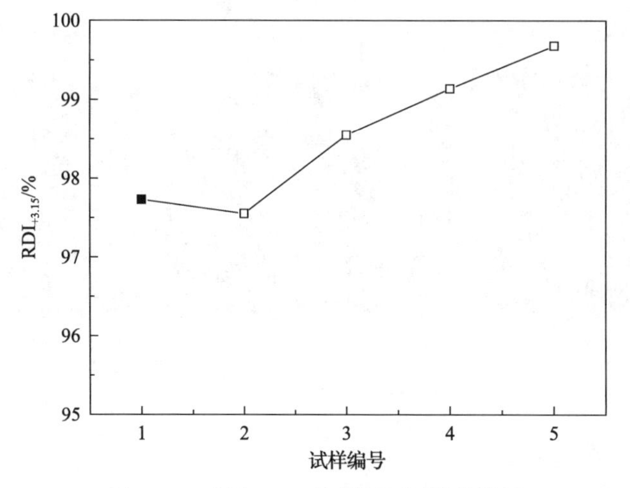

图6-12　球团500℃的低温还原粉化结果

还原粉化性变好，低温还原粉化指数 $RDI_{+3.15}$ 和 $RDI_{+6.3}$ 均增加，当海砂矿配比为10%时，$RDI_{+3.15}$ 为 97.73%，$RDI_{+6.3}$ 为 94.82%。使用全海砂矿球团的 $RDI_{+3.15}$ 和 $RDI_{+6.3}$ 均为 99.68%。将全海砂矿制备的球团在 500℃条件下反应后进行转鼓实验，反应产物的粒级基本都大于 6.3mm，没有发生粉化，因此配加海砂矿后，球团的低温还原粉化指标向好。

3. 海砂矿对球团矿低温还原粉化率影响的机理分析

低温还原粉化反应球团在高炉或直接还原竖炉上部 400～600℃温度区间还原时有产生粉末的趋势，球团矿的低温还原粉化机理是赤铁矿还原为磁铁矿时产生的晶型转变。

海砂球团矿中主要为赤铁矿-钛铁矿的复杂固溶体，在低温还原时，发生的是钛赤铁矿还原为钛磁铁矿、铁板钛矿还原为钛铁晶石的反应。当温度低于 600℃时，钒钛球团中的物相没有发生明显变化，当温度由 600℃升至 750℃时，球团矿中的钛赤铁矿被还原为钛磁铁矿，并发生晶型转变，产生裂纹。在实验温度为500℃的条件下，海砂球团中的复杂固溶体还没有开始发生还原反应，故没有发生晶型转变，所以配加海砂矿后的低温还原粉化指标得以改善。

6.4.2　海砂球团矿的还原性能

1. 海砂球团矿还原性能的实验方法

将海砂成品球团矿置于固定床反应器中，并由 CO、N_2 组成还原气体，还原气体成分：$\varphi(CO)$ 30%±5%、$\varphi(N_2)$ 70%±5%，维持 900℃的温度，在该温度下进行等温还原实验，计算还原 3h 后的还原度，并以此作为表征球团矿还原性的标准，实验所用设备如图 6-13 所示，还原度计算方法如式(6-4)所示。

(a) 中温管式炉

(b) 煤气发生炉

(c) 煤气净化装置

图 6-13　还原性测定装置图

还原度计算公式，即

$$R_t = \left[\frac{0.11w_1}{0.43w_2} + \frac{m_1 - m_t}{m_0 \times 0.43w_2} \times 100 \right] \times 100\% \tag{6-4}$$

式中，R_t为t时刻球团矿的还原度，%；m_0为开始还原时的试样质量，g；m_1为还原开始前的试样质量，g；m_t为还原t时间后的试样质量，g；w_1为还原前试样中的FeO质量分数，%；w_2为实验前试样中的TFe含量，%。

2. 海砂球团矿还原性能的实验结果与机理分析

通过实验测得还原3h后的试样质量m_t、实验之前所得到的试样质量m_0、还原开始时试样质量m_1等，可得海砂球团矿的还原性能指标，如图6-14所示。

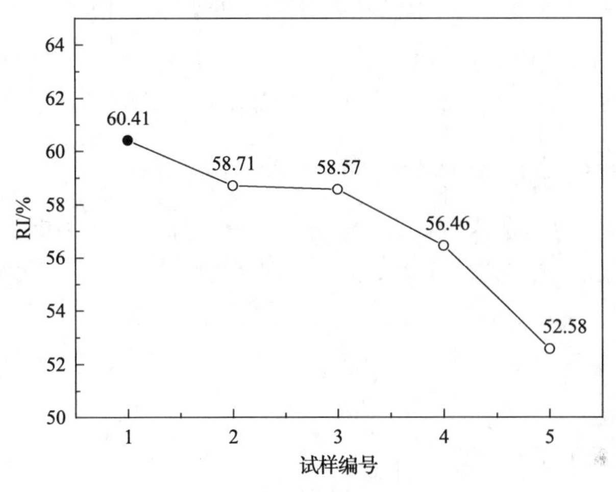

图6-14　海砂成品球团矿的还原性

由图6-14可知，随着海砂矿配加比例的增加，球团的还原性指数RI降低，当海砂矿配比为10%时，球团的还原性指数最高，为60.41%，当海砂矿配比为50%时，球团的还原性指数为58.57%，较10%时下降了1.84%，降低的幅度较小；而使用100%海砂矿制备的球团的还原性指数只有52.58%。这说明海砂矿配比超过50%后，继续增加海砂矿的配比会显著降低球团在900℃时的还原性能[91, 92, 94]。

配加海砂矿后成品烧结矿没有达到球团矿大于65%的还原度行业标准。这主要是由于配加海砂矿后，球团经过预热焙烧，球团中的主要物相为赤铁矿、钛赤铁矿和铁板钛矿等，赤铁矿的还原按照$Fe_2O_3 \rightarrow Fe_3O_4 \rightarrow FeO \rightarrow Fe$的顺序，铁板钛矿的还原按照$Fe_2TiO_5 \rightarrow FeTiO_4 \rightarrow FeTiO_3 + Fe \rightarrow FeTiO_5 + Fe \rightarrow Fe + TiO_2$的顺序发生还原反应[89, 90, 97, 170]。当海砂矿配比提高后，球团中Fe_2TiO_5的含量也相应增加，由于钛元素对铁、氧原子的迁移具有阻碍作用，所以Fe_2TiO_5的还原性比Fe_2O_3差，因此制约了海砂矿球团的还原性。

6.4.3 海砂球团矿还原膨胀性能的研究

1. 海砂球团矿还原膨胀性能的实验方法

取粒度分布为 10.0～12.5mm 成品球团矿，当温度为 900℃时，用还原气体成分：$\varphi(CO)$ 30%±5%、$\varphi(N_2)$ 70%±5%。混合气对成品球团矿进行等温还原实验，在实验过程中，使其自由膨胀，通过测定球团矿还原前后体积的变化情况，得到球团矿的还原膨胀指数，并以此作为评价其还原膨胀的表征方式。

还原膨胀指数 RSI 如式(6-5)所示，即

$$\text{RSI} = \frac{V_1 - V_0}{V_0} \times 100\% \tag{6-5}$$

式中，V_1 为还原后球团矿的体积，mL；V_0 为还原前球团矿的体积，mL。

2. 海砂球团矿还原膨胀性能的实验结果与机理分析

根据球团放入水中所得到的浮力，分别计算出球团在还原前试样的体积 V_0 及经过 1h 还原后球团试样的体积 V_1，还原膨胀性能结果图 6-15 所示。

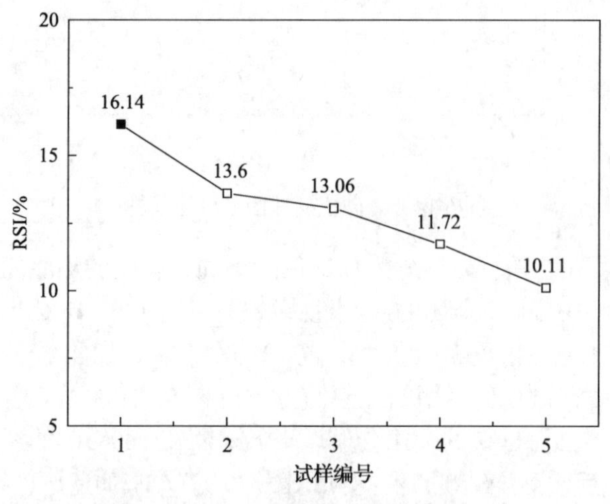

图 6-15 海砂球团矿的还原膨胀性能

由图 6-15 可知，随着海砂矿配比的增加，球团的还原膨胀指数 RSI 降低，当海砂矿配比为 10%时，球团的还原膨胀指数最高，为 16.14%，当海砂矿配比为 50%时，球团的还原膨胀指数为 13.06%，而使用 100%海砂矿制备的球团的还原膨胀指数下降到 10.11%，已属于一级球团矿标准(小于 15%)，这说明海砂矿配比的增加，优化了球团的还原膨胀性能。

球团在还原过程中，由于 $Fe_2O_3 \rightarrow Fe_3O_4$ 时发生晶型转变及浮氏体还原出现的铁晶须，所以其体积膨胀。随着海砂矿的配入，钛铁固溶体替代了部分赤铁矿，故降低了晶型转变带来的体积膨胀[195]。球团矿在高炉中还原时的体积膨胀值小于20%属于正常膨胀，此时高炉生产可以正常进行；膨胀值在 20%～40%属于异常膨胀，此时高炉炉况将发生恶化；膨胀值大于 40%属于恶性膨胀，此时除炉内透气性变坏、炉尘明显增多外，甚至出现悬料、崩料，导致高炉生产失常、生产率下降、焦比提高等。

因此，随着海砂矿配比的提高，球团的还原膨胀性能变好，有利于高炉的正常生产。

6.5　海砂矿生产球团矿的工业试验

6.5.1　某钢企配加印尼海砂矿造球工业试验的原料条件

1. 印尼海砂的化学成分

本实验用印尼海砂的品位为 42.79%，SiO_2 质量分数为 9.26%，TiO_2 质量分数为 20.96%，FeO 质量分数为 15.01%，其化学成分如表 6-10 所示。

表 6-10　印尼海砂的化学成分(质量分数)　单位：%

TFe	FeO	SiO_2	Al_2O_3	CaO	MgO	MnO	P	TiO_2
42.79	15.01	9.26	2.34	1.65	4.12	0.55	0.043	20.96
K_2O	Na_2O	PbO	As_2O_3	ZnO	CuO	Cl	S	
0.04	0.14	0.001	0.001	0.041	0.01	0.006	0.014	

2. 印尼海砂的粒度组成

印尼海砂的原始粒度比较粗，小于 200 目的含量只有 2.80%，100 目以上的颗粒含量达到 40.33%。所以先用球磨机对印尼海砂进行了细磨处理，细磨以后造球用的印尼海砂中小于 200 目的含量为 82.30%，100 目以上的含量只有 0.34%，160～200 目的含量占 10.19%，其粒度组成如表 6-11 所示。

表 6-11　印尼海砂的粒度组成

范围/目	>100	100～120	120～140	140～160	160～180	180～200	–200
原始粒度/%	40.33	15.67	18.30	17.64	1.88	3.38	2.80
细磨后粒度/%	0.34	1.35	2.57	3.25	5.78	4.41	82.30

3. 实验用其他矿粉的物化性能

实验所用秘鲁矿粉中 SiO_2 的质量分数比较高，为 2.11%，品位是 69.27%。加工粉的 SiO_2 质量分数为 3.19%，海南粉 SiO_2 的质量分数为 6.81%，化学成分如表 6-12 所示。

表 6-12　矿粉的化学成分（质量分数） 单位：%

名称	TFe	FeO	SiO_2	CaO	Al_2O_3	MgO	–200 目
秘鲁粉	69.27	29.28	2.11	0.51	0.35	0.53	88.51
加工粉	67.57	29.71	3.19	0.77	0.61	1.02	80.30
海南粉	62.12	4.27	6.81	0.80	1.12	0.48	92.61

6.5.2　某钢企配加印尼海砂矿造球工业试验的结果

1. 生球质量

用细磨后的印尼海砂进行造球实验。表 6-13 是造球实验原料的配比方案。方案 1 和方案 4 是基准实验，矿粉配比为 85%秘鲁粉、10%自加工粉、5%海南粉，方案 1 配 1.3%的氧化镁粉，方案 4 则不配氧化镁粉。膨润土配比均为 1.7%。方案 2 和方案 3 取消海南粉，分别配 5%和 15%印尼海砂的造球实验。方案 5 和方案 6 分别配 5%和 10%印尼海砂，不配氧化镁粉。方案 7 是 100%印尼海砂的造球实验。

表 6-13　造球试验配比方案及生球指标结果

方案编号	矿粉名称及配比/%				膨润土配比/%	氧化镁粉配比/%	生球落下次数/次	生球抗压/N	生球水分/%
	秘鲁粉	海南粉	自加工粉	印尼海砂					
1 基准	85	5	10		1.7	1.3	5.2	8.04	9.0
2	85		10	5	1.7	1.3	5.3	9.31	8.9
3	75		10	15	1.7	1.3	5.0	8.88	9.0
4 基准	85	5	10		1.7	—	5.1	8.53	9.2
5	85		10	5	1.7	—	4.9	7.43	8.9
6	80		10	10	1.7	—	5.1	7.28	9.0
7				100	1.7	—	5.1	11.34	9.2

从造球实验结果看，方案 1 和方案 4 两个基准实验的生球平均落下次数分别是 5.1 次和 5.2 次，配 5%和 15%细磨印尼海砂的生球落下次数分别是 5.3 次和 5.0 次，与基准实验的生球落下强度差别不大。100%印尼海砂造的生球落下次数是 5.1 次/0.5m，生球抗压强度也比较高，能达到 11.34N。

2. 成品球的物化性能

本节进行了如表 6-14 所示的七种不同配比的生球焙烧实验，方案 1～方案 3 焙烧实验的最高焙烧温度是 1280℃，主要考虑加了氧化镁粉。方案 4～方案 7 焙烧实验的最高焙烧温度是 1260℃。焙烧时间都是 52min。表 6-14 是焙烧后测定的焙烧球的抗压强度结果。表 6-15 是化学成分分析结果。

表 6-14　焙烧球的抗压强度　单位：N

编号	平均抗压强度	抗压强度最大值	抗压强度最小值
1	2936	4105	1485
2	2948	4241	1363
3	2810	3916	1379
4	2918	4105	1485
5	2955	4254	1218
6	2939	4172	1332
7	2951	4321	1340

表 6-15　焙烧球的化学成分(质量分数)　单位：%

编号	TFe	FeO	SiO_2	Al_2O_3	CaO	MgO	TiO_2	K_2O	Na_2O	V_2O_5
1	65.14	0.18	3.94	0.69	0.55	1.66	0.14	0.080	0.12	0.003
2	63.73	0.22	4.13	0.77	0.64	1.86	1.37	0.077	0.15	0.030
3	61.08	0.29	4.92	1.03	0.80	2.35	3.80	0.072	0.12	0.072
4	65.79	0.34	4.02	0.61	0.60	0.61	0.10	0.089	0.13	0.004
5	64.43	0.29	4.17	0.79	0.42	0.86	1.31	0.073	0.13	0.021
6	63.52	1.19	4.39	0.89	0.51	1.01	2.05	0.075	0.12	0.034
7	43.35	1.15	9.76	2.46	1.70	4.79	18.14	0.072	0.13	0.300

从焙烧球的抗压强度看，几种配比的球团矿的抗压强度都比较高，方案 1 基准实验的球团抗压强度是 2936N，配 5%和 15%海砂的球团的抗压强度分别是 2948N 和 2810N。方案 4 基准实验的球团抗压强度是 2918N，未配氧化镁粉并配 5%和 10%海砂的球团抗压强度分别是 2955N、2939N，100%海砂的球团抗压强度是 2951N。

由于实验所用秘鲁矿粉的 SiO_2 含量比较高，质量分数为 2.11%，品位为 69.31%，所以实验球团矿中 SiO_2 的含量普遍较高。配 1.3%氧化镁粉的基准球团矿中 SiO_2 的质量分数为 3.94%，品位为 65.14%，MgO 质量分数为 1.66%。当配 1.3%氧化镁粉时，配 5%印尼海砂的球团矿品位下降到 63.73%，TiO_2 质量分数达到 1.37%；当配 15%海砂时，品位下降到 61.08%，TiO_2 质量分数达到 3.80%。

当不配氧化镁粉时，配 5%印尼海砂的球团品位为 64.43%，TiO_2 质量分数为

1.31%；配 10%印尼海砂的球团品位为 63.52%，TiO_2 质量分数为 2.05%。

3. 成品球的还原膨胀率

本节分析了配加 5%、10%和 100%印尼海砂的球团矿的还原膨胀率。实验焙烧的三种球团矿的还原膨胀率都在 20%以下，本实验球团矿中 SiO_2 的质量分数都比较高，超过了 4%。当配加印尼海砂为 10%时，球团的还原膨胀率比配加 5%时高约 7 个百分点，其冶金性能如表 6-16 所示。

表 6-16　焙烧球的冶金性能　　单位：%

编号	矿粉名称及配比				膨润土配比	还原膨胀率	球团矿成分	
	秘鲁粉	海南粉	自加工粉	印尼海砂			SiO_2	TiO_2
1	85		10	5	1.7	12.70	4.17	1.31
2	80		10	10	1.7	19.74	4.39	2.05
3				100	1.7	17.2	9.76	18.14

综上，可得如下结论。

(1) 印尼海砂的品位为 42.79%，TiO_2 质量分数比较高，为 20.96%，合计 63.75%。

(2) 印尼海砂的原始粒度比较粗，小于 200 目的质量分数只有 2.80%，100 目以上的质量分数是 40.33%。实验室用球磨机细磨后的印尼海砂小于 200 目的质量分数是 82.30%。

(3) 从造球实验看，细磨后的印尼海砂对造球及生球质量的影响不大。100%细磨海砂的成球性能良好，生球落下次数能达到 5.1 次/0.5m，抗压强度达到 11.34N。

(4) 配加 5%～15%印尼海砂对焙烧温度和焙烧球抗压强度的影响不大，在相同的焙烧温度下，基本与基准球团矿的抗压强度一致。在 1260℃的温度下，配加 100%印尼海砂的球团矿的抗压强度能达到 2951N。

(5) 本实验所用秘鲁矿粉的 SiO_2 质量分数比较高，为 2.11%，品位为 69.31%，所以实验球团矿的 SiO_2 含量普遍较高。印尼海砂的品位低，TiO_2 质量分数高。当配加 5%印尼海砂时，球团品位下降 1.4 个百分点，TiO_2 质量分数达到 1.3%；当配加 10%印尼海砂时，球团的品位下降 2.27%，TiO_2 质量分数达到 2.05%；配加 15%印尼海砂时，品位下降 4.06%，TiO_2 质量分数达到 3.8%。

(6) 100%印尼海砂焙烧的球团矿的品位是 43.35%，TiO_2 的质量分数是 18.14%。

(7) 从还原剂膨胀率看，当印尼海砂配比在 10% 以下时，球团矿的还原膨胀率在 20%以下，但本实验所用秘鲁粉的 SiO_2 含量相对较高，所以球团矿的 SiO_2 质量分数超过了 4%，故有利于降低还原膨胀率，如果 SiO_2 的含量降低，还原膨胀率可能会恶化。

(8) 100%印尼海砂焙烧的球团矿的还原膨胀率是 17.2%，能满足高炉入炉的要求。

6.5.3　某钢企配加新西兰海砂矿造球工业试验原料条件

1. 新西兰海砂矿的化学成分

本节首先分析了新西兰海砂矿的化学成分，结果见表 6-17。新西兰海砂矿的品位比较高，为 52.49%，FeO 质量分数为 1.54%，TiO_2 质量分数为 15.36%。

表 6-17　新西兰海砂矿化学成分　单位：%

TFe	FeO	SiO_2	Al_2O_3	CaO	MgO	MnO
52.49	1.54	3.04	2.88	0.39	0.62	0.26
TiO_2	K_2O	Na_2O	ZnO	S	V_2O_5	P
15.36	0.019	1.47	0.042	0.22	0.28	0.002

2. 新西兰海砂矿的粒度

新西兰海砂矿的原始粒度比较粗，100 目以上的颗粒质量分数达到 62.55%，小于 200 目的质量分数只有 21.69%，所以用球磨机对新西兰海砂矿进行磨矿，磨的粒度有两种，一种磨得比较细，小于 200 目的质量分数达到 95%；一种粒度相对较粗，小于 200 目的质量分数达到 84%，具体见表 6-18。

表 6-18　新西兰海砂矿粉粒度的分析结果

粒度范围/目	>100	100～120	120～140	140～160	160～180	180～200	<200
原始矿/%	62.55	3.21	3.01	6.13	0.76	2.65	21.69
细磨/%	1.17	0.47	0.33	0.67	0.18	1.44	95.74
粗磨/%	1.51	1.34	0.89	2.07	4.39	5.23	84.57

3. 实验用其他矿粉的物化性能

实验所用秘鲁矿粉的 SiO_2 质量分数比较高，为 2.11%，品位为 69.17%，小于 200 目的质量分数为 88.51%。加工粉的 SiO_2 质量分数为 3.19%，海南粉的 SiO_2 质量分数为 6.81%，化学成分见表 6-19。

表 6-19　矿粉的化学成分(质量分数)　单位：%

名称	TFe	FeO	SiO_2	CaO	Al_2O_3	MgO	–200 目
秘鲁粉	69.17	29.28	2.11	0.51	0.35	0.53	88.51
加工粉	67.57	29.71	3.19	0.77	0.61	1.02	80.30
海南粉	62.12	4.27	6.81	0.80	1.12	0.48	92.61

6.5.4　某钢企配加新西兰海砂矿造球工业试验结果

用细磨和粗磨的新西兰海砂矿进行造球实验。造球实验的生球配比及结果见表 6-20。从造球实验结果看，配细磨新西兰海砂矿造球时，生球之间的黏接严重，不能很好地滚动成球，造球过程难加水，生球落下强度低。

表 6-20　造球实验配比及生球指标结果

方案	矿粉名称及配比/%			新西兰海砂矿/%		膨润土/%	生球落下/次	生球抗压/N	生球水分/%
	秘鲁粉	自加工	海南粉	细磨	粗磨				
1	85	10	5	—	—	1.7	5.1	8.53	9.2
2	85	10		5		1.7	3.8	6.74	8.3
3	75	10		15		1.7	3.9	9.26	8.2
4				100		1.7	6.1	10.99	8.5
5	85	10			5	1.7	4.6	7.67	9.1
6	80	10			10	1.7	4.3	7.65	9.2

用粗磨的新西兰海砂矿造球时，生球滚动性较好且不易黏接，造球过程易加水，生球落下强度相对比配细磨海砂矿的生球要高，配 5%粗磨新西兰海砂矿时，生球落下次数是 4.6 次，配 10%粗磨海砂矿时的落下次数是 4.3 次，但与基准实验生球落下 5.1 次相比仍较低。

根据造球实验结果，用焙烧杯焙烧了配 5%、10%粗磨新西兰海砂矿和 100%新西兰海砂矿的生球，焙烧实验的生球配比见表 6-21。

表 6-21　焙烧实验的生球配比　单位：%

编号	秘鲁粉	加工粉	海南粉	粗磨新西兰海砂矿	膨润土
1	85	10	5		1.7
2	85	10		5	1.7
3	80	10		10	1.7
4				100	1.7

表 6-22 是焙烧球团矿抗压强度的测定结果。配 5%新西兰海砂矿球团的抗压强度为 2895N，配 10%海砂矿球团的抗压强度是 2934N，与基准实验球团的抗压强度差别不大，说明当新西兰海砂矿配比在 5%～10%时，其对球团矿抗压强度的影响不大。

表 6-22　焙烧球的抗压强度　单位：N

方案编号	平均抗压强度	抗压强度最大值	抗压强度最小值
1	2918	4105	1485
2	2895	4352	1276
3	2934	4212	1412
4	2915	4109	1233

表 6-23 是焙烧球的化学成分。当配 5%新西兰海砂矿时，球团矿的品位下降 0.74 个百分点，TiO_2 质量分数达到 1.03%；当配 10%新西兰海砂矿时，品位下降 1.36 个百分点，TiO_2 质量分数达到 1.56%。

表 6-23　焙烧球的化学成分(质量分数)　单位：%

编号	TFe	FeO	SiO_2	Al_2O_3	CaO	MgO	TiO_2	K_2O	Na_2O	V_2O_5
1	65.79	0.34	4.02	0.61	0.60	0.61	0.10	0.09	0.13	0.004
2	65.05	0.29	3.66	0.77	0.38	0.70	1.03	0.09	0.11	0.019
3	64.43	0.43	3.77	0.89	0.40	0.64	1.56	0.10	0.13	0.029

6.6 小　结

(1)原粒级海砂矿的粒度较粗，粒度主要集中在 0.125～0.212mm，而且它的颗粒形貌主要呈近似球状，表明比较光滑，粗糙度小，不易成球。因此，需要进行磨矿处理，当磨矿时间为 35min 时，磨矿后所得的海砂矿精矿粉小于 0.074mm 粒级部分的比例达到 85.63%，比表面积为 $2741cm^2/g$，达到了造球工艺对矿粉的要求。

(2)对生球落下强度而言，当海砂矿配比为 30%时，生球落下强度最高，达到 4.3 次，且在不同海砂矿配比条件下，生球的抗压强度都达到 8N 以上，说明配加海砂矿制备球团时，海砂矿配比对生球造球过程的影响不大，可以满足生产要求。在预热温度为 950℃，焙烧温度为 1250℃，预热时间和焙烧时间均为 15min 的条件下，焙烧后的球团抗压强度均在 2200N 以上，指标完全可以达到行业标准的要求。

(3)由于海砂球团中的复杂固溶体在低温区的还原反应发展缓慢，发生晶型转变的程度较低，所以配加海砂矿后，成品球团的低温还原粉化指标得以改善，低温还原粉化指数 $RDI_{+3.15}$ 和 $RDI_{+6.3}$ 均增加，甚至使用全海砂矿制备球团的 $RDI_{+3.15}$ 和 $RDI_{+6.3}$ 也可以达到 99.68%。但是，由于钛元素对铁、氧原子迁移的阻碍作用，Fe_2TiO_5 的还原性比 Fe_2O_3 差，这制约了海砂矿球团还原过程等因素。球团的还原性指数 RI 随着海砂配比的增加而显著下降，当海砂矿配比为 10%时，球团的还原性指数最高，为 60.41%，但仍未达到 65%的球团矿还原性行业标准。由于钛铁固溶体相部分取代赤铁矿相等原因，因晶型转变导致的体积膨胀现象大幅减少，所以随着海砂矿配比的增加，球团的还原膨胀性能向好发展。当海砂矿配比为 10%时，球团的还原膨胀指数最高，为 16.14%；而全海砂矿球团的还原膨胀指数下降至 10.11%。因此，随着海砂矿配比的增加，可以有效降低球团的还原膨胀性能。

第 7 章　海砂矿的预氧化处理

在海砂矿的气基还原领域，利用不同还原剂(氢气、一氧化碳、固态碳质还原剂、甲烷等)还原海砂矿均得到了大量系统的研究[90, 91, 94-97]。在不同还原剂条件下均得到了类似的研究结论，即相比普通赤铁矿和磁铁矿[54, 87, 88]而言，海砂矿的还原动力学特性较差。所以，相关学者所提出了对海砂矿进行预氧化处理[89]并证实此法有利于提高海砂矿的还原特性。相似的预氧化处理也同样可以应用于钛铁矿生产钛白染料和金属钛[85]，以及高钛高炉渣选择性富集和沉淀钛的化合物[86]。一些研究[90]将预氧化可以提高海砂矿还原性的机理归结于晶体结构的转变，但是进一步深入探讨预氧化过程中晶体结构尺寸的变化及元素的迁移富集规律却并没有涉及，因此本章的研究目的是探索预氧化对海砂矿的作用，并从微观层面解释预氧化对海砂矿还原带来积极影响的机理。

7.1　海砂矿预氧化的处理方法

预氧化海砂矿的研究设备为固定床竖式管式电阻炉，设备示意图见图 7-1。3g 海砂矿被平均分布置于一个方形刚玉盘上(5cm×5cm)，以确保海砂矿矿物颗粒可以与入炉气体充分接触，方形刚玉盘置于管式电阻炉的恒温区域。压缩空气在通过硫酸钙预脱水、3-Å 分子筛深脱水之后，经控制柜体积流量计以 1L/min 的气体

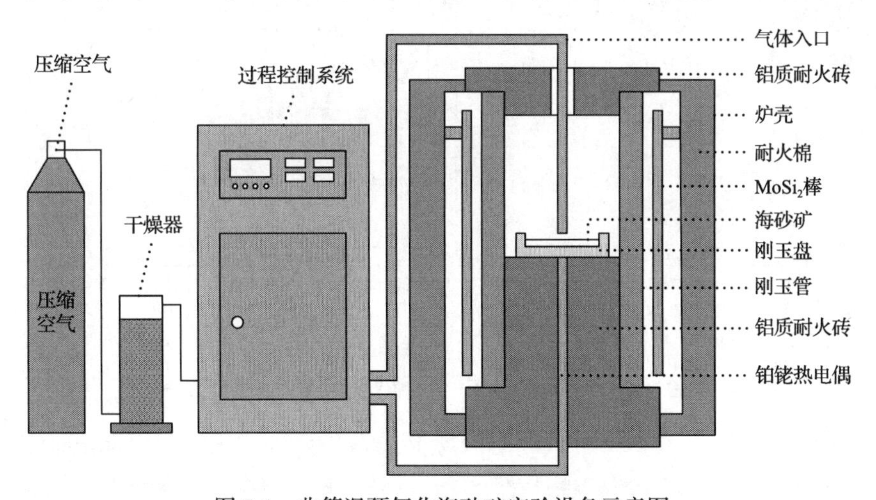

图 7-1　非等温预氧化海砂矿实验设备示意图

流量通入刚玉质气体管路，空气可以直接流到海砂矿矿物颗粒表面，从而保证了矿物颗粒接触氧气的恒定含量。管式电阻炉以 5℃/min 的升温速率升高至实验预定温度，预定温度范围为 300～1200℃，且每隔 100℃时取样。取样时，刚玉盘与海砂矿从炉内取出并在大气气氛下冷却至室温。通过制样与检测，研究海砂矿预氧化过程中的物相转变、晶格尺寸变化及元素迁移富集规律等。

7.2　海砂矿预氧化过程的物相转变

通过 XRD 物相分析(检测设备为 Rigaku Ultima IV diffractometer，操作参数为 40kV 和 250mA，利用 CuKα 放射源，扫描速度为 0.03°2θ/s，纯硅粉用于实验前的校准，角度偏差小于 0.01°，实验重现优于 0.0001)，检测了 10 组经不同预氧化温度后的海砂矿样品，通过与国际衍射数据中心发布的标准卡片进行比对[196]，海砂矿在非等温预氧化过程中的物相转变结果见图 7-2。

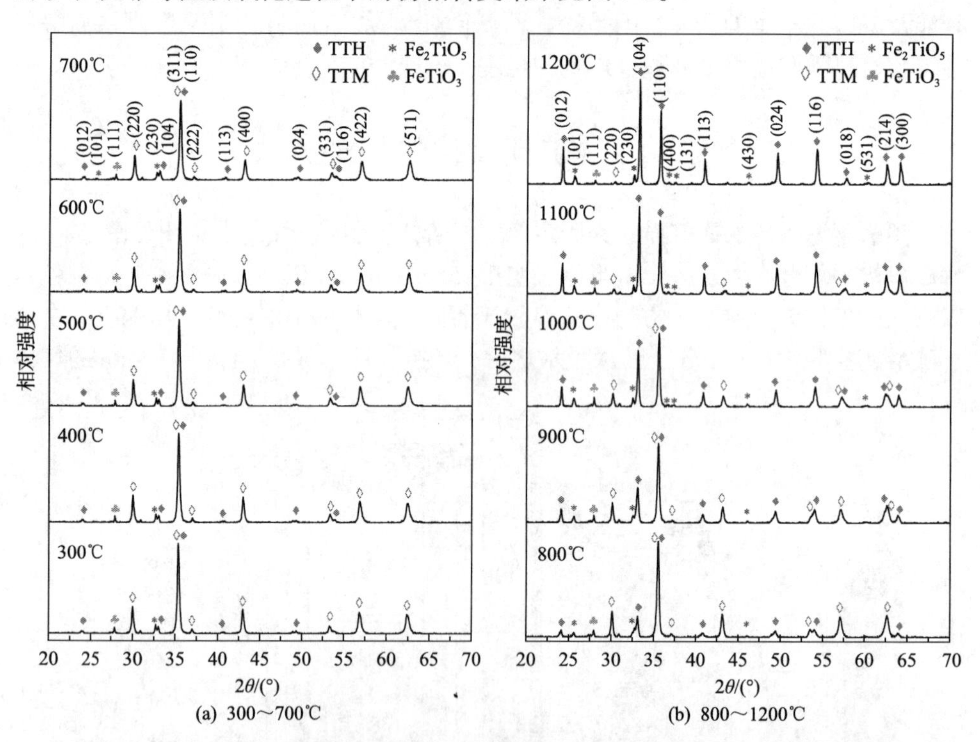

图 7-2　从室温以 5℃/min 的升温速度升高至实验预定温度的海砂矿 XRD 衍射图谱

由图 7-2 可知，直至 800℃时，TTM 仍是海砂矿中的主要物相，超过这一温度后，TTM 衍射峰的相对强度逐渐下降，即使一些 TTM 晶向表现出了很高的稳定性，如 TTM(220)衍射峰在 1200℃仍然存在，但是 TTM 沿(222)和(400)晶向的衍射峰分别在 1000℃和 1200℃时完全消失。除此之外，由于不同物相的衍射峰互相重叠，如(311)、(511)、(433)和(331)，因此通过这四个晶向判断确切的物相转变温度较为困难。

在海砂矿预氧化加热过程中,立方尖晶石结构的 TTM 逐渐转化至六方晶系的 TTH。在 300～700℃，没有发现显著的变化。可是，当温度升高至 800℃时，一些 TTH 特征衍射峰的强度逐渐增加，这意味着随预氧化温度和时间的增加，TTH 晶体沿着(012)、(104)、(113)、(024)、(116)和(300)晶向逐步长大。由于一些 TTM 和 TTH 特征峰的衍射角度是重叠的，如(018)、(214)和(110)，因此无法准确判断 TTH 的生成温度。一些文献上[89]提到的不稳定钛磁赤铁矿在本节的 XRD 分析中并没有发现，这很可能是由其迅速转变为 TTH 所致。

铁板钛矿(PSB)是具有比 TTM 和 TTH 更高氧化态形式的钛铁化合物，在预氧化进行至 700℃时，由于 TTH 的进一步氧化，新生成的 PSB 被检测到，其沿着(101)晶向发展长大，直至 1200℃。此外，PSB 沿(400)和(131)方向的衍射特征峰强度在 1000～1200℃出现增加，但是强度较低且出现后基本不再发展，这说明 TTH 氧化为 PSB 的量较低且该过程需要更高的预氧化温度和更长的氧化时间。

钛铁矿($FeTiO_3$)存在于海砂矿原矿中，在预氧化过程中，直至 PSB 在 1000℃时沿三个晶向开始长大后，沿(111)晶体方向的钛铁矿才开始生长，在短暂的增长后，钛铁矿的含量开始下降，并在 1200℃时完全消失。也就是说，钛铁矿含量出现了先短暂增加，而后逐渐减少，最终完全消失的变化过程。TTM 中的钛铁尖晶石氧化为 TTH 中钛铁矿的化学反应方程式如式(7-1)所示，TTH 氧化为 PSB 的化学反应方程式如式(7-2)所示。

$$Fe_{3-x}Ti_xO_4 + \frac{9}{4}O_2 = \left[(1.5-x)Fe_2O_3 \cdot xFeTiO_3\right] \tag{7-1}$$

$$Fe_{2-x}Ti_xO_3 + \frac{1}{2}\left(\frac{x-\delta}{2-3\delta}\right)O_2 = \left(\frac{2-3x}{2-3\delta}\right)Fe_{2-\delta}Ti_{\delta}O_3 + 2\left(\frac{x-\delta}{2-3\delta}\right)Fe_2TiO_5 \tag{7-2}$$

式中，δ 为从 TTH($\delta=x$)至 PSB 和赤铁矿($\delta=0$)的氧化程度。

式(7-1)说明，由于钛磁铁矿的氧化，钛铁矿含量会出现增加，而后由式(7-2)可知，钛铁矿会氧化分解为赤铁矿和铁板钛矿。此外，海砂矿的氧化过程和元素价态的变化与钛、铁元素的迁移和富集有关，在这个过程中，钛、铁元素逐步分离并富集于不同的物相中，即铁元素最终富集于赤铁矿中，而钛元素最终富集于铁板钛矿中[89]。

7.3 海砂矿预氧化过程的晶胞参数变化

JADE 6.5（materials data incorporated）是一款 XRD 分析软件，可以利用最小二乘法原理进行晶胞参数精修，从而较准确地获得晶胞参数[196-199]，结合上述 XRD 检测结果，获得了 10 组在不同预氧化温度条件下海砂矿内不同物相（TTM、TTH、PSB、钛铁矿）的晶体学参数（晶胞尺寸、体积和计算误差），如表 7-1～表 7-4 所示。

由表 7-1 可得，立方晶系的 TTM 晶胞尺寸 a 由 300℃时的 8.4126Å 下降至 1200℃时的 8.3679Å，与此同时，晶胞体积也由 596.13Å^{3}下降至 585.94Å^3。伴随着预氧化温度和时间的增加，TTM 的晶体参数逐渐降低，且逐步偏离了 TTM 的理想晶体尺寸（a=8.4237Å，V=597.74Å^3，取自编号 75-1373 的 ICDD 标准卡片）。相比于海砂矿原矿中的 TTM 而言，海砂矿在预氧化过程中伴随着原子半径较小的 Fe^{3+}取代原子半径较大的 Fe^{2+}。换言之，氧原子进入晶体结构中，导致 a 和 V 晶格尺寸参数的降低，反之亦然。因此，随着 TTM 的氧化度逐渐升高，TTM 晶格表现出沿 a 轴方向收缩的趋势。

表 7-1 海砂矿在 300～1200℃的预氧化过程中，TTM 的晶格尺寸和晶胞体积

温度/℃	TTM（立方晶系）		
	a / Å	±	V/Å^3
原矿	8.4165	0.0006	596.20
300	8.4126	0.0007	596.13
400	8.4159	0.0005	596.08
500	8.4157	0.0004	596.04
600	8.4096	0.0009	594.74
700	8.4026	0.0008	593.25
800	8.3829	0.0004	589.09
900	8.3812	0.0006	588.74
1000	8.3772	0.0002	587.89
1100	8.3729	0.0008	586.98
1200	8.3679	0.0006	585.94
理想晶体	8.4237	—	597.74

由表 7-2 可知，在海砂矿原矿中，TTH 的晶体尺寸偏离其理想晶体尺寸（a=5.0342Å，c=13.7460Å，V=301.70Å^3）的程度较大。可是，随着预氧化程度的进一步加深，TTH 的晶胞参数逐渐接近其理想晶胞参数。在这个过程中，a 和 c 呈现下降的趋势，分别从 5.0939Å 和 14.0449Å 下降至 5.0348Å 和 13.7471Å。这些

晶胞参数的变化说明，初始的 TTH 结晶并不充分，这主要是由海砂矿在形成初期从液态到固态的急速冷却作用，以及后续在大气条件下极度缓慢的氧化和离子迁移作用所致。

表 7-2　海砂矿在 300～1200℃的预氧化过程中，TTH 的晶格尺寸和晶胞体积

温度/℃	TTH（六方晶系）				
	a / Å	±	*c* / Å	±	*V* / Å^3
原矿	5.0947	0.0008	14.0451	0.0003	315.71
300	5.0939	0.0003	14.0449	0.0002	315.61
400	5.0835	0.0010	13.9781	0.0011	312.83
500	5.0790	0.0010	13.9449	0.0004	311.53
600	5.0788	0.0005	13.9177	0.0006	310.90
700	5.0763	0.0008	13.8547	0.0012	309.19
800	5.0581	0.0011	13.8341	0.0009	306.52
900	5.0548	0.0007	13.7605	0.0002	304.49
1000	5.0448	0.0006	13.7591	0.0009	303.26
1100	5.0387	0.0005	13.7544	0.0005	302.42
1200	5.0348	0.0004	13.7471	0.0003	301.79
理想晶体	5.0342	—	13.7460	—	301.70

当海砂矿的预氧化度进一步增加时，TTH 晶体结晶得更加充分，晶胞尺寸逐渐向理想晶体靠近。由于海砂矿的形成温度和成矿时间决定着氧元素进入 TTH 物相的量，即更高的形成温度和更短的成矿时间意味着 TTH 中较低的固溶氧含量，也就是较低的晶胞尺寸。由此可得，TTH 的晶胞参数在一定程度上可以反映海砂矿的形成条件和成矿时间。

铁板钛矿在室温至 600℃的温度范围内并未出现，700～1200℃的晶体学参数已在表 7-3 中予以给出。伴随着预氧化温度与时间的增加，属于正交晶系的铁板钛矿晶胞沿着 *a* 轴收缩，但沿着 *b*、*c* 轴延长，这综合导致了晶胞体积的增加，并且逐步接近理想晶体的尺寸。

表 7-3　海砂矿在 300～1200℃的预氧化过程中，PSB 的晶格尺寸和晶胞体积

温度/℃	PSB（正交晶系）						
	a / Å	±	*b* / Å	±	*c* / Å	±	*V* / Å^3
700	9.8380	0.0006	9.9387	0.0009	3.7194	0.0009	363.67
800	9.8323	0.0003	9.9489	0.0004	3.7206	0.0002	363.95
900	9.8216	0.0004	9.9592	0.0013	3.7227	0.0004	364.14

续表

温度/℃	PSB（正交晶系）						
	a / Å	±	b / Å	±	c / Å	±	V / Å^3
1000	9.8111	0.0008	9.9663	0.0007	3.7244	0.0003	364.17
1100	9.8025	0.0011	9.9709	0.0005	3.7267	0.0001	364.25
1200	9.7958	0.0007	9.9768	0.0003	3.7299	0.0007	364.53
理想晶体	9.7965	—	9.9805	—	3.7301	—	364.71

钛铁矿的晶胞参数随预氧化温度的变化见表 7-4，通过对比钛铁矿的理想晶胞参数（ICDD，编号 75-1212），发现海砂矿原矿当中原始钛铁矿的晶胞参数与理想晶胞参数相差得较大，这同样是由海砂矿在最初成矿阶段的非稳态结晶所致。然而，随着预氧化温度的进一步升高，钛铁矿晶格沿着 a 轴、c 轴逐渐收缩。当预氧化温度达到 1000℃时，钛铁矿的晶胞尺寸（a=5.0558Å，c=13.8896Å）最接近理想晶胞尺寸（a=5.0561Å，c=13.9115Å），而后继续收缩。这个变化趋势主要是由原子半径较小的 Fe（Fe^{3+}=0.49Å）逐步取代了原子半径较大的 Ti（Ti^{4+}=0.53Å）所致，反应过程如式（7-2）所示。基于此，在 700℃之后，钛铁矿的晶胞尺寸随预氧化温度的升高而迅速下降。

表 7-4　海砂矿在 300～1200℃的预氧化过程中，钛铁矿晶格尺寸和晶胞体积每隔 100℃的变化

温度/℃	钛铁矿（菱方晶系）				
	a / Å	±	c / Å	±	V / Å^3
原矿	5.0793	0.0002	13.9461	0.0007	311.60
300	5.0787	0.0003	13.9437	0.0002	311.47
400	5.0758	0.0002	13.9417	0.0003	311.07
500	5.0738	0.0008	13.9405	0.0007	310.80
600	5.0700	0.0007	13.9400	0.0006	310.32
700	5.0689	0.0005	13.9285	0.0007	309.93
800	5.0587	0.0003	13.9283	0.0003	308.68
900	5.0569	0.0008	13.9190	0.0006	308.25
1000	5.0558	0.0005	13.8896	0.0007	307.47
1100	5.0474	0.0002	13.7848	0.0007	304.14
1200	5.0347	0.0008	13.7634	0.0004	302.14
理想晶体	5.0561	—	13.9115	—	307.99

7.4　海砂矿预氧化过程的元素迁移与富集

在 1L/min 的空气流速条件下，海砂矿以 5℃/min 的加热速率分别加热至 300℃、900℃和 1200℃，利用扫描电镜和能量色散谱仪，对海砂矿的物相微观形貌和元素分布随预氧化程度的变化进行了检测，结果见图 7-3。其中，由于钙元素在元素

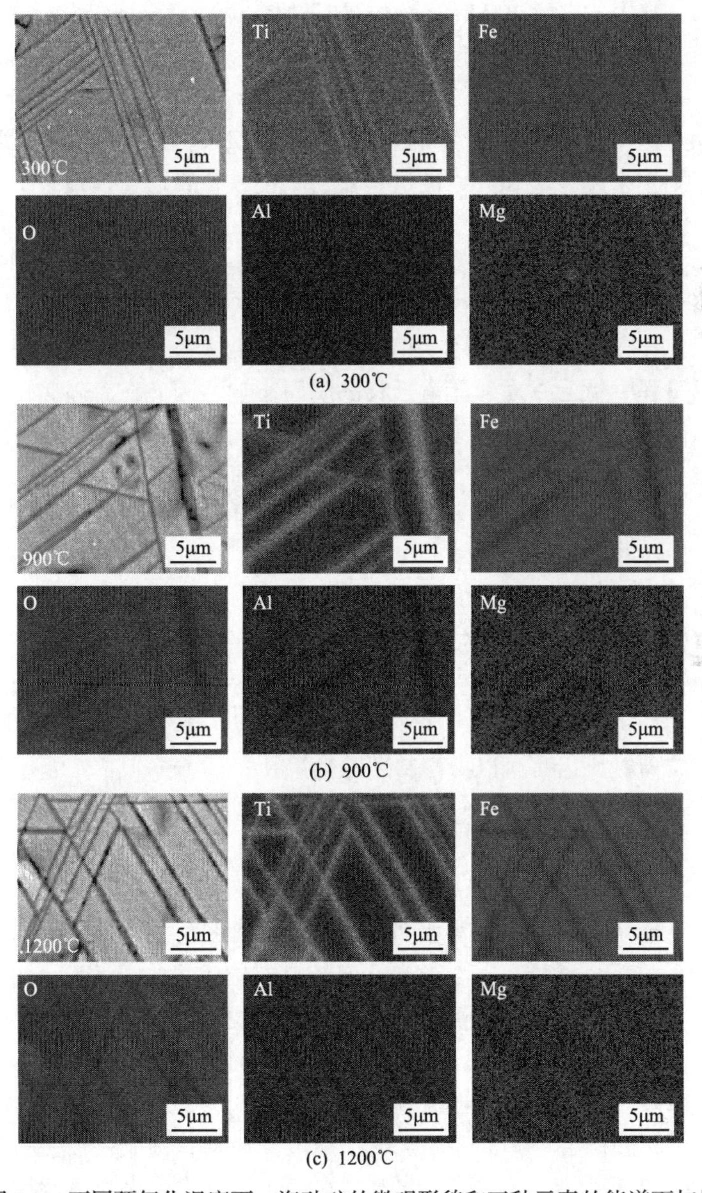

图 7-3　不同预氧化温度下，海砂矿的微观形貌和五种元素的能谱面扫描

面扫描中并未表现出明显的变化，硅元素主要以脉石颗粒形式单独存在，因此，此处并未表征钙和硅元素含量面的扫描结果。由图 7-3 可得，在均质基底上析出的层状结构宽度在 0.1～2μm，且在层状结构当中，钛元素和镁元素含量较高，而铁、铝、氧元素则更多地富集于基底物相中。

TTM 的形成主要基于磁铁矿中尖晶石 *B* 位置的铁元素逐渐被钛元素所取代，由于取代含量与钛元素本身含量及成矿条件有关，所以 TTM 固溶体通常可以表示为 $Fe_{3-x}Ti_xO_4$，其中 x 表示 TTM 中钛铁尖晶石的含量。在海砂矿预氧化升温的过程，实质上伴随着晶体结构、晶体尺寸及物相的改变，即立方晶系的 TTM（$Fe_{3-x}Ti_xO_4$（$0<x<1$））转变为六方晶系的 TTH（$Fe_{2-y}Ti_yO_3$（$0<y<1$）），最终转变为铁板钛矿固溶体系。在这个过程中，钛元素逐渐富集于层状结构中，铁、氧元素在层状结构中的含量则越来越少，钛元素的进一步富集使铁板钛矿得以最终形成。因此，随着预氧化温度和时间的逐步增加，铁、钛、氧元素的分布界线越来越明显。钛含量最高的部位集中于层状结构中，而铁、氧多集中于均质区域，同样也包括铝元素，以铝尖晶石的形式固溶于 TTM 物相中。经过初始氧化阶段后，镁元素的分离富集现象在高温预氧化阶段变得更为显著。上述各元素的富集现象降低了海砂矿在还原过程中钛元素对氧元素迁移的阻碍影响，因此在海砂矿预氧化后，海砂矿的还原性得以改善。

本节在 300～1200℃的温度范围内，研究了海砂矿在非等温预氧化过程中的物相转变、晶体结构变化及原子尺度的元素迁移和富集规律。研究表明，海砂矿在预氧化过程中伴随着钛磁铁矿（TTM）向钛赤铁矿（TTH），再向铁板钛矿（PSB）的转变，在该过程中，钛元素向铁板钛矿相迁移，铁元素向赤铁矿相迁移。在海砂矿的预氧化过程中，伴随着钛铁矿相的生成与消失。钛元素更多地富集于层状结构中，而铁、铝、氧元素则更多地富集于矿物的均质区域。预氧化促进了钛元素和氧元素的分离，降低了海砂矿在还原过程中钛元素对氧元素迁移的影响。因此，在海砂矿预氧化后，可以提高其还原性。

7.5 小　结

由 3.2 节的论述可知，磁铁矿的氧化是海砂矿预氧化早期阶段的主要反应，尤其是在 304℃和 532℃时；在 686℃，开始显著生成 TTH 物相；910℃时，钛铁矿的生成反应为主要反应。当预氧化温度超过 1052℃后，开始发生铁板钛矿的生成反应。由 DDTG 曲线得到预氧化过程中的五个亚反应与 XRD 和热力学理论分析所得到的结果一致。但是，当预氧化至 1200℃时，只有约 80.8%的海砂矿完全氧化，体现了海砂矿各物相晶体结构的稳定性。伴随着预氧化程度的加深，由于离子半径更小的 Fe^{3+}取代了离子半径较大的 Fe^{2+}，TTM 晶胞逐渐收缩；而虽然

TTH 物相在海砂原矿中的结晶并不充分，但其晶体结构在预氧化过程中逐渐接近其理想晶体尺寸；六方晶系的铁板钛矿晶胞则沿着 a 轴和 c 轴收缩，沿着 b 轴伸长；钛铁矿晶胞尺寸在 1000℃时最接近其理想晶体结构，而后则逐渐收缩。在 800℃预氧化之前，TTM 是海砂矿中的主要物相。随着预氧化温度的继续升高，由于立方尖晶石固溶体系 TTM 的转化，六方晶系的 TTH 固溶体系逐步发展，部分 TTH 转化为 PSB。在预氧化过程中，钛元素会富集于铁板钛矿物相中，而铁元素富集于赤铁矿物相中，在铁、钛元素的分离、富集过程中，伴随着钛铁矿物相的生成、增长并最终消失。TTM 转化为 TTH 并最终变化为铁板钛矿，该过程中的物相和晶格尺寸的改变是预氧化改善海砂矿还原性的主要原因之一。

第 8 章　海砂矿直接还原工艺

由于高品位赤铁矿资源的短缺，所以海砂矿作为一种传统铁矿的补充替代资源被广泛研究，其在储量、开采成本等方面的优势使得海砂矿在工业应用领域成为研究热点，如磁选[192, 200]、烧结[188, 189, 191, 201]、球团[195, 202, 203]，特别地，在氢气气基还原海砂矿方向，由于其具有良好的反应动力学条件和较低的环境负面影响，也成为海砂矿的研究热点之一[90-97, 190, 192, 193]。

Eungyeul[97]研究了温度、氢气浓度的变化对海砂矿气基还原的影响，并指出海砂矿在氢气与氩气混合气条件下、900℃温度以上的还原路径应为 $Fe_{3-x}Ti_xO_4$→$FeO+Fe_{3-x-\delta}Ti_{x+\delta}O_4$→$Fe+Fe_{3-x-\delta}Ti_{x+\delta}O_4$→$Fe+xTiO_2$。可是，在 Dang[194]对氢气还原海砂矿的动力学研究中，氢气还原海砂矿的反应被认为是同时发生的双重过程，双重过程为钛磁铁矿向浮士体和钛铁矿的转换及从浮士体和钛铁矿向高含钛物相的转换。

综上，氢气还原海砂矿的物相转变过程并不明确。本章的研究目的之一即以反应时间和固溶度为依据，明确海砂矿还原过程的物相转变。此外，本书还扩展了温度和氢气浓度的实验参数范围，探究了温度与氢气浓度对海砂矿还原的作用机理，从而探索出反应速率和经济性俱佳的还原参数。最后，给出了海砂矿在氢气还原过程中的微观形貌变化，归纳出三种具有不同微观形貌特征的海砂矿矿粒的还原过程。

8.1　海砂矿气基还原工艺参数影响

本节在 800～1100℃、$\varphi(H_2)$为 10%～100%成分范围内，研究了海砂矿的还原特性，包括还原参数的最优化探索，物相转变行为，钛、铁元素分离与富集过程中的固溶度变化及其微观形貌特性等。

海砂矿经氢氩混合气气基直接还原实验的设备为固定床竖式管式电阻炉，如图 8-1 所示。在通过硫酸钙预脱水和 3-Å 分子筛深脱水之后，氢气与氩气通过控制柜中气体体积流量计控制总气体流量为 5L/min，氢气体积分数($H_2/(H_2+Ar)$)分别为 10%、20%、30%、40%、50%和 100%。每组实验中，海砂矿的初始质量为 3g 且均匀平铺在直径为 40mm 的刚玉盘上，从而保证海砂矿矿物颗粒与还原混合气具有良好的接触条件。

管式电阻炉恒温区的温度控制在 800～1100℃，每隔 50℃设置为还原反应温度。在氩气气氛下，每组样品放至于恒温区 30min 从而达到实验预定温度，此后，固定氢氩气体配比的还原混合气通过电阻炉底部的气体入口，在刚玉球均匀分散及预热的作用下进入刚玉管内，还原即刻开始。

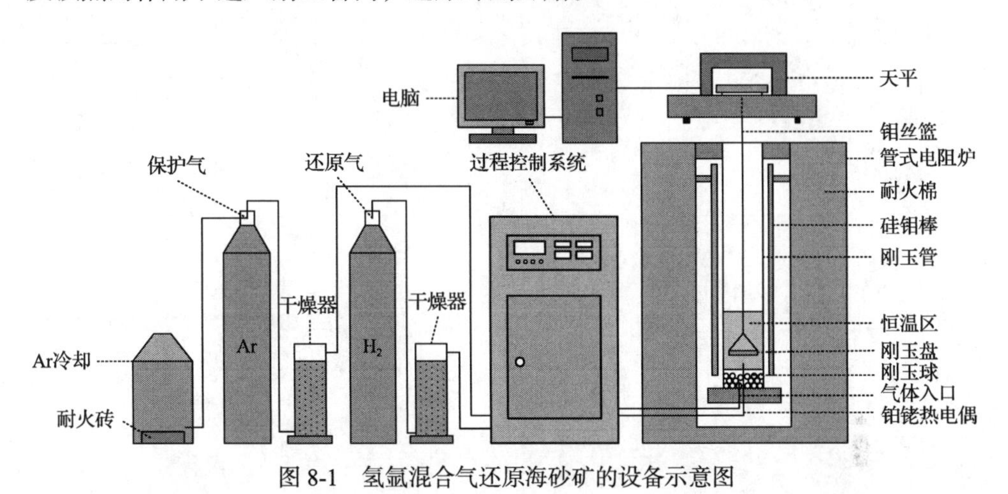

图 8-1　氢氩混合气还原海砂矿的设备示意图

海砂矿样品与刚玉盘通过钼丝悬挂于天平上，样品质量可以被连续测量，并每隔 6s 存储于与天平相连的计算机中。为了获得海砂矿在还原过程中的物相转变和微观特征，矿石在不同的还原预定时间取出，而后迅速放置于冷却器中并在氩气气氛下冷却至室温。样品经过粉碎后进行 XRD 物相检测与分析，SEM（FEI Quanta 250）和 EDS（EDAX）用于分析海砂矿微观形貌的变化及各元素的分布特征。

8.1.1　海砂矿气基还原温度的影响

在 800～1100℃、不同氢气浓度[$\varphi(H_2)$在 10%～100%]条件下，海砂矿的还原度随温度的变化曲线如图 8-2 所示。

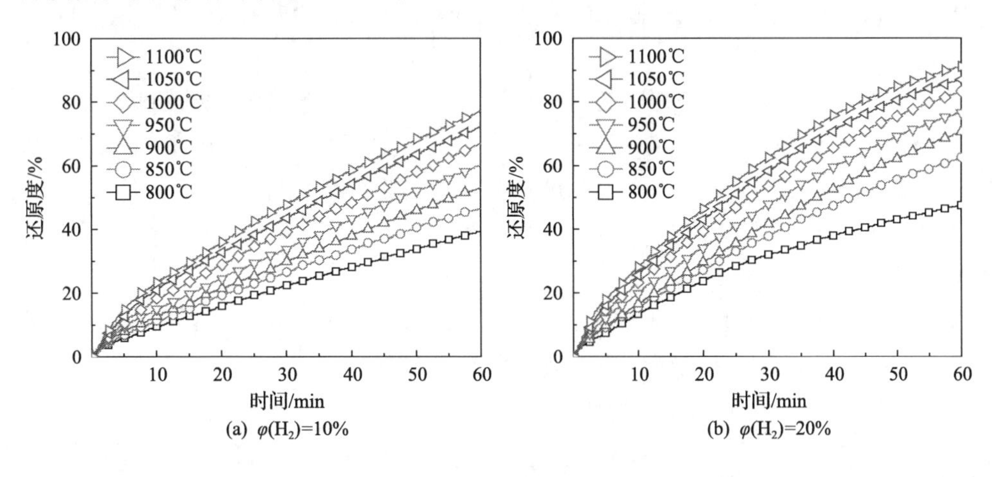

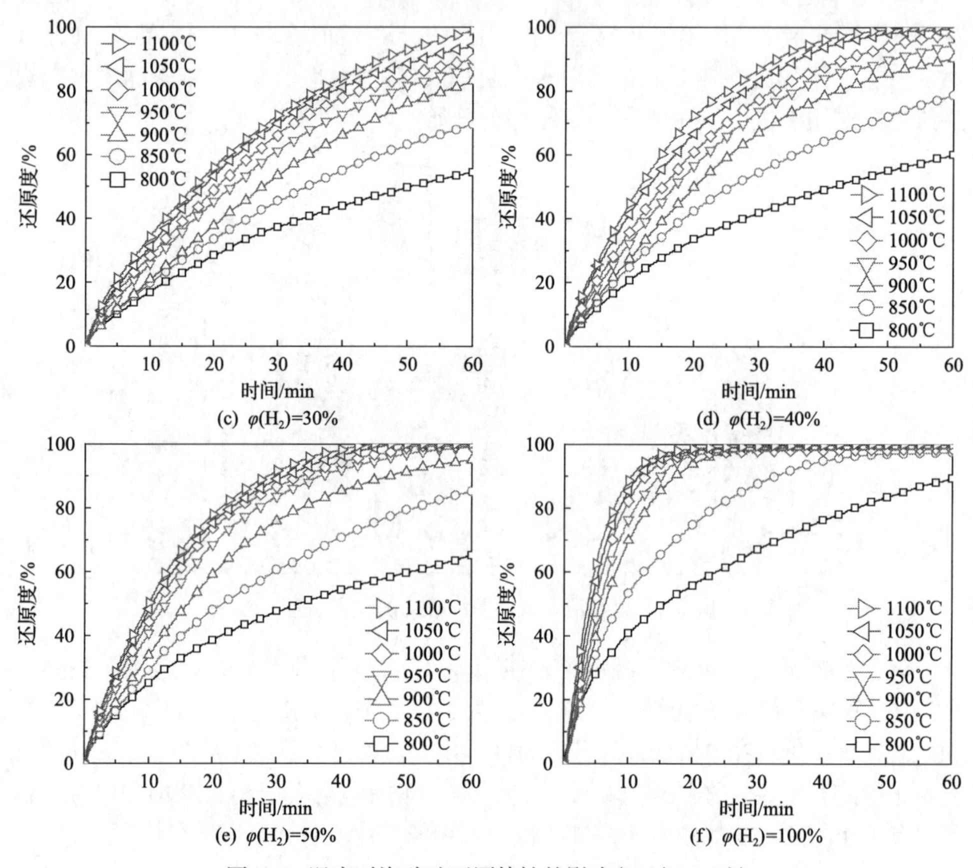

(c) $\varphi(H_2)$=30%　(d) $\varphi(H_2)$=40%

(e) $\varphi(H_2)$=50%　(f) $\varphi(H_2)$=100%

图 8-2　温度对海砂矿还原特性的影响（$H_2/(H_2+Ar)$）

由图 8-2 可知，在实验温度范围内，当氢气浓度仅为 10%和 20%时，在 1h 还原时间内海砂矿只是部分还原，很难达到 100%的还原度。可是，当氢气浓度提高到 30%及以上时，在 1h 内可以获得完全还原的海砂矿（在特定温度条件下）。

在一定的氢气浓度和相同的反应时间条件下，还原速率和还原度随着温度的升高而增加。但是增加相同温度所带来还原度的增加幅度并不相同。例如，在 100%氢气浓度下，反应 10min 时，当温度从 850℃增加至 900℃后，还原度从 53.27%增加至 69.81%，增加了 16.54%；然而当温度从 900℃增加至 950℃时，还原度仅增加了 6.54%。

为了研究和量化温度的变化对还原反应带来的促进作用，对在相同反应时间内还原度随温度的变化进行分析，结果如图 8-3 所示。

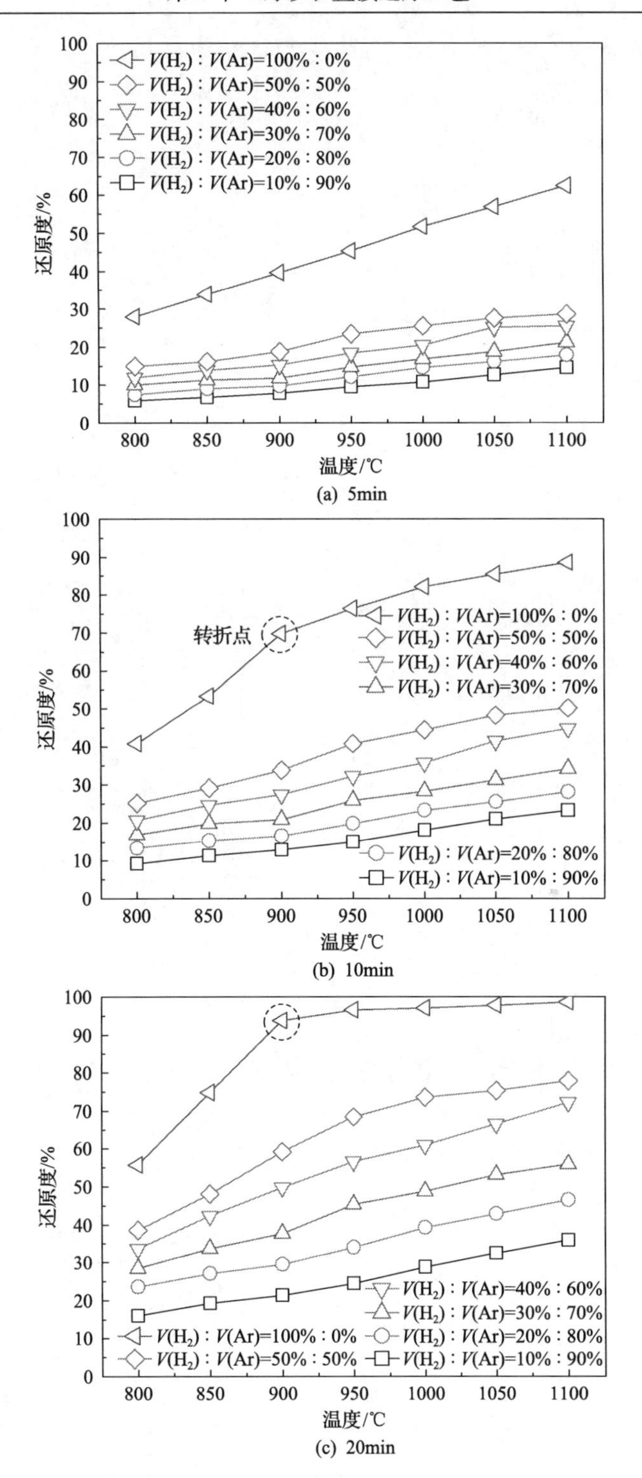

(a) 5min

(b) 10min

(c) 20min

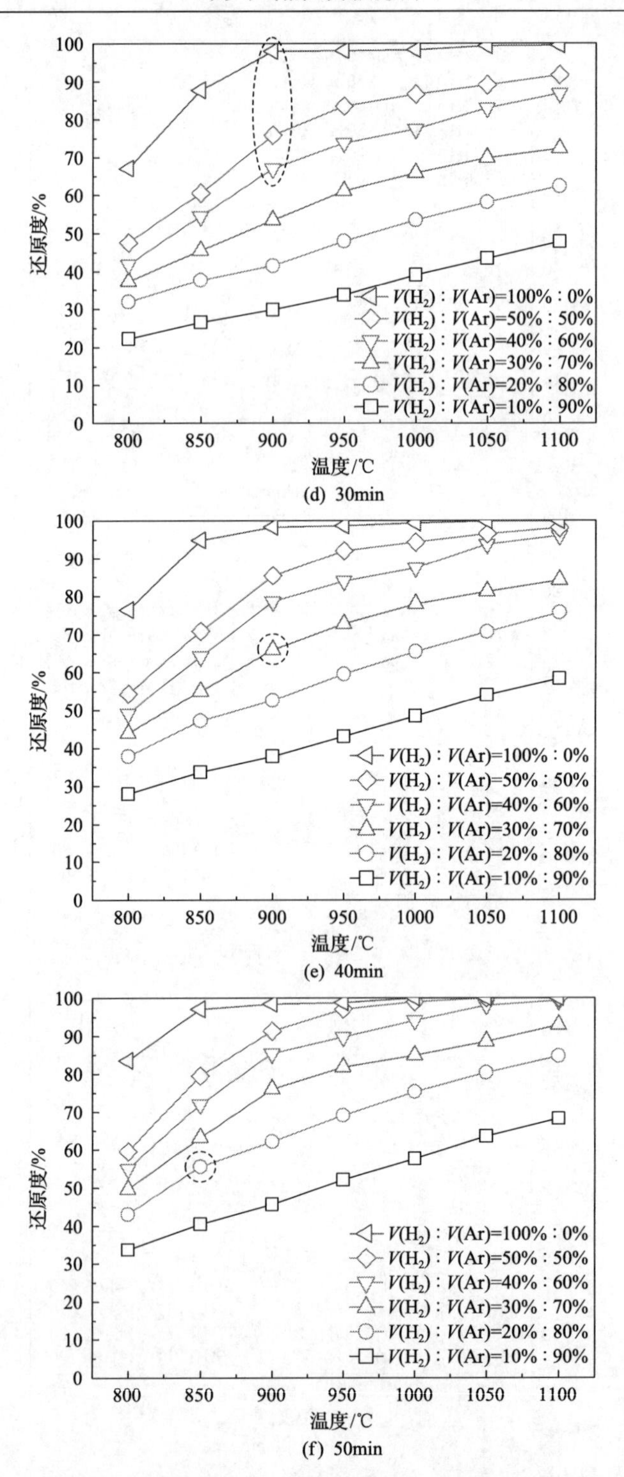

图 8-3　相同温度变化时对还原度的促进作用反应时间

为了量化表征温度对海砂矿还原度带来的影响，引入在提高相同温度条件下还原度的增量，如式(8-1)所示，即

$$\Delta R_{T,V_{H_2}} = R_{T,V_{H_2}} - R_{T-50\,^{\circ}C,V_{H_2}} \tag{8-1}$$

式中，R 为还原度，%；T 为反应温度，℃；V_{H_2} 为氢气的体积分数，%；ΔR 为每升高 50℃促进海砂矿还原度的增量，%。

由图 8-3(a)可知，在还原反应初始阶段(5min 时)每一个特定的氢气浓度条件下，ΔR 在 800～1100℃内基本一致。然而，对于不同的还原气成分，ΔR 随着氢气浓度的增加而升高，这个现象在反应进行至 10min 和 20min 时较为明显，如图 8-3(b)和图 8-3(c)所示，在这两个时刻，转折点(由还原度曲线的斜率确定，斜率出现明显降低的点定义为转折点)出现在 900℃和纯氢气气氛条件下，这表明，当在纯氢气气氛条件且温度超过 900℃后，温度对还原的促进作用逐渐下降。在 30min 时，转折点出现在 900℃时的 40%、50%和 100%氢气浓度曲线上。伴随着反应进行至 40～50min，转折点分别出现在 30%氢气浓度曲线上的 900℃温度点和 20%氢气浓度曲线上的 850℃温度点。不难发现，当氢气浓度从 100%减小至 20%后，转折点出现的时间明显滞后，即从 10min 延伸至 50min。但对于 10%氢气浓度还原反应条件，ΔR 随着温度和反应时间的变化基本不发生改变，因此在 10%氢气浓度曲线中，50℃的温度增量所带来的还原度增量基本相同，转折点在实验条件范围内并未出现。

总体而言，当综合考量还原速率和升温的经济性，900℃为较适宜的海砂矿预还原的反应温度。

8.1.2　海砂矿气基还原气浓度的影响

为了探索还原气中氢气浓度对海砂矿还原的影响，将还原度曲线图与图 8-4 进行对比。在 800℃和 850℃时，10%～50%的氢气浓度很难在 60min 内使海砂矿的还原度达到 90%以上。但是，当温度升高到 900℃和 950℃后，50%氢气浓度条件下就可使海砂矿还原度在 60min 内超过 90%，进一步地，在 1000℃和更高的还原温度条件下，则更容易达到 90%的海砂矿还原度。

为表征氢气浓度对海砂矿还原的影响，在特定温度条件下，随着氢气浓度的增加，还原度的增加趋势如图 8-5 所示。在 5min 时，氢气浓度从 10%增加至 50%对还原度的影响是均匀且稳定的。然而，在 10min 时，当氢气浓度从 30%增加至 40%，在 1050℃和 1100℃还原温度下海砂矿还原度的增幅表现出明显的上升势头。这个转折点同样也出现在 20min 和 30min 且 900～1100℃的范围内。当反应进行至 40min 和 50min 时，氢气浓度 40%→50%可以促进反应速率的提升，但是相比从 30%→40%或更低的氢气浓度时，海砂矿还原度的提升幅度较低。

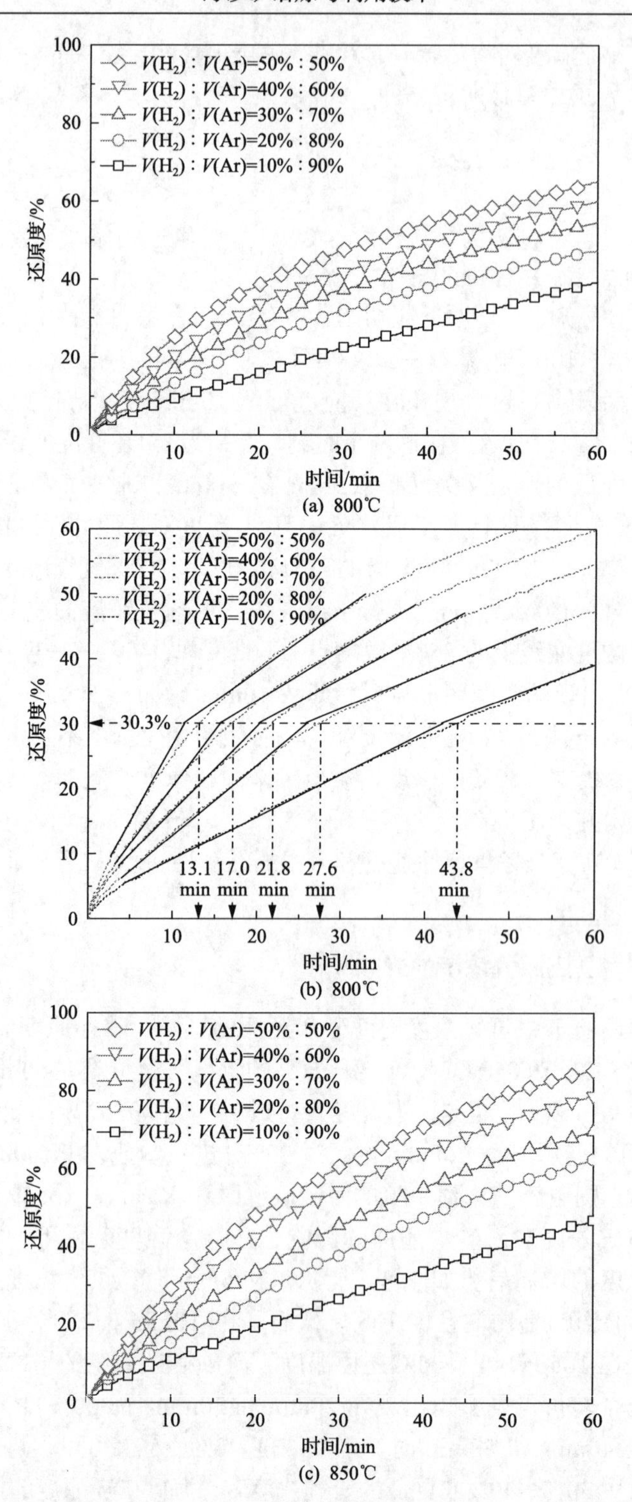

(a) 800℃

(b) 800℃

(c) 850℃

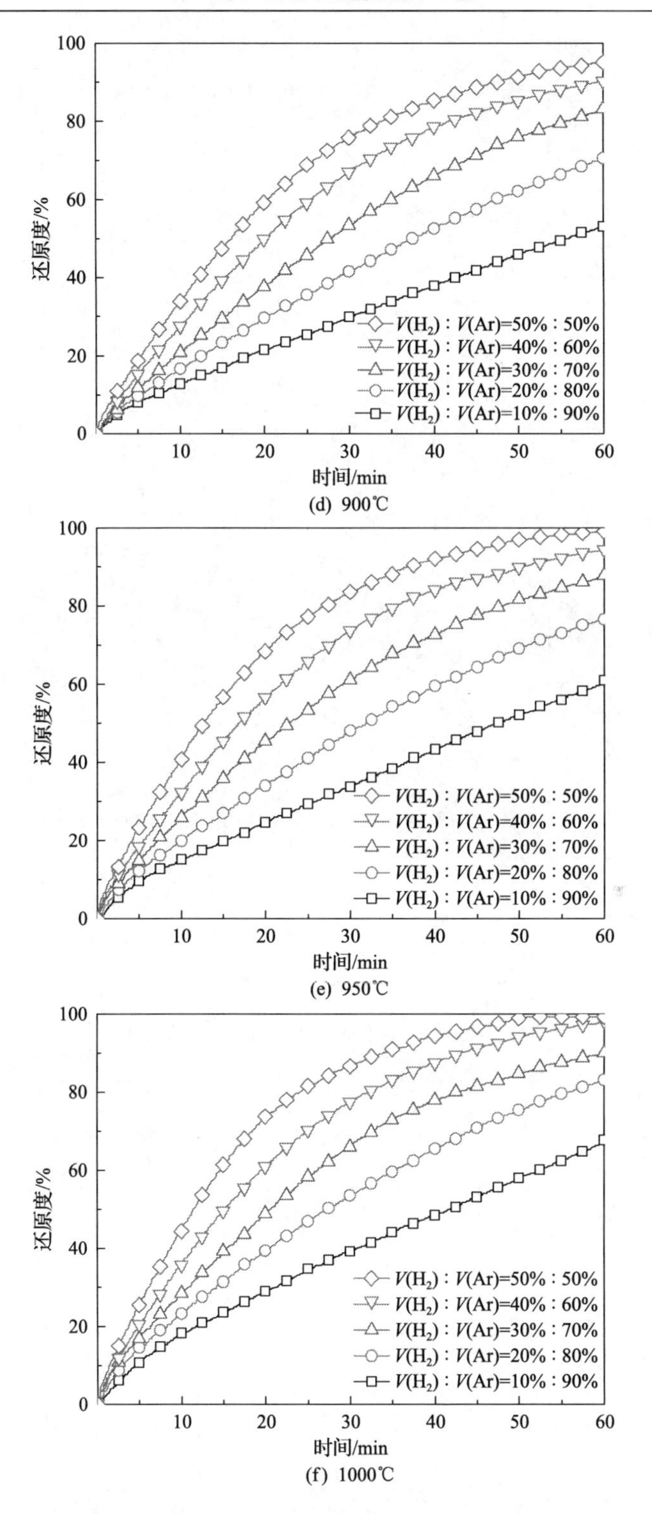

(d) 900℃

(e) 950℃

(f) 1000℃

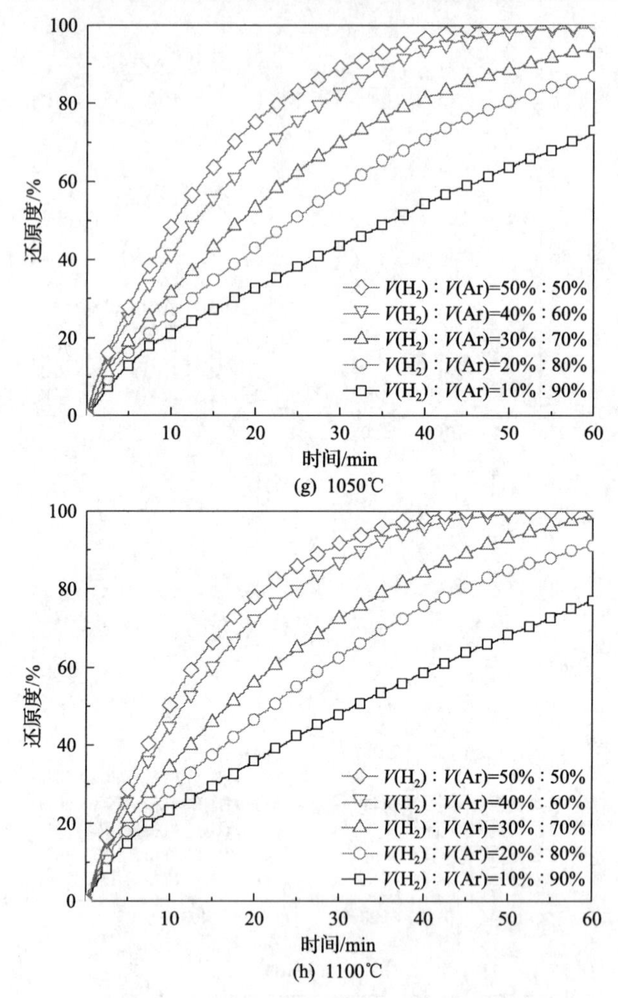

(g) 1050℃

(h) 1100℃

图 8-4　氢气浓度对海砂矿还原度的影响

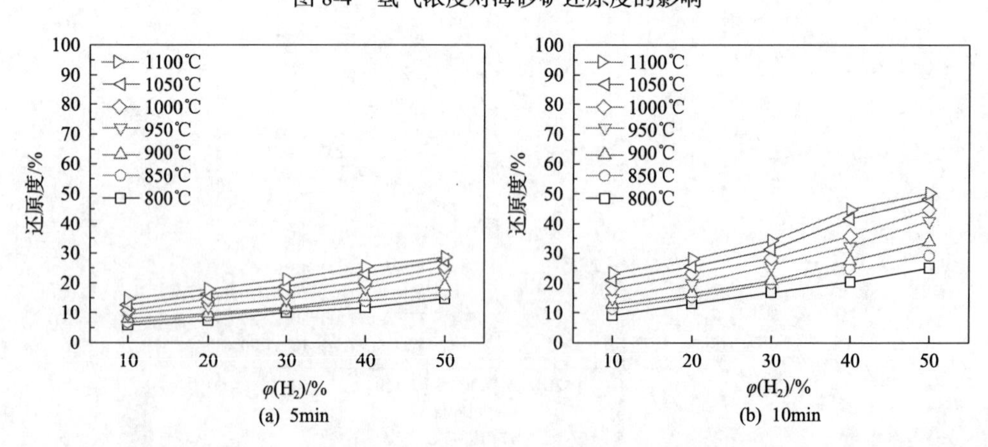

(a) 5min　　(b) 10min

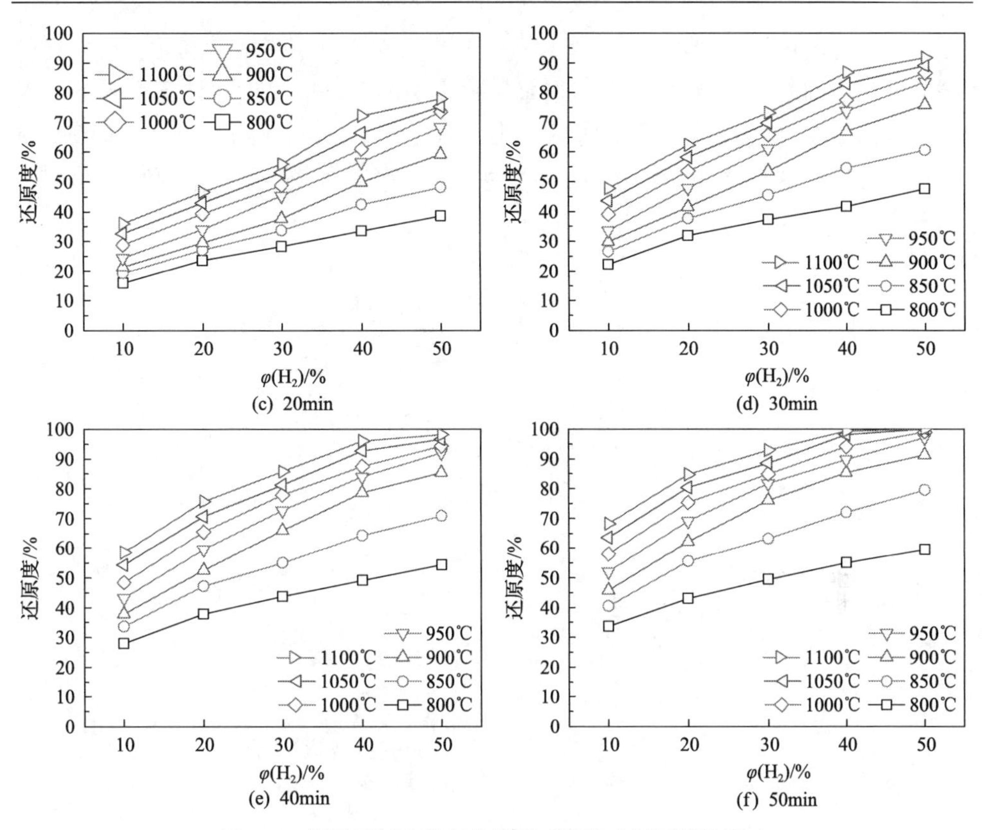

图 8-5　相同氢气浓度变化范围对海砂矿还原度的影响

例如，在 900℃和 40min 时，当氢气浓度从 30%→40%后，海砂矿还原度增加了近 12.5%，可是当氢气浓度从 40%→50%时，该增幅仅为 6.8%。

因此，当综合考量还原速率和升温的经济性，还原气中 40%的氢气含量是较为适宜的还原气体积分数。

8.1.3　温度与还原气浓度的影响机理

由于氢气还原海砂矿过程中控速环节的变化，还原速率也会发生改变，这将导致在整个还原过程中，还原度曲线的斜率在某个时刻发生改变。通过线性拟合和切点确定气基还原控速环节发生改变而导致的转折点(turning point, TPs)可以在每条还原度曲线上予以确定，如图 8-4(b)所示。

通常情况下，转折点可以通过其出现时的还原度(R_{TP})和出现时刻(t_{TP})加以确定和表征。基于气基还原的未反应核模型可知，R_{TP} 和 t_{TP} 完全受反应温度和还原气浓度所影响。图 8-6 为反应温度和还原气浓度对转折点影响机理示意图，其中未反应核模型中，化学反应控速范围的半径以 r 表示，事实上，r 决定了转折点出现时的还原度 R_{TP}。K 表示还原速率或称为产物层形成的速率，它影响了转折点出现的时间 t_{TP}。理论上，当氢气浓度增加且反应温度保持不变时，由于分子热运动能力并没有改变，所以 r 并不会发生变化，但是还原气分压的升高可以促进反应速率 K 的增加，从而使得 t_{TP} 缩短且 R_{TP} 保持不变，如图 8-6(a) 所示。

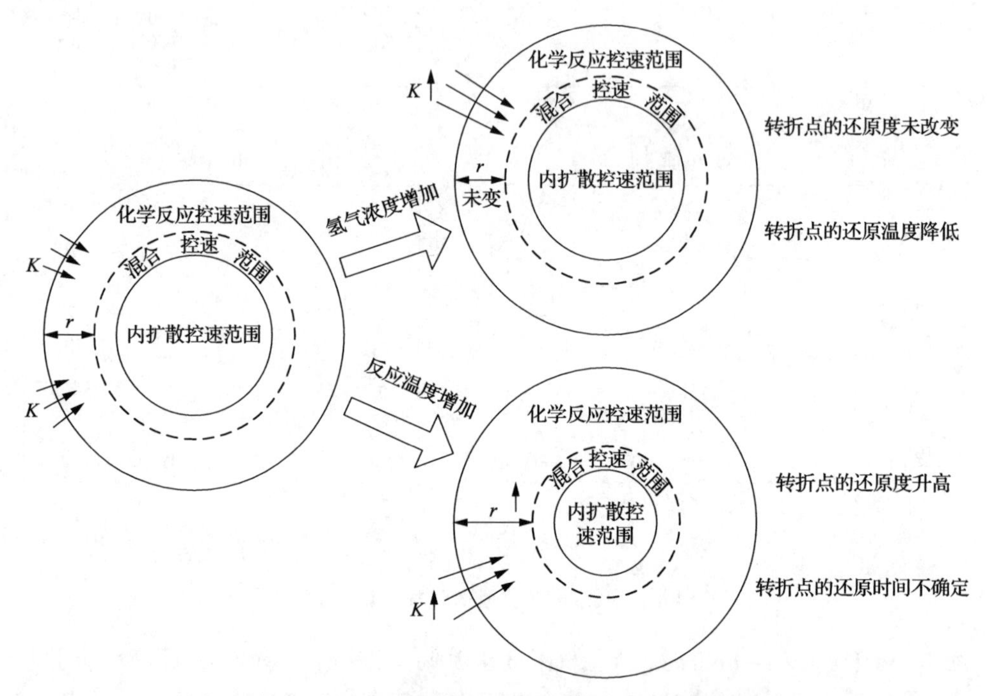

图 8-6 温度与浓度对海砂矿还原和转折点出现的影响示意图

不变的氢气浓度和增加的反应温度会引起更快的分子热运动，因此可提升化学反应控速范围和反应速率。最终，r 和 K 均有所升高，R_{TP} 增加。但是并不能最终确定 t_{TP} 的变化趋势，这是由 r 和 K 增加幅度的不确定性所致，如图 8-6(b) 所示。转折点出现的表征参数(R_{TP} 和 t_{TP})与化学反应条件之间的关系如图 8-6(b) 所示，更多结果见表 8-1。未反应核模型中，当化学反应为控速环节时，反应时间的表征公式见式(8-2)。

$$t_{化学反应控速} = \frac{\rho_{海砂} \cdot r}{M_{海砂} k_{反应} c_{氢气}} \tag{8-2}$$

式中，$t_{化学反应控速}$ 为化学反应控速范围反应结束所需要的时间，s；$\rho_{海砂}$ 为海砂矿颗粒的密度，kg/m^3；r 为化学反应控速范围的半径，m；$M_{海砂}$ 为海砂矿的摩尔质量，g/mol；$k_{反应}$ 为化学反应速率常数，mol/s；$c_{氢气}$ 为氢气的物质的量浓度，mol/L。

表 8-1　在不同温度(800～1100℃)和氢气浓度 $\varphi(H_2)$ 条件下，转折点出现时的时间 t_{TP} 和还原度 R_{TP}

温度/℃	转折点发生时间 t_{TP}/min						转折点还原度 R_{TP}/%
	10%	20%	30%	40%	50%	100%	
800	43.8	27.6	21.8	17.0	13.1	5.8	30.3
850	59.2	38.2	30.7	22.3	18.8	7.8	46.8
900	—	56.3	41.7	30.5	26.4	9.6	67.6
950	—	56.1	41.1	30.1	22.8	9.5	73.9
1000	—	49.5	37.0	28.3	21.0	8.3	75.1
1050	—	45.3	35.3	25.6	20.4	7.9	76.4
1100	—	41.5	33.5	23.0	19.4	7.3	77.0

由式(8-2)可知，当反应温度不变时，由于分子热运动能力未变，所以 r 不会改变，即 R_{TP} 不变，此时增加氢气浓度，k、c 均会增加，从而使得化学反应控速范围内的反应时间 t 减少，即 t_{TP} 缩短。而当反应温度升高且氢气浓度不变时，由于温度的提高可使化学反应控速范围 r 和反应速率 k 均增加，因此 R_{TP} 是随温度的升高而增加的，但是化学反应控速范围内的反应时间 $t(t_{TP})$ 则出现不确定性，当化学反应控速范围 $r(R_{TP})$ 的增加占主要地位，反应速率 k 的增加占次要地位时，t_{TP} 表现出增加的趋势；当反应速率 k 的增加占主要地位，而化学反应控速范围 $r(R_{TP})$ 的增加占次要地位时，t_{TP} 则表现出降低的趋势。

如前所述，t_{TP} 同时取决于反应速率和化学反应控速范围，即更高的反应温度和较低的 R_{TP} 对应着一个较短的 t_{TP}，反之亦然。如表 8-1 所示，在相同温度时，伴随着氢气浓度的增加，即化学反应速率 K 的增加，t_{TP} 严格地表现出下降的趋势，这主要是由不变的 R_{TP} 和更高的化学反应速率 K 所导致。可是，在相同氢气浓度的条件下，当反应温度提高时，反应速率 K 增加，与此同时也会提高 R_{TP}。当反应温度从 800℃提高至 900℃后，温度对 R_{TP} 的影响将大于对反应速率 K 的影响，因此，t_{TP} 在 800～900℃逐渐增加，并且在 900℃时达到极大值。当温度继续从 900℃增加至 1100℃时，虽然化学反应控速范围逐渐加大(由逐渐增加的 R_{TP} 所证实)，但在该温度段，反应速率增长占主要地位，所以 t_{TP} 从 900～1100℃逐渐下降。

8.2　海砂矿气基还原过程的物相转变

海砂原矿及在不同还原阶段(2.5～60min)的 XRD 图谱见图 8-7。在探索物相转变过程中为了排除其他因素的干扰，选择了 100%氢气体积分数作为还原条件。检测结果表明，有八种物相出现在海砂矿的还原过程中。根据 XRD 检测结果和还原度数据，在不同还原阶段的物相见表 8-2。

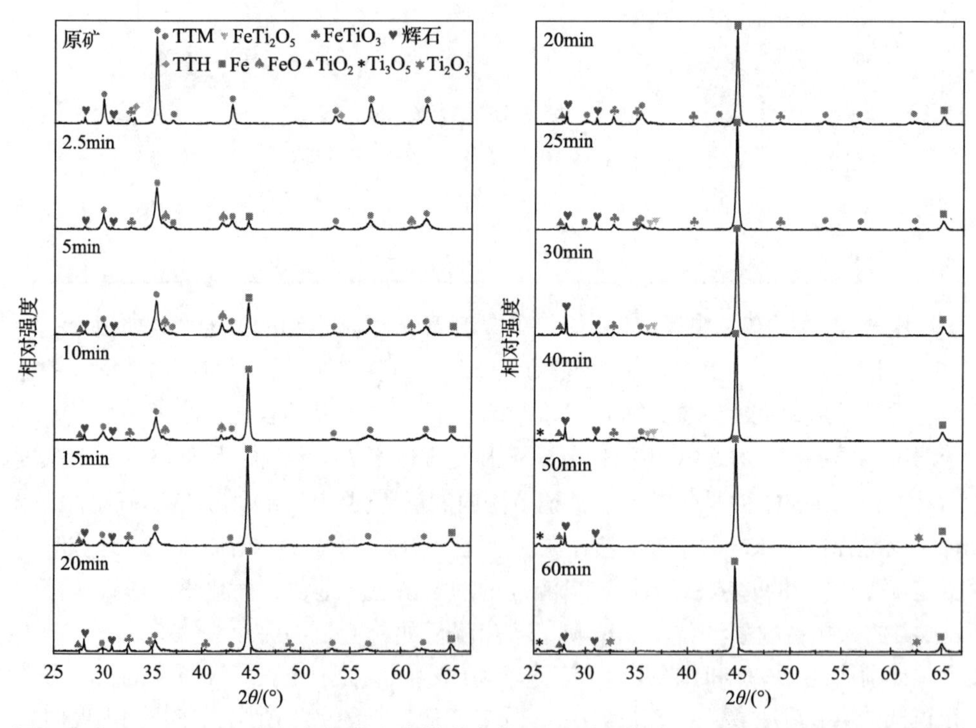

图 8-7　在 900℃和 100%氢气浓度(体积分数)的条件下，海砂矿从原矿还原至 60min 时的 XRD 图谱

表 8-2　在 900℃和 100%氢气浓度的条件下，海砂矿从原矿还原至 60min 时的物相和还原度

还原时间/min	还原物相	还原度/%
0	TTM、TTH、$FeTiO_3$、辉石	0
2.5	TTM、Fe、FeO、$FeTiO_3$、辉石	24.98
5	TTM、Fe、FeO、TiO_2、辉石	51.71
10	Fe_2TiO_4、Fe、FeO、$FeTiO_3$、TiO_2、辉石	82.18
15	Fe_2TiO_4、Fe、$FeTiO_3$、TiO_2、辉石	94.12
20	Fe_2TiO_4、Fe、$FeTiO_3$、TiO_2、辉石	96.97

续表

还原时间/min	还原物相	还原度/%
25	Fe_2TiO_4、Fe、$FeTiO_3$、$FeTi_2O_5$、TiO_2、辉石	97.58
30	Fe_2TiO_4、Fe、$FeTiO_3$、$FeTi_2O_5$、TiO_2、辉石	98.20
40	Fe_2TiO_4、Fe、$FeTiO_3$、$FeTi_2O_5$、TiO_2、Ti_3O_5、辉石	99.19
50	Fe、TiO_2、Ti_3O_5、Ti_2O_3、辉石	100
60	Fe、TiO_2、Ti_3O_5、Ti_2O_3、辉石	100

显而易见地，TTM 是海砂原矿中的主要物相。此外，TTH 少量存在于海砂原矿中，这主要是从海砂矿形成时钛元素过饱和析出及由 TTM 长期氧化所得。海砂原矿 XRD 图谱中，在 32.72°附近存在微弱强度的钛铁矿特征峰，此外，硅、镁、铝、锰等氧化物以链状辉石的结构存在于海砂原矿中并持续存在于整个还原过程中。

2.5min：当海砂矿样品置于还原气中 2.5min 时，还原度可达到 24.98%。此时，由于 TTH 含量较低且 Fe_2O_3（TTH 中的一种固溶成分）被快速还原为 Fe_3O_4，因此 TTH 物相完全消失。Fe_3O_4 物相，包括 TTM 中的一种固溶成分 Fe_3O_4 及 TTH 的还原产物 Fe_3O_4，被部分还原为浮氏体（FeO）和金属铁（Fe）。

5min：在海砂原矿中初始存在的 $FeTiO_3$ 在 5min 内被完全还原至 Fe 和 TiO_2，此时的还原度超过 50%。然而，由 XRD 图谱可知，在 5～10min，又有新生成的 $FeTiO_3$ 出现，这主要是由 TTM 中的另一固溶成分钛铁尖晶石（Fe_2TiO_4）开始还原及 TTH 中剩余的固溶成分 $FeTiO_3$ 所造成的。在这个过程中，一部分金属铁由 TTM 中的 Fe_2TiO_4 还原得到。

15min：FeO 特征峰在 15min 时完全消失，这意味着 TTM 中所有的 Fe_3O_4，包括还原中间产物 FeO，在 15min 内即转化为金属铁。在该时间段内，94.12%的还原度说明大部分铁氧化物在 15min 内已经被还原为金属铁。

20min：从反应开始后的 15～20min，物相并未发生改变，还原度增加至 96.97%。

25min：作为 $FeTiO_3$ 还原至 Fe 和 TiO_2 的中间产物，在还原进行至 25min 之前，亚铁板钛矿（$FeTi_2O_5$）一直未出现。这说明新生成的 $FeTiO_3$ 在经历了 5～20min 的积累后，开始逐步被还原，生成了亚铁板钛矿。

30min：在 25～30min 时，物相种类并未发生改变，但是 TTM 在 53.4°、56.6°和 62.6°三个特征衍射峰的消失，说明 TTM 含量进一步下降。

40min：在 40～50min 时，钛元素开始出现低价态。例如，Ti_3O_5 在 40min 时刻出现，在 50min 时出现了 Ti_2O_3。事实上，TiO_2 早在还原 5min 时就已经出现在海砂矿物相中，但是为何低价态的钛元素没有相继出现，而是延迟至 40min 后才出现？原因可能是在反应初期铁氧化物的存在削弱了对钛氧化物的还原势，因此当还原度在 40min 达到 99.19%后，间接促进了钛元素的还原并最终出现低价钛氧化物。40min 的还原度仍未达到完全还原，这主要是由于少量的 Fe_2TiO_4、$FeTiO_3$ 和 $FeTi_2O_5$ 仍存在于海砂矿物相中。

50min：当海砂矿还原反应进行至 50min 时，$FeTiO_3$ 和 $FeTi_2O_5$ 还原为 TiO_2 和 Fe 并最终消失。此外，在 35.3°的 TTM 衍射主峰最终完全消失，这意味着 TTM 中的 Fe_2TiO_4 被彻底还原。

最终，金属铁、三种价态的钛氧化物和链状辉石构成了海砂矿在 $\varphi(H_2)$ 为 100%下还原 50min 后的物相。基于上述分析，海砂矿气基还原过程中的物相变化如图 8-8 所示。

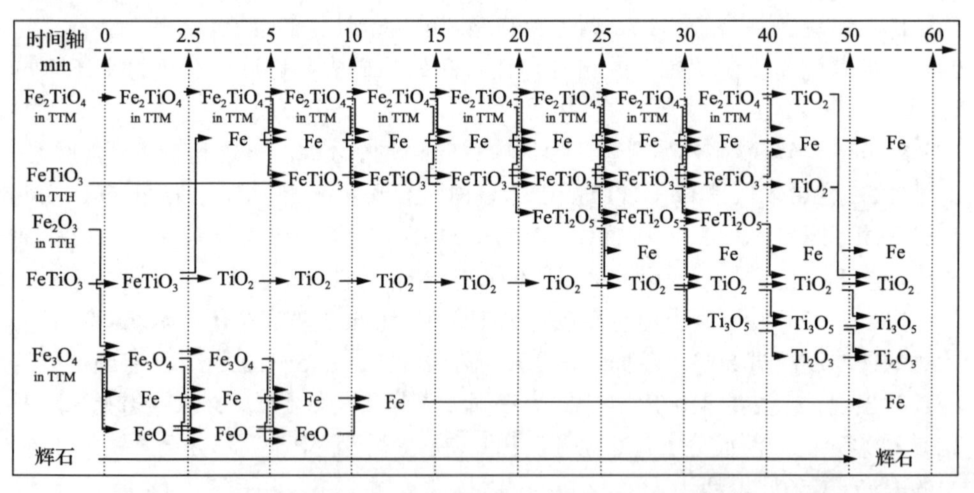

图 8-8 900℃和 100%氢气(体积分数)还原条件下，海砂矿从原矿还原至 60min 的物相转变

在海砂矿气基还原过程中，TTM 和 TTH 的物相转变和固溶度变化如图 8-9 所示，式(8-3)和式(8-4)表示 TTM 和 TTH 中不同固溶成分的化学反应方程式。

$$\text{TTM}\left(\text{Fe}_{3-x}\text{Ti}_x\text{O}_4\right)\begin{cases}(1-x)\text{Fe}_3\text{O}_4:(1-x)\text{Fe}_3\text{O}_4+(4-4x)\text{H}_2=(3-3x)\text{Fe}\\ \qquad +(4-4x)\text{H}_2\text{O}\\ x\text{Fe}_2\text{TiO}_4:\text{Fe}_{2x}\text{Ti}_x\text{O}_{4x}+\delta\text{H}_2=\text{Fe}_{2x-\delta}\text{Ti}_x\text{O}_{4x-\delta}\\ \qquad +\delta\text{Fe}+\delta\text{H}_2\text{O}\quad(0<\delta<2x)\end{cases} \tag{8-3}$$

$$\text{TTH}(\text{Fe}_{2-y}\text{Ti}_y\text{O}_3)\begin{cases}(1-y)\text{Fe}_2\text{O}_3:(1-y)\text{Fe}_2\text{O}_3+(3-3y)\text{H}_2=(2-2y)\text{Fe}\\ \qquad +(3-3y)\text{H}_2\text{O}\\ y\text{FeTiO}_3:\text{Fe}_y\text{Ti}_y\text{O}_{3y}+\varepsilon\text{H}_2=\text{Fe}_{y-\varepsilon}\text{Ti}_y\text{O}_{3y-\varepsilon}+\varepsilon\text{Fe}\\ \qquad +\varepsilon\text{H}_2\text{O}\quad(0<\varepsilon<y)\end{cases} \tag{8-4}$$

式中，x 为 Fe_3O_4-Fe_2TiO_4 体系的固溶度；y 为 Fe_2O_3-$FeTiO_3$ 体系的固溶度；δ 为 Fe_2TiO_4 的还原度；ε 为 $FeTiO_3$ 的还原度。

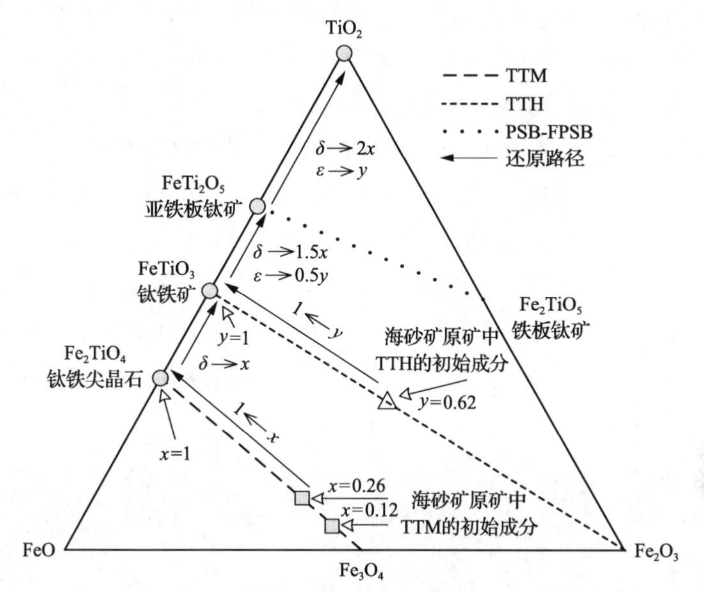

图 8-9　FeO-Fe_2O_3-TiO_2 三元系统成分(摩尔比)，海砂矿中 TTM 和 TTH 物相在还原过程中的物相和钛铁固溶度的变化

根据表 8-2 的海砂原矿中 TTM 和 TTH 原子的比例，TTM 的固溶度分别为 x=0.26 和 0.12(均质颗粒和非均质颗粒的基底部分)，TTH 的固溶度为 y=0.62，上述初始固溶比例分别以正方与三角标识标注于 Fe_3O_4-Fe_2TiO_4 和 Fe_2O_3-$FeTiO_3$ 固溶线上，如图 8-9 所示。伴随着海砂矿的还原，固溶于 TTM 和 TTH 的 Fe_3O_4 和 Fe_2O_3 含量首先降低，导致三个成分点均向 FeO-TiO_2 固溶线移动。与此同时，式(8-3)和式(8-4)中的 x 和 y 逐渐增加并最终达到 1，这意味着 Fe_3O_4 和 Fe_2O_3 完全转化。TTM 中的 Fe_2TiO_4 还原至 $FeTiO_3$ 的过程伴随着 δ 逐渐接近 x。进一步地，当 δ 和 ε 逐渐接近 1.5x 和 0.5y 时，来自 TTH 和 Fe_2TiO_4 的 $FeTiO_3$ 被还原至 $FeTi_2O_5$。最终，当 δ 和 ε 达到 2x 和 y 时，铁氧化物被完全还原并与钛氧化物实现分离。

8.3　海砂矿气基还原过程的微观形貌

在本节中，SEM 和 EDS 用以分析海砂矿的层状结构和均质区域在还原过程中形貌和成分的变化。在相同的外部还原条件下，检测到三种具有不同还原机理和过程的海砂矿颗粒，如图 8-10～图 8-12 所示。

8.3.1　海砂矿非均质颗粒的微观形貌

图 8-10(a)～(f)研究了在 900℃下不同还原时刻，海砂矿颗粒层状结构微观形貌的变化。图 8-10(a)显示，当海砂矿颗粒中的基底部分(TTM)形成铁晶须，甚至某些部位由于烧结作用已经形成联结的金属铁时，在层状结构上(TTH)仅有点状分布的金属铁形成，这表明层状 TTH 物相相对困难的还原性。此外，也有近圆形和针状的孔洞形成，其主要分布于层状结构的中心部位，与点状金属铁分布的位置基本相同，如图 8-10(b)所示。在第二和第三还原阶段，点状金属铁和孔洞进一步连接成为片状的金属铁和缝隙(图 8-10(c)和(d))，这也说明了层状结构是优先从中心开始还原，而后逐步发展至层状结构的边缘。进而，在 40min 后，虽然非均质颗粒被充分还原，但是最初的层状结构和基底部位的物相边界仍然可见，如图 8-10(e)所示。

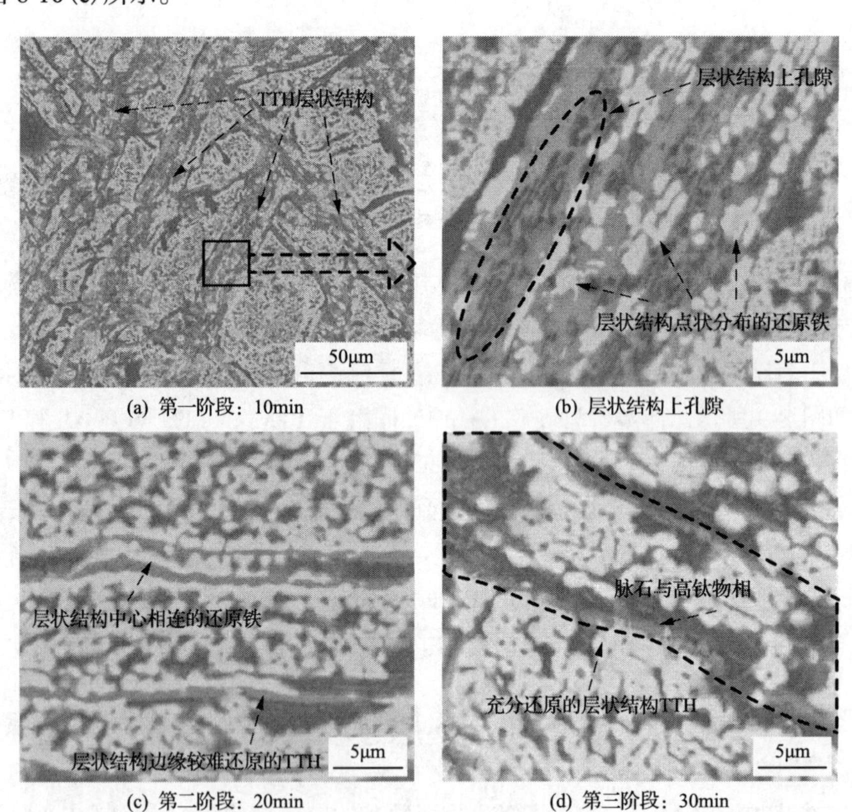

(a) 第一阶段：10min　(b) 层状结构上孔隙

(c) 第二阶段：20min　(d) 第三阶段：30min

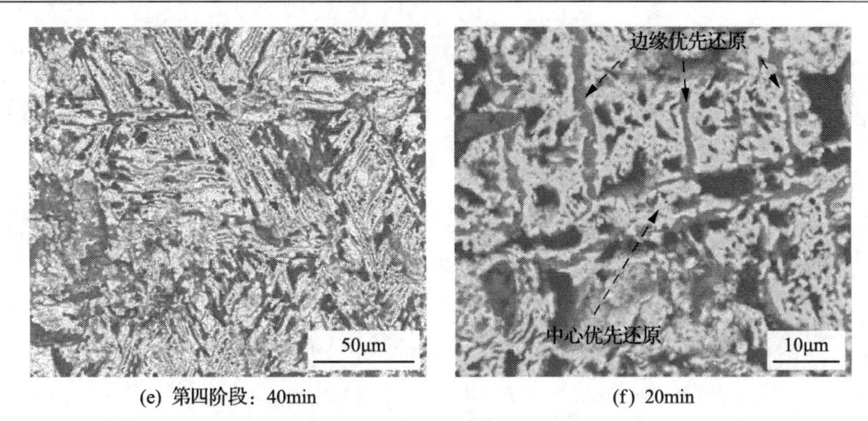

(e) 第四阶段：40min　(f) 20min

图 8-10　在 900℃反应温度和 100%H_2(体积分数)还原气氛下，海砂矿颗粒在不同还原阶段微观形貌的变化

当还原进行至 20min 时，发现层状结构的第二种还原形式，如图 8-10(f)所示。第一种是还原优先从层状结构的中心开始，如图 8-10 所述；另一种是从层状结构的边缘开始，详细研究见图 8-11(a)～图 8-11(f)。

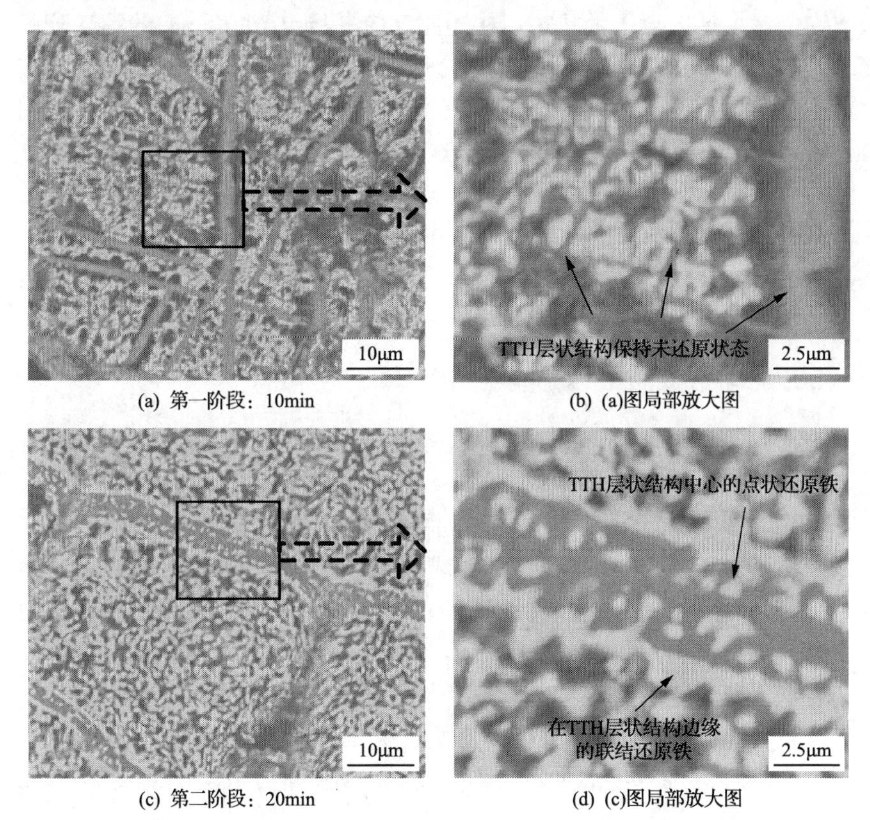

(a) 第一阶段：10min　(b) (a)图局部放大图

(c) 第二阶段：20min　(d) (c)图局部放大图

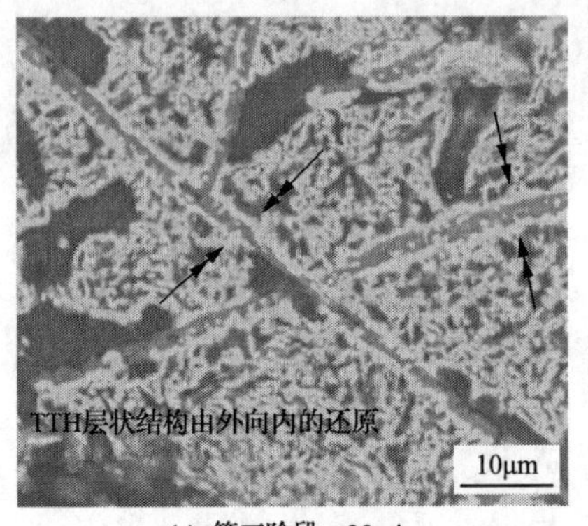

(e) 第三阶段：30min

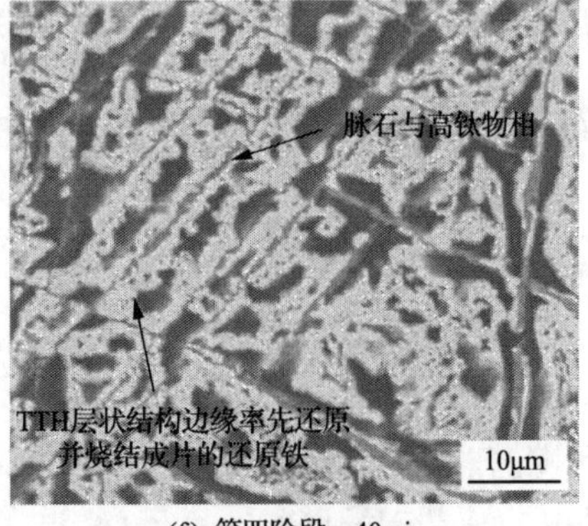

(f) 第四阶段：40min

图 8-11　在 900℃反应温度和 100%H_2(体积分数)还原气氛下，海砂矿颗粒在不同还原阶段微观形貌的变化(该种海砂矿颗粒是基底上析出层状 TTH 物相的非均质海砂矿颗粒，这种类型颗粒的层状结构中，还原先从边缘开始，经烧结作用形成片状还原铁)

图 8-11(a)和图 8-11(b)仍然表明，相比于非均质颗粒的基底部位，非均质颗粒中层状结构的还原惰性较强，即使在 10min 内大量联结金属铁出现在基底位置，层状结构仍然保持未还原的状态。在还原反应开始 10～20min 的第二阶段，如图 8-11(c)和图 8-11(d)所示，还原的金属铁才以点状形式分布于层状结构的中心位置，而与此同时，层状结构边缘部位联结状的金属铁已经生成。这表明层状结构边缘部位的还原优先于中心部位，这种还原优先级不同于图 8-10 的次序(层状结构中心部位更加易于还原)。在 20～30min 时的第三还原阶段，TTH 层状结构表现出一种明显的由外向内的还原次序，如图 8-11(e)所示。最终，在 40min 后的第四还原阶段，TTH 层状结构形成了一种由脉石和高钛物相构成的形貌，边缘被片状联结的金属铁所包裹，如图 8-11(e)所示。

8.3.2　海砂矿均质颗粒的微观形貌

图 8-12 表征了一种具有光滑颗粒表面的均质 TTM 颗粒的还原特性，在 900℃和 100%氢气(体积分数)气氛下还原 5min 时的微观形貌和不同部位的成分分布。在均质 TTM 颗粒上，四个具有不同特征的区域用 A、B、C、D 进行标注，见图 8-12(b)，利用 EDS 对四个区域的成分进行检测。由于超过 99%的海砂矿成分被 Fe-Ti-Mg-Al-Si-O 所占据，因此，对六种主要元素的原子百分数进行归一化计算处理，使得总原子百分数为 100%，目的是确保四个区域具有一致的可比性，EDS 和均一化处理结果如表 8-3 所示。脉石元素需要氧元素以保证最稳定的价态，全氧在除去这部分氧元素后，其他的氧元素视为 FeO 中的氧含量；TFe 减去 FeO 中的铁含量，即视为金属铁。金属化率由金属铁的质量分数与 TFe 质量分数所得。

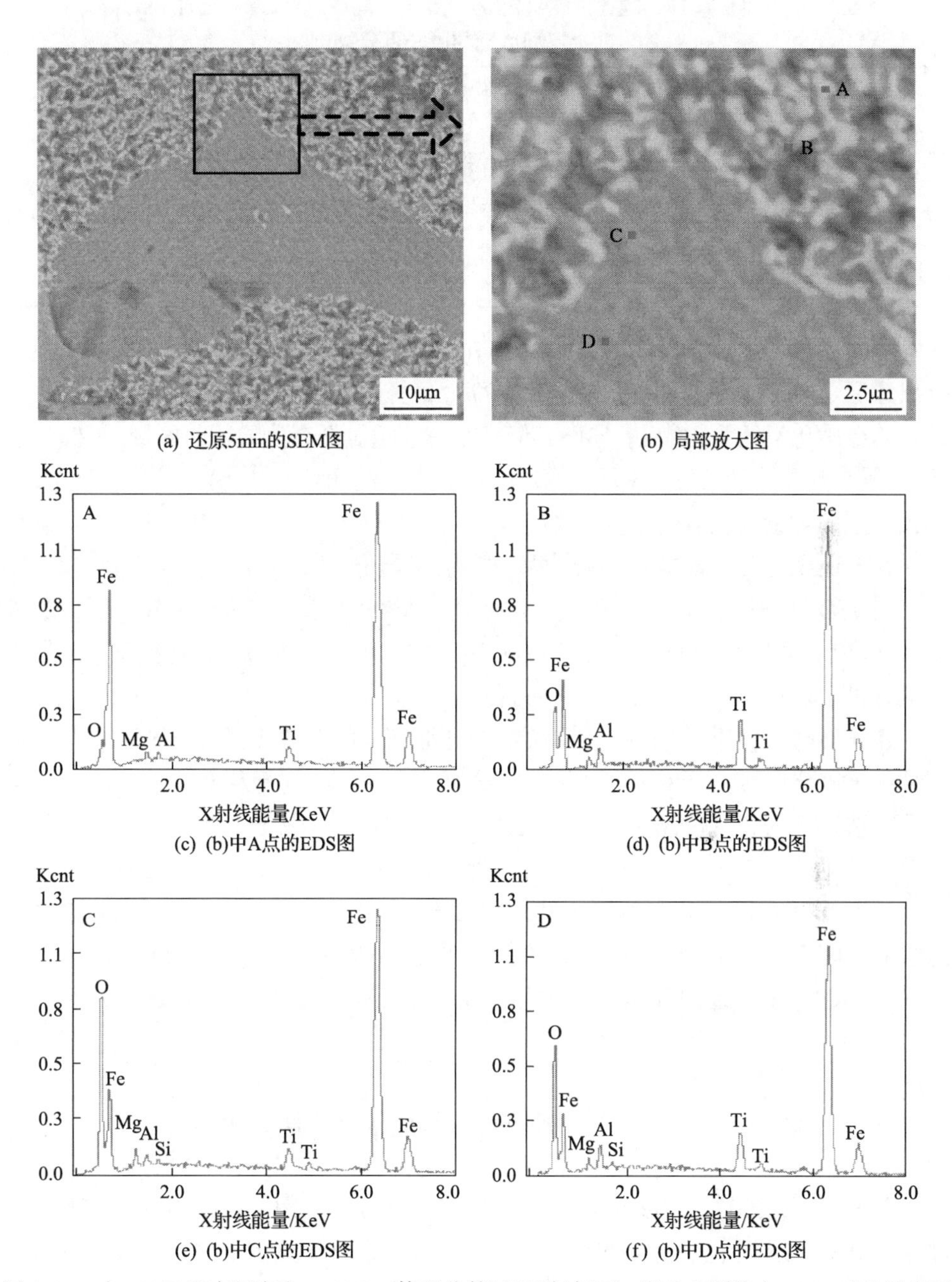

图 8-12　在 900℃反应温度和 100%H_2(体积分数)还原气氛下，海砂矿颗粒在 5min 时的微观形貌(该种海砂矿颗粒是均质的海砂矿颗粒，这种类型颗粒的还原由外向内进行，还原先形成相间出现的暗纹，而后还原沿暗纹进行)

表 8-3　在 900℃和 100%氢气(体积分数)气氛下，均质 TTM 颗粒还原 5min 时，四个不同区域的原子百分数

区域	相对原子百分数/%						金属化率/%
	Fe	Ti	O	Si	Mg	Al	(金属铁/TFe)%
A	77.76	2.97	13.87	1.51	1.90	1.98	99.96
B	58.39	6.34	26.18	1.55	3.20	4.33	98.80
C	52.65	2.39	39.86	0.99	2.49	1.61	46.45
D	46.68	4.58	40.63	1.15	2.83	4.12	56.85

均质 TTM 颗粒的还原以一种由外向内的方式进行，具有明显的分界线，可区分出还原部分和未还原部分。在已还原部分，亮色区域(字母 A 表示)基本为金属铁，其金属化率约为 100%。然而，仍然有一些相对不充分的还原区域(字母 B 表示)，其金属化率为 98.80%。此外，B 区域中的镁元素、硅元素，尤其是铝元素和钛元素的含量要显著高于 A 区域。

在未还原部分，同样也检测到两个具有不同还原特征的区域。亮灰色区域(字母 C 表示)以条纹状形式生成，并且交替分布在深灰色的基底区域(字母 D 表示)。区域 C 和区域 D 的差别与区域 A 和区域 B 的差别类似，表现在不同的脉石元素含量上。

在还原与未还原部分的交界区域，未还原部分的条纹状亮灰色区域 C 与还原部分的金属化区域 A 严格地相互连接，这意味着还原的进行及金属化区域 A 的形成是有选择性的，且优先沿着区域 C 进行。这主要是由脉石元素如镁、硅、铝、钛等元素的不均匀分布所致。在海砂矿形成初期，由于火山熔岩的快速冷却，所以元素形成是随机分布的，无法均匀扩散。因此，含有较多脉石元素含量的部位(如镁铝尖晶石、铁尖晶石、钛铁尖晶石)更容易出现较难的还原性，反之亦然。因此，偏析还原和交替分布的条纹状区域 A、B、C、D 在还原过程中即出现。

8.4　海砂原矿与预氧化海砂矿气基还原比对

基于气基还原中成熟的米德莱克斯法工艺参数[204, 205]，选取还原反应温度区间为 800～1000℃，氢气体积分数 10%～100%为实验研究范围，其中氢气体积分数的计算方式为 $V_{(H_2)} \div V_{(H_2+Ar)} \times 100\%$，如表 8-4 所示。根据道尔顿分压定律，对于理想气体或常压下的实际气体，处于混合气体中的某一气体成分，其分压与体积分数成正比关系，为了后续计算需要，在表 8-4 中对氢气体积分数与分压进行了换算。

表 8-4　海砂原矿与预氧化海砂矿气基还原实验条件

氢气分压条件		还原温度	
T/℃	$\varphi(H_2)$/%	$\varphi(H_2)$/%	T/℃
900	10 20 30 40 50 100	40	800 850 900 950 1000

通常情况下，随时间不断变化的转化率 α 是衡量反应进行程度的重要指标[206]。在本研究条件下，α 是基于特定反应时刻反应物的质量改变而获得的，如式(8-5)所示。

$$\alpha = \frac{m_{海砂矿}\big|_{t=0} - m_{海砂矿}\big|_{t=t}}{m_{理论失氧量}\big|_{t=0}} \tag{8-5}$$

式中，$m_{海砂矿}\big|_{t=0}$ 为反应前初始海砂矿样品的质量，g；$m_{海砂矿}\big|_{t=t}$ 为反应进行至 t 时的海砂矿样品的质量，g；$m_{海砂矿}\big|_{t=0} - m_{海砂矿}\big|_{t=t}$ 为海砂矿中实际的还原失氧量，g；$m_{理论失氧量}\big|_{t=0}$ 为反应结束后海砂矿的理论失氧量，g。

需要注意的是，对于预氧化海砂矿样品而言，由于在预氧化过程中，氧元素会进一步进入海砂矿矿相中，使磁铁矿相转化为赤铁矿相，因此预氧化海砂矿的 $m_{理论失氧量}\big|_{t=0}$ 与海砂原矿的 $m_{理论失氧量}\big|_{t=0}$ 并不相同。同理，不同预氧化时间和温度条件下，预氧化海砂矿之间的 $m_{理论失氧量}\big|_{t=0}$ 也不一样。根据第 7 章的研究结果，预氧化过程中海砂矿质量的增加变化见图 8-13，由此可得预氧化温度为 900℃时的质量增量。

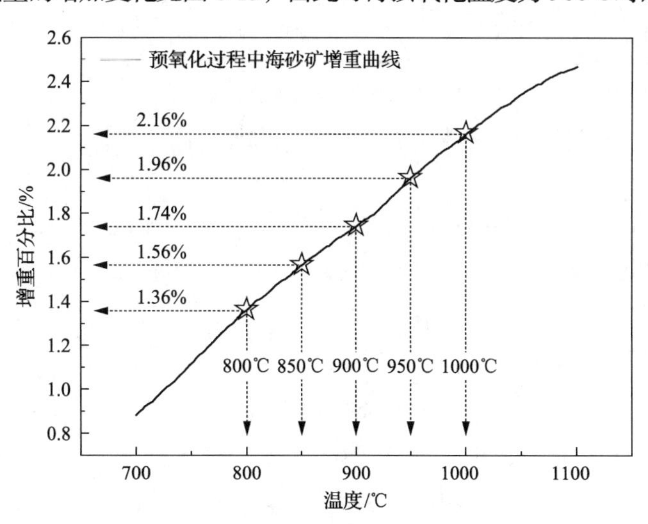

图 8-13　预氧化过程中海砂矿增重百分比

根据第 7 章的研究结果，海砂矿在预氧化过程中的物相转变主要为 TTM ($Fe_{3-x}Ti_xO_4$) → TTH ($Fe_{2-y}Ti_yO_3$) → PSB ($Fe_{2-z}Ti_zO_5$)，其理论失氧量逐渐增加。由图 8-13 可知，当预氧化至 900℃时，海砂矿的增重百分比为 1.74%。当考虑到海砂原矿的理论失氧量为 20.55%后，可得到对于预氧化至 900℃的海砂矿的理论失氧量为 21.9%，计算过程为(20.5%+1.74%)÷(100%+1.74%)×100%。

结合式(8-5)及海砂原矿和预氧化海砂矿在还原中的失重量，其在不同还原温度和氢气分压条件下的转化率曲线如图 8-14 所示。

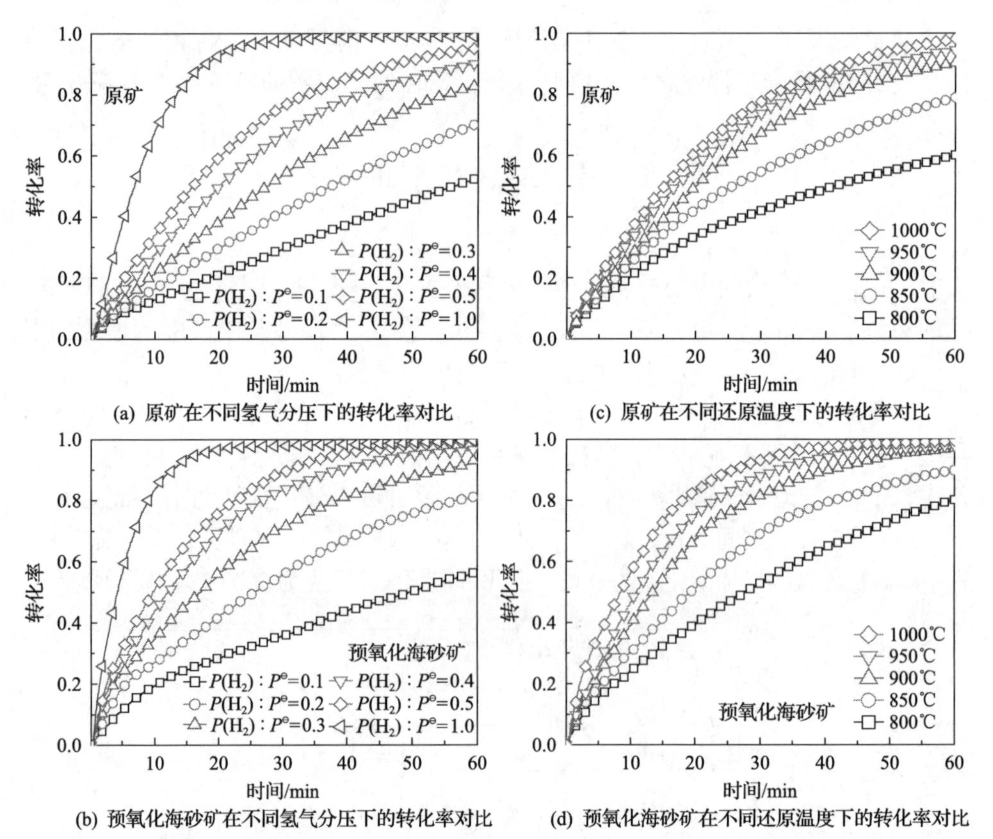

(a) 原矿在不同氢气分压下的转化率对比　(c) 原矿在不同还原温度下的转化率对比

(b) 预氧化海砂矿在不同氢气分压下的转化率对比　(d) 预氧化海砂矿在不同还原温度下的转化率对比

图 8-14　不同还原气氛与还原温度下，海砂原矿与预氧化海砂矿转化率随温度的变化

对海砂原矿或预氧化矿而言，当氢气分压为 0.01～0.05MPa 时，氢气分压每升高 0.01MPa 其转化率的增加效应逐渐下降。当还原温度为 800～1000℃时，温度每提高 50℃的转化率增加幅度逐渐下降。尤其是当氢气分压超过 0.04MPa 或反应温度超过 900℃后，促进作用下降显著。比较图 8-14(a)和图 8-14(b)及图 8-14(c)和图 8-14(d)，在相同反应时间和还原条件下，预氧化海砂矿的转化率相比于原矿而言，平均提高了约 32%。其原因在于，预氧化处理导致了海砂

矿中的物相转变，这使得钛铁固溶体中的钛元素与铁、氧元素分离并进入不同物相中，降低了钛元素对铁、氧元素还原迁移的阻碍作用，从而促进了还原过程的进行。

8.5　预氧化促进海砂矿还原的动力学解析

8.5.1　氢气分压影响因子与反应级数拟合

在反应动力学领域，转化率 α 随时间的变化率($\mathrm{d}\alpha/\mathrm{d}t$)是核心表征参数，通常情况下取决于其他三个反应参数，分别是反应温度 T、转化率 α 及反应分压 P，如式(8-6)所示。

$$\frac{\mathrm{d}\alpha}{\mathrm{d}t}=k(T)\times f(\alpha)\times h(P) \tag{8-6}$$

在式(8-6)中，反应物的分压因子 $h(P)$ 在特定条件下可以忽略，特定条件为反应物和产物中不包括气相、过量的气体反应物或气体产物可以在短时间内去除[207, 208]。在本研究中，由于氢气还原剂的分压在较大范围内变化(0.01～0. 1MPa)，氢气分压将不可避免地影响反应速率，因此，分压因子 $h(P)$ 在本实验条件下不可忽略。分压因子[209, 210]可由式(8-7)表示。

$$h(P)=P^n \tag{8-7}$$

式中，P 为气体反应物(氢气)的分压；n 为反应级数。

在此，反应级数 n 可用于表征氢气分压的变化对反应速率的影响程度。在对式(8-6)和式(8-7)进行自然对数处理后，可得到式(8-8)。

$$\ln\left(\frac{\mathrm{d}\alpha}{\mathrm{d}t}\right)=n\times\ln P+\text{constant} \tag{8-8}$$

当转化率 α 对反应时间 t 求导后，即可获得在特定转化率 α 下的反应速率($\mathrm{d}\alpha/\mathrm{d}t$)。为了充分考查不同的反应阶段，共选取四个转化率(α=0.1、0.2、0.4、0.6)用于拟合反应级数 n。因此，在相同的反应温度(900℃)条件下，可以得到海砂原矿与预氧化海砂矿还原反应速率的自然对数与氢气分压自然对数之间的关系，见图 8-15。

在图 8-15 中，$\ln(\mathrm{d}\alpha/\mathrm{d}t)$ 和 $\ln P$ 线性拟合线的斜率即为反应级数 n 的实验值。对于海砂原矿而言，反应级数 n 的平均值为 1.0002(在 0.98～1.02 波动)，其相关

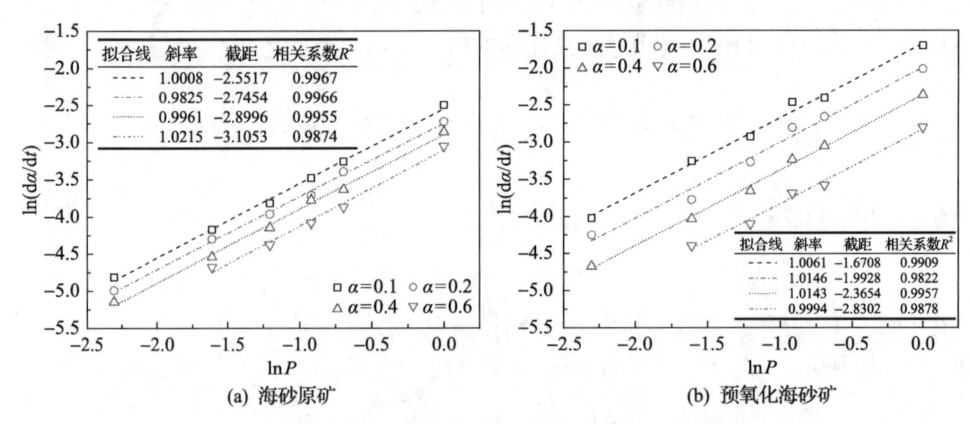

(a) 海砂原矿　　(b) 预氧化海砂矿

图 8-15　海砂原矿与预氧化海砂矿气基还原反应级数线性拟合

系数 R^2 为 0.9941；对于预氧化海砂矿而言，反应级数 n 的平均值为 1.0086（在 1.00～1.01 波动），其相关系数为 0.9892。对比海砂原矿与预氧化海砂矿的反应级数，虽然预氧化海砂矿的反应级数比原矿的高出 0.0084，但是该差别足够小，属于计算误差范围内。因此，无法得出氢气分压对预氧化海砂矿反应速率的影响高于海砂原矿的结论。但是，对于海砂原矿与预氧化海砂矿而言，由于在主要反应阶段（α=0.1～0.6）的反应级数均没有明显偏离 n=1，因此以该反应级数用于后续计算是合理可靠的。

8.5.2　转化率影响因子与表观反应速率常数

在等温反应条件下，对式（8-6）进行积分，可以获得式（8-9）。

$$\int_0^\alpha \frac{d\alpha}{f(\alpha)} = \int_0^t k(T) \cdot h(P) \cdot dt \tag{8-9}$$

为方便计算，引入转化率影响因子 $f(\alpha)$ 的积分形式 $G(\alpha)$，$G(\alpha)$ 的定义式如式（8-10）所示。

$$G(\alpha) = \int_0^\alpha \frac{d\alpha}{f(\alpha)} \tag{8-10}$$

通过不同反应机理的假设，研究学者[209-211]提出了不同的相关反应模型。对实验数据首先进行了预处理，由于反应机理的不相关性，部分模型的预测结果与实验值相差较大。在所有模型中，共有七个模型与实验值极为接近，其 $f(\alpha)$ 与 $G(\alpha)$ 的函数形式见表 8-5。

表 8-5　反应动力学模型

编号	反应模型	建立机理	$f(\alpha)$	$G(\alpha)$
1	一维扩散		$1/2\alpha^{-1}$	α^2
2	二维扩散	扩散	$[-\ln(1-\alpha)]^{-1}$	$(1-\alpha)\ln(1-\alpha)+\alpha$
3	三维扩散		$3/2(1-\alpha)^{2/3}[1-(1-\alpha)^{1/3}]^{-1}$	$[1-(1-\alpha)^{1/3}]^2$
4	幂定律	形核与长大	$2/3\alpha^{-1/2}$	$\alpha^{3/2}$
5	一级反应	化学反应	$1-\alpha$	$-\ln(1-\alpha)$
6	球形收缩	相界面移动	$3(1-\alpha)^{2/3}$	$1-(1-\alpha)^{1/3}$
7	圆柱形收缩		$2(1-\alpha)^{1/2}$	$1-(1-\alpha)^{1/2}$

在表 8-5 中，基于不同的反应机理和过程假设，固态反应动力学模型可分为四类：

(1)扩散，模型 1～模型 3；

(2)形核与晶核长大，模型 4；

(3)化学反应，模型 5；

(4)相界面移动，模型 6 和模型 7。

气基反应过程中，在反应产物晶核与反应物基底之间会发生气体的扩散。然而，当扩散被阻碍或扩散速率小于其他反应控速环节时，扩散将成为控速环节。扩散模型 1、2、3 分别是基于气体通过平板、圆柱及球形固体扩散时的理想化假设过程而建立的。

在反应初期，反应产物是以晶核的形式出现在反应进行位置的，该形核过程在很大程度上受到外部因素的影响，如反应物表面粗糙度、纯净度及晶格缺陷等。当产物晶核超过一定数量后，上述已形成的晶核将会进入长大阶段，并同时消耗反应物物相。晶核的长大过程则受到初期晶核尺寸、离子扩散及产物物相的过饱和度等因素的影响。因此，当上述条件恶化后，形核及晶核长大将成为反应控速环节。本书引入的形核与长大控速数学模型为幂定律模型(模型 4)，该模型是基于形核速率符合幂定律，晶核长大按照固定速率的假设而建立的。

在某些情况下，反应速率会受到反应物浓度或用量的影响，而这种影响遵循特定的幂指数规律，即反应级数。本书中一级反应级数的化学反应控速模型(模型 5)较为接近实验数据。

几何收缩模型(模型 6 和模型 7)是以反应物表面形核发生的速度极快为前提假设条件的，因而反应过程被反应界面(即反应物与产物的界面)的移动所控制，该过程为相界面控速。基于不同固体颗粒形状的假设，模型 6、7 可分别用于描述三维球形相界面移动和二维圆柱相界面移动。

结合式(8-7)、式(8-9)和式(8-10)，可得式(8-11)，即

$$G(\alpha)=k(T)\cdot P^n\cdot t \tag{8-11}$$

式中，t 为反应时间；$k(T)$ 为表观反应速率常数，其受到反应温度 T 的影响。因此，综合考量转化率 α 与反应时间 t 的对应关系及表 8-5 中 $G(\alpha)$ 的具体函数形式，在固定等温实验温度(800℃、850℃、900℃、950℃、1000℃)、氢气分压(0.04MPa)及反应级数(n=1)的条件下，$G(\alpha)$ 与反应时间 t 的拟合关系曲线见图 8-16，拟合数据统计结果见表 8-6。

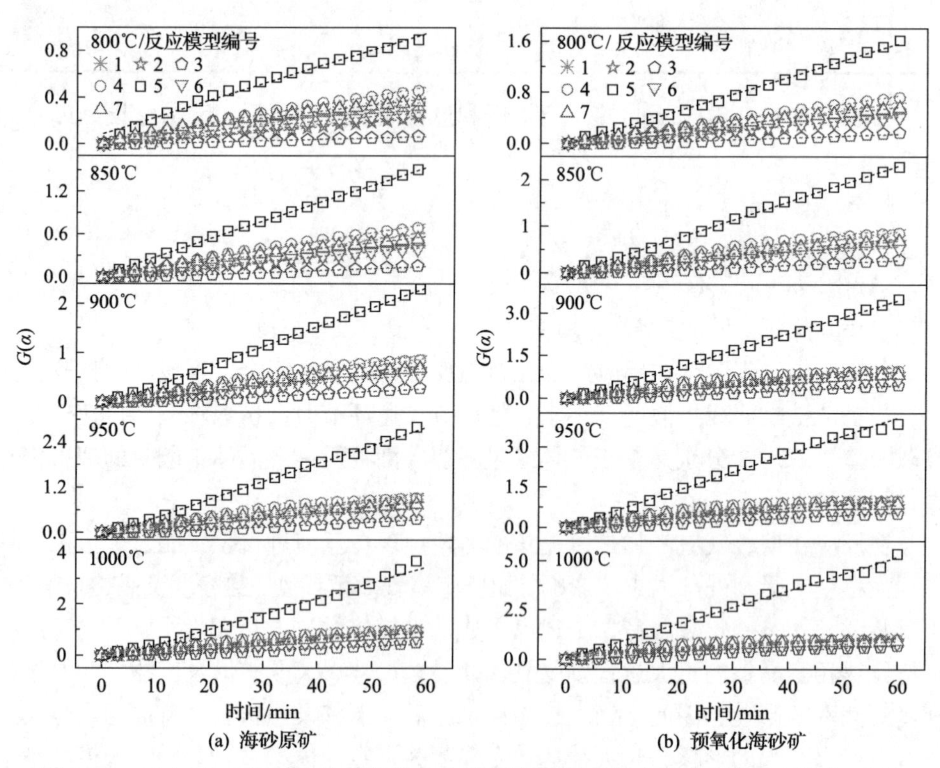

图 8-16　$G(\alpha)$ 与 t 之间的线性函数拟合关系(其斜率用于拟合表观反应速率常数 $k(T)$)

表 8-6　基于 $G(\alpha)-t$ 拟合结果的表观反应速率常数 $k(T)$ 及其统计学分析

模型	海砂原矿	温度/℃				
		800	850	900	950	1000
1	斜率	0.0063	0.0112	0.0156	0.0168	0.0180
	R^2	0.9989	0.9982	0.9877	0.9785	0.9766
	$k(T)$ / min^{-1}	0.0159	0.0279	0.0390	0.0421	0.0450

续表

模型	海砂原矿	温度/℃				
		800	850	900	950	1000
2	斜率	0.0041	0.0081	0.0128	0.0147	0.0168
	R^2	0.9975	0.9921	0.9909	0.9924	0.9950
	$k(T)$ / min^{-1}	0.0103	0.0203	0.0319	0.0367	0.0419
3	斜率	0.0012	0.0028	0.0052	0.0067	0.0088
	R^2	0.9913	0.9716	0.9704	0.9736	0.9573
	$k(T)$ / min^{-1}	0.0030	0.0070	0.0131	0.0168	0.0220
4	斜率	0.0078	0.0121	0.0156	0.0163	0.0170
	R^2	0.9894	0.9915	0.9749	0.9583	0.9530
	$k(T)$ / min^{-1}	0.0195	0.0302	0.0391	0.0408	0.0426
5	斜率	0.0144	0.0251	0.0398	0.0479	0.0608
	R^2	0.9894	0.9993	0.9987	0.9974	0.9840
	$k(T)$ / min^{-1}	0.0360	0.0627	0.0996	0.1197	0.1521
6	斜率	0.0041	0.0065	0.0092	0.0103	0.0118
	R^2	0.9799	0.9938	0.9940	0.9925	0.9981
	$k(T)$ / min^{-1}	0.0102	0.0162	0.0231	0.0258	0.0296
7	斜率	0.0056	0.0086	0.0117	0.0126	0.0140
	R^2	0.9740	0.9876	0.9851	0.9801	0.9862
	$k(T)$ / min^{-1}	0.0141	0.0215	0.0292	0.0316	0.0349
预氧化海砂矿						
1	斜率	0.0116	0.0153	0.0174	0.0172	0.0163
	R^2	0.9940	0.9834	0.9456	0.8883	0.8223
	$k(T)$ / min^{-1}	0.0288	0.0380	0.0434	0.0429	0.0405
2	斜率	0.0085	0.0125	0.0163	0.0171	0.0174
	R^2	0.9810	0.9911	0.9842	0.9491	0.9061
	$k(T)$ / min^{-1}	0.0211	0.0309	0.0407	0.0425	0.0434
3	斜率	0.0029	0.0051	0.0086	0.0100	0.0124
	R^2	0.9538	0.9780	0.9873	0.9899	0.9866
	$k(T)$ / min^{-1}	0.0073	0.0128	0.0214	0.0250	0.0310
4	斜率	0.0124	0.0152	0.0163	0.0158	0.0146
	R^2	0.9975	0.9682	0.9133	0.8494	0.7810
	$k(T)$ / min^{-1}	0.0310	0.0378	0.0407	0.0394	0.0363

续表

模型	海砂原矿	温度/℃				
		800	850	900	950	1000
5	斜率	0.0261	0.0387	0.0586	0.0676	0.0855
	R^2	0.9974	0.9984	0.9992	0.9944	0.9939
	$k(T)$ / min^{-1}	0.0649	0.0963	0.1459	0.1684	0.2131
6	斜率	0.0067	0.0089	0.0114	0.0121	0.0130
	R^2	0.9993	0.9900	0.9820	0.9546	0.9386
	$k(T)$ / min^{-1}	0.0167	0.0223	0.0284	0.0302	0.0325
7	斜率	0.0089	0.0113	0.0134	0.0138	0.0139
	R^2	0.9968	0.9799	0.9592	0.9200	0.8894
	$k(T)$ / min^{-1}	0.0221	0.0281	0.0334	0.0343	0.0347

线性拟合与原始数据的相关性通常由相关系数的平方(R^2)表征。在表 8-6 中，84.3%的 R^2 超过了 0.95，而 92.9%的 R^2 超过了 0.9。因此，拟合所获得的表观速率常数 K 具有一定的可信度和精确度。此外，对每个模型而言，反应速率常数 K 基本上随着温度的升高而增加，且在相同反应温度条件下，预氧化海砂矿的反应速率常数明显高于海砂原矿的反应速率常数，这意味着预氧化处理确实对海砂矿的还原起到了促进作用。

8.5.3　表观活化能与转化率的模型预测

表观反应速率常数 $k(T)$ 可以由阿雷尼乌斯公式表示，如式(8-12)所示。

$$k(T) = A\exp\left(-\frac{E}{RT}\right) \tag{8-12}$$

式中，A 为指前因子，min^{-1}；E 为表观活化能，kJ/mol；T 为开尔文温度，K；R 为气体常数，8.314J/(mol·K)。

进一步地，对阿伦尼乌斯公式取自然对数，可得到式(8-13)。

$$\ln k(T) = -\frac{E}{R}\cdot\frac{1}{T} + \ln A \tag{8-13}$$

由表 8-6 数据可知，对 $\ln k(T)$ 与 $1/T$ 进行线性拟合，其中表观活化能可由拟合线的斜率获得，指前因子则可由拟合线的截距获取。拟合过程见图 8-17，拟合结果见表 8-7。

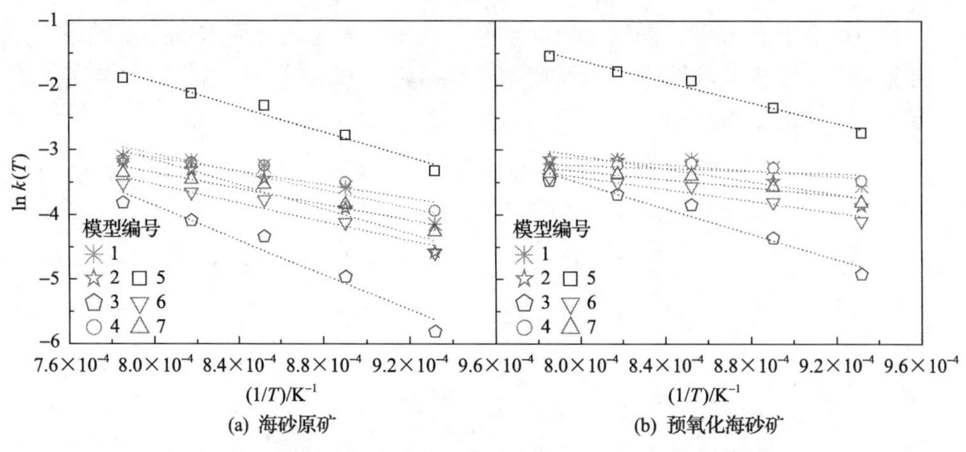

图 8-17　阿雷尼乌斯公式拟合以获取表观活化能和指前因子

表 8-7　海砂原矿与预氧化海砂矿基于不同反应模型的动力学参数

模型编号	海砂原矿		预氧化海砂矿	
	E / (kJ/mol)	A / min^{-1}	E / (kJ/mol)	A / min^{-1}
4	43.3	2.8	8.8	0.09
7	50.7	4.6	25.6	0.42
1	57.8	12.1	19.0	0.27
6	59.8	9.2	37.7	1.2
2	78.5	81.0	49.1	5.0
5	80.9	346.3	67.2	127.6
3	111.8	990.2	81.8	78.5

由表 8-7 可得，由于不同模型的建立机理不同，如扩散、幂定律或收缩，所以不同模型之间的动力学参数相差较大。需要注意的是，在相同模型条件下预氧化海砂矿的动力学参数值均小于海砂矿原矿的动力学参数。考虑到活化能的定义为反应物转化至产物时该反应可以发生的最小能量壁垒，可得预氧化处理可以降低海砂矿还原所需要的最小能量壁垒。因此，预氧化处理后，海砂矿的还原速率和转化率均有所增加。

表 8-7 还表明，动力学参数的具体数值对于模型的选取具有较强的依赖性。其实，在该种动力学处理方法下(模型拟合法)，线性回归拟合的相关性、动力学特征数据的选取及动力学模型的选取均会较大程度地影响表观活化能 E 和指前因子 A 的数值。因此，由于随机的波动和不确定性，模型拟合法在某些情况下可能并不准确，仍然需要将活化能和指前因子带入模型并对转化率进行预测，通过与实验转化率的对比，确定最佳模型及所对应的动力学特征参数。

利用反应级数 n 和不同反应模型条件下获得的表观活化能 E 和指前因子 A，可通过式(8-14)获得海砂原矿和预氧化海砂矿转化率的模型预测值，并与实验值进行比对，比对结果见图 8-18。

$$G(\alpha) = A \cdot \exp\left(-\frac{E}{RT}\right) \cdot P^n \cdot t \tag{8-14}$$

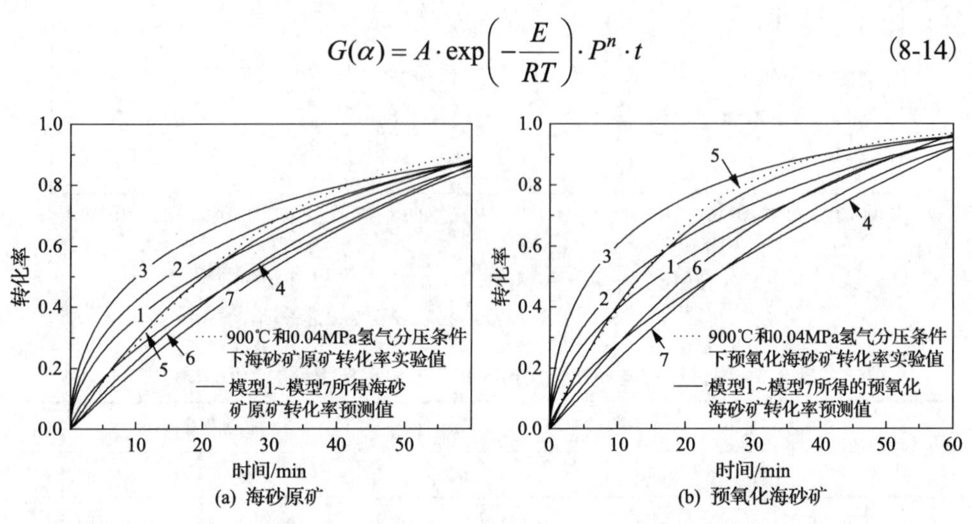

图 8-18　在 900℃和 0.04MPa 氢气分压条件下，转化率实验值与转化率模型预测值的对比

由图 8-18 可得，七个模型转化率的变化趋势与实验值较为接近，尤其是模型 5 与模型 3。模型 5 从反应开始阶段至转化率为 0.5～0.6 的阶段，对转化率实验值预测得较好，在此之后的阶段模型 3 对转化率的预测较佳。但是不同模型转化率的预测值仍然较为接近。因此，引入定量数据统计指数：残差平方和、比较因子，据此提供定量依据，用以选择反应模型和动力学参数。残差平方和、比较因子的计算方法见式(8-15)和式(8-16)。

$$S_j^2 = \frac{1}{n}\sum_{i=1}^{n}\left(\alpha\Big|_j^{t_i} - \alpha\Big|_{\text{experiment}}^{t_i}\right)^2 \tag{8-15}$$

$$F_j = \frac{S_j^2}{S_{\min}^2} \tag{8-16}$$

式中，j 为模型编号；i 为数据编号，从 1～n；$\alpha\Big|_j^{t_i}$ 为基于模型 j 在 t_i 时刻的转化率预测值；$\alpha\Big|_{\text{experiment}}^{t_i}$ 为在 t_i 时刻的转化率实验值；S_j^2 为基于模型 j 的转化率残差平方和；$S_{\min}^2$ 为模型中最小的残差平方和。

因此，各模型预测结果与实际结果之间相关性的对比可以转化为比较因子之间的对比，结果见表 8-8。

表 8-8　不同反应模型对转化率预测结果的残差平方和 S^2 与比较因子 F

模型编号	海砂原矿		预氧化海砂矿	
	S^2（×1000）	F	S^2（×1000）	F
1	3.33	5.26	8.14	19.03
2	5.86	9.25	4.59	10.72
3	14.63	23.11	12.51	29.25
4	7.71	12.17	29.46	68.90
5	0.63	1.00	0.43	1.00
6	6.49	10.24	13.76	32.18
7	13.03	20.58	29.46	68.89

表 8-8 中的残差平方和 S^2 与比较因子 F 表明，一级化学反应模型(模型 5)对于海砂原矿和预氧化海砂矿在整个还原实验范围内均有较好的预测结果。若以该模型为基准，对于海砂原矿而言，表观活化能 E 为 80.9kJ/mol，指前因子 A 为 346.3min^{-1}；对于预氧化海砂矿而言，表观活化能 E 为 67.2kJ/mol，指前因子 A 为 127.6min^{-1}，说明海砂矿在经历预氧化处理后，表观活化能降低了约 17%。如前所述，预氧化处理确实降低了海砂矿在还原过程中的表观活化能和指前因子，也就是说，钛铁固溶体氧化物还原为金属铁和钛氧化物过程中的能量壁垒降低[212]。因此，预氧化海砂矿相比原矿而言，其还原性得以改善。

8.5.4　等转化率法对表观活化能的再验证

8.5.2 节和 8.5.3 节中的分析是基于已存在的模型而展开的，通过将实验数据代入模型，从而获取相关动力学参数。但是真实的实验过程中或许包括了某些动力学控速环节，这些环节并没有被当下所建立的动力学模型所包括。以本章为例，虽然表 8-5 是建立在当前所有已存在的反应动力学模型的基础上，通过与实验数据比对，优选出的相关度最高的七个模型，但是这仍然不能确保优选出的模型是最准确的模型。正如 Vyazovkin[209, 211]所强调的，即使最适宜描述某个反应的动力学模型还未被发现与得到，在优选出的模型范围内，仍然会有一个或几个模型相较于其他模型而言，它的描述与预测更加准确。在本研究当中，一级化学反应模型(模型 5)是最合适的模型并且取得了较好的预测结果。但是，这是建立在已有模型基础上的比较。因此，模型拟合法可以提供所推荐的动力学参数和反应机理，但是由于无法确认是否存在更准确的模型，模型拟合法只能在现有模型的基础上给出最优模型。

为了避免表观活化能 E 和指前因子 A 受到具体模型选择的影响，本节选择等转化率法对整个反应过程的活化能进行再验证[213]。对式(8-14)进行取对数处理，可以得到等转化率法的主要应用公式，见式(8-17)。

$$\ln t_{\alpha} = \frac{E_{\alpha}}{RT} - n\ln P - \ln\frac{G(\alpha)}{A} \tag{8-17}$$

式中，t_{α}为在达到某一转化率 α 时所需要的时间。在反应模型 $G(\alpha)$ 和反应级数 n 不受温度影响的条件下，通过不同温度下每一个特定的转化率 α，表观活化能 E_{α} 可由 $\ln(t_{\alpha})$ 和 $1/T$ 线性回归拟合线的斜率获取，即由每个转化率 α 可以获得对应的表观活化能 E_{α}。因此，伴随着反应的进行，变化的表观活化能可以揭示不同反应阶段的动力学机理，相较于模型拟合法针对整个反应过程只能得到单一的活化能而言，以整个反应过程为前提的分析也是等转化率法的优势之一，其结果如图 8-19 所示。

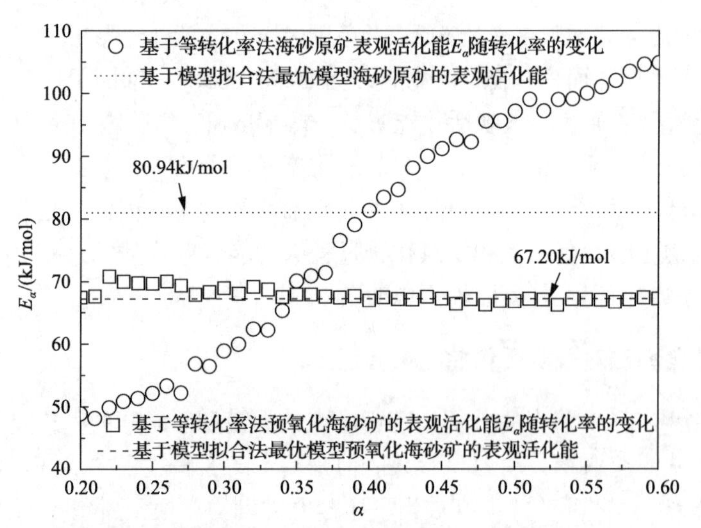

图 8-19　基于转化率法的海砂原矿和预氧化海砂矿在气基还原过程中表观活化能 E_{α} 随转化率 α 的变化及与模型拟合法的表观活化能的比对

由图 8-19 可知，对于预氧化海砂矿而言，随着矿物还原转换率的增加，表观活化能 E_{α} 基本保持不变，并且在 $0.2<\alpha<0.6$ 的范围内，其值在一级化学反应模型(模型 5)所获得的活化能 67.20kJ/mol 附近很小的范围内波动，因此两种方法下获得的表观活化能较为吻合。但是对于海砂原矿则出现了不同的情况，等转化率法下获得的表观活化能 E_{α} 从约 49kJ/mol(α=0.2)升高至 105kJ/mol(α=0.6)，而模型拟合法所获得的活化能为 80.94kJ/mol。

预氧化海砂矿的 E_{α} 在实验转化率范围内的波动极小，说明预氧化海砂矿在气基还原过程中主要被单一模型和反应机理所控制，即一级化学反应控速。

但是，海砂原矿的 E_α 随转化率的升高而增加，而模型拟合法所获得海砂原矿的还原活化能(80.94kJ/mol)非常接近该变化过程中活化能的平均值。这意味着对于海砂原矿的氢气还原过程，存在超过一种的反应模型和机理影响着整个反应过程。因此，多种反应机理的存在使得“从一种反应控速机理和阶段转移至另一种控速机理与阶段”将不可避免地出现，即在不同转化率 α 下获得的活化能是几种反应机理的叠加。

结合模型拟合法所获得的结果(表 8-7 和图 8-18)，在反应初始阶段($\alpha \leqslant 0.2$)，模型 4 与模型 5 的转化率预测结果更加接近实验值，其活化能分别为 43.3kJ/mol 和 80.9kJ/mol。该活化能相比于等转化率法所获得的结果(当 $\alpha \leqslant 0.2$ 时，E=49kJ/mol)，可得模型 4(幂定律形核)是该阶段的主要控速模型，反应主要由还原产物的形核与长大所控速。而在转化率为 0.2～0.5 时，E_α 则从约 50kJ/mol(α=0.2)变化至 80～90kJ/mol(α=0.4～0.5)，即 E_α 逐渐偏离模型 4 而逐渐靠拢模型 5，此时反应动力学主要由一级化学反应所控制(模型 5)。当转化率 α 为 0.5～0.6 时，E_α 约为 105kJ/mol，此时与模型 3 所获得的活化能 111.8kJ/mol 更为接近，此时反应以三维扩散为主要控速机理。即在海砂原矿的还原反应过程中，反应控速机理变化为：产物形核与长大→一级化学反应→三维扩散。这意味着在海砂原矿的还原反应初期，主要以反应产物(金属铁和钛铁氧化物新相)的形核与晶体长大为控速环节；随后一级化学反应成为限制性环节控制还原反应速率；随着反应的进行，气体反应物与产物的扩散逐渐减慢，并且逐步控制整个反应过程，控速机理由化学反应转变至扩散。这主要是由于产物层的形成与逐渐积累降低了气体反应物与产物的扩散，使其成为还原过程的主要控速步骤。

但是这种控速环节的转变并没有发生在预氧化海砂矿的还原过程中，其原因主要是海砂矿在预氧化过程中，由于主要物相晶体结构的收缩，扩大了其孔隙结构并产生了不同程度的微裂纹(有关孔隙结构的扩大及微裂纹的产生，详见 8.6 节)，微裂纹结构提供了充分的形核与长大空间并提供了气体通道，极大地促进了气体反应物和产物进入和离开反应界面。因此，出现在海砂矿原矿中的——在反应初期的形核与长大控速及在反应后期的气体扩散制约，并没有出现在预氧化海砂矿的还原过程中。

综上可得，在预氧化处理后，氢气作为还原剂条件下的海砂矿还原表观活化能 E 下降，即由钛铁固溶体反应物至钛氧化物+金属铁产物的能量壁垒降低。对于预氧化海砂矿而言，化学反应控速环节持续了整个还原过程，而在海砂原矿还原前期出现的还原产物形核与长大控速及还原后期出现的气体扩散控速并没有出现在预氧化海砂矿中，因而预氧化海砂矿的还原性相较于海砂原矿而言得到了较大改善。

8.6 海砂原矿与预氧化海砂矿还原过程的微观形貌比对

针对海砂矿矿物的微观形貌与结构，相关研究学者已给出大量研究报道。早在 1964 年，Wright[46, 50]即指出 TTH 物相是以层状结构形式存在于海砂原矿当中。最近，Cruz-Sánchez[214]给出了一种位于 Rica 海岸海砂矿颗粒的微观形貌与晶体结构。此外，海砂矿在不同还原剂的作用下，如一氧化碳[90]、氢气[97]、甲烷[96, 215]和固态碳[216]，其还原过程的微观形貌也已被研究表征[190, 217]。

但是，由于海砂矿中钛铁氧化物结构的复杂性，在海砂原矿和预氧化海砂矿还原过程中一些微观结构及其形成机理并没有见诸报道，例如，微观结构和成分之间的对应关系；钛、铁和脉石元素迁移富集的规律；尤其是在整个还原过程视角下，对海砂矿微观结构的发展和转化并没有综合性归纳与总结的报道。因此，本节着重对比研究海砂原矿与预氧化海砂矿在还原过程中微观结构的形成机理。此外，相比于海砂原矿，由于微裂纹的形成，预氧化海砂矿形成了完全不同的微观结构与还原特征，这也是本节的重点研究内容。

8.6.1 海砂原矿与预氧化海砂矿还原初期的微观形貌

1)在金属铁相出现之前，暗纹状结构优先出现

海砂矿还原反应的初期阶段(1min)，在均质基底上的暗纹状结构(图 8-20 中 A 区域)首先出现，其出现和发展速度极快，在金属铁相出现之前，暗纹状结构已经从矿物颗粒边缘发展至中心。8.3 节的研究结果表明，暗纹状结构的出现主要是因其相较于其他部位(图 8-20 中 B 区域)优先还原而导致的。此外，暗纹状结构出现的位置并不是随机的，而是在某些脉石元素含量相对较低的特定部位出现。因此，脉石元素的非均匀分布影响了暗纹状结构的产生及其出现的部位。由

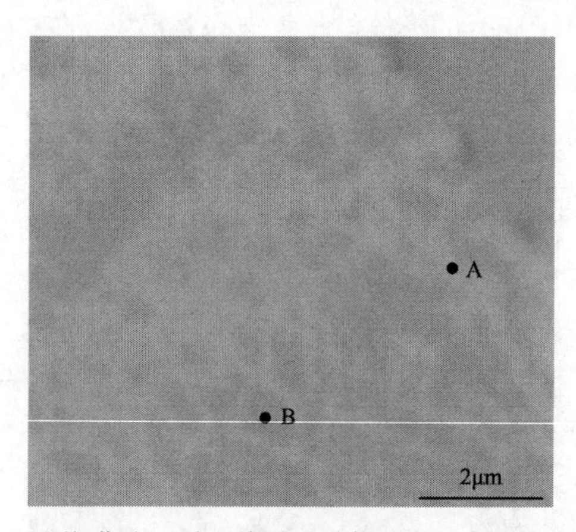

图 8-20 还原初期(1min)，海砂矿矿物基底上出现的暗纹状结构

8.3 节的研究结果可知，随后的金属铁相会严格沿着暗纹状结构的位置生长，这说明金属铁相并不是随机地生成与长大，在其生成之前，其在矿物颗粒中的位置已经被暗纹状结构所确定。

2) 由暗纹状结构形成的三层核状结构

海砂矿还原的初期阶段(1min)发现了一种三层核状微观结构，如图 8-21(a)所示。一个基本保持原始成分未被还原的近圆形区域在矿物颗粒的中心出现，为有效展示核状结构，图 8-21(b)为(a)的局部区域放大图，从中可以清楚地发现一个较明显的三层核状结构。优先还原的暗纹状结构分布在三层核状结构的外部；中间区域为轻微还原的基底结构，内部则与初始成分基本保持一致，维持着未还原的状态。

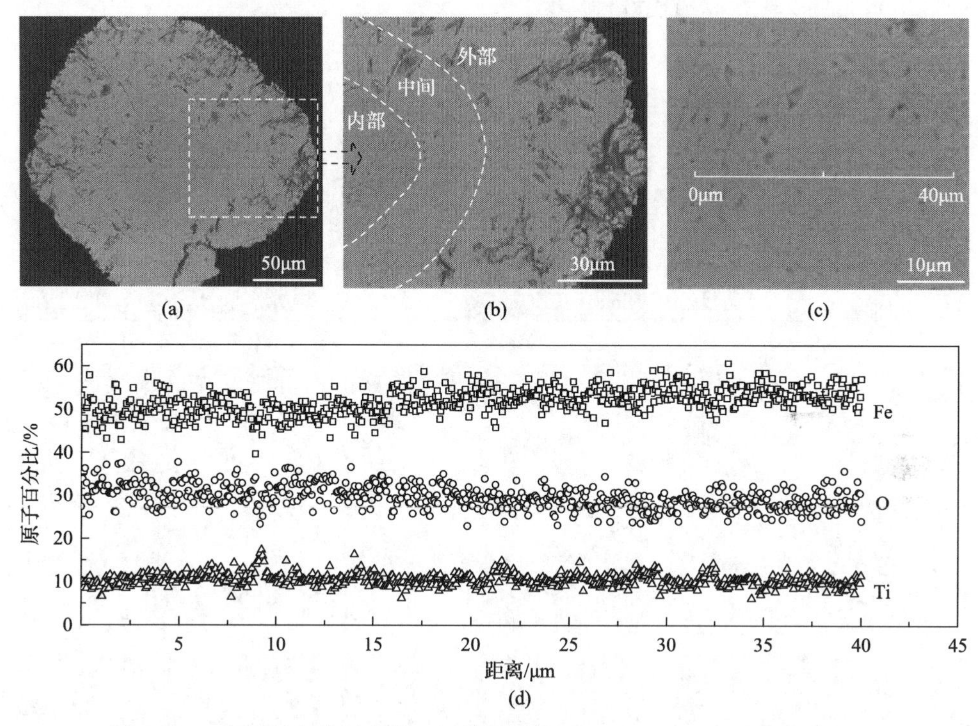

图 8-21　还原反应初期阶段的三层核状结构[(a)、(b)、(c)为逐级放大图，(d)为对(c)图中铁、氧、钛元素的原子百分含量线扫描结果]

为了对比三层结构中每一层的成分含量，通过 EDS 对三层结构中的铁、氧、钛元素原子成分含量进行线扫描检测，结果见图 8-21(c)和图 8-21(d)。从三层核状结构的内部至外部，铁元素的原子质量百分比轻微增加，与此同时，氧元素则表现出相反的趋势，钛元素含量仅表现出轻微波动。由此可得，海砂矿还原进行的方式并不是由外向内一层一层地将高氧化态氧化物还原至金属态，暗纹状结构出现在海砂矿颗粒边缘的金属铁出现之前，实质上在还原初期，气体还原剂已经对海砂矿颗粒的中心区域产生了一定的影响(即暗纹状结构)。

8.6.2　海砂原矿与预氧化海砂矿还原中期的微观形貌

1)针对海砂原矿的未完全还原反应核结构

当还原反应进行至中期阶段时(5min)，海砂原矿与预氧化海砂矿的微观结构出现了明显差异。海砂原矿主要呈现未完全还原反应核结构，如图 8-22 所示。该结构与目前接受度较高的未反应核模型较为相似，但是由 8.6.1 节的结果可知，内部核状结构区域其实已经以暗纹状结构形式被还原至一定程度，因此在核状结构已经被还原气氛影响和改变的前提下，未反应核模型的概念在此已不再合适，故而提出未完全反应核以描述该种情况。

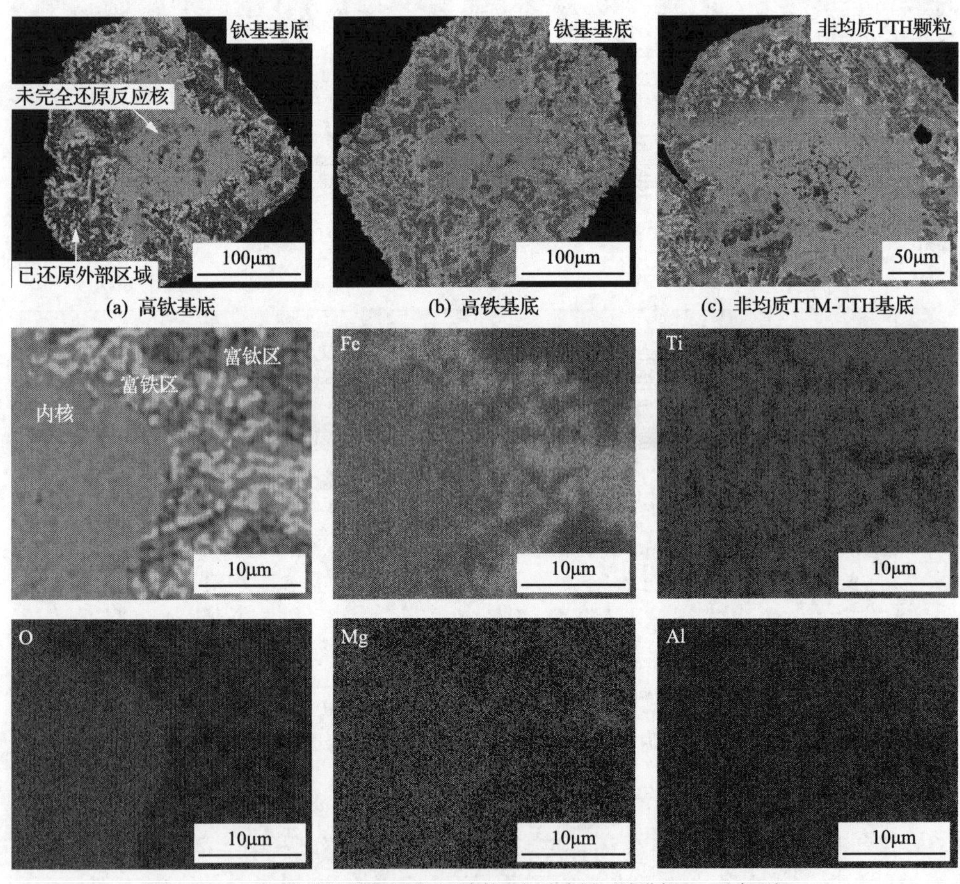

图 8-22　在不同类型基底上的未完全还原反应核

由于不同海砂矿矿粒之间初始成分含量与物相组成的差异，所以矿粒外部已还原区域展现出不同的微观结构，图 8-22(a)为在高钛含量颗粒条件下形成的还原中期阶段的微观结构，包括颗粒外部已还原区域和中心未完全反应核，图 8-22(b)为在高铁含量颗粒条件下形成的还原中期阶段的微观结构，包括外部已还原区域和中心未完全反应核。它们均来自以 TTM 为主要物相的均质海砂矿矿物颗粒，而对于以 TTM-TTH 为主要物相的非均质海砂矿颗粒则以图 8-22(c)表征，其中，随着基底部分逐渐消失并转化为钛氧化物和金属铁，即使核状结构与已还原区域的分界线已经越过层状结构，层状结构依然未被还原，它仍然存在，因此相比于基底 TTM 物相而言，TTH 层状结构的还原性较差。

为进一步了解未完全还原反应核与外部已还原区域交界部位的元素分布，本节采用 EDS 面扫的研究方法，结果见图 8-22(d)和五种主要元素的分布图。在未完全还原核中，铁元素基本处于平均分配，但是在核外区域则呈现富集分布的特征，这意味着在还原反应阶段铁元素出现了明显的富集现象。钛元素也显示出类似的规律，核内以点状均匀分布的钛元素在核外展现出富集现象。也就是说，钛、铁元素在还原后均呈现出局部富集现象。由于还原脱氧的作用，相比于核内，核外的氧元素含量明显下降，其主要以与钛元素和脉石元素结合的形式存在。镁、铝元素主要分布于核外钛元素的富集区域，这主要与钛氧化物较强的结合能力有关。

2)针对预氧化海砂矿的无序还原结构

上述海砂原矿是以一种由外向内、位于中心的单一未完全反应核还原方式进行的。而对于预氧化海砂矿而言，则出现了一种新的还原方式，如图 8-23(a)所示，这种无序还原方式产生了在矿粒中心或边缘随机分布的多个未完全还原反应核同时开始还原反应的模式。结合 7.3 节的研究结果不难发现，由于在预氧化处理的过程中，海砂矿中主要物相的晶胞尺寸均呈现收缩状态，例如，立方结构的钛磁铁矿沿 a 轴收缩，菱方晶系结构的钛赤铁矿沿 a 轴、c 轴收缩。从中可以推测，在预氧化处理后，海砂矿中主要物相晶体结构的收缩导致了海砂矿颗粒中孔隙结构的扩大和微裂纹的生成(该部分将在 8.6.5 节中予以论证)，从而破坏了原始海砂矿中致密的结构并促使气体还原剂可以直接进入矿物颗粒的内部，最终形成了如图 8-23(a)所示的未完全还原反应核的不规律分布，使得分布在边缘与中心的未完全反应核同时开始还原反应。

在这种预氧化海砂矿无序还原的情况下，已还原区域主要以条纹状富集结构存在，图 8-23(b)和图 8-23(d)反映的是高钛含量海砂矿颗粒，其黑色富钛条纹状结构占主要地位，图 8-23(c)和图 8-23(e)反映的是高铁含量海砂矿颗粒，其亮色富铁条纹状结构较多。

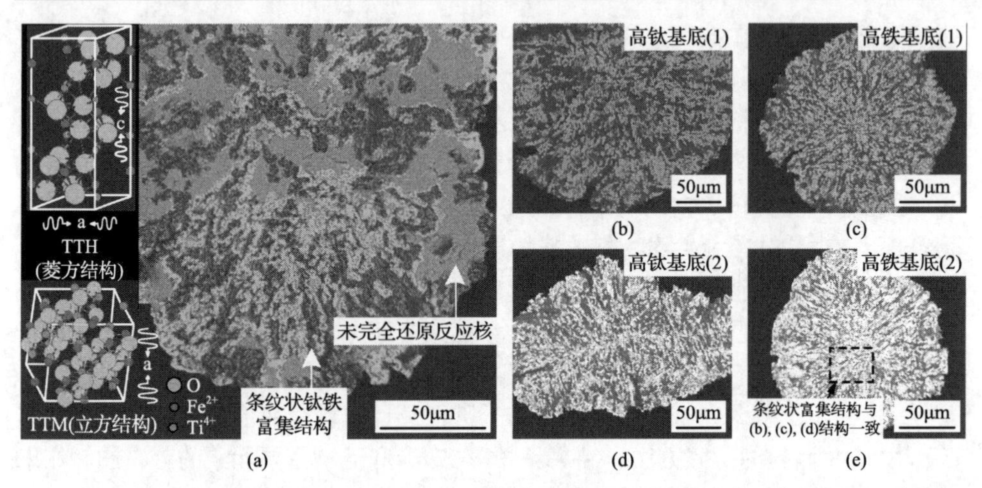

图 8-23　预氧化海砂矿的无序还原结构[(a)预氧化处理导致微裂纹形成，使还原以一种随机无序的方式进行，致使未完全还原核随机分布于矿物颗粒中并同时开始还原反应。该微裂纹导致的无序还原在反应后期易形成钛、铁元素条纹状富集，(b)、(d)高钛含量基底，(c)、(e)高铁含量基底]

8.6.3　海砂原矿与预氧化海砂矿还原后期的微观形貌

1)钛、铁以块状结构分别富集

在如图 8-22 所示的海砂原矿还原中期，其矿粒外部已还原区域以块状富集结构存在，而当还原进行至后期时，如图 8-24(a)所示，钛、铁分别富集于暗色和亮色的块状结构中，因此图 8-24(a)中的结构主要是图 8-22 结构还原的延续。由局部放大图(图 8-24(b)和图 8-24(c))可知，黑色块状富钛区域事实上并不是由高钛物相完全填充，而是由内嵌物相和空穴所构成，空穴的出现主要由失氧和元素迁移富集留下的空位所致。为了获取并对比富铁和富钛两种块状结构的成分，利用 EDS 对图 8-24 中 A 区和 B 区的成分进行了检测，结果见图 8-25。

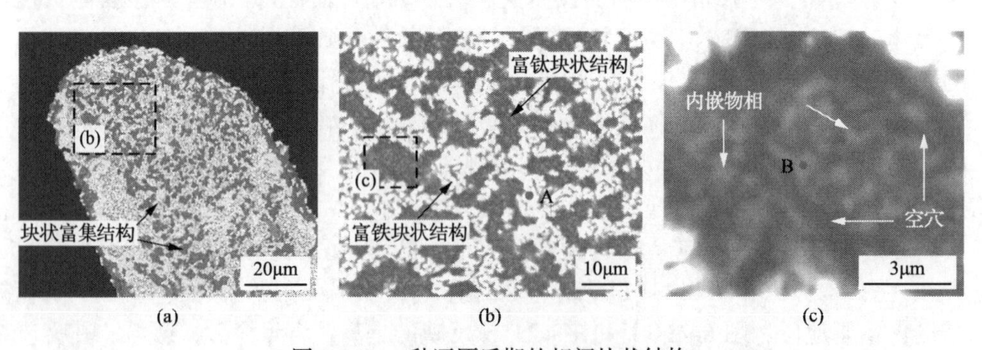

图 8-24　一种还原后期的相间块状结构

(a)、(b)、(c)为逐级放大图，A 区与 B 区成分如图 8-25 所示

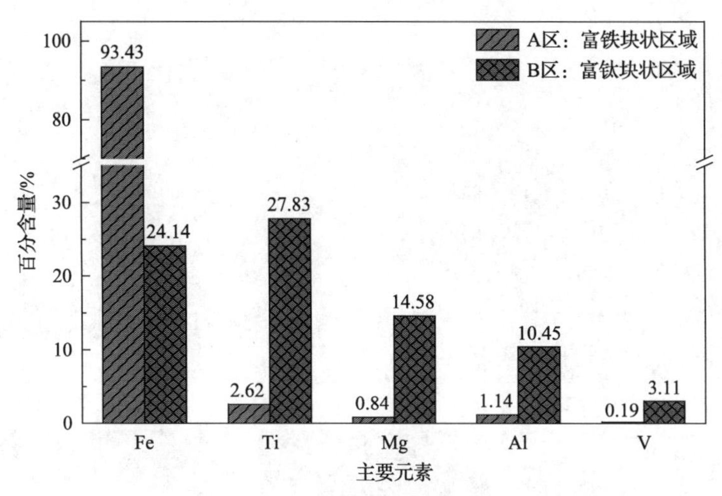

图 8-25　图 8-24 中两种块状结构的主要元素含量

在 A 区中，铁元素为主要成分，其他成分质量分数则不超过 7%。而对于 B 区中分布于黑色块状区域的内嵌物相，主要成分为钛元素，其质量分数超过了 25%。此外，镁、铝、钒元素则更加倾向分布于富钛的内嵌物相，而非富铁物相。相比于未还原时海砂矿的元素含量与分布，各主要元素尤其是铁、钛元素，在还原结束后实现了各自的富集并形成了块状富集区域。

2) 点状富铁区域分布于网状富钛结构中

除块状结构外，另一种以点状亮色物相并分布于灰色网状结构为特征的颗粒出现在海砂原矿的还原后期，其结构对比见图 8-26(a)。进一步研究发现，在网状结构颗粒中，仍然存在不同的结构类型，如图 8-26 所示。一种是点状富铁物相均匀分布于网状结构中，另一种结构则表现出点状富铁物相集中分布且网状结构单独裸露。通过对两种网状结构的元素进行面扫描(图 8-26(c)和图 8-26(d))后发现，不论是均匀分布还是非均匀分布的网状结构，亮色点状物相主要是金属铁，而钛、氧、镁、铝元素则主要集中于网状结构中。为进一步明确两种网状结构的形成机理，本节定量检测了点状物相均匀分布的网状结构的两个区域的化学成分，如图 8-26(c)所示，以及点状物相非均匀分布的网状结构的一个区域的化学成分，如图 8-26(d)所示，结果见图 8-27，其中 A 区域代表点状富铁物相，B、C 区域分别代表均匀分布与非均匀分布的网状结构物相。

依据图 8-27 可知，在 A 区域代表的点状物相区域中，金属铁为主要物相，其质量分数接近 95%。对于代表网状结构的 B、C 区域而言，相较于铝、钒元素，镁元素为脉石元素的主要成分，其钛元素质量分数在 50%左右，远高于本节块状钛元素富集区域，这可能因为在还原终点时，其未以块状结构存在，而是形

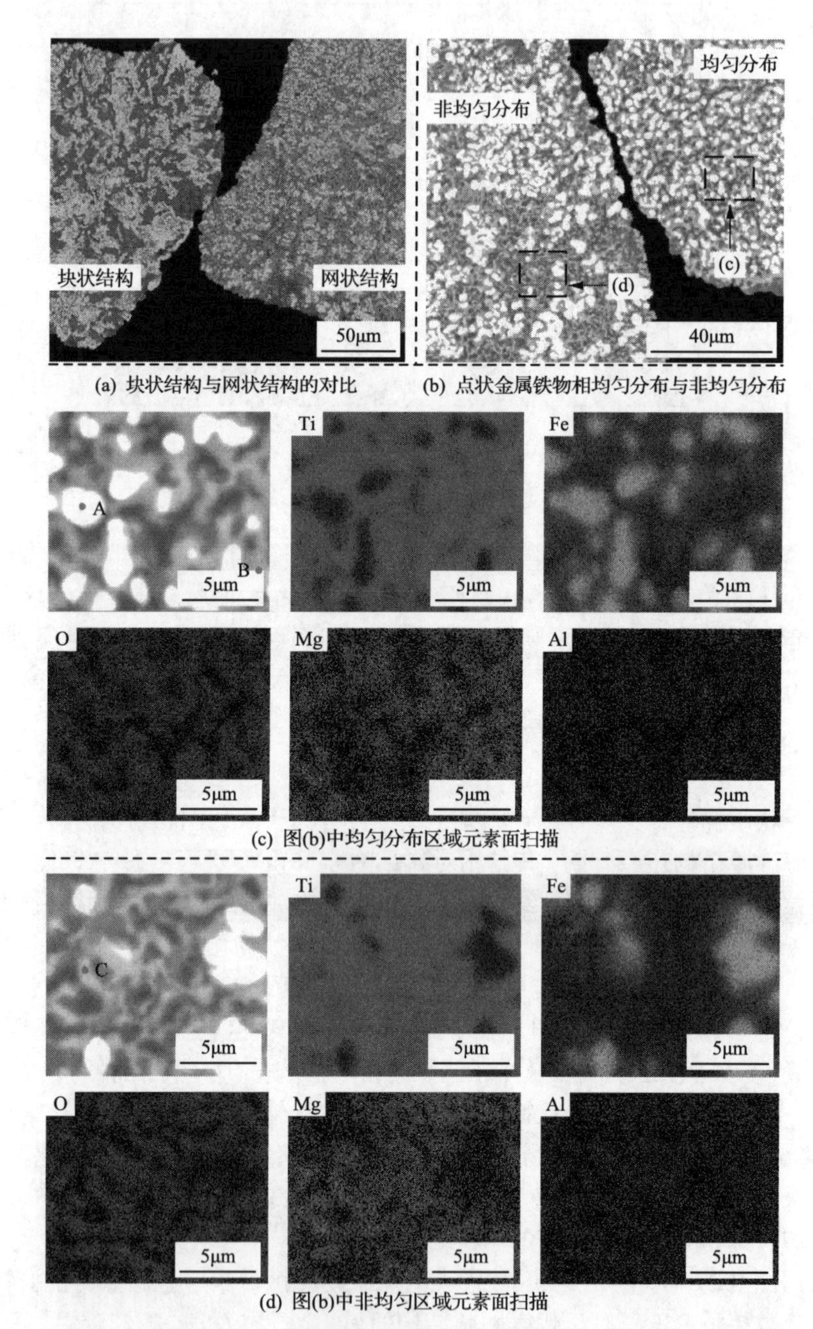

图 8-26　两种类型的网状结构及其局部元素面扫描(一种是点状金属铁物相均匀分布于网状结构中，另一种是点状金属铁与网状结构各自富集)

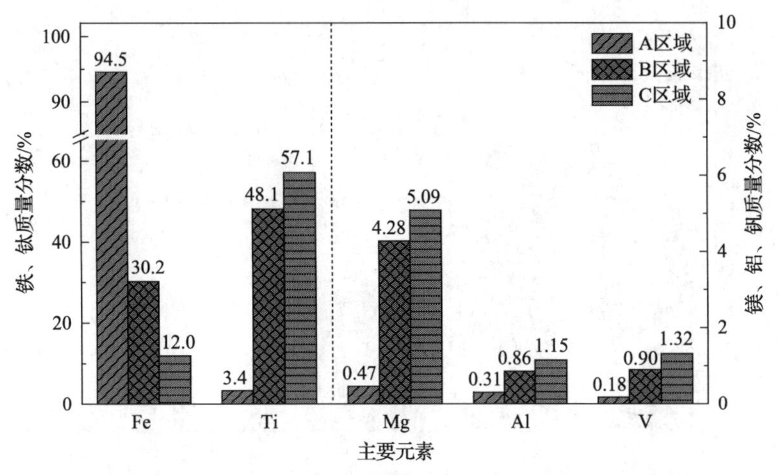

图 8-27 在图 8-26(c)和图 8-26(d)中 A、B、C 三个区域主要元素含量

成了以富钛网状结构为基底形貌。此外，相较于 B 区域，C 区域具有较高的钛含量和较低的铁含量，这使得海砂矿颗粒更易形成点状金属铁的集中分布且网状结构单独裸露的形貌特征。

3) 石英基脉石物相与钛铁氧化物交织结构

海砂矿颗粒主要由钛铁氧化物固溶体构成，但是石英物相与镁、铝元素不同，未与钛氧化物紧密结合。经研究发现，石英基物相主要以两种方式存在，一种是单独存在的石英颗粒；另一种是石英基脉石物相和有用矿物的交织结构，如图 8-28 所示，其中图 8-28(a)～(c)为逐级放大图。虽然两种物相交织形成于同一矿物颗粒中，但是两者间仍然存在较为显著的物理分界线。此外，由图 8-28(c)可以看到，两种分别由 B、C 代表的不同物相出现在石英基物相当中。因此，对 B、C 区域及象征石英基物相平均成分的 A 区域进行化学成分分析，结果见图 8-29。

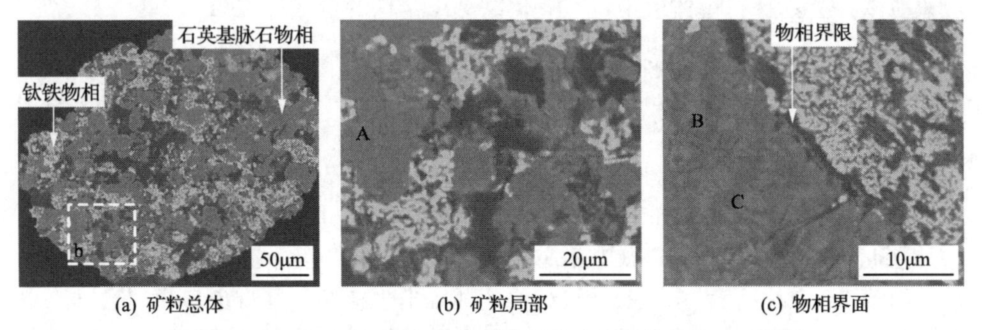

(a) 矿粒总体 (b) 矿粒局部 (c) 物相界面

图 8-28 石英基脉石物相与钛铁氧化物交织结构的海砂矿颗粒

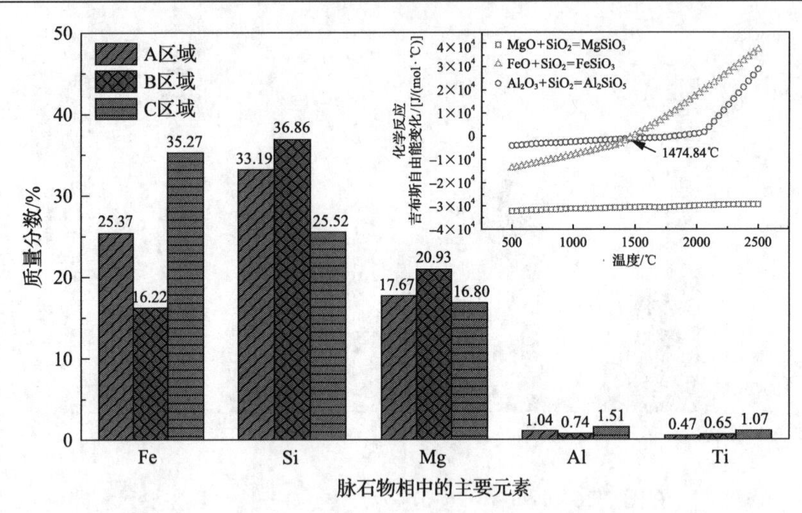

图 8-29　在图 8-28 中 A、B、C 三个区域的化学成分及镁、铁、铝三种氧化物与二氧化硅结合的化学反应吉布斯自由能的变化

由图 8-29 可得，A 区域石英基脉石物相中，二氧化硅和氧化镁为主要成分，此外，即使在石英基物相中，铁元素仍然存在，其在 B 区域和 C 区域分别占到 16.22%和 35.27%。需要注意的是，铝元素和钛元素极难存在于石英基脉石物相中，这主要与其化合物的形成稳定性有关。由图 8-29 中 MgO、Al_2O_3 和 FeO 分别与 SiO_2 结合反应的吉布斯自由能的变化可以得到，海砂矿在由液态火山岩转变至固态矿物的过程中，MgO 比 FeO 和 Al_2O_3 更加容易与 SiO_2 结合生成硅酸盐。若定义元素富集系数为当下元素含量/在海砂原矿中该元素的平均含量，则有镁元素在该脉石颗粒中的富集系数(7.87)远大于铁元素(0.46)与铝元素(0.58)的富集系数，说明镁元素比铁元素和铝元素更易富集于石英基脉石中。与铁、铝元素相似，TiO_2 与 SiO_2 甚至无法相互结合形成晶体产物，只能以非晶形式存在，这也解释了上述块状结构和网状结构中 SiO_2 无法像 Al_2O_3 和 MgO 一样赋存于富钛物相中，而通常只能以石英基脉石单体或与钛铁氧化物交织结构的形式存在。

8.6.4　TTH 层状物相在整个还原过程中的形貌变化

对于含有层状结构物相 TTH 的非均质海砂矿颗粒而言，本节给出其在整个还原过程条件下的还原特征。图 8-30(a)和放大后的图 8-30(b)是在还原进行至 1min 时拍摄的。当非均质颗粒的基底物相开始出现还原特征，即暗纹状结构物相时，TTH 层状结构物相仍保持初始状态，并没有出现任何变化。当反应进行至 2.5min 时，如图 8-30(c)所示，TTH 层状结构才开始出现初始还原现象(暗纹状结构)，而在此时，基底部分区域已经形成了亮色金属铁物相与暗色富钛块状物相结构的雏形。上述现象表明，TTH 层状结构的还原迟滞于非均质颗粒的基底物相及均质颗粒物相。

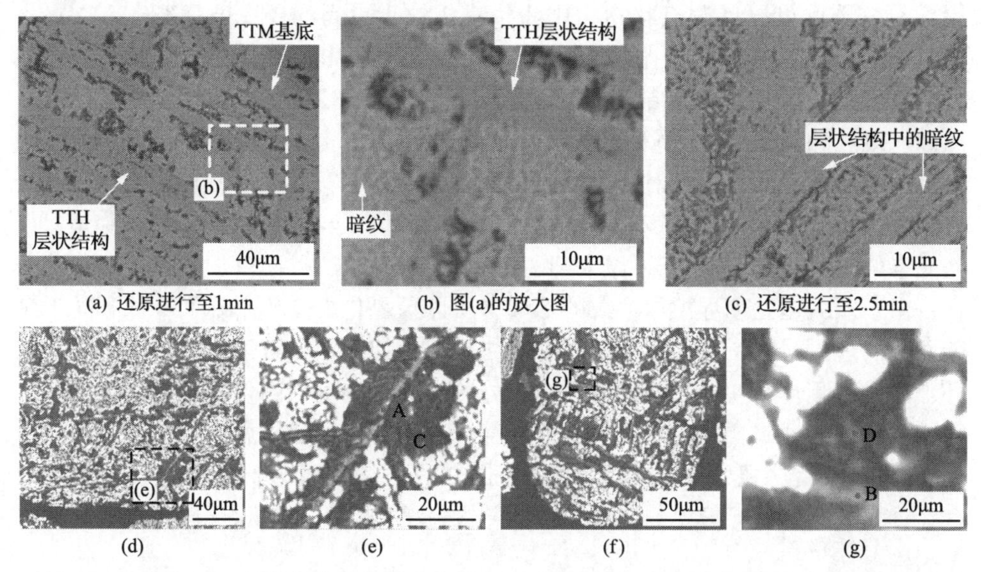

图 8-30　含有 TTH 层状结构物相的非均质海砂矿颗粒在初始和最终还原阶段的结构特征
[(a)、(b)还原进行至 1min 时；(c)还原进行至 2.5min 时；(d)～(g)还原进行至 60min 时]

图 8-30(d)～(g)展示的是含 TTH 层状结构的非均质海砂矿颗粒在还原进行至 60min(近还原终点)时的微观结构。其中，TTH 层状结构在还原末期会转化为两种形态的产物，一种是棒状结构物相，以图中 A、B 两点为代表，它基本与原始层状结构的位置相同，并由其还原收缩而得到；另一种是点状物相，以图中 C、D 两点为代表。TTH 还原终点处的棒状与点状残余物相的化学成分如图 8-31 所示，其中，

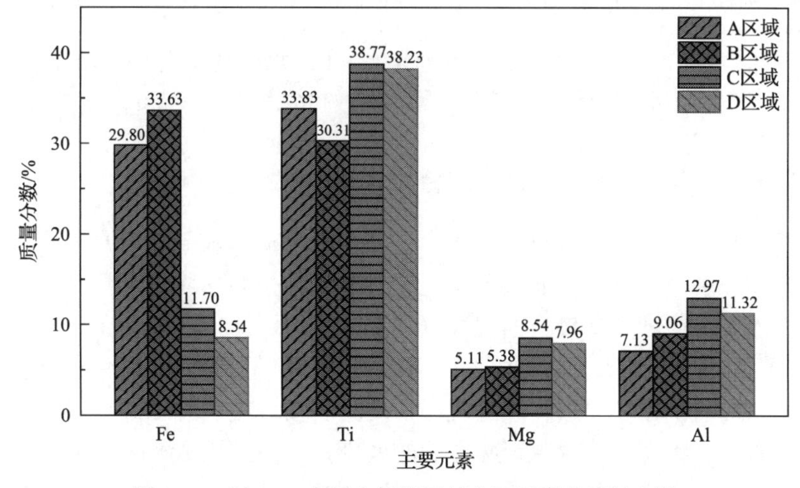

图 8-31　图 8-30 中四个标识区域主要元素的质量分数

点状物相 C、D 相比于棒状物相 A、B 而言具有较低的铁含量和较高的钛、镁、铝含量，因此可以推测点状物相比棒状物相处于更高的还原度状态。

综上，可以按“微观结构在还原过程中的变化”和“初始成分对微观结构的影响”这两种原则对微观结构进行分类，结果如图 8-32 所示。暗纹状结构是两种海砂矿颗粒(海砂原矿与预氧化海砂矿)的初始还原结构，之后海砂原矿和预氧化海砂矿则出现明显差异。对于海砂原矿而言，在经历初期三层核状结构和未完全还原反应核结构后，以块状和网状元素富集结构(块状与网状结构取决于钛元素与铁元素的相对含量)存在于还原末期的海砂矿矿物颗粒中；而对于预氧化海砂矿而言，由于预氧化处理导致微裂纹的形成，所以预氧化海砂矿出现了一种不同于海砂原矿的还原路径——无序还原，并最终形成了钛、铁元素条纹状富集结构。此外，海砂矿颗粒的初始成分对还原终点处的微观结构也会产生相应影响，例如，高铁成分的海砂矿颗粒主要以块状富集结构和高铁条纹状富集结构存在；高钛成分的海砂矿颗粒主要以网状结构、非均质 TTH 层状结构及高钛条纹状富集结构存在；石英基脉石颗粒主要以单独石英基颗粒结构或石英基脉石与钛铁氧化物交织结构存在。

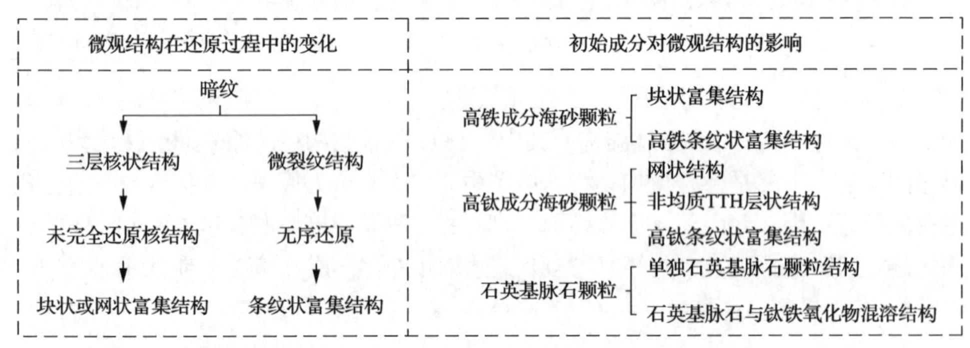

图 8-32 以“微观结构在还原过程中的变化”和“初始成分对微观结构的影响”两种路径对海砂矿在还原过程中的微观结构进行分类

8.6.5 海砂原矿与预氧化海砂矿孔隙特性对比研究

通过 8.4～8.6 节的研究可以看出，预氧化海砂矿相较于海砂原矿而言，其具有更好的还原动力学表现，而且依据还原过程中的微观形貌可以判断，预氧化处理使得海砂矿内部产生了较大的裂纹状孔隙，所以还原反应可以在海砂矿内部同时进行，从而极大地提高了海砂矿的还原反应速率。但是无论是动力学模型解析，还是通过扫描电镜在还原过程中的观测，均为间接说明。为了进一步直观地研究海砂原矿与预氧化海砂矿微观结构之间的区别，本节选用氮气吸附法对海砂原矿与预氧化海砂矿的比表面积、孔径分布及孔体积进行了研究，从而给出两者在微观结构上的本质区别，据此可以得到预氧化处理对海砂矿微观结构产生的影响。

物理气体吸附法是研究固体材料孔隙特征的常用方法，该方法通过测量气体在固体材料上的吸附量，可以直接表征材料的孔隙特征和孔隙结构，且该法在不同设备和操作人员条件下具有良好的再现性。常用的吸附气体包括氮气、氩气及二氧化碳，气体的选择取决于被吸附材料及目标测试指标，例如，在–196℃条件下，氮气适用于大范围的气体分压条件，因而可以获得微孔、介孔和大孔(0.5～200nm)的孔隙分布信息；氩气更适用于精确测量微孔信息，而对介孔和大孔的研究能力有限；二氧化碳则更加适用于碳质材料。由于本节更加关注海砂原矿与预氧化海砂矿在较大孔径范围内的孔隙尺寸与分布规律，因此选用氮气作为吸附测量气体。

BJH 法是由 Barret、Joyner 和 Halenda 三位学者于 1951 年提出的，该法基于 Kelvin 公式并修正了多层吸附，目前较为广泛地应用于介孔和大孔尺寸范围内的孔隙分布计算。

图 8-33(a)和图 8-33(b)分别为海砂原矿与预氧化海砂矿的吸附-脱附曲线，根据 IUPAC 分类标准，两种不同材料的吸附-脱附曲线均为 V 形吸附曲线，并伴随着 H3 型的滞后环，该种类型曲线主要由裂缝状和片状孔隙在介孔基底材料中以一种相互连接系统的方式随机分布，在多层吸附、毛细冷凝及蒸发过程中形成[218]。然而，虽然海砂原矿与预氧化海砂矿的吸附-脱附曲线属于相同的类型，但是相比于图 8-33(a)中海砂原矿脱附曲线滞后环中的强制闭合线(位于脱附曲线 P/P_0=0.42 附近)，预氧化海砂矿的强制闭合线更加平缓，如图 8-33(b)所示，这表明

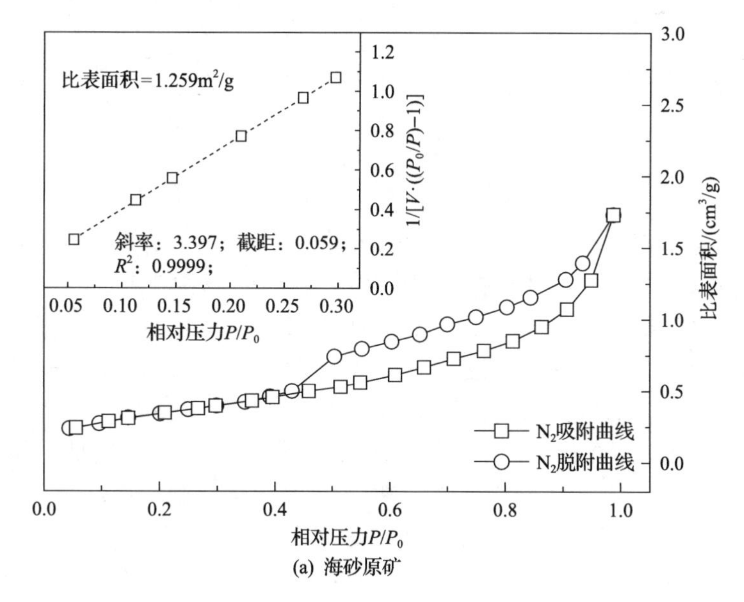

(a) 海砂原矿

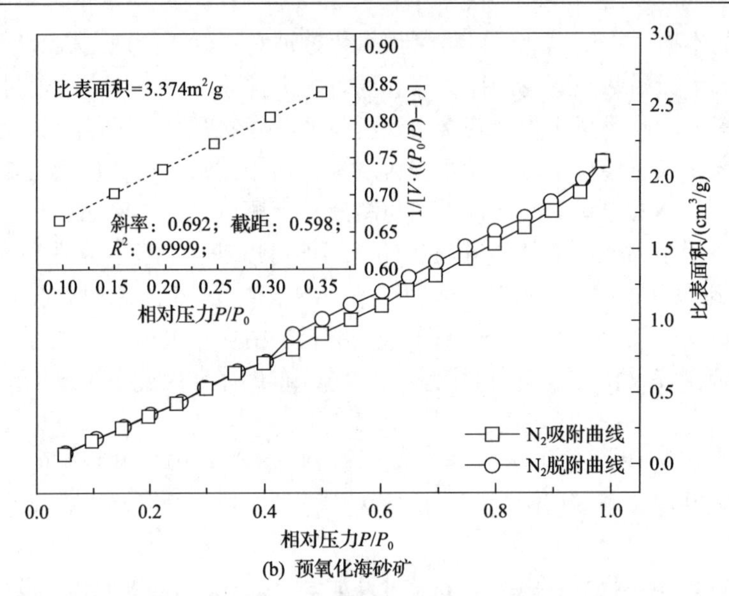

(b) 预氧化海砂矿

图 8-33 在–196℃条件下氮气等温吸附-脱附曲线及比表面积的拟合结果

一种更加开放的介孔网状结构存在于预氧化海砂矿中，如漏斗状孔隙或贯通状孔隙。而对于海砂原矿而言，介孔网状结构则更加密封和闭塞[219, 220]。

在处理气体吸附数据时，BET 法是较为常见的方法，BET 法为 Brunauer、Emmet 和 Teller 于 1940 年提出的用于计算气体单层吸附体积，进而获得被检测材料的比表面积，其计算过程见式(8-18)和式(8-19)。

$$\frac{1}{V(P_0/P-1)}=\frac{1}{CV_\mathrm{m}}+\frac{C-1}{CV_\mathrm{m}}\times\frac{P}{P_0} \tag{8-18}$$

$$S=\frac{V_\mathrm{m}\cdot N\cdot A_\mathrm{m}}{22400}\times 10^{-18} \tag{8-19}$$

式中，V 为单位质量样品条件下样品表面吸附的氮气体积，mL/g；V_m 为单位质量样品条件下样品表面氮气的单层饱和吸附量，mL/g；P_0 为在液氮温度(–196℃)下氮气的饱和蒸气压，Pa；P 为氮气压力，Pa；C 为与材料吸附特性相关的常数；S 为材料比表面积，$\mathrm{m^2/g}$；N 为阿伏伽德罗常数，6.02×10^{23}；A_m 为氮气分子的等效最大横截面积，$0.162\mathrm{nm^2}$；22400 为气体摩尔体积，mL/mol。

比表面积结果拟合和最终结果见图 8-33(a)和图 8-33(b)中的插图部分。预氧化海砂矿的比表面积($3.374\mathrm{m^2/g}$)是海砂原矿比表面积($1.259\mathrm{m^2/g}$)的三倍左右，因此海砂矿经过预处理后，其还原面积及还原速率均有极大的提高。

此外，基于 BJH 法所获得的海砂原矿与预氧化海砂矿的孔径分布随孔尺寸变化的规律如图 8-34 所示。数据来源为海砂原矿与预氧化海砂矿氮气吸附数据，这里采用吸附曲线而非脱附曲线数据主要是为了避免拉力现象对其的影响。由图 8-34 结果可知，无论是在 4～50nm 不同孔隙尺寸条件下，还是以孔体积积累指标(图 8-34 中的插图)进行衡量，在预氧化处理后，孔径体积均有所提高。因此，还原过程中，动力学控速环节得以改变的同时动力学条件也得到改善。

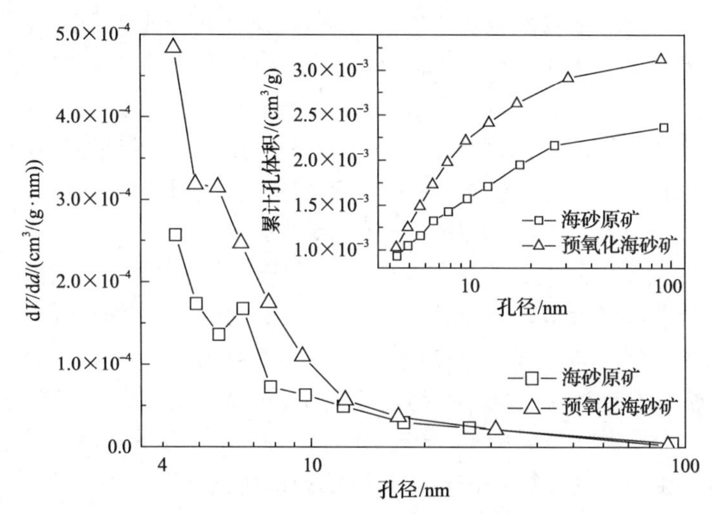

图 8-34　由 BJH 法所获得的海砂原矿与预氧化海砂矿孔径分布随孔径尺寸的变化规律(插图为累计孔体积随孔径的变化规律)

8.7　小　　结

当同时考虑还原速率和合理的经济因素时，40%的氢气(质量分数)和 900℃反应温度为最适宜的还原条件。增加的反应温度会引起更加剧烈的分子热运动，即一个更快的反应速率和增加的化学反应控速范围；而氢气浓度的增加只会对反应速率的提升有效，而无法改变化学反应控速范围。因此，转折点出现时的还原度只由温度决定，转折点出现时的反应时间将由温度和还原气浓度共同决定。

TTH 中的固溶成分 Fe_2O_3 快速还原至 Fe_3O_4，Fe_3O_4 的还原(包括 TTM 中的固溶成分 Fe_3O_4 和 TTH 的还原产物 Fe_3O_4)同样较容易进行，该过程在还原开始 15min 后进行完毕，这是依据在 2.5min 时 FeO 和 Fe 的出现及在 15min 时 FeO 的消失所得。初始存在的 $FeTiO_3$ 将会在 5min 内完全还原至 Fe 和 TiO_2，而由于在 TTM 中 Fe_2TiO_4 的还原及 TTH 中剩余的固溶体组分 $FeTiO_3$，新生成的 $FeTiO_3$ 在 5～10min 内出现，这部分 $FeTiO_3$ 经历了积累，直至 25min 时 $FeTi_2O_5$ 的出现，说明此时新生成的 $FeTiO_3$ 再一次被还原。最终，在 50min 时，$FeTiO_3$ 和 $FeTi_2O_5$、Fe_2TiO_5 被完全还原且消失。作为初始 $FeTiO_3$ 的还原产物，TiO_2 在还原开始 5min 内即出现，但却在 40～50min 时才被还原出低价态的钛氧化物 Ti_3O_5 和 Ti_2O_3，原因在于铁氧化物的存在削弱了对钛氧化物的还原势，因此低价态的钛元素并未紧随着 TiO_2 在 5min 时出现，而是出现在反应后期。

对三种不同还原微观特性的海砂矿颗粒进行研究分类。对于非均质颗粒，当点状还原铁零星分布于层状结构中时，已有大量联结还原铁出现在基底区域，所以层状结构的还原性劣于基底区域。此外，层状结构的还原优先部位是不同的，或中心优先或边缘优先，这取决于脉石元素的偏析分布。均质海砂矿颗粒的还原是由外向内逐步进行的，同时具有明显的界限，可区分出已还原和未还原部分。此外，还原的位置是有选择性的，优先沿着相间的条纹状暗纹区域进行，这是由脉石元素的偏析分布及其对还原的阻碍作用所致。

对海砂矿预氧化处理后，其在随后还原反应中的动力学条件得到明显提升，主要包括：在相同的反应时间，预氧化海砂矿的转化率高于海砂原矿；预氧化海砂矿的表观反应速率常数高于海砂原矿。基于模型拟合法得到的预氧化海砂矿的表观活化能 E 和指前因子 A 均小于海砂原矿，通过模型预测及定量统计学评估，海砂原矿的动力学参数为 E=80.94kJ/mol，A=346.29min^{-1}；预氧化海砂矿的动力学参数为 E=67.20kJ/mol，A=127.61min^{-1}。这表明预氧化处理降低了海砂矿在气基还原过程中的能量壁垒。此外，由等转化率法得知，海砂原矿在还原反应初期为反应产物形核与长大控速，之后由一级化学反应控速，反应后期以气体三维扩散控速机理为主，随着转化率从 0.2 增加至 0.6，其表观活化能从 50kJ/mol 增加至 105kJ/mol。预氧化海砂矿在实验设置还原阶段内，均符合一级化学反应控速机理，且表观反应活化能基本维持在 67kJ/mol 左右，由于孔隙结构的扩大及微裂纹的形成，反应产物形核与长大的控速环节未在反应初期出现，气体扩散控速未在还原反应后期出现。

无论对于海砂原矿还是预氧化海砂矿，暗纹状结构都在还原初期出现，在金属铁出现之前的极短时间内，暗纹状结构由矿物颗粒的外部发展至中心区域。随后，金属铁物相将严格按照暗纹状结构的位置路径出现。此外，暗纹状结构导致还原初期三层核状结构的产生，说明在还原反应初始阶段，还原气氛已经进入核颗粒的内部并产生了还原影响，并不只是作用于颗粒外部的金属铁-未还原区域的界面部分。未完全还原反应核模型被引入用于描述中期阶段的核状结构，且海砂矿颗粒的初始成分和物相将对海砂矿还原结构产生影响。然而，对于预氧化海砂矿颗粒而言，由于孔隙结构的扩大及微裂纹的产生，在还原过程中，更细小的未完全还原反应核以随机分离的方式分布于海砂矿颗粒中，并导致了无序还原，改变了动力学控速环节，改善了动力学条件。

由于元素的迁移与富集，一般海砂原矿在还原末期呈现出富铁、富钛块状结构交替出现的形式，而对于高钛含量的海砂矿颗粒，在还原末期出现了一种钛氧化物的网状结构，点状金属铁物相以均匀或聚集的形式分布于该网状结构中。TiO_2 和 SiO_2 很难形成晶体化合物，石英基脉石通常以单个颗粒的形式或交织结构存在。在非均质颗粒中，层状结构 TTH 物相相比基底 TTM 物相而言，表现出更加滞后的还原性。

相比于海砂原矿，经过预氧化处理的海砂矿具有更大的比表面积，并且在相同的孔径条件下(介孔范围内，4～50nm)，孔体积均有提升，说明预氧化处理确实扩大了海砂矿内部的孔隙结构，这不仅提高了海砂矿的还原动力学条件，而且也改变了其在还原过程中的动力学控速机理。

第 9 章 预还原海砂矿高温熔分

9.1 海砂矿预还原度对熔分炉渣物化性能的影响

海砂矿在前期的预还原度(PRD)将直接影响其在后续熔分过程中熔分渣的化学成分，进而影响炉渣性能及整个熔分过程的运行情况。由于约 11%的 TiO_2 存在于原始海砂矿中，所以在熔分完成时，将不可避免地出现高钛含量的炉渣。考虑到利用钛渣冶炼钛铁合金的目的，故应保证熔分钛渣中 TiO_2 的品位，因此不能在熔分流程中配加熔剂(CaO)，这将在预还原海砂矿高温熔分后形成一种高钛渣($w(TiO_2)$=40%～50%)。

许多学者[98, 99, 221, 222]对含 TiO_2 的炼铁渣特性进行了研究。当 TiO_2 含量在 30%以下时，由于 TiO_2 的添加对硅酸盐网状结构具有解聚作用，所以随着 TiO_2 的增加，炉渣黏度逐渐下降。然而，当 TiO_2 质量分数继续增加时(30%～50%)[223, 224]，炉渣的热稳定性将会下降，当温度在 1600～1400℃降低时，高 TiO_2 含量条件下的炉渣黏度将会急速增加，并超过低 TiO_2 含量的炉渣黏度。尤其是在碳、氮元素存在的条件下，将会生成 TiC、Ti(CN)，这些高熔点的细小颗粒会弥散在熔体当中并极大地增加炉渣黏度[224, 225]。因此可以推测，当熔分渣 TiO_2 质量分数在 40%左右时，将会极大地恶化炉渣的可操作特性。

为了调整炉渣的物化性能以促进渣铁分离，提高渣铁的反应动力学条件，本章选择了预氧化度作为研究变量。预氧化度是衡量在进入熔分炉之前，海砂矿还原度的指标。由于预还原度将直接影响熔分炉渣的成分，如 FeO、TiO_2 和 SiO_2，故熔分渣的物化性能也会随着预还原度的变化而发生变化。因此，通过原位观察法，旋转扭矩法及拉曼光谱检测，分别研究了炉渣在不同预还原度下的熔化特性、黏度及炉渣的结构特征，从而对超高钛渣冶炼特性有了进一步的掌握，并对海砂矿预还原度进行了优化选取。

9.1.1 预还原度对熔分炉渣成分的影响

在海砂矿预还原流程中，铁氧化物物相可以部分或全部被还原，预还原程度取决于还原流程的技术参数，如还原时间、还原温度、还原气氛等，故海砂矿的预还原度是可控的，并且对随后熔分阶段中炉渣的性能具有较大影响。因此，基于五种预设预还原度，通过假设基于预还原度下的部分铁氧化物在预还原阶段被还原，以及金属铁相在熔分过程进入液态金属相，剩余炉渣组分经过归一化计算后，其成分见表 9-1。

表 9-1　海砂矿初始成分及不同预还原度下的熔分炉渣成分　单位：%

组分	FeO	TiO_2	SiO_2	MgO	Al_2O_3	CaO	MnO	TFe	其余
海砂矿初始成分	29.60	11.41	4.13	3.74	3.38	0.60	0.50	55.63	0.06
100% PRD	0.00	48.02	17.38	15.74	14.23	2.53	2.10	—	—
97% PRD	10.46	43.00	15.56	14.09	12.74	2.26	1.88	—	—
95% PRD	16.29	40.20	14.55	13.18	11.91	2.11	1.76	—	—
90% PRD	28.02	34.57	12.51	11.33	10.24	1.82	1.51	—	—
70% PRD	53.87	22.15	8.02	7.26	6.56	1.17	0.97	—	—

本节所使用的化学试剂为 FeC_2O_4、TiO_2、SiO_2、MgO、Al_2O_3、CaO 和 MnO，纯度均在 99.50%以上。上述粉状试剂首先在 150℃的干燥炉下保温 10h 以充分脱除水分，而后按照表 9-1 进行配制，并在行星式球磨机中充分混合 1h。在预实验中，混合炉渣在 1L/min 氩气气氛中，1550℃保温 3h 可以实现充分均质，并且在液态渣水淬后，经 X 射线荧光分析，其成分与表 9-1 中的初始成分基本一致。

为了探索海砂矿预还原度对熔分炉渣特性的影响，三种表征实验按照如下所述步骤进行。

1. 炉渣的熔化特性

通过原位观察柱状样品在非等温加热过程中的高度变化，研究炉渣的熔化特征，实验设备见图 9-1，该系统由加热和成像装置组成。相同质量的五组炉渣样品首先在相同压力和酒精黏结剂添加量的条件下，压制成 1cm 高度的圆柱状样品。将圆柱状样品放置在钼板上并以 5℃/min 的升温速度在氩气气氛保护下进行升温。从中发现，样品高度将随着炉渣的熔化而降低，因此红外热成像仪可以记录样品在加热条件下的高度变化，从而得到当样品高度变化至原始高度的 25%、50%和 75%的温度，并以此分别作为炉渣的软化温度、熔化温度及流动温度[226]。

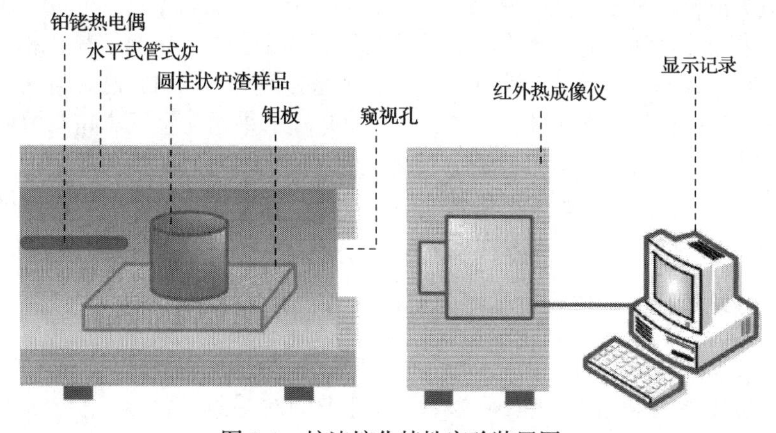

图 9-1　炉渣熔化特性实验装置图

2. 炉渣的黏度特性

由于良好的结果再现性，旋转扭矩法通常作为测量炉渣黏度的主要方法[227]，实验设备见图 9-2。在正式实验开始前，利用黏度已知的标准试样（植物油）进行设备校准并确定黏度与扭矩之间的对应关系。随后钼坩埚中的炉渣样品在 1L/min 的氩气气氛保护下，以 5℃/min 的升温速度从室温加热至 1550℃。炉渣在 1550℃下保温 3h 以达到热力学稳定和成分均一。然后，将钼锤浸入液态炉渣中，经过居中调整后，钼锤以 200 转/min 的转速运动，黏度在以每 5℃降温间隔条件下测量，测量前的稳定时间为 10min。此外，在同样温度间隔的升温测量条件下，并未发现黏度值存在明显偏差，因此将非连续降温黏度测试值作为后续分析的实验结果。

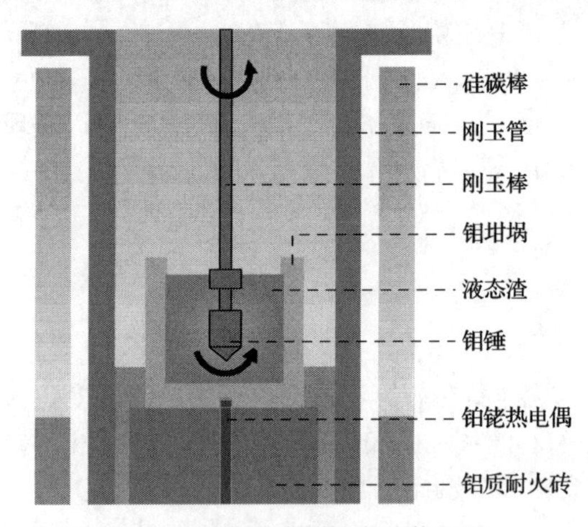

图 9-2　炉渣黏度特性实验装置图

3. 非晶态炉渣

五组炉渣样品在氩气保护气氛下，升温至 1550℃并保温 3h，随后液态炉渣迅速在冰水中冷却，获得非晶态炉渣。通过 X 射线衍射分析，未有结晶物相出现。相关研究表明，对于炉渣而言，其冷态下的非晶态和热态下的熔融态，与利用拉曼光谱对炉渣结构的检测结果基本一致[228-230]，因此本书采用常温下非晶态炉渣的结构来表征液态炉渣的特性。本书使用的拉曼光谱（HORIBA）其光谱频率范围是 100～4000cm^{-1}，共聚焦激光的激发波长是 532nm。样品在室温下经检测后，通过高斯线对实验光谱进行不同炉渣结构单元色拟合，从而获得反映炉渣结构单体的光谱。

9.1.2　熔分炉渣在不同预还原度下的熔化特性

利用红外热成像系统，可知圆柱状炉渣在熔化过程中的形状变化如图 9-3 所示。通过对比各组炉渣在相同剩余高度条件下的润湿角（熔化炉渣与钼板之间的角度）可得，更高预还原度海砂矿的熔分炉渣表现出更大的表面张力及更困难的熔化和流动性能。为进一步了解和对比各组炉渣之间的熔化特性，五组炉渣的软化、熔化及流动温度的变化趋势和对比见图 9-4。

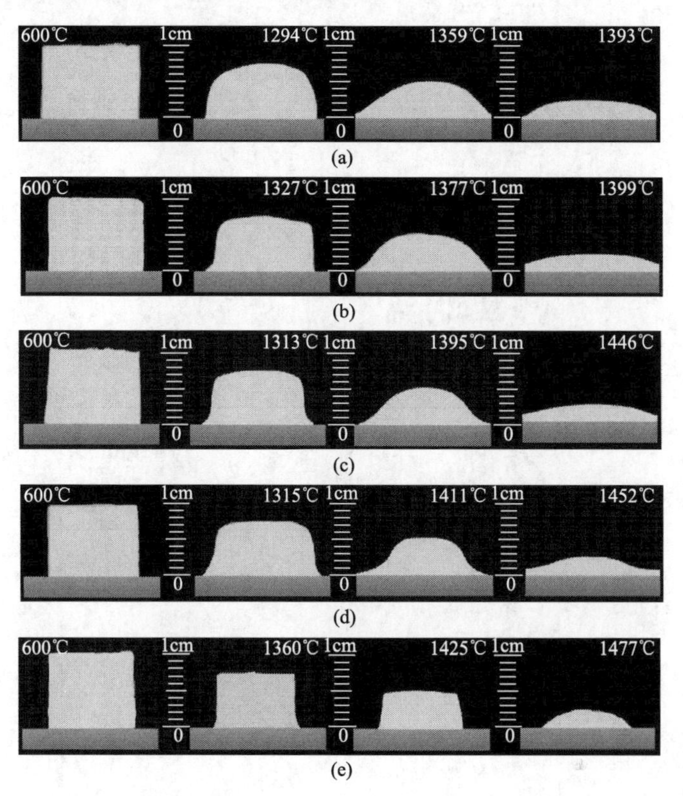

图 9-3　圆柱状炉渣样品在加热和熔化过程中，其高度变化至原始高度的 75%、50%和 25%时的温度[(a)～(e)分别代表预还原度为 70%、90%、95%、97%和 100%的炉渣熔化情况]

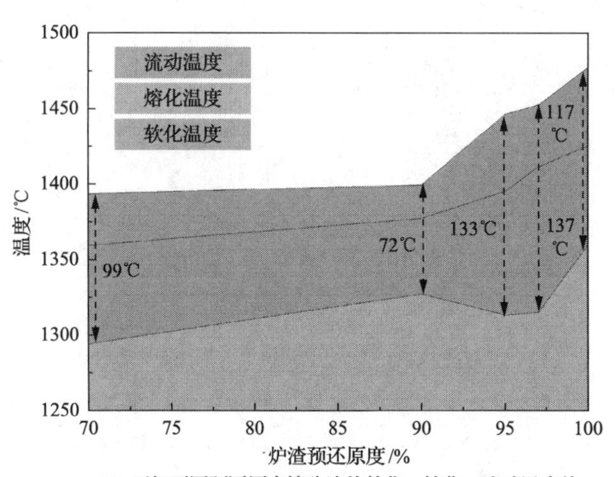

(a) 五组不同预还原度熔分渣的软化、熔化、流动温度的变化趋势及其熔融温度区间

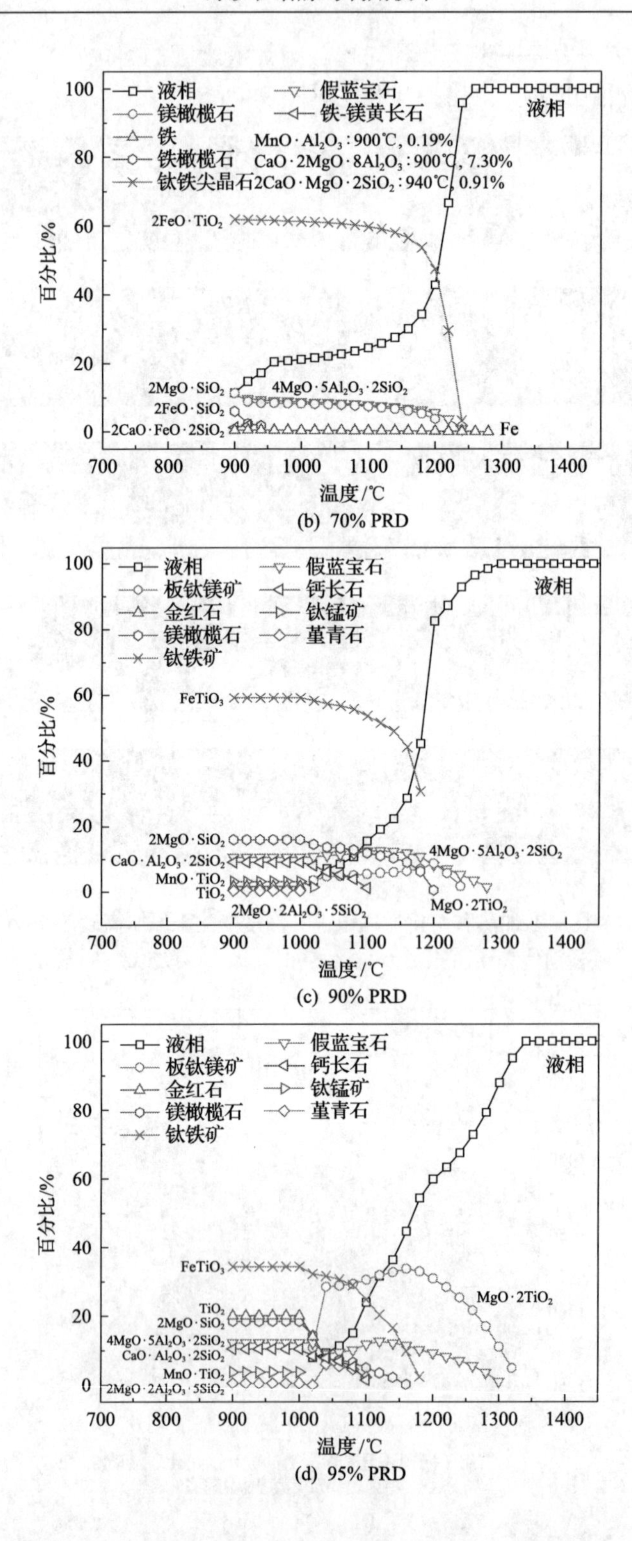

液相
假蓝宝石
镁橄榄石
铁-镁黄长石
铁
铁橄榄石
钛铁尖晶石
MnO · Al₂O₃ : 900℃, 0.19%
CaO · 2MgO · 8Al₂O₃ : 900℃, 7.30%
2CaO · MgO · 2SiO₂ : 940℃, 0.91%
2FeO · TiO₂
2MgO · SiO₂
4MgO · 5Al₂O₃ · 2SiO₂
2FeO · SiO₂
2CaO · FeO · 2SiO₂
Fe
百分比/%
温度/℃
(b) 70% PRD
液相
假蓝宝石
板钛镁矿
钙长石
金红石
钛锰矿
镁橄榄石
堇青石
钛铁矿
FeTiO₃
2MgO · SiO₂
CaO · Al₂O₃ · 2SiO₂
MnO · TiO₂
TiO₂
2MgO · 2Al₂O₃ · 5SiO₂
4MgO · 5Al₂O₃ · 2SiO₂
MgO · 2TiO₂
百分比/%
温度/℃
(c) 90% PRD
液相
假蓝宝石
板钛镁矿
钙长石
金红石
钛锰矿
镁橄榄石
堇青石
钛铁矿
FeTiO₃
TiO₂
2MgO · SiO₂
4MgO · 5Al₂O₃ · 2SiO₂
CaO · Al₂O₃ · 2SiO₂
MnO · TiO₂
2MgO · 2Al₂O₃ · 5SiO₂
MgO · 2TiO₂
百分比/%
温度/℃
(d) 95% PRD

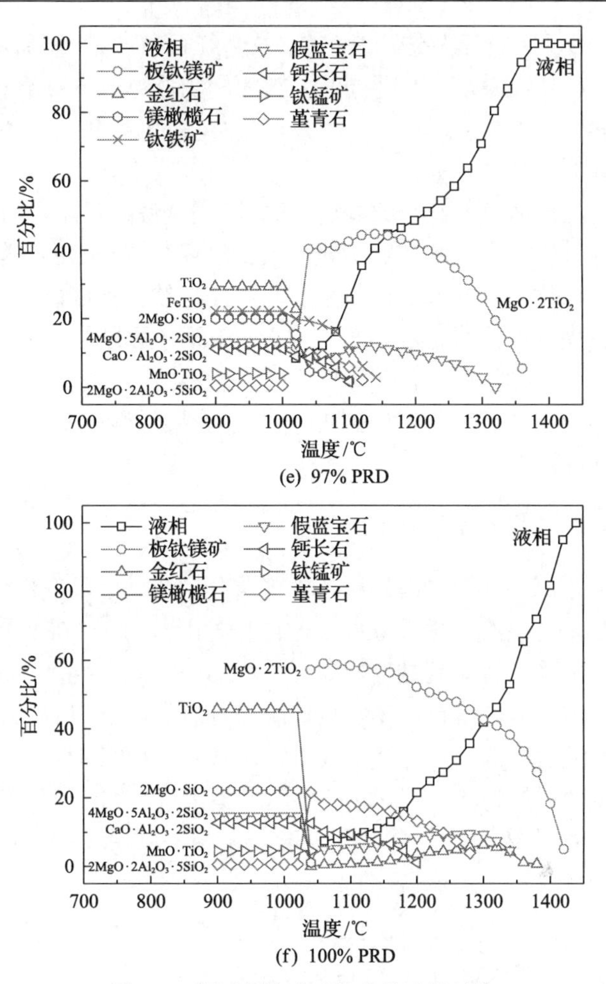

(e) 97% PRD

(f) 100% PRD

图 9-4　预还原海砂矿熔分炉渣的性能

由图 9-3 和图 9-4(a)可得，随着海砂矿预还原度的增加，炉渣熔化温度和流动温度逐渐增加，尤其是在预还原度从 90%增加至 100%的变化过程中，熔化温度和流动温度显著增加。但对于软化温度而言，情况则不同。软化温度在预还原度为 95%和 97%时出现下降。为了探究三个特征温度变化趋势的机理，利用 FactSage 7.0 热力学计算软件，对上述五种不同成分炉渣在加热过程中的热力学平衡特性进行了分析，结果见图 9-4(b)～图 9-4(f)。

随着海砂矿预还原度从 70%增加至 100%，炉渣成分趋向于高 TiO_2、低 FeO 含量，这使得在 95%、97%和 100%预还原度炉渣成分下，即使在高温区域，板钛镁矿($MgO·2TiO_2$)物相仍然存在。由于 $MgO·2TiO_2$ 的难熔性(难以熔入液相)，所以在 95%～100%预还原度炉渣成分下，熔化温度和流动温度的增长较为显著。在软化温度所处的低温区，对于 70%、90%及 100%预还原度的炉渣，存在大量的钛铁尖晶石($2FeO \cdot TiO_2$)、钛铁矿($FeTiO_3$)及金红石(TiO_2)，阻碍了初始液相的生成，从而提高了其软化温度。与此同时，在相同的低温区，对于95%和97%预还原度的炉渣，并没有显著含量的固相生成，因此在95%和97%预还原度的炉渣下，软化温度出现降低的波动趋势。

熔融状态下的炉渣(即介于初始软化状态和完全流动状态之间)将会极大程度地降低炉渣的透气性，这意味着比例较大或长时间维持的熔融态炉渣更有可能引起泡沫渣，进而恶化生产操作。所以，流动温度与软化温度之间的熔融温度区间应尽可能窄。考虑到较为合适的物相组成，90%预还原度的炉渣具有最窄的熔融温度区间(72℃)，而其他四种预还原度下的熔融温度区间基本超过了100℃。因此，对于炉渣熔化特性而言，考虑到炉渣熔化特性及熔融温度区间，90%是较为合适的海砂矿预还原度。

9.1.3 熔分炉渣在不同预还原度下的黏度特性

图9-5为在不同预还原度海砂矿条件下熔分炉渣黏度的变化趋势，开始测试温度为1550℃，直至黏度超过2.0Pa·s时停止检测。对于100%PRD成分的炉渣而言，在温度开始降低后，其黏度随即开始增加。除此以外，在初始降温阶段，其他组别的炉渣黏度基本维持不变，且该阶段各组炉渣之间的黏度值相差不大。但是，随着温度继续降低至某一特定数值时，70%～97%PRD炉渣的黏度表现出迅速升高且持续增加的趋势。正如相关学者所指出[99, 227, 231-233]，炼铁炉渣的黏度与炉渣中硅酸盐网状结构的聚合度和复杂程度相关。由于温度的下降弱化了单

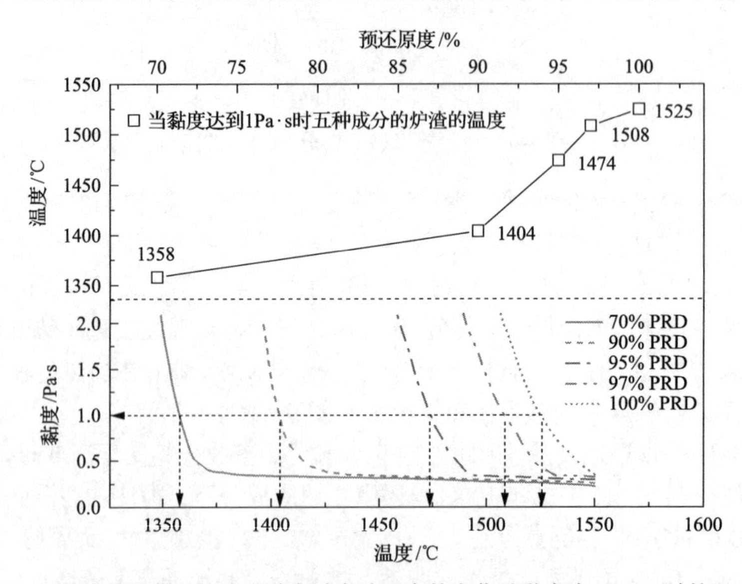

图9-5 不同预还原度下的炉渣黏度随实验温度的变化及黏度为1Pa·s时的温度变化

体结构的热运动程度，从而形成了高聚合度的硅酸盐网状结构，使炉渣黏度迅速增加，这个现象也与阿雷尼乌斯黏度公式（$\eta = A \cdot \exp(E_\eta / R / T)$）所表述的规律相一致。

根据实际生产操作经验，当炉渣黏度为 1.0Pa·s 或以下时，可以确保炉渣较充分的流动性及有效的渣铁分离，这有利于加快渣铁反应动力学条件，提高有价元素的回收率。因此，本节提取出当黏度为 1.0Pa·s 时的炉渣温度，结果见图 9-5。当预还原度从 90%升高至 100%时，1.0Pa·s 温度的增加幅度显著，从 1404℃增加至 1525℃，而预还原度从 70%升高至 90%则对 1.0Pa·s 温度的影响较小。图 9-5 同样表明，在相同温度下，熔分炉渣的黏度随着海砂矿预还原度的降低而降低，尤其是预还原度从 95%降低至 90%所引起的黏度下降，是最突出的黏度降低区间，甚至超过了预还原度下降 20%（从 90%降低至 70%）所降低的黏度。因此，当考量炉渣黏度时，90%亦为较合适的海砂矿预还原度。

由于海砂矿预还原度会对熔分炉渣的成分产生较大影响，也就是会对阳离子（M^{n+}）和自由氧离子（O^{2-}）的种类和含量产生影响。当涉及阳离子对炉渣特性的影响时，通常会考虑阳离子的配位数 Z（电价）及离子半径 r，因为上述两个参数会直接影响离子的结合能力。离子键的键长和阳离子与氧离子的半径相关，较长的离子键长度和较低的阳离子电价均会导致较弱的离子结合强度，而较弱的离子结合强度意味着碱金属氧化物、碱土金属氧化物或其他金属氧化物可以更容易地分解为离子态，并且提供更多的自由氧离子。而自由氧离子可以通过与硅酸盐网状结构中桥氧（O^0）反应生成非桥氧（O^-）的方式破坏并解聚已存在的硅酸盐网状结构。与此同时，为了确保电价平衡，阳离子会进入硅酸盐网状结构中，并与非桥氧相连接。这种阳离子与非桥氧的连接同样也会影响炉渣的黏度特性。正如相关学者的研究结果[227, 234]，较短的阳离子-非桥氧连接键可以产生较小的剪切黏滞力，从而产生较小的液态炉渣黏度。为了综合考量其连接键的长度和电价，引入有效离子半径参数 Z / r^2，如表 9-2 所示[227]。表中显示，亚铁离子 Fe^{2+}的有效离子半径与 Ca^{2+}和 Mg^{2+}十分接近，说明 FeO 与 CaO 和 MgO 一样，同样具有

表 9-2　离子半径和有效离子半径

离子	离子半径/nm	(Z/r^2) /nm^{-2}
Ca^{2+}	0.100	200.0
Mg^{2+}	0.072	385.8
Fe^{2+}	0.061	537.5
Al^{3+}	0.053	1068.0
Ti^{4+}	0.061	1075.0
Si^{4+}	0.040	2500.0

较强的对硅酸盐网状结构的破坏能力。降低海砂矿的预还原度可以增加炉渣中FeO的含量，从而有效降低熔分炉渣的黏度。

9.1.4　熔分炉渣在不同预还原度下的结构特性

拉曼光谱可以反映一系列硅酸盐网状结构信息及其他炉渣结构单元信息，不同的拉曼光谱带对应着不同的炉渣结构单元。表9-3中的拉曼峰振动模式来自已报道的文献，并与本书炉渣结构相关。由于文献与本书的炉渣成分含量不同，所以将不可避免地出现细微的光谱带范围差别，但表9-3中的振动模型仍为最接近本书研究结果的模型。

表9-3　不同炉渣结构单元的拉曼光谱信息

峰带/cm^{-1}	结构单元	振动模式	NBO/Si，Q^n
790～850	Ti-O-Si、Ti-O-Ti	对称弹性振动[228, 232, 233, 235-239]	—
850～880	$(SiO_4)^{4-}$	对称弹性振动[228, 233, 236, 237, 239]	4，Q^0
900～930	$(Si_2O_7)^{6-}$	对称弹性振动[228, 233, 236, 237, 239]	3，Q^1
950～986	Si-O-M（金属）	非对称弹性振动[240, 241]	
950～990	$(Si_2O_6)^{4-}$	对称弹性振动[228, 233, 236, 237, 239]	2，Q^2
1050～1100	$(Si_2O_5)^{2-}$	对称弹性振动[228, 233, 236, 237, 239]	1，Q^3

如表9-3所示，两种可能的含钛结构单元分别为：

(1) Ti^{4+}取代Si^{4+}进入硅酸盐四面体网状结构中并形成Ti-O-Si结构；

(2) Ti^{4+}形成独立的四面体网状结构Ti-O-Ti，这两种结构的拉曼光谱带均处于790～850cm^{-1}。

除了含钛的结构单元，以对称伸展为特征的硅酸盐四面体网状结构包括：

(1) NBO/Si=4（NBO/Si 是指每一个四面体配位的硅离子所含有的非桥氧原子）的单体结构$(SiO_4)^{4-}$；

(2) NBO/Si=3的二聚物结构$(Si_2O_7)^{6-}$；

(3) NBO/Si=2的链状结构$(Si_2O_6)^{4-}$；

(4) NBO/Si=1的片状结构$(Si_2O_5)^{2-}$。

与此相对应的，Q^n中的n表示每个四面体配位的硅离子所含有的桥氧数量。对于液态炉渣中的其他碱性金属氧化物，则趋向于分解为金属阳离子（M：Fe、Mg、Ca）及自由氧离子。然后，自由氧离子与桥氧反应生成非桥氧，导致液态炉渣中网状结构的解聚，与此同时，阳离子会进入网状结构中与非桥氧连接，以平衡电价，表9-3是谱带位置为950～986cm^{-1}的Si-O-M（金属阳离子）的生成机理。

图 9-6(a)为五种预还原度下炉渣的拉曼光谱结果，从中可以看出其光谱带主要集中于 850～1050cm^{-1}。随着预还原度的增加，并没有拉曼峰消失或有新的拉曼峰生成，只是峰强发生了微小改变，说明随着预还原度的增加，各结构单元的含量发生了波动。此外，由快速水淬得到的玻璃态炉渣样品并不像具有晶体结构的样品存在尖锐和易判定的光谱峰，而是存在较宽且重叠的光谱带，因此需要对拉曼峰进行分峰处理。在本研究中，利用高斯法进行曲线拟合，并且定性与定量地给出了单独结构单元的拉曼峰。该拟合过程，正如国外学者 Mysen[233, 238, 239]指出，首先假定实验样品的拉曼峰符合高斯分布，然后依据其他可辨别的凸台与尖峰添加新的光谱带。本研究依据高斯拟合法与表 9-3 文献中的振动模型与光谱带的对应关系，对拉曼光谱进行分峰处理，结果见图 9-6(b)～(f)，分峰参数见表 9-4。

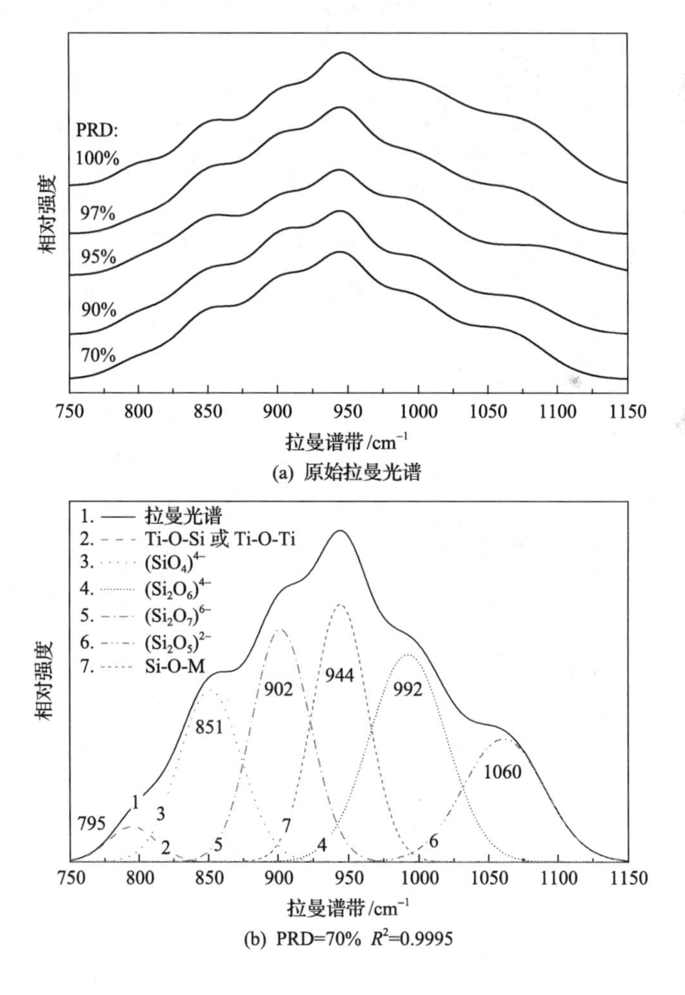

(a) 原始拉曼光谱

(b) PRD=70% R^2=0.9995

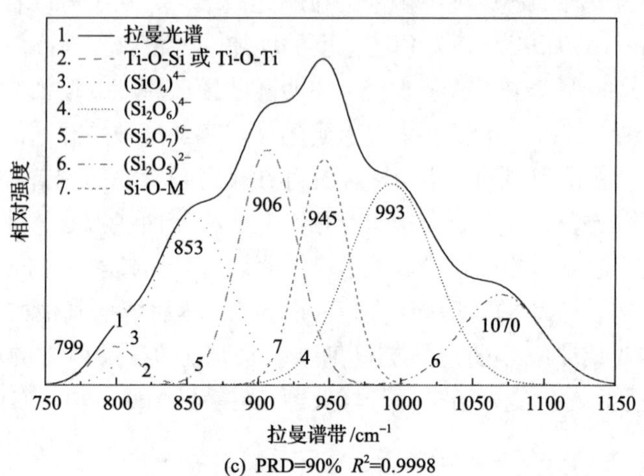

(c) PRD=90% R^2=0.9998

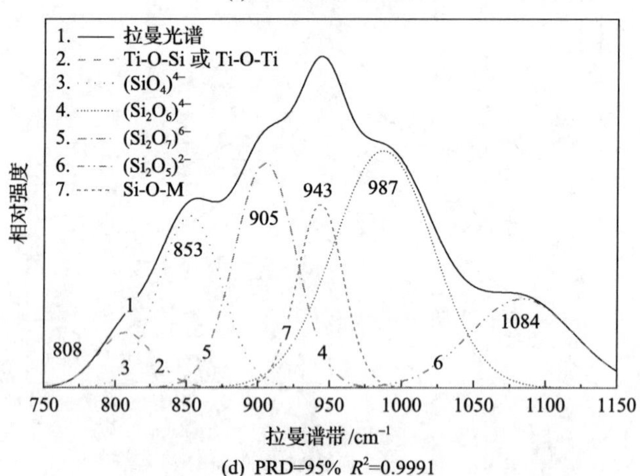

(d) PRD=95% R^2=0.9991

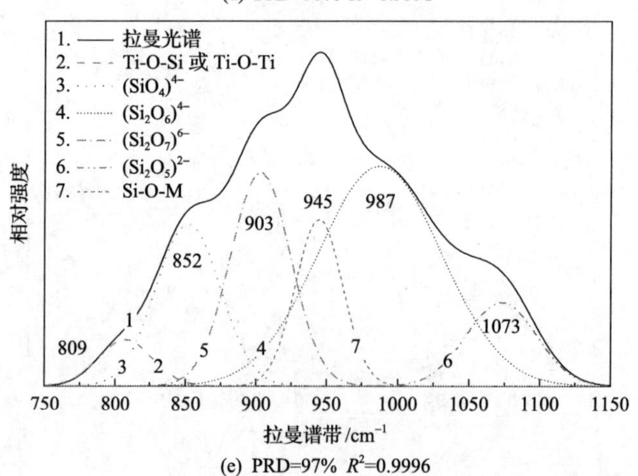

(e) PRD=97% R^2=0.9996

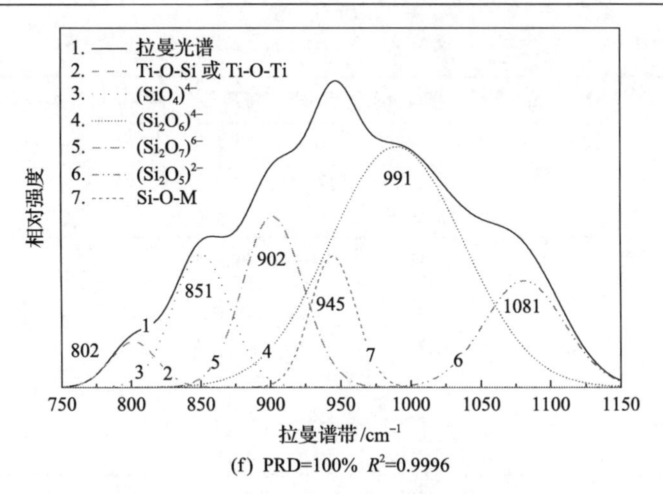

(f) PRD=100%　R^2=0.9996

图 9-6　不同预还原度下炉渣的拉曼光谱结果

表 9-4　拉曼光谱峰参数

预氧化度/%	结构单元	谱带/cm^{-1}	高度	半高宽	面积比/%	$(Q^3+Q^2)/(Q^1+Q^0)$
70	Ti-O-Si、Ti-O-Ti	795	19.6	40.6	3.1	0.99
	Q^0	851	95.3	52.5	17.4	
	Q^1	902	129.2	49.0	20.7	
	Si-O-M	944	143.2	45.7	21.1	
	Q^2	992	115.1	64.2	23.7	
	Q^3	1060	68.4	68.3	14.0	
90	Ti-O-Si、Ti-O-Ti	799	21.2	38.2	3.8	1.01
	Q^0	853	92.2	62.5	18.1	
	Q^1	906	128.7	48.7	21.2	
	Si-O-M	945	122.9	40.8	17.2	
	Q^2	993	109.7	72.6	27.3	
	Q^3	1070	49.5	67.0	12.4	
95	Ti-O-Si、Ti-O-Ti	808	25.4	45.5	4.5	1.34
	Q^0	853	79.3	51.2	15.7	
	Q^1	905	103.9	50.1	20.1	
	Si-O-M	943	84.4	37.8	11.8	
	Q^2	987	109.2	80.6	35.3	
	Q^3	1084	41.1	85.3	12.6	
97	Ti-O-Si、Ti-O-Ti	809	25.9	46.1	4.8	1.63
	Q^0	852	88.6	53.3	13.8	
	Q^1	903	117.0	50.4	18.6	

续表

预氧化度/%	结构单元	谱带/cm^{-1}	高度	半高宽	面积比/%	$(Q^3+Q^2)/(Q^1+Q^0)$
97	Si-O-M	945	91.3	39.5	10.0	1.63
	Q^2	987	120.5	101.7	40.9	
	Q^3	1073	45.8	58.3	11.9	
100	Ti-O-Si、Ti-O-Ti	802	28.6	39.5	5.2	2.34
	Q^0	851	83.4	48.2	10.8	
	Q^1	902	107.3	50.6	14.9	
	Si-O-M	945	82.1	37.9	8.9	
	Q^2	991	150.5	111.7	47.1	
	Q^3	1081	66.6	67.4	13.1	

表 9-4 所描述的拉曼光谱峰可以分为三类：

(1) Si-O-M(M 为金属阳离子，本书指代 Ti，Fe，Mg，Ca)；

(2) 硅离子四面体网状结构(以 Q^n 表征)；

(3) 含钛元素结构单元(Ti-O-Ti)。

其中，随着预还原度的增加，Ti-O-Si 和 Ti-O-Ti 的面积比从 3.1%增加至 5.2%，这主要是由于 PRD 的增加使 Ti^{4+}得以积累聚集，从而逐渐进入硅酸盐网状结构中，或是单独形成简单的聚合物结构，如$(TiO_4)^{4-}$单体结构和$(Ti_2O_6)^{4-}$链状结构[235]。但是在相同 PRD 的变化趋势下，相比于含钛元素的结构单元，Si-O-M 的结构单元含量则出现了更加明显的降低趋势。这主要是随着 PRD 的增加，作为网状结构改良剂的 FeO 在炉渣中的含量逐渐降低，导致 FeO 对硅酸盐四面体网状结构的解聚作用下降且非桥氧含量增加，从而使作为解聚产物的 Si-O-M 含量下降。金属氧化物网状结构改良剂对网状结构的破坏过程机理，见式(9-1)，此为硅酸盐二聚物分解为硅酸盐单体的过程。

$$M^{2+}+O^{2-}+[Si_2O_7]^{6-}=[SiO_4]^{4-}-M^{2+}-[SiO_4]^{4-} \tag{9-1}$$

值得注意的是，Si-O-M 结构随着 PRD 从 70%升高至 90%后，其面积分数下降缓慢(由 21.1%下降至 17.2%)；但是在 PRD 从 90%增加至 100%的过程中，Si-O-M 含量迅速下降，其面积分数从 17.2%降低至 8.9%。考虑到 9.1.3 节中炉渣黏度随 PRD 的变化结果(黏度的大幅度增加始于 PRD 从 90%增加至更高的 PRD 时)，由此可得，网状结构改良剂尤其是 FeO 含量的下降，使其对硅酸盐网状结构的解聚作用下降，所以炉渣黏度出现大幅度增加。

此外，拉曼光谱结果同样表明，分别由 Q^3、Q^2、Q^1 和 Q^0 表示的各个聚合度下硅酸盐网状结构$(Si_2O_5)^{2-}$、$(Si_2O_6)^{4-}$、$(Si_2O_7)^{6-}$和$(SiO_4)^{4-}$均同时存在于液态炉渣中。这些具有不同聚合度的硅酸盐结构，在网状结构改良剂和形成剂的影响下，可以实现它们之间的相互转化。其中，炉渣的聚合度越高，Q^n 中 n 的数值越高。

引入 $\psi(\psi=(Q^3+Q^2)\div(Q^1+Q^0))$ 作为衡量炉渣硅酸盐网状结构聚合度的指标，其结果见表 9-4。随着预还原度 PRD 的增加，Q^1 和 Q^0 降低，而 Q^3 和 Q^2 增加，所以 ψ 逐渐增加。但是，相比于 ψ 从 90%PRD(ψ=1.01)变化至 100%PRD(ψ=2.34)的增加幅度，ψ 从 70%PRD(ψ=0.99)增加至 90%PRD(ψ=1.01)的增幅较缓，也就是说，当预还原度 PRD 增加至 90%时，网状结构聚合度 ψ 的增幅较低。因此，虽然当预还原度从 70%增加至 90%时，复杂网状结构(Q^3+Q^2)的含量增加，但是简单结构单元的(Q^1+Q^0)含量也同样增加，这使聚合度 ψ 和炉渣黏度并未在 90%预还原度下出现明显增长。

9.2　预还原海砂矿的高温熔分实验研究

当海砂矿经过直接还原后，将以预还原海砂矿的形式进入高温炉(通常为电弧炉)进行渣铁熔融分离。由 9.1 节可知，90%预还原度的海砂矿，其形成的熔分初渣具有较好的冶炼特性。因此，以 90%预还原度海砂矿为实验原料。设置三组对比组别，添加不同配比的助熔剂 CaF_2。为保证实验条件(熔分温度、熔分时间)的充分一致性，采用多孔石墨坩埚，其具体尺寸和形貌如图 9-7 所示。

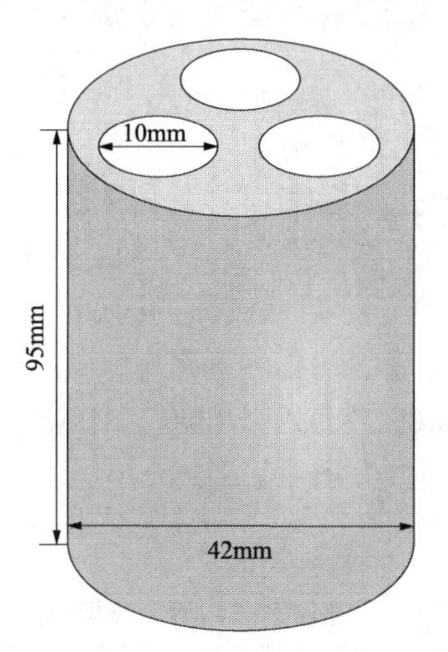

图 9-7　多孔石墨坩埚的形貌及尺寸

利用与海砂矿预氧化时相同的加热设备，采用表 9-5 的实验条件，对预还原海砂矿进行熔分实验：在氩气气氛下，将放有样品的多孔坩埚随炉升温至预定温度，待保温时间结束后，将多孔坩埚迅速取出，并进行水淬处理，使渣铁样品迅速冷却至室温，以保证热态与冷态下的渣铁成分一致。将多孔坩埚和样品进行干燥后，取出渣铁试样，三组预还原海砂矿高温熔分后的宏观形貌如图 9-8 所示。

表 9-5 三组预还原海砂矿熔分的实验条件

组别	温度/℃	保温时间/h	配碳量/%	CaF_2/%
a	1550	3	4	4
b				8
c				12

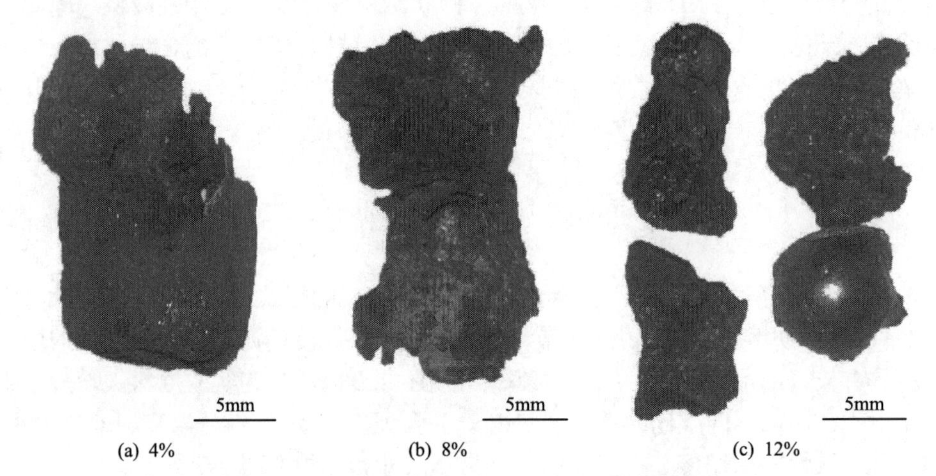

(a) 4% (b) 8% (c) 12%

图 9-8 三组预还原海砂矿熔分实验后的宏观形貌

当助熔剂 CaF_2 配加总原料质量的 4%时，如图 9-8(a)所示，渣铁并未分离，仍能观察到点状亮色金属物相均匀分布于炉渣当中。而当 CaF_2 配加量升高至 8%时，如图 9-8(b)所示，亮色金属物相基本沉积在底部，渣相则分布于上部，渣铁两相实现了初步分离，但仍然存在渣中带铁，铁中含渣的现象，分离得并不彻底。而当 CaF_2 配加量达到 12%后，见图 9-8(c)，金属相与渣相实现了充分的分离，金属物相明亮有光泽，铁中带渣的现象已不明显。

综上，当预还原度为 90%的海砂矿配加 12%的助熔剂 CaF_2 后，在 1550℃的条件下，可以实现充分的渣铁分离。将上述 c 组熔分实验中的炉渣和金属相磨至粉末状试样，通过中和滴定化学分析法，对其化学成分进行分析，结果见表 9-6。

表 9-6 配加 12%助熔剂下的预还原海砂矿熔分渣相与金属相化学成分 单位：%

渣相	FeO	TiO_2	MgO	Al_2O_3	SiO_2	CaO	CaF_2
	3.28	43.95	16.57	14.97	10.99	2.66	7.58
金属相	Fe		C		Si		Ti
	94.74		3.16		0.97		1.13

由表 9-6 可知，FeO、SiO_2 的还原造成炉渣中 TiO_2 的进一步富集，其品位接近 44%；其余脉石成分($MgO+Al_2O_3+SiO_2+CaO$)含量达到 45%。由于上述熔分流

程的缺碳操作，造成炉渣中仍然存在部分 FeO，但考虑到后续合金冶炼流程仍然需要配加铁氧化物，所以对后续钛铁合金冶炼流程的影响并不大。此外，由于 CaF_2 在熔分过程中的挥发，最终在炉渣中残余了约 7.5%的 CaF_2。金属相中，由于酸渣冶炼(未配加 CaO)，所以单质硅元素的含量较高，此外由于 TiO_2 在炉渣中的超高含量，同样使得金属相中的钛含量较高，硅、钛含量均超出了一般的高炉铁水含量指标，但是对于后续转炉炼钢流程而言则影响不大。碳元素含量为 3%左右，并未达到饱和状态。

9.3 小　　结

在气基预还原过程中，预还原度参数对预还原海砂矿的成分和物相组成具有直接影响，因而也会对随后高温熔分过程中的初渣成分产生影响。在较高的预还原度条件下，熔分过程中所生成的初渣表现出较大的表面张力及较为困难的熔化和流动特性。然而，软化特性则表现出不规律的变化趋势，这主要是由不同熔化特性物相的含量不同所致。在 90%预还原度条件下，其熔分炉渣表现出最小的介于软化温度和流动温度之间的温度带。当预还原度从 90%增加至 95%时，炉渣黏度与 1Pa·s 温度的增加幅度较大，因此综合考量熔分炉渣的熔化特性和黏度变化，较适宜的海砂矿预还原度为 90%。

随着海砂矿预还原度的增加，熔分炉渣中逐渐增加的 Ti^{4+} 部分进入硅酸盐网状结构中，部分形成简单聚合物。此外，由于 FeO 与 CaO、MgO 类似，是有效的网状结构改良剂，伴随着预氧化度增加，FeO 含量下降，故对网状结构的解聚作用下降，同时解聚产物 Si-O-M 的含量降低。当预还原度从 70%增加至 90%时，聚合度增加缓慢，而当预还原度超过 90%后，聚合度增加显著，这种变化趋势与炉渣黏度增加的趋势一致。

第10章　高温熔分含钛炉渣铝热还原制备钛铁合金

10.1　铝热还原法制备钛铁合金的实验方案

目前，钛资源矿产主要包括钛铁矿、钛磁铁矿、金红石矿及钙钛矿等，以钛产品为终端目标产品的生产原料主要是钛铁矿，占85%～90%，其余为金红石、高钛渣等。为了全面表征含钛物料的品位特性，研究学者提出两个衡量指标：

(1)合量：

$$合量(\%)=钛氧化物质量分数(\%)+铁氧化物质量分数(\%) \tag{10-1}$$

(2)钛氧化物与铁氧化物之比f。

式(10-1)和式(10-2)可用于评估含钛原料的可利用性。本节选取四个产地传统的含钛原料，并与海砂矿、海砂矿熔分钛渣两种原料进行比对，结果见表10-1。

$$f=\frac{钛氧化物质量分数(\%)}{全铁质量分数(\%)} \tag{10-2}$$

表10-1　含钛物料的成分指标比对

原料	$w(TiO_2)/\%$	合量/%	f
加拿大魁北克	36	95.4	0.89
攀钢	47	87.0	1.54
承德	—	92.0	1.33
广西北海	59	93.6	2.35
本书海砂	12	87.6	0.21
本书钛渣	44	47.2	17.23

由表10-1可得，本书所使用海砂矿与上述四种含钛原料相比，虽然合量相差不大，但是由于海砂矿中含铁品位较高，所以TiO_2品位仅为12%左右，这远低于常见钛产品冶炼原料(35%～60%)，造成海砂矿的f值较小，即使在绝大部分铁氧化物被还原后(还原度约为90%)，钛渣中的TiO_2品位仍然较低(44%)，接近其他含钛原料在铁氧化物未还原时的状态。因此，对于本书所获得的钛渣，并不能像其他含钛原料一样，以生产高品位金红石($w(TiO_2)>70\%～80\%$)为目的。因此，本书提出海砂矿熔分钛渣的利用方式为：通过在海砂矿熔分钛渣中配加Fe_2O_3和Al的方法，以Al作为还原剂，以Fe_2O_3和Al之间的铝热反应为热量来源，制备

中低品位的钛铁合金。

本节研究分为三步：第一步为理论计算，利用 Factsage 相图分析、物料与热平衡方法及国标比对，通过相关经验数据参数，对简单三元系炉渣 TiO_2-Fe_2O_3-CaO 与 Al 的铝热还原反应进行计算，并在给定合金相成分的条件下，对所用原料成分及反应后的炉渣成分进行估算；第二步为三元系炉渣铝热还原反应的预实验，即按照第一步优化后给出的三元系炉渣原料 TiO_2-Fe_2O_3-CaO 与还原剂 Al 的成分与用量方案，进行铝热还原反应，并对反应结束后的炉渣和金属相进行化学成分分析，利用该成分校正第一步理论计算过程中所使用的经验数据值；第三步为预还原海砂矿熔分钛渣制备钛铁合金实验研究，首先利用校正后的经验数据参数，以预还原海砂矿熔分钛渣的成分为计算初始值，以合格的钛铁合金成分为目标值，计算还原剂与发热剂的用量，然后按照该理论计算值，以预还原海砂矿熔分钛渣为实验原料，配加相应的还原剂 Al 与发热剂 Fe_2O_3，并进行铝热还原反应实验，对最终的钛铁合金成分和炉渣成分进行化学分析，验证利用海砂矿熔分钛渣制备钛铁合金的可行性。

10.2　TiO_2-Fe_2O_3-CaO 三元系炉渣制备钛铁合金

以金属铝为还原剂制备金属钛的反应方程式见式(10-3)，以氧化铁为发热剂、铝热反应提供热量的反应方程式见式(10-4)。

$$3TiO_2 + 4Al = 3Ti + 2Al_2O_3 \tag{10-3}$$

$$Fe_2O_3 + 2Al = 2Fe + Al_2O_3 \tag{10-4}$$

我国国家标准关于钛铁合金的牌号与化学成分见表 10-2，由于本节以纯三元系炉渣 TiO_2-Fe_2O_3-CaO 为原料，参考符合牌号为 FeTi40-A 及 FeTi40-B 的合金标准，将国标钛铁合金中的杂质元素去除并进行归一化计算后，得到的合金比例为 Ti∶Al∶Fe=48%∶10%∶42%。但是考虑到实验室实验使用的纯化学试剂的有利条件，以及后面给出的铝热反应的充足放热量，此处将部分金属铁置换为金属钛，即给出了更高标准的合金设计成分，如表 10-3 所示。该设计合金成分的钛元素品位超出了目前钛铁合金牌号标准，从而给理论计算和实验结果之间的差值留出空间，以达到我国钛铁合金牌号标准。

表 10-2　中国钛铁合金牌号及化学成分　　单位：%

牌号	Ti	Al	Si	P	S	C	Cu	Mn
FeTi30-A	25-35	8.0	1.5	0.05	0.03	0.10	0.40	2.5
FeTi30-B	25-35	8.5	5.0	0.06	0.04	0.15	0.40	2.5
FeTi40-A	35-45	9.0	3.0	0.03	0.03	0.10	0.40	2.5
FeTi40-B	35-45	9.5	4.0	0.04	0.04	0.15	0.40	2.5

表 10-3　Ti-Al-Fe 合金设计成分

成分	绝对质量/g	百分比/%
Ti	8	80
Al	1	10
Fe	1	10
总计	10	100

在相同的温度下，不同的合金成分会有不同的物相组成。为了保证渣铁反应的动力学条件及充分的传质与渣铁分离，在实际反应温度下，金属相需要处于液相区，从而确保合金冶炼的顺利进行。

本节利用 Factsage 7.0 热力学计算软件，在 1200℃、1300℃、1400℃、1550℃温度下，计算了 Ti-Fe-Al 三元合金的热力学平衡组分相图，结果见图 10-1。由此

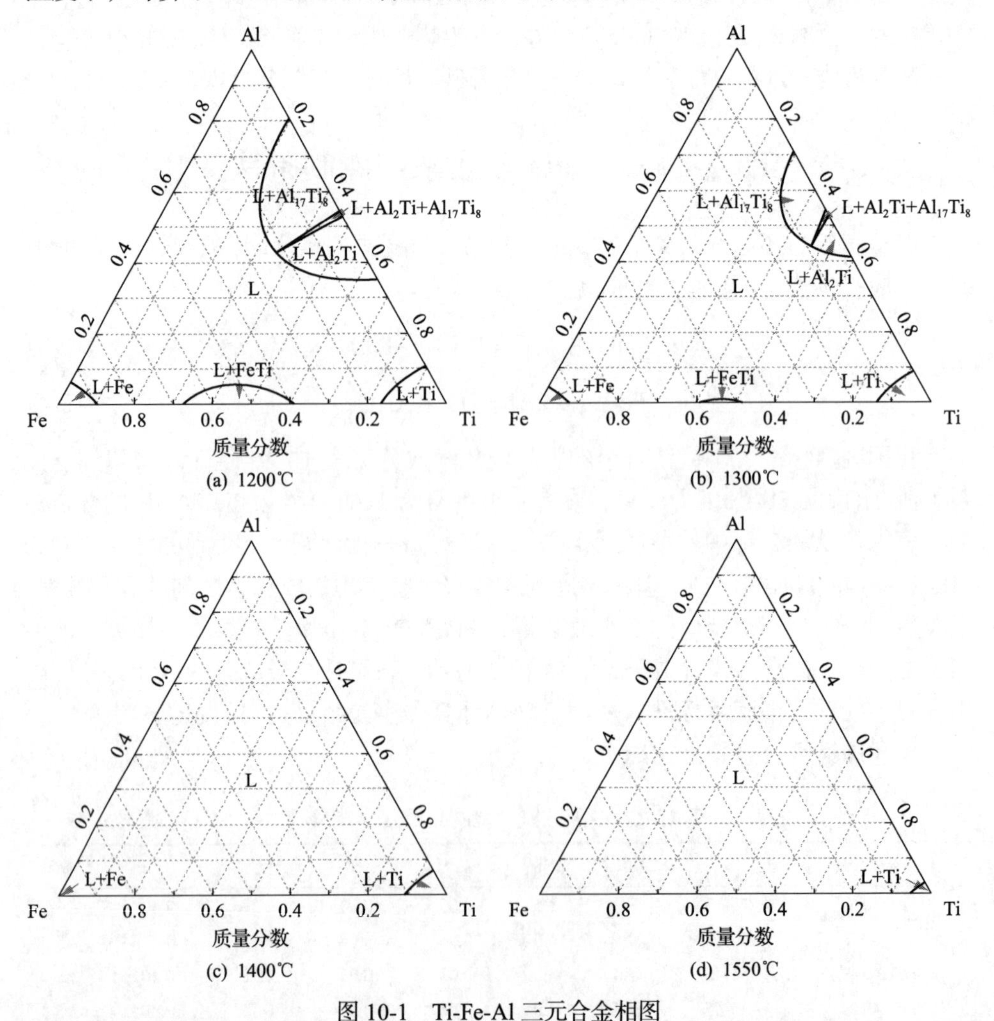

图 10-1　Ti-Fe-Al 三元合金相图

可知，在 1200℃以上时，表 10-3 中的三元合金为完全液相状态。

1. 还原剂金属铝配加量的依据

由表 10-3 的 Ti-Fe-Al 三元合金设计成分及式(10-3)和式(10-4)，可以获得所需要还原剂 Al 的用量。

还原氧化钛所需要金属铝的用量：

$$8g \div (48g/mol \times 3) \times (27g/mol \times 4) = 6g$$

还原氧化铁所需要金属铝的用量：

$$1g \div (56g/mol \times 2) \times (27g/mol \times 2) = 0.48g$$

合金中金属铝成分用量：1g

还原剂铝的总用量为：6g + 0.48g + 1g = 7.48g

2. 二氧化钛、氧化钙配加量及钛铁合金冶炼渣系的成分设计

在钛铁合金冶炼的过程中，需要加入熔剂 CaO，有两点原因。

一是若以 TiO_2-Fe_2O_3 为钛铁合金冶炼原料，在铝热还原反应结束后，将会形成难熔的 TiO_2-Al_2O_3 二元系炉渣，使得反应难以进行。利用 Factsage 热力学计算软件得到的相图表明(图 10-2)，TiO_2-Al_2O_3 二元渣系属于难熔渣系，在该二元系的任意配比条件下，液相温度均较高。当 TiO_2 摩尔分数为 0.84 时，达到最低共熔点，此时的温度为 1706℃，但是该温度仍然高于实际生产所提供的温度，且钛铁合金冶炼后的渣系成分也无法实现该低共熔点的渣系成分，因此需要配加熔剂氧化钙，从而降低炉渣液相线的温度。

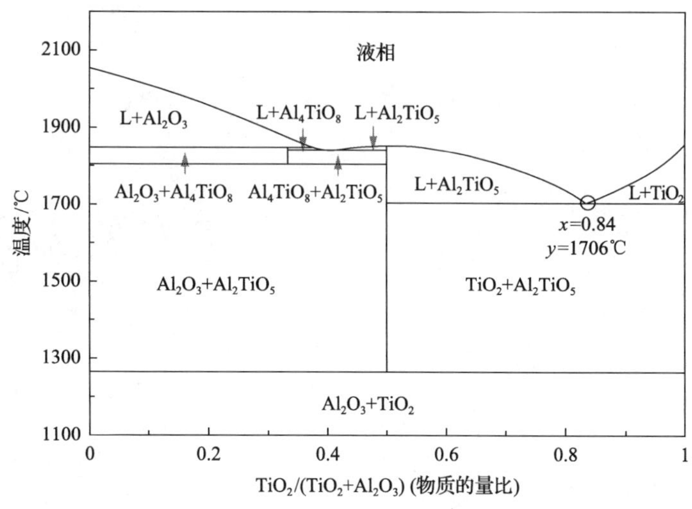

图 10-2　TiO_2-Al_2O_3 在 1100～2200℃条件下的二元相图

二是由于在 TiO_2 被 Al 还原的过程中会出现 TiO，而由于 TiO 是强碱性氧化物，易与 Al_2O_3 结合形成稳定的复合化合物，从而阻碍还原反应的持续进行，如式(10-5)所示。因此，需要加入碱性更强的熔剂，即氧化钙，取代 TiO 而与 Al_2O_3 结合形成铝酸钙，其具体反应过程如式(10-6)所示，即

$$2TiO_2+\frac{4}{3}Al = 2TiO+\frac{2}{3}Al_2O_3 \tag{10-5}$$

$$TiO_2+\frac{4}{3}Al+\frac{2}{3}CaO = Ti+\frac{2}{3}(CaO\cdot Al_2O_3) \tag{10-6}$$

图 10-3 为配加 CaO 后所形成的三元系炉渣在 1500℃、1550℃、1600℃、1650℃下的相图，其中灰色填充部位为纯液相区域。从图中可以看出，当炉渣温度为

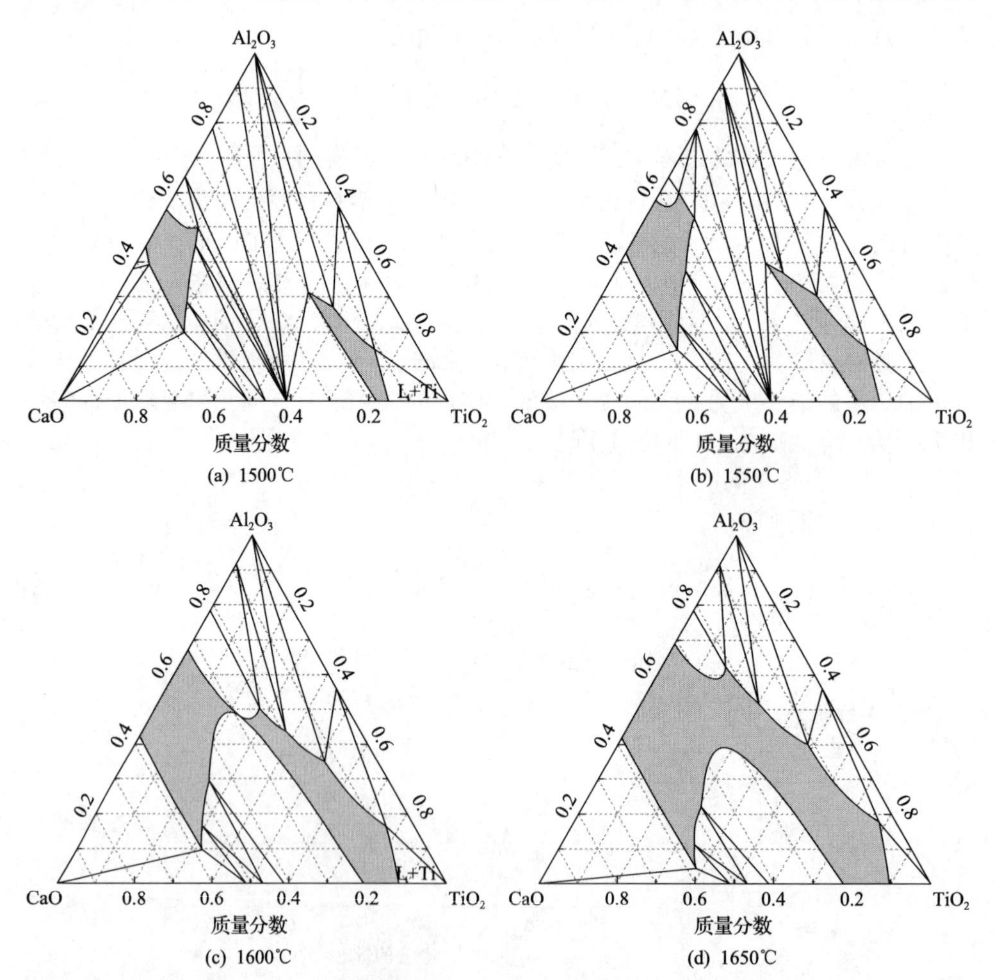

图 10-3 TiO_2-Al_2O_3-CaO 三元系炉渣在不同温度下的液相区变化(灰色覆盖区域为液相区)

1500℃时，纯液相区域为两块极小成分区域，位于富 CaO 区域和富 TiO_2 区域。随着温度升高至1550℃，液相区域逐渐扩大，直至1600℃时，两块纯液相成分区域联结在一起，而在1650℃下，连接的液相区域则进一步扩大。

因此，由预计合金成分与还原剂金属铝的用量可以得到在铝热还原反应结束后炉渣中 Al_2O_3 与 TiO_2 的含量，通过配入一定量的 CaO，使得三元渣系成分在1550℃(后期实验所用钛铁合金冶炼温度)条件下处于完全液相区域，据此来判断熔剂 CaO 的实际用量。

炉渣中的氧化铝主要来自金属铝还原铁氧化物与钛氧化物的反应，由于 $2Al \rightarrow Al_2O_3$，故其生成质量为

(6g(还原 TiO_2 所需要的金属铝)+0.48g(还原 Fe_2O_3 所需要的金属铝))÷54g/mol×102g/mol=12.24g

由表10-3可得，设计合金成分中 Ti 的含量为8g，而由相关文献数据表明，式(10-6)还原反应的转化率为77%，由此可得以下结论。

原料中所需要 TiO_2 的质量为：8g÷48g/mol×80g/mol÷77%=17.32g

炉渣中剩余 TiO_2 的质量为：8g÷48g/mol×80g/mol÷77%×23%=3.98g

在获得渣系中 TiO_2 与 Al_2O_3 的绝对质量后，根据图10-3中1550℃下 Al_2O_3-TiO_2-CaO 三元炉渣相图，当 CaO 的配加量为15g时，该三元系成分炉渣在1500～1650℃均处于完全液相状态，从而利于渣铁间还原反应的充分进行及渣铁的充分分离。此时三种氧化物的质量分数如表10-4所示。

表10-4　设计炉渣成分

成分	质量/g	质量分数/%
TiO_2	3.98	12.75
Al_2O_3	12.24	39.20
CaO	15.00	48.05
总计	31.22	100

3. 氧化铁配加量

配加氧化铁的目的主要在于：

(1)通过金属铝与氧化铁之间的还原反应，制备出钛铁合金中的金属铁成分；

(2)金属铝与氧化铁的还原反应会放出大量热量，可以瞬间提高局部区域的温度，促进二氧化钛的还原反应及金属相与渣相的充分分离。

氧化铁与金属铝的铝热反应化学方程式为

$$Fe_2O_3 + 2Al = 2Fe + Al_2O_3 \tag{10-7}$$

由于设计合金成分（表 10-3）中 Fe 的含量为 1g，且相关文献数据表明，式（10-7）的还原转化率约为 99%，因此可得原料中需要加入的 Fe_2O_3 的量为

$$1g \div 112g/mol \times 160g/mol \div 99\% = 1.44g$$

综上，可以得到冶炼钛铁合金的三元系炉渣 TiO_2-Fe_2O_3-CaO 的配比成分，结果见表 10-5。

表 10-5　三元系炉渣冶炼钛铁合金的原料成分

成分	质量/g	质量分数/%
TiO_2	17.32	40.57
Fe_2O_3	1.43	6.77
CaO	15.00	35.14
Al	7.48	17.52

4. 铝热还原反应的热平衡计算

由 Factsage 7.0 热力学计算软件可以得到，在 1550℃条件下，二氧化钛和氧化铁与还原剂金属铝还原反应的焓变，见式（10-8）和式（10-9）。

$$\begin{aligned}&\frac{3}{4}TiO_2 + Al = \frac{3}{4}Ti + \frac{1}{2}Al_2O_3\\&\Delta H_{1550℃} = -138456.7\,J/mol\end{aligned} \tag{10-8}$$

$$\begin{aligned}&\frac{1}{2}Fe_2O_3 + Al = Fe + \frac{1}{2}Al_2O_3\\&\Delta H_{1550℃} = -423855.2\,J/mol\end{aligned} \tag{10-9}$$

由其焓变可知，上述反应均为放热反应，其放热量为

$$6g \div 27g/mol \times 138456.7J/mol = 30768.2J$$

$$0.48g \div 27g/mol \times 423855.2J/mol = 7535.2J$$

据相关文献数据，每提高 100℃所需要的热效应为 125.6J/g，若提供初始温度 1550℃，则反应结束后的理想温度（绝热条件下）为

$$1550℃ + (30768.2J + 7535.2J) \div 125.6J/g \div (10g + 31.22g) \times 100℃ = 2289.8℃$$

依据表 10-5 配制的 TiO_2-Fe_2O_3-CaO 三元系炉渣原料，还原剂金属铝经压制后形成片状，并于实验前利用机械打磨去除表面氧化铝薄膜。为促进还原反应和铝热反应的充分进行，在刚玉坩埚中将炉渣与片状金属铝间隔放置，如图 10-4 所示。

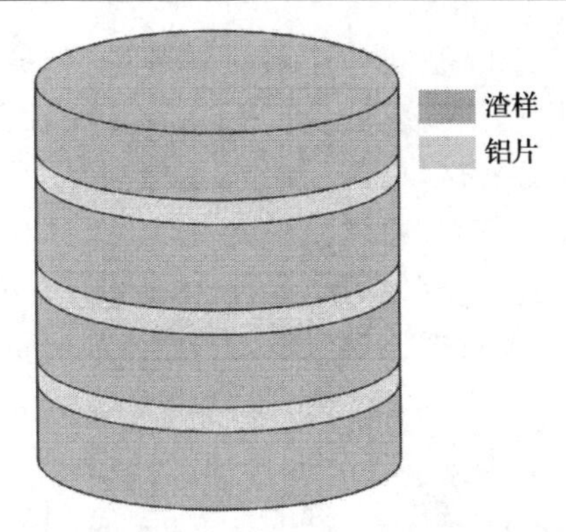

图 10-4　炉渣与金属铝片置于刚玉坩埚中的位置示意图

将竖式管式电阻炉在氩气气氛下升温至 1550℃，通入氩气流量保持在 0.5L/min，待电阻炉恒温区达到预定温度并稳定 30min 后，将盛有样品的刚玉坩埚放置于竖炉样品台上并迅速推入炉内，同时打开红外摄像装置，随时记录还原反应和铝热反应的发生情况，包括铝热还原反应发生前，反应发生放出大量热量，反应区温度恢复至炉温的情况及时间见图 10-5。

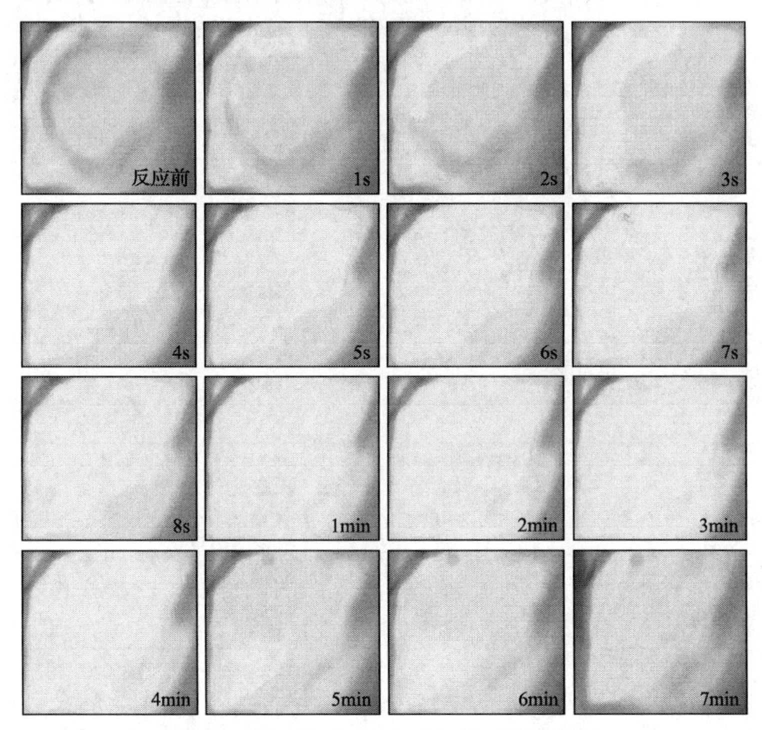

图 10-5　铝热还原反应的红外原位观察图

由图 10-5 可知，在样品温度升高至一定温度时，反应随即开始发生，反应发生过程较为剧烈，可以在 10s 内迅速达到较高温度，根据测量样品温度的热电偶数据，样品最高温度可以达到 2250℃，接近 7.3.1 节中计算的理论温度(2289℃)，并在反应开始的 7min 后逐步恢复至炉内设置温度(1550℃)。

在反应发生后的 10min 时，将样品从炉内取出，并在氩气气氛下迅速冷却至室温，将反应后的渣相与金属相分离，宏观形貌见图 10-6，将渣相与金属相分别制样后，利用扫描电镜和能谱仪，对金属相进行微观形貌检测和成分分析，结果见图 10-7。

图 10-6　还原和铝热反应后渣铁物相的宏观形貌

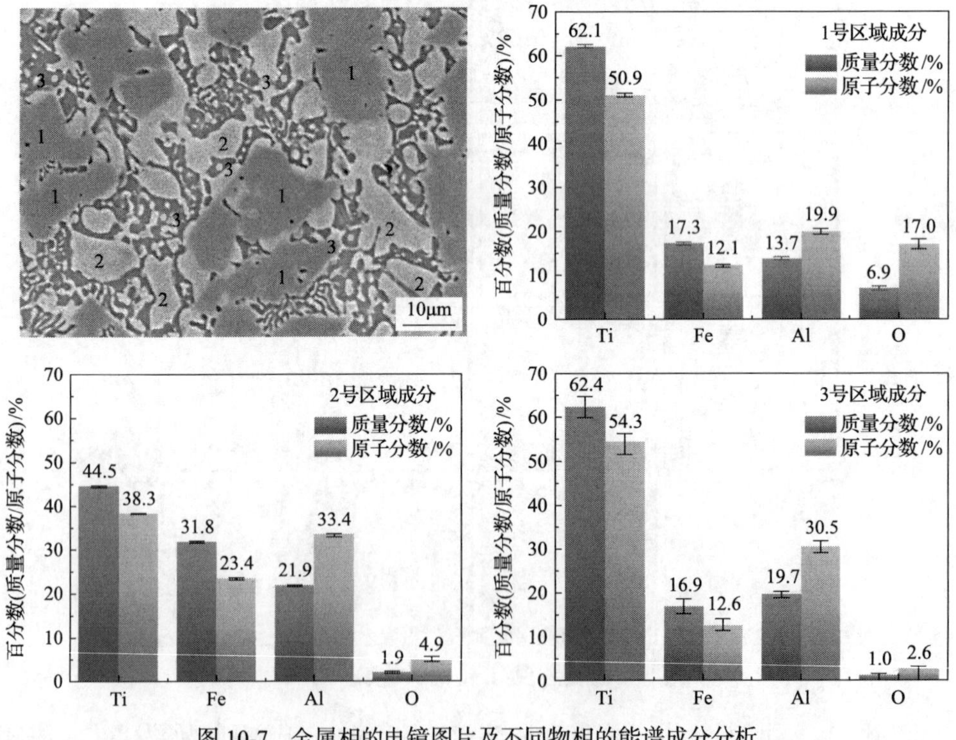

图 10-7　金属相的电镜图片及不同物相的能谱成分分析

由图 10-6 可得，金属相与渣相的界限较为分明，未出现金属相弥散分布于渣相中的情况，说明在本实验条件下(铝热反应提供的热量及时间范围内)，渣相与合金相的黏度较低，可以确保二者得到较为彻底的分离。

扫描电镜背散射功能依据物质的不同成分可呈现出不同灰度的图像，因此图 10-7 中不同灰度区域代表着不同成分的物相。在该合金相中，可分为三种不同成分的物相，偏灰色物相(编号 1)，偏白色物相(编号 2)及相间于二者之间的黑色物相(编号 3)。针对这三种物相，利用能谱分析对其主要成分(钛、铁、铝、氧)进行检测，每种物相选取五个区域进行面成分分析，三种物相在五个区域的成分平均值及最大值和最小值分别描述于图 10-7 的柱形图中。

对比 1～3 号区域成分可得，1 号灰色区域物相的氧含量与钛含量偏高，铁、铝元素的含量处于适中水平，说明少部分金属氧化物存在于 1 号灰色物相中，并未完全还原；2 号银白色区域物相与 3 号黑色相间区域物相的氧元素含量极低，说明 2 号和 3 号物相主要为合金相，然而对于 2 号银白色区域物相而言，其铁元素明显高于 1 号和 3 号区域物相，铝元素略高于 1 号和 3 号区域物相；对于 3 号黑色相间物相，其金属钛含量较高，是品位较高的钛铁铝合金物相。

不同微观物相之间的面积比可以近似视为其体积比，因此利用图像处理软件，对图 10-7 图中不同物相的面积进行统计，结果见图 10-8。再结合其成分可以获得金属相的近似平均成分，结果见表 10-6。

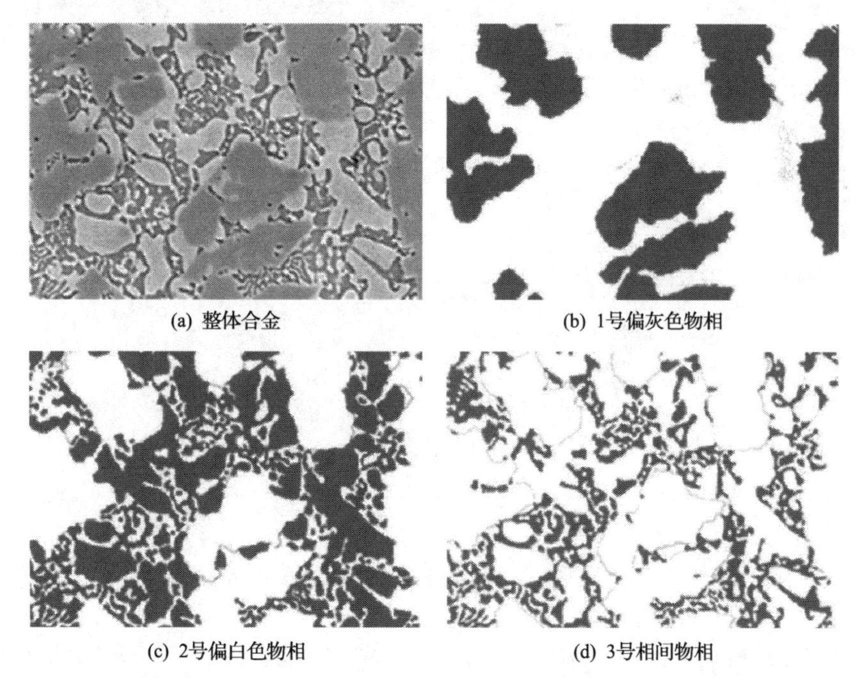
(a) 整体合金　(b) 1号偏灰色物相　(c) 2号偏白色物相　(d) 3号相间物相

图 10-8　利用图像处理方法对合金的三种物相进行识别并提取后得到的物相形貌

表 10-6　合金的三种物相面积比例、成分及合金相的综合成分

物相	Ti/%	Fe/%	Al/%	O/%	面积比/%
1 号物相	62.1	17.3	13.7	6.9	35.1
2 号物相	44.5	31.8	21.9	1.9	42.9
3 号物相	62.4	16.9	19.7	1.0	22.0
面积加权平均	54.6	23.4	18.5	3.5	100.0

由此可得，以三元系炉渣 TiO_2-Fe_2O_3-CaO 为原料，通过铝热还原反应得到的钛铁合金，其钛元素含量为 54.6%，低于预计合金钛元素含量(80.0%)，铝元素含量为 18.5%，高于预计合金中的铝元素含量(10.0%)，铁元素含量为 23.4%，高于预计合金成分中的铁元素含量(10.0%)。

在实际的实验中，以表 10-5 的原料成分为基准的初始配料总质量为 10g，而在铝热还原反应后所获得的金属相质量为 2.01g。因此，可根据钛、铁元素在原料中的质量及在反应后合金相中的质量，获得其在本实验条件下的还原率，具体计算过程及结果见式(10-10)和式(10-11)。

$$\text{钛的还原率}=\frac{\text{反应后金属相质量}\times\text{反应后金属相中钛的质量分数}}{\text{反应前原料中二氧化钛质量}\times\dfrac{\text{钛的相对原子质量}}{\text{二氧化钛相对分子质量}}}=\frac{2.01\text{g}\times 54.60\%}{10\text{g}\times 40.57\%\times\dfrac{48}{80}}=45.09\% \tag{10-10}$$

$$\text{铁的还原率}=\frac{\text{反应后金属相质量}\times\text{反应后金属相中铁的质量分数}}{\text{反应前原料中三氧化二铁质量}\times\dfrac{\text{铁的相对原子质量}\times 2}{\text{三氧化二铁相对分子质量}}}=\frac{2.01\text{g}\times 23.40\%}{10\text{g}\times 6.77\%\times\dfrac{56\times 2}{160}}=99.25\% \tag{10-11}$$

后面研究将以此还原率为计算参数，以实际海砂矿熔分钛渣为原料，以 Fe_2O_3 为发热剂，以 Al 为还原剂，估算其冶炼钛铁合金的初始配料成分，并以此为配料成分，进行以实际熔分钛渣为原料的钛铁合金冶炼实验。

10.3　预还原海砂矿熔分高钛渣制备钛铁合金的预实验

作为海砂矿熔分高钛渣冶炼制备钛铁合金的预实验，7.3.2 节基于实验室配制的三元系炉渣 TiO_2-Fe_2O_3-CaO，利用铝热还原反应进行了钛铁合金冶炼制备实

验，验证了该方法的可行性，与此同时得到了钛、铁元素在该反应条件下的还原率。本节将以实际海砂矿熔分高钛渣为实验原料，通过配加还原剂金属铝和发热剂三氧化二铁，期望冶炼制备符合国家标准的钛铁合金产品。而对于还原剂与发热剂的配加量，将依据 7.3.2 节中预实验所获得的钛元素和铁元素还原率数据为支撑，通过热力学计算获得。

引用表 9-6 中数据，海砂矿经过气基预还原-熔分深还原后，可以获得如表 10-7 所示成分的钛渣。

表 10-7　预还原海砂矿熔分后所获得的高钛渣成分　　单位：%

FeO	TiO_2	MgO	Al_2O_3	SiO_2	CaO	CaF_2
3.28	43.95	16.57	14.97	10.99	2.66	7.58

以绝对质量为 10g 的熔分高钛渣为计算基准，对所需要的还原剂金属铝、发热剂三氧化二铁等配料成分进行核算，其中二氧化钛、三氧化二铁分别与金属铝的还原反应方程式见式(10-8)和式(10-9)。下面将对该冶炼反应过程中所需要的原料成分和所获得的炉渣与合金相成分进行热力学计算。

(1)金属钛生成质量、二氧化钛消耗量、还原剂金属铝消耗量、氧化铝生成质量。

金属钛生成质量=高钛渣中钛元素的质量×钛元素的还原率

$$=10g\times 43.95\%\times(48g/mol\div 80g/mol)\times 45.09\%=1.19g$$

二氧化钛消耗量=金属钛的质量×转化率

$$=1.19g\times(80g/mol\div 48g/mol)=1.98g$$

金属铝消耗量=金属钛的质量×化学反应方程式中钛铝置换比

$$=1.19g\div(3\div 4\times 48g/mol)\times 27g/mol=0.89g$$

氧化铝生成质量=消耗金属铝的质量×转化率

$$=0.89g\times(102g/mol\div 2\div 27g/mol)=1.68g$$

(2)金属铁生成质量、三氧化二铁消耗量、还原剂金属铝的消耗量、氧化铝生成质量。

金属铁生成质量=金属钛的生成质量÷2(依据预实验的结果，钛:铁比例为 2:1 进行设计计算)

$$=1.19g\div 2=0.60g$$

三氧化二铁消耗量=(金属铁的生成质量–高钛渣中氧化亚铁生成铁的质量)×转化率

$=(0.60g-0.33g\div72g/mol\times56g/mol)\times(160g/mol\div112g/mol)$
$=0.49g$

金属铝消耗量=铁氧化物的消耗量×化学反应方程式中铁氧化物与铝的置换比
$=0.33g\div(3\times72g/mol)\times(2\times27g/mol)+0.49g\div160g/mol$
$\times(2\times27g/mol)=0.25g$

氧化铝生成质量=消耗金属铝的质量×转化率
$=0.25g\times(102g/mol\div2\div27g/mol)=0.47g$

(3)单质硅生成质量、二氧化硅消耗量、还原剂金属铝消耗量、氧化铝生成质量。

单质硅生成质量=高钛渣中硅元素的质量×硅元素的还原率
$=10g\times10.99\%\times(28g/mol\div60g/mol)\times90\%=0.46g$

二氧化硅消耗量=单质硅质量×转化率
$=0.46g\times(60g/mol\div28g/mol)=0.99g$

金属铝消耗量=单质硅质量×化学反应方程式中硅、铝的置换比
$=0.46g\times(4\times27g/mol\div3\div28g/mol)=0.59g$

氧化铝生成质量=消耗金属铝的质量×转化率
$=0.59g\times(102g/mol\div2\div27g/mol)=1.11g$

综上，可得初级原料配比与炉渣成分，见表 10-8 和表 10-9。

表 10-8 初级原料成分配比

配料	质量/g	质量分数/%
高钛渣	10.00	81.8
Al	1.73	14.2
Fe_2O_3	0.49	4.0

表 10-9 铝热还原反应后炉渣的预估成分

成分	质量/g	质量分数/%
TiO_2	2.42	24.2
MgO	1.66	16.6
Al_2O_3	4.76	47.8
SiO_2	0.11	1.1
CaO	0.27	2.7
CaF_2	0.76	7.6

(4)氧化钙配加量与超额金属铝配加量。

由 Factsage 7.0 热力学计算软件的平衡模块可以得到在 1550℃和表 10-9 中的

物相成分及含量条件下，热力学平衡时的物相构成如表 10-10 所示。

表 10-10　1550℃及表 10-9 成分条件下的物相组成

物相	质量/g	质量分数/%	备注
液相	8.45	84.7	$w(CaO)$=6.5%；$w(SiO_2)$=1.3%；$w(MgO)$=15.6%；$w(Al_2O_3)$=44.7%；$w(TiO_2)$=28.7%；$w(CaF_2)$=3.3%
$CaO·2MgO·8Al_2O_3$	1.15	11.5	固相
MgF_2	0.38	3.8	固相

为保证炉渣的流动性，需要在实验温度下保证炉渣均为液相，避免固相物质生成，由图 10-3 中的相图可知，提高炉渣中 CaO 的含量，可以提高炉渣的液相含量，因此仍需要在高钛渣冶炼钛铁合金原料中额外配加 CaO，以保证炉渣的充分液态化和流动性。

利用 Factsage 7.0 计算软件，以表 10-9 炉渣成分为计算基准，逐渐增加 CaO 含量，直至寻找到炉渣均为液相时的成分，此时 CaO 的质量为 1.43g，即需要在原高钛渣的基础上，另外配加 1.16gCaO，从而使终渣保持在液相状态。此外，为保证钛元素的充分还原，钛铁合金冶炼过程中金属相需要维持一定浓度(10%)的金属铝，因此超额配加 0.3g 还原剂 Al。

综上，可得冶炼配料成分及合金、炉渣的预估成分，见表 10-11。

表 10-11　钛铁合金冶炼原料配比、合金相、渣相成分设计表

原料配比	质量/g	质量分数/%
高钛渣	10.00	73.1
Al	2.03	14.8
Fe_2O_3	0.49	3.6
CaO	1.16	8.5
合金	质量/g	质量分数/%
Ti	1.19	46.7
Al	0.30	11.8
Fe	0.60	23.5
Si	0.46	18.0
炉渣	质量/g	质量分数/%
TiO_2	2.42	21.7
MgO	1.66	14.9
Al_2O_3	4.76	42.7
SiO_2	0.11	1.0
CaO	1.43	12.8
CaF_2	0.76	6.8

按照表 10-11 的原料配比进行配料，并按照图 10-4 的位置，将原料分布于刚玉坩埚中，待管式竖式电阻炉在氩气气氛下升温至 1550℃后，将原料与坩埚直接

置于 1550℃恒温区中，并保温 30min。在该过程中，发生铝热还原反应，放出大量热量，铁氧化物与钛氧化物被金属铝还原，而后温度降至炉内设定温度，金属相与渣相分离并各自聚集。反应结束后，取出坩埚和样品，并在氩气气氛下冷却至室温。对样品制样后，进行 SEM 和 EDS 检测，结果见图 10-9。

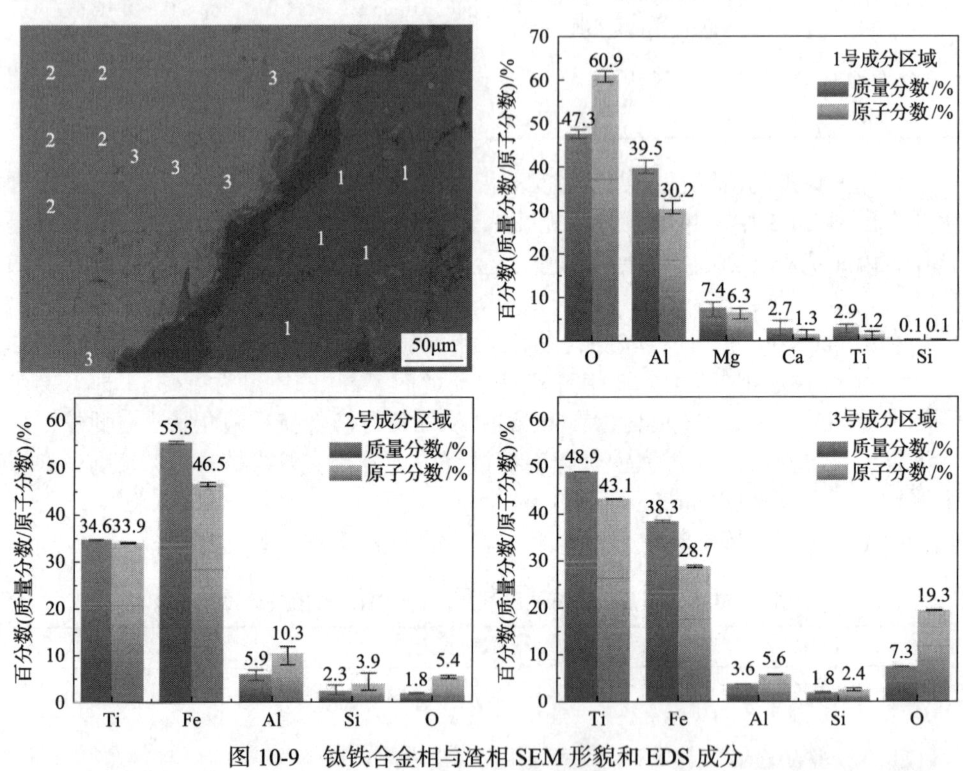

图 10-9 钛铁合金相与渣相 SEM 形貌和 EDS 成分

在图 10-9 中，对合金物相中两种不同均质物相(编号 2 和编号 3)及炉渣物相(编号 1)进行了成分检测，结果见图 10-9 中的柱状图，其中 2 号物相为合金相中的主要物相，对比表 10-2 的中国钛铁合金牌号标准，实验所得合金的主要物相(2 号物相)成分已经达到 FeTi30-B 标准，十分接近 FeTi40-A 标准，这说明利用海砂矿熔分钛渣通过铝热还原反应生产钛铁合金是可行的。然而在该实验过程中，仍然发现一些需要解决的问题。

(1)合金物相中仍然夹杂一些氧化物。

如图 10-9 中的 3 号物相，虽然其钛元素含量较高，达到 48.9%，但是其氧元素含量同样也较高(7.3%)，说明该物相中存在部分金属氧化物，对比 Ti、Fe、Si 三者的还原性可知，钛氧化物的还原性较差，相较铁、硅而言不易被还原，因此该物相中存在的金属氧化物极有可能为钛的氧化物，即合金物相中仍然存在钛氧化物。

(2)合金物相并未完全聚集，而是弥散分布于炉渣中。

在反应结束后，对样品进行破碎取样，发现合金相并未形成图 10-4 中大块聚集的合金相，而是以细小粒状的形式弥散在炉渣中。如图 10-10 所示的小倍数条件下的合金物相与炉渣嵌布图，金属颗粒尺寸基本分布于 10μm～1mm。这可能与炉渣较大的黏度和表面张力相关，合金物相无法实现充分聚集，渣金分离困难。

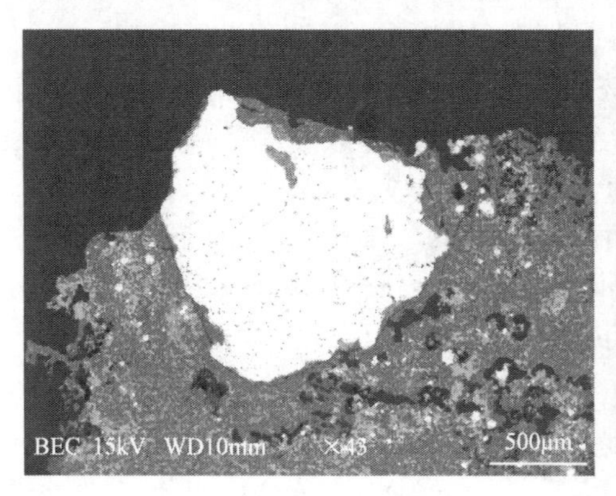

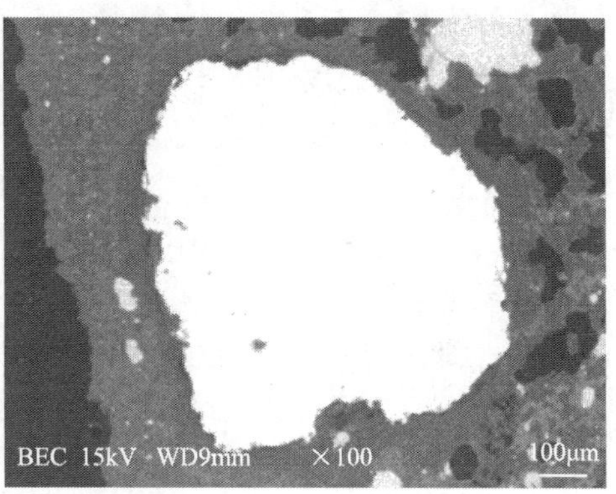

图 10-10　点状分布的合金金属相

10.4　钛渣铝热还原制备钛铁合金原料配比影响机理

10.4.1　还原剂配加量的影响机理

用 Factsage 软件模拟在 1550℃温度下，对 100g 炉渣改变配加量的情况下，研究 Al 配加量对铝热还原反应的影响。

Al 的配加量对合金收得率和 Ti 收得率的影响如图 10-11 所示，结果表明：随着 Al 配加量从 60%增加到 120%，合金收得率从 27.71%增加到 94.23%；Ti 的还原率从 18.95%增加到 94.70%。随着 Al 配加量的增加，促进了 TiO_2、SiO_2、Fe_2O_3

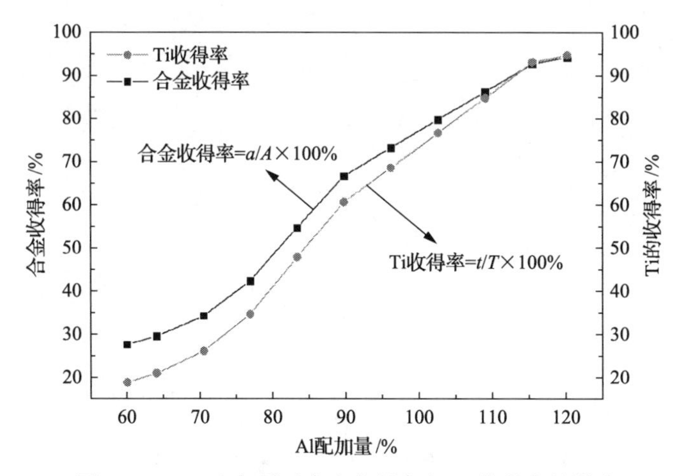

图 10-11　Al 配加量对合金收得率和 Ti 收得率的影响

与 Al 反应的正向进行，因而随着 Al 配加量的增加合金收得率及 Ti 的还原率随之增加。

Al 的配加量对体系中间产物和体系温度的影响结果如图 10-12 所示。随着 Al 配加量的增加，液相 TiO 的含量减少直至消失；固相 Ti_5Si_3 的含量先增加后减少直至消失；体系温度不断升高。这主要是由于随着 Al 配加量的增加，反应正向进行，各铝热反应放出的热量增加，所以体系温度增加。而体系温度升高又引起 TiO_2 转变成 TiO 的量减少，生成 Ti 的量增加，从而使 Ti 与 Si 结合生成 Ti_5Si_3 固相的量在 Al 配加量从 60%增加到 70%时出现增多的现象。随着 Al 配加量的继续增加，体系温度升高，Ti_5Si_3 固相熔化，致使 Ti_5Si_3 固相减少直至消失。

Al 配加量对合金中元素含量的影响如图 10-13 所示，随着 Al 配加量从 60%

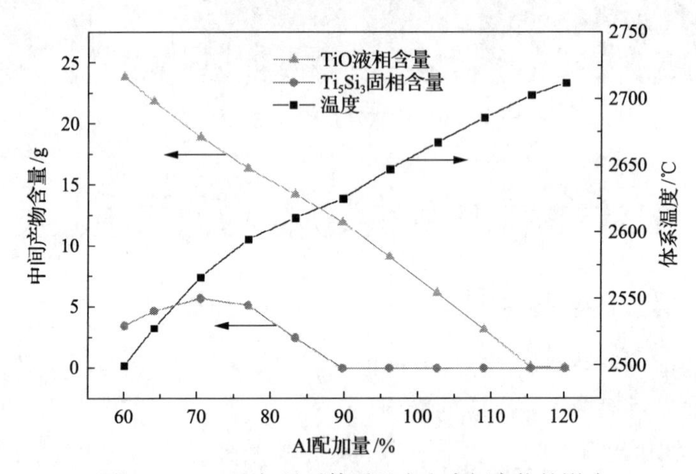

图 10-12　Al 配加量对体系温度和中间产物的影响

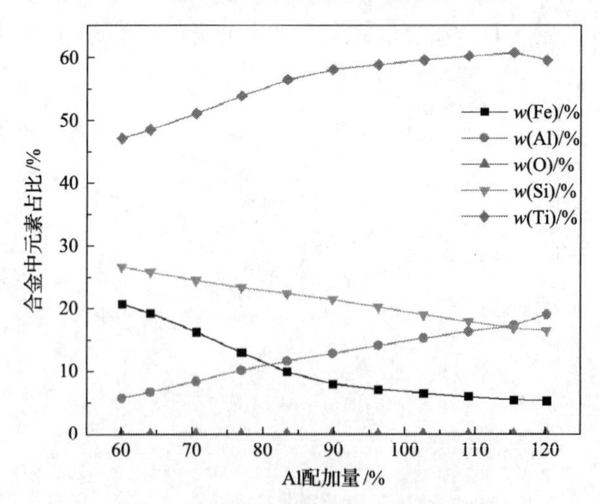

图 10-13　Al 配加量对合金中元素含量的影响

增加到 120%，合金中的 Ti 质量分数从 46.98%增加到 60.52%，随后降低到 59.33%；Si 含量从 26.58%减少到 16.43%；Fe 质量分数从 20.68%减少到 5.24%；Al 质量分数从 5.71%增加到 18.96%。这主要是由于 TiO_2、SiO_2、Fe_2O_3 与 Al 发生反应的先后顺序为 Fe_2O_3、SiO_2、TiO_2。Fe_2O_3、SiO_2 与 Al 先反应，所以随着 Al 配加量的增加，合金中 Fe 和 Si 的含量会随之减少，而 Ti 与 Al 在合金中的含量随之增加。图中 Ti 含量在 Al 配加量从 110%增加到 120%时出现下降，这主要是因为液相 TiO 消失，渣中 TiO_2 的含量减少到 2.5%，此时 Al 进入合金中的含量大于生成 Ti 的量，导致 Ti 含量降低。

10.4.2 发热剂配加量的影响机理

用 Factsage 软件模拟在 1550℃下，100g 炉渣加入 23gAl 的同时改变 Fe_2O_3 配加量的情况下，Fe_2O_3 对铝热还原反应的影响。

Fe_2O_3 配加量对合金收得率及 Ti 收得率的影响如图 10-14 所示。结果表明：随着 Fe_2O_3 配加量从 5g 增加至 20g，合金收得率从 52.50%增加到 63.84%；Ti 收得率从 33.26%减少到 14.37%。出现这一现象的主要原因是随着 Fe_2O_3 配加量的增加，促使 Fe_2O_3 与 Al 反应正向进行，所以合金中的 Fe 含量增加，所以合金收得率增加；Fe_2O_3 与 Al 反应消耗的 Al 量增加，导致 TiO_2 与 Al 反应的 Al 量减少，所以 Ti 的收得率降低。

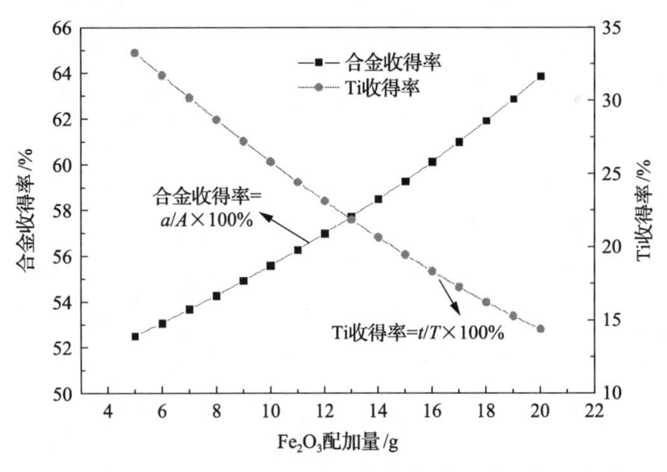

图 10-14 Fe_2O_3 配加量对合金收得率和 Ti 收得率的影响

Fe_2O_3 配加量对体系温度和中间产物的影响如图 10-15 所示。随着 Fe_2O_3 配加量的增加，促使 Fe_2O_3 与 Al 反应正向进行，反应放出的热量增加，体系温度随之升高。随着 Fe_2O_3 配加量的增加，与 TiO_2 反应的 Al 量减少，而体系温度上升可导致 TiO_2 生成 TiO 的量增加。

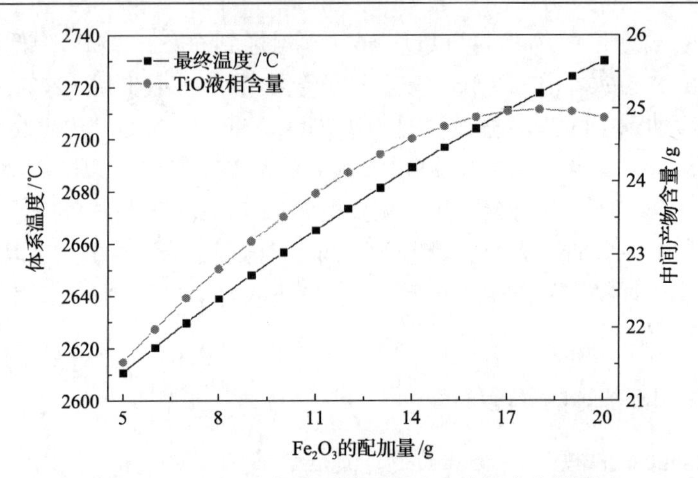

图 10-15 Fe_2O_3 配加量对体系温度和中间产物的影响

Fe_2O_3 配加量对合金中各元素质量分数的影响如图 10-16 所示。随着 Fe_2O_3 的配加量从 5g 增加到 20g，合金中的 Ti 质量分数从 42.70%减少到 15.93%；Si 质量分数从 22.63%减少到 15.76%；Fe 质量分数从 27.17%增加到 65.39%；Al 质量分数从 7.44%减少到 2.83%。随着 Fe_2O_3 配加量的增加，Fe_2O_3 与 Al 反应正向进行，导致合金中 Fe 含量大幅度增加，所以合金中 Ti、Si 的含量减少。

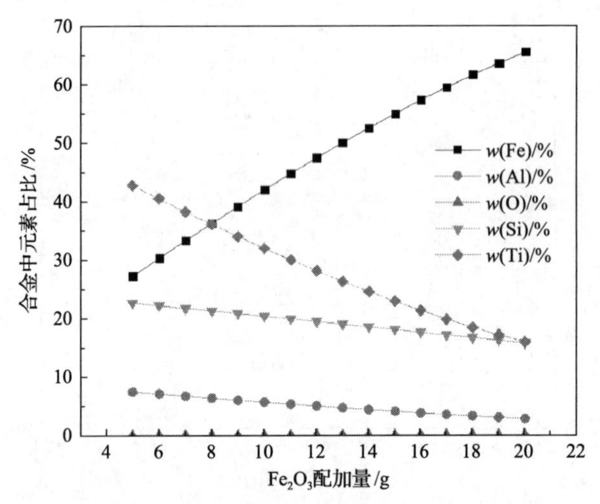

图 10-16 Fe_2O_3 配加量对合金中元素含量的影响

10.4.3 助熔剂配加量的影响机理

利用 Factsage 软件模拟在 1550℃下，100g 炉渣加入 23gAl 和 10gFe_2O_3 条件下，CaO 配加量对铝热还原反应的影响。

CaO/Al_2O_3 质量比对合金回收率和 Ti 收得率的影响如图 10-17 所示。随着 CaO/Al_2O_3 质量比从 0.5 增加到 1.3，合金收得率及 Ti 收得率随之增加；当 CaO/Al_2O_3 质量比从 1.3 增加到 1.5 时，合金收得率和 Ti 收得率减小。随着 CaO/Al_2O_3 质量比的增加，炉渣的黏度降低，促使铝热反应正向进行，这使得合金收得率及 Ti 的收得率增加。当加入 CaO 过多时，将促使 CaO 与 TiO_2 反应生成 $Ca_2Ti_2O_5$，因此，当 CaO/Al_2O_3 重量比从 1.3 增加至 1.5 后，合金收得率及 Ti 收得率降低。

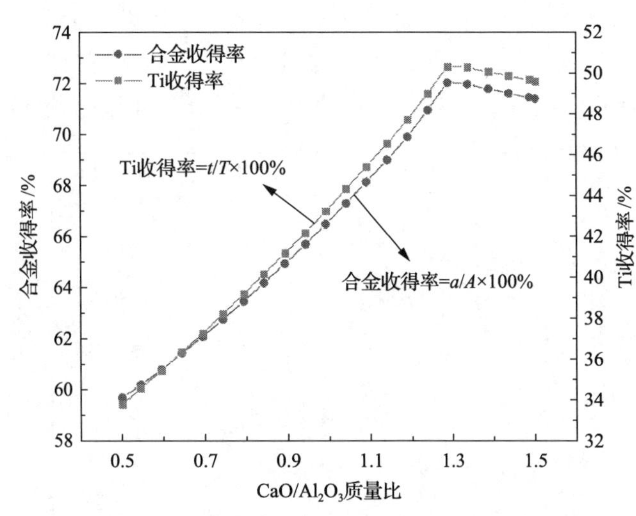

图 10-17　CaO 配加量对合金收得率和 Ti 收得率的影响

CaO/Al_2O_3 质量比对中间产物及体系温度的影响如图 10-18 所示。随着 CaO/Al_2O_3 质量比增加，中间产物 TiO 量减少，体系温度随之降低。体系温度在

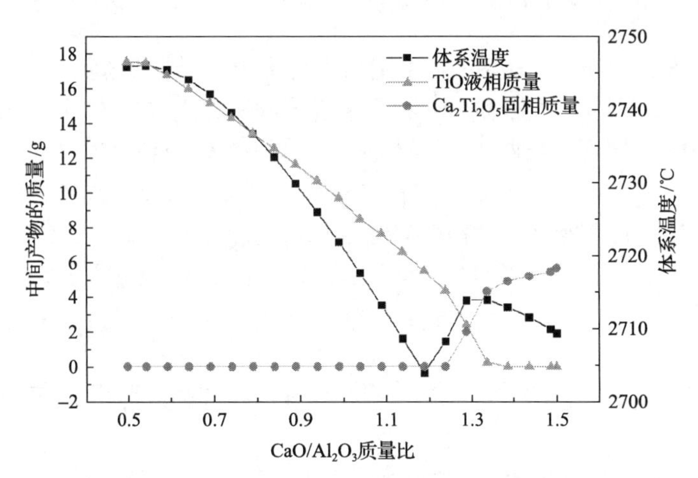

图 10-18　CaO 配加量对体系温度和中间产物的影响

1.2～1.3 处有略微升高，之后下降。固相 $Ca_2Ti_2O_5$ 在 CaO/Al_2O_3 质量比为 1.23 处出现，CaO 与 TiO_2 结合生成 $Ca_2Ti_2O_5$ 放热，且随着 CaO 配加量的增加，$Ca_2Ti_2O_5$ 含量随之增加。

CaO/Al_2O_3 质量比对合金中各元素含量的影响如图 10-19 所示。随着 CaO 配加量的增加，合金中的 Ti 的质量分数从 37.63%增加到 45.55%，而后基本维持稳定；Si 的质量分数从 15.77%减少到 13.05%；Fe 的质量分数从 37.78%减少到 30.79%；Al 的质量分数从 8.99%增加到 11.12%。随着 CaO 配加量增加，炉渣的黏度降低，且由于 CaO 是比 TiO 碱性更强的化合物，随着 CaO/Al_2O_3 质量比的增大，减弱了 TiO 与 Al_2O_3 的反应，改善了还原反应的过程，降低了 Al_2O_3 的活性，所以 Ti 含量增加。Ti 和 Al 含量的增加使得合金中 Fe 和 Si 的含量降低。

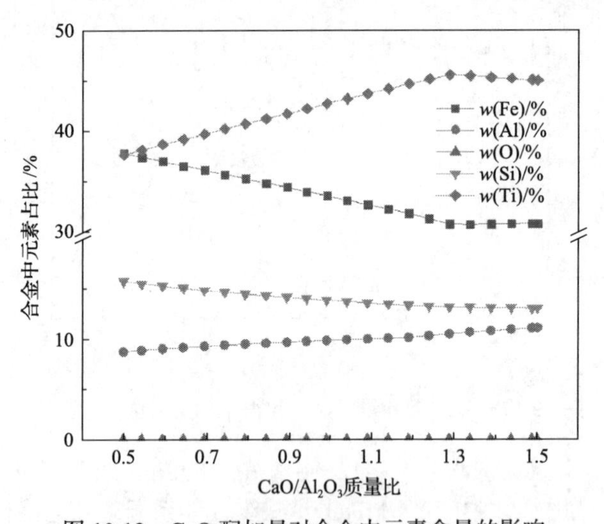

图 10-19 CaO 配加量对合金中元素含量的影响

综上，利用 Factsage 软件，对给定温度为 1550℃下的铝热还原反应进行模拟计算，分析了还原剂、发热剂和助熔剂对铝热还原的影响。结果表明：随着 Al 配加量从 60%增加到 120%，合金收得率从 27.71%增加到 94.23%；Ti 收得率从 18.95%增加到 94.70%。随着 Fe_2O_3 的配加量从 5g 增加至 20g，合金收得率从 52.50%增加到 63.84%；Ti 收得率从 33.26%减少到 14.37%。随着 CaO/Al_2O_3 质量比从 0.5 增加到 1.3，合金收得率及 Ti 收得率随之增加；当 CaO/Al_2O_3 质量比从 1.3 增加到 1.5 时，合金收得率和 Ti 收得率减小。

10.5 预还原海砂矿熔分高钛渣铝热法制备钛铁合金

钛铁合金是一种铁合金，主要由铁和钛组成，其最小钛含量为 20%，最大钛含量为 75%[242]。由于钛和铁对硫、碳、氧和氮具有高反应性，所以通常可用钛铁合金去除钢水中的杂质物[243]。此外，钛铁还可以作为 Ti 合金元素的添加剂，以使钢具有更高的强度、耐蚀性、耐热性和其他特性[243, 244]。

因此，钛铁合金的广泛使用使其制备成为研究的热点。表 10-12 列出了有关钛铁合金制备的最新研究结果，包括所用的初始材料、方法和最终产品中钛铁的含量。其中，基于 $CaCl_2$ 电解质的电化学还原是一类主要的制备方法。Mohanty[245]等和 Ma 等[246]证明了从钛铁矿和二氧化钛炉渣直接电化学还原为钛铁合金的可行性。基于 Fray、Farthing 和 Chen(FFC 法)过程[247]，Panigrahi 等[242, 248]使用 $FeTiO_3/TiO_2$ 和 Fe_2O_3/TiO_2 混合氧化物获得了高纯度的 Fe-Ti 金属间合金。此后，Zhou 等[249]和 Li 等[250]报道了在 $CaCl_2$-NaCl 熔融盐电化学还原过程中的相变和 CaO 添加效应的详细研究结果。

表 10-12　在不同的研究中制备钛铁的结果

项目	成分、含量、方法
原料(钛铁矿)	$FeTiO_3$(质量分数：99.9%)，TiO_2(质量分数：99%)，$FeTiO_3$∶TiO_2=2.78∶1 或 0.58∶1
提取方法	直接电化学还原，脱除水分 8～10h，电解过程持续 25～30h
钛铁合金成分/%	Ti:45～70，Fe:26～51，Ca:0.13～0.24，O:0.19～0.46，C:0.03～0.34
原料(钛铁矿)	化学纯 $FeTiO_3$
提取方法	4.4V，973K 下电解还原热还原 24h
钛铁合金成分	Fe_2Ti 和 FeTi
原料(钛铁矿)	纯 $FeTiO_3$
提取方法	3.2V，973K 下电解还原热还原 15h
钛铁合金成分	FeTi
原料(高钛渣)/%	TiO_2:63，FeO:17，SiO_2:10，Al_2O_3:2.5，MgO:1.2，CaO:3.5，V_2O_5:0.4，Cr_2O_3:0.04，P_2O_5:0.2
提取方法	在 ESCM 炉中进行铝热还原反应
钛铁合金成分/%	Ti:54.5，Fe:22.2，Al:6，Si:11.5，Mn:2，C:0.85，P:0.08，S:0.007
原料(钛精矿)/%	TiO_2:63，FeO:27，SiO_2:2.7，Al_2O_3:4.3，MgO:0.9，Cr_2O_3:1.5，MnO:0.4，CuO:0.2
提取方法 1	分两步进行中试规模的铝热还原。第一步：钛铁矿、石灰和无烟煤被熔化；第二步：将产生的 TiO_2 炉渣与 Al 和铁矿石一起倒入反应器中
钛铁合金成分 1/%	Ti:48.3，Al:13.8，Si:2.57，Mn:0.64，Cr:0.95
提取方法 2	分两步进行工业规模的铝热还原。第一步：钛铁矿、石灰和无烟煤被熔化；第二步：将产生的 TiO_2 炉渣与 Al 和铁矿石一起倒入反应器中
钛铁合金成分 2/%	Ti:31.0，Fe:57.2，Al:4.6，Si:4.9，Mn:0.24，V:0.13，Cu:1.6
原料(钛铁矿)/%	TiO_2:62.85，MgO:1.24 SiO_2:2.25，Al_2O_3:4.08，Cr_2O_3:1.72，MnO:0.71，CuO:0.35
提取方法	在钛铁矿完全融化后添加还原剂金属铝

续表

项目	成分、含量、方法
钛铁合金成分	① 利用钛铁矿:11.4kg，CaO:0.6kg，Al:3kg 可生产钛铁合金 Ti:30.5%，Al:4.5%，Si:1.4%，Cr:1.0%，Mn:1.0%; ② 利用钛铁矿:39.9kg，CaO:2.1kg，Al:18kg 可生产钛铁合金 Ti:48.5%，Al:13.3%，Si:2.4%，Cr:0.86%，Mn:0.76% ③ 利用钛铁矿:114kg，CaO:6kg，Al:40kg 可生产钛铁合金 Ti:48.5%，Al:13.8%，Si:2.6%，Cr:0.95%，Mn:0.64%

然而，上述电化学还原过程存在电解时间长和产品存在多孔结构等不可避免的缺点，因此工业界正在探索使用铝热还原方法生产钛铁合金。Pourabdoli 等[251]使用从钛铁矿冶炼还原中分离出的二氧化钛渣作为初始材料并优化了铝热还原的参数，最终得到了钛含量为 45%～54%的钛铁合金。此外，在 Sokolov 等[244]和 Babyuk 等[252]的研究中，通过铝热还原工艺处理钛铁矿，获得了约 48%的钛铁合金。

钛储量在金属中排名第四，仅次于铁、铝和镁。据估计，全球氧化钛储量为 6500 亿 t，其中金红石（TiO_2）和钛铁矿（$FeTiO_3$）已成功通过电炉冶炼和湿法冶金工艺方式提取出多种钛产品[253]。先前的工作[217, 254, 255]已经完成了以海砂矿为初始原料，通过预还原和高温熔融分离来富集钛的工作，最终获得了品位约 42.5%TiO_2的含钛炉渣。本节将以该钛渣作为初始含钛资源，在铝热还原的基础上制备出合格的钛铁合金。

在先前的工作中，研究了海砂矿气基还原和随后的高温熔融渣铁分离，目的是获得合格的铁水和炉渣，并使含钛炉渣中的钛含量尽可能高[217, 254, 255]。表 10-13 显示了直接还原铁（DRI）和熔分钛渣的成分含量。经过矿物选矿，气基还原和高温熔融分离后，熔分含钛炉渣中二氧化钛含量可以增加至 43%，从而为进一步提取钛资源提供了可能性。

表 10-13　气态直接还原和熔体分离过程后直接还原铁和二氧化钛渣的成分（质量分数）　　单位：%

成分	直接还原铁	熔分钛渣
TFe	64.63	2.14
FeO	8.31	2.75
TiO_2	13.26	42.50
SiO_2	4.80	15.73
MgO	4.35	15.83
Al_2O_3	3.93	14.31
CaO	0.70	2.54
CaF_2	—	6.35
余量	0.03	0.13

在该反应体系中，铝热还原的原料包括：经过预还原和熔融分离的含钛炉渣，还原剂（w(Al)＞99.5%，w(Si)＜0.2%，w(Zn)＜0.04%，w(Cu)＜0.04%），助熔剂（氧化钙＞99.9%）和放热剂（赤铁矿＞99.9%）。首先将 CaO 和 Fe_2O_3 在氩气气氛中于 1000℃煅烧 2h，以确保铝热还原过程中水合物和碳酸盐的解离和数据的准确性。将上述原料称重后在球磨机中研磨混合 1h，然后将该混合样品（粒度：Al：0.6～1.0mm；其他＜0.15mm）放入氧化铝坩埚中，并用石墨坩埚作为保护坩埚置于外层。石墨坩埚下方的热电偶用于测量样品区温度，当炉内样品区的温度达到预定值并保持稳定温度 2h 后，将装有样品的嵌套双坩埚放在氧化铝平台上，然后立即从高温炉底部推入炉内。随着样品的加热升温，铝热反应在一定温度下瞬时发生，由于短时间内释放出大量热量，因此温度迅速升高，从而为金属热还原提供了良好的动力学条件。反应完成后，将样品在该温度下保温 2h，以提供足够的渣金两相分离时间。然后，将装有样品的坩埚迅速移动至冷却容器中，并在氩气气氛下冷却至室温。在整个实验中，氩气（纯度为 99.5%）用作保护气体通入炉内，此外通过红外成像设备检测并记录样品内温度的变化，该设备的示意图如图 10-20 所示。在对样品进行研磨和抛光之后，通过配有能量色散光谱仪（EDS，EDAX）的扫描电子显微镜（SEM，FEI Quanta 250）检测合金和炉渣的微观形貌和成分含量。

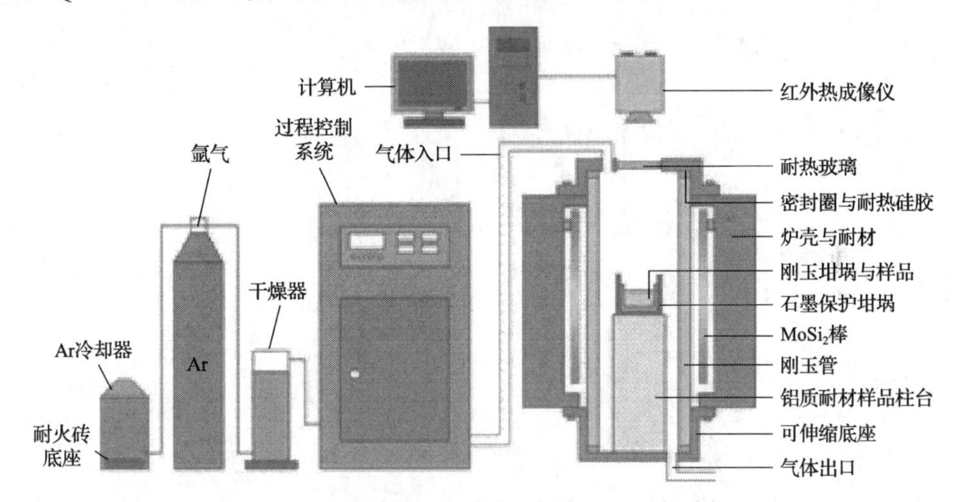

图 10-20　钛渣铝热还原制备钛铁合金的设备示意图

相关研究[252, 256, 257]表明，对于铝热还原的过程，通过 Factsage 软件计算的热力学数据是可靠的。因此，根据图 10-21（a）中 Factsage 化学反应吉布斯自由能的变化，钛渣中 TiO_2 和 SiO_2 及添加剂 Fe_2O_3 在实验温度下能够与金属 Al 自发地发生反应。就热力学反应的优先性而言，Fe_2O_3 的铝热还原最容易且最先发生，而 SiO_2 铝热还原反应的能力接近 TiO_2。同时，图 10-21（b）表述了铝热还原反应的焓变，表明这三个反应都是放热的，尤其是 Fe_2O_3 的铝热反应，反应焓变为 350～370kJ/mol。

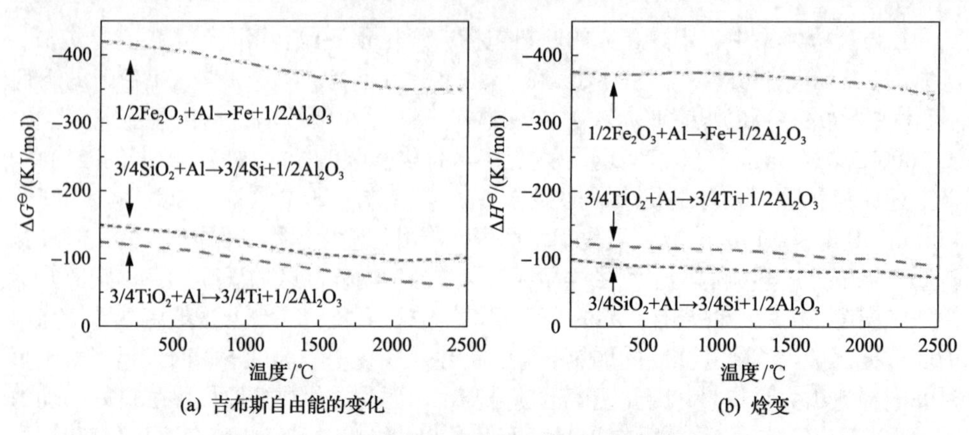

图 10-21 主要化学反应的吉布斯自由能变化和焓变

$$Al + 0.75TiO_2 \Rightarrow 0.75Ti + 0.5Al_2O_3 \tag{10-12}$$

$$\Delta G_1 = \Delta G_1^{\ominus} + R \cdot T \cdot \ln \frac{a_{Ti}^{0.75} \cdot a_{Al_2O_3}^{0.5}}{a_{Al} \cdot a_{TiO_2}^{0.75}} \tag{10-13}$$

$$Al + 0.5Fe_2O_3 \Rightarrow Fe + 0.5Al_2O_3 \tag{10-14}$$

$$\Delta G_2 = \Delta G_2^{\ominus} + R \cdot T \cdot \ln \frac{a_{Fe} \cdot a_{Al_2O_3}^{0.5}}{a_{Al} \cdot a_{Fe_2O_3}^{0.5}} \tag{10-15}$$

$$Al + 0.75SiO_2 \Rightarrow 0.75Si + 0.5Al_2O_3 \tag{10-16}$$

$$\Delta G_3 = \Delta G_3^{\ominus} + R \cdot T \cdot \ln \frac{a_{Si}^{0.75} \cdot a_{Al_2O_3}^{0.5}}{a_{Al} \cdot a_{SiO_2}^{0.75}} \tag{10-17}$$

$$a_i = \frac{n_i}{\sum n_i} \cdot \gamma_i \tag{10-18}$$

$$\min.G = \sum_{r=1}^{3} n_r \cdot \Delta G_r \tag{10-19}$$

$$\text{s.t.} \sum_{i=1}^{j} \sum_{e=1}^{k} m_{ie} \cdot n_i = C \tag{10-20}$$

式(10-12)～式(10-17)描述了铝热反应和相应的吉布斯自由能的变化。由于炉渣和合金相在液态下反应，因此每个组分的活度可通过式(10-18)获取，其中 i 为反应系统中如 Si、Al、Fe、Ti、Al_2O_3、Fe_2O_3、SiO_2、TiO_2 的组分；n_i、a_i 和 γ_i

分别为组分 i 的摩尔数、活度和活度系数。根据最小自由能的原理[258]，可以通过最小化系统的总自由能来确定复杂混合物的平衡组成，如式(10-19)所述，其中 r 为反应式(10-12)、式(10-14)、式(10-16)，n_r 为反应 r 的摩尔数。式(10-20)是确保元素守恒律的约束条件，其中 e 为反应体系中的元素；j 和 k 为组成元素和元素的总数；m_{ie} 为组分 i 中元素 e 的原子序数。因此，上述计算公式可用于探索铝热还原反应的热力学平衡状态，如每种成分的含量、合金和炉渣相的质量及系统绝热温度等热力学平衡信息。

图 10-22 给出了在 100g 钛渣的恒定条件下，Al 从 5g 增加至 20g 每变化 1g 后合金与炉渣成分的变化情况。从图 10-22(a)和图 10-22(b)中可以发现，铝添加量的增加导致合金相中 Ti、Si、Al 含量的增加，而炉渣相中 TiO_2 和 SiO_2 的含量则相应减少，表明 Al 还原剂的增加促进了硅和钛氧化物的还原。然而，当铝渣比大于 12%时，合金中 Ti 含量的增长趋势开始变慢，并且合金中 Al 含量持续增加，导致合金组成含量偏离最佳范围。另外，基于图 10-22(c)中反应结束时的绝热温度和炉渣/合金质量比，当铝渣比为 12%时，炉渣/合金质量比约为 9.8。此时，反应系统的绝热温度可以达到约 2500℃，这有助于促进炉渣和合金的分离。因此，在综合考量合金等级、炉渣/合金质量比、放热与系统温度时，选择 12%铝渣比进行验证实验。表 10-14 给出了热力学优化计算范围和据此给出的铝热还原反应优化方案。根据该优化方案(12%铝渣比)获得了热力学平衡状态下合金和炉渣相的计算成分含量，如表 10-15 所示。此外，根据表 10-15 列出的成分含量，由 Factsage 计算出冷却过程中(2400～100℃)的合金成分和炉渣的含量，如图 10-22(d)所示。结果表明，炉渣和合金可以在 1900℃或更高温度下保持液态状态，这有利于炉渣和合金相的充分分离。

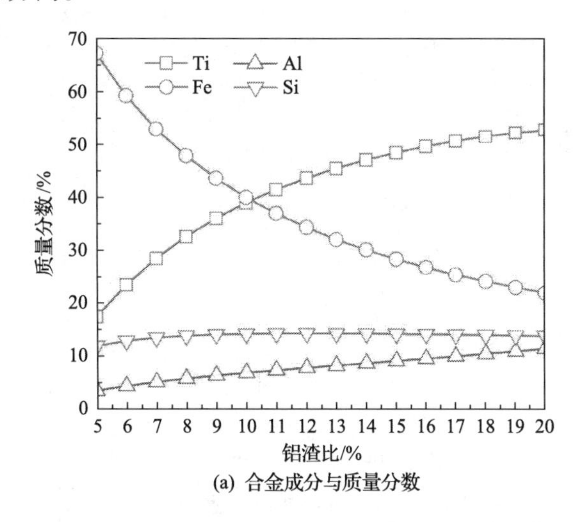

(a) 合金成分与质量分数

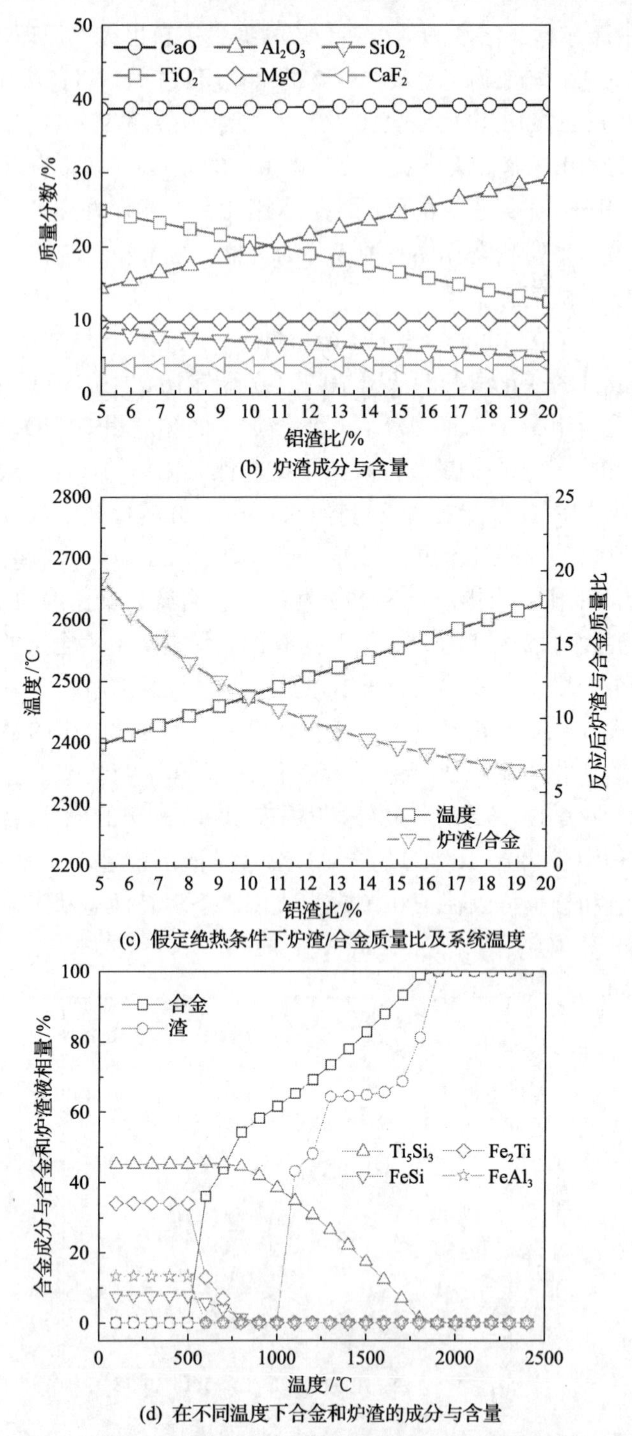

(b) 炉渣成分与含量

(c) 假定绝热条件下炉渣/合金质量比及系统温度

(d) 在不同温度下合金和炉渣的成分与含量

图 10-22　在热力学平衡条件下，炉渣和合金相特征随 Al 添加量的变化

表 10-14　钛渣铝热还原的热力学优化方案

成分	热力学计算范围/g	优化方案/g	百分比/%
钛渣	100	100	56
CaO	60	60	34
Fe_2O_3	5	5	3
Al	5～20	12	7

表 10-15　基于热力学优化方案的合金相和炉渣相成分与质量分数

炉渣	TiO_2/%	CaO/%	Al_2O_3/%	MgO/%	SiO_2/%	CaF_2/%
	19.1	38.9	21.5	9.9	6.7	4.0
合金	Ti/%	Fe/%	Al/%	Si/%	合金炉渣比	温度/℃
	43.6	34.3	7.8	14.3	0.10	2507

反应过程示意图如图 10-23 所示。由于铝热还原反应在短时间内会释放出大量热量，因此该反应发生迅速且激烈，可在反应发生后的 10s 内达到最高反应温度，并在高温状态维持 4min。而后温度缓慢恢复到炉内预定温度，整个温度波动过程持续约 7min。冷却后样品的实际状态表明，反应过程的放热足以分离炉渣和合金，大多数合金相均可以达到有效聚集。将合金与炉渣进行物理分离后，合金称量结果表明，产品收得率约为 12.7%(合金/初始二氧化钛炉渣=12.7g/100g)，比理论值低约 3.3%。

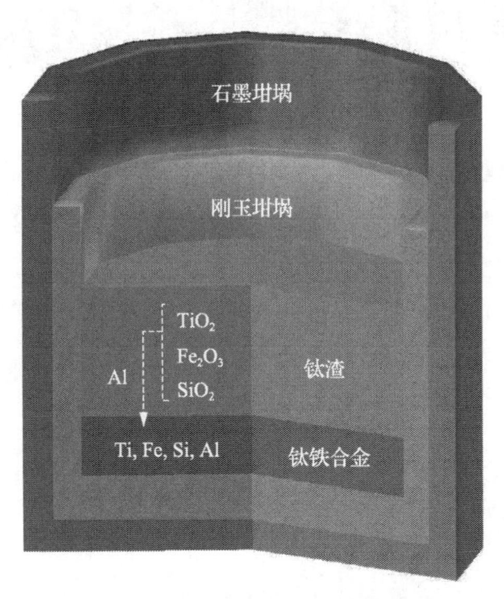

图 10-23　铝热还原过程的示意图

图 10-24(a)给出了铝热还原反应后经氩气急速冷却的合金试样的 SEM 微观形貌和 EDS 元素面扫描图谱。由此可知，合金相具有均匀的成分分布，且夹杂物较少(约 $0.52mm^2$ 中有 3 个夹杂物)。此外，通过电感耦合等离子体(ICP)检测合金相中主要元素的平均含量后可知，实验结果的合金含量与表 10-15 中的理论计算结果有所不同。相比于理论计算结果，实验结果中的 Ti 和 S 的含量显著降低，分别从 43.6%和 14.3%降至 30.5%和 3.2%，导致合金中 Fe 的相对含量增加，而 Al 含量(8.4%)与理论计算结果基本一致。

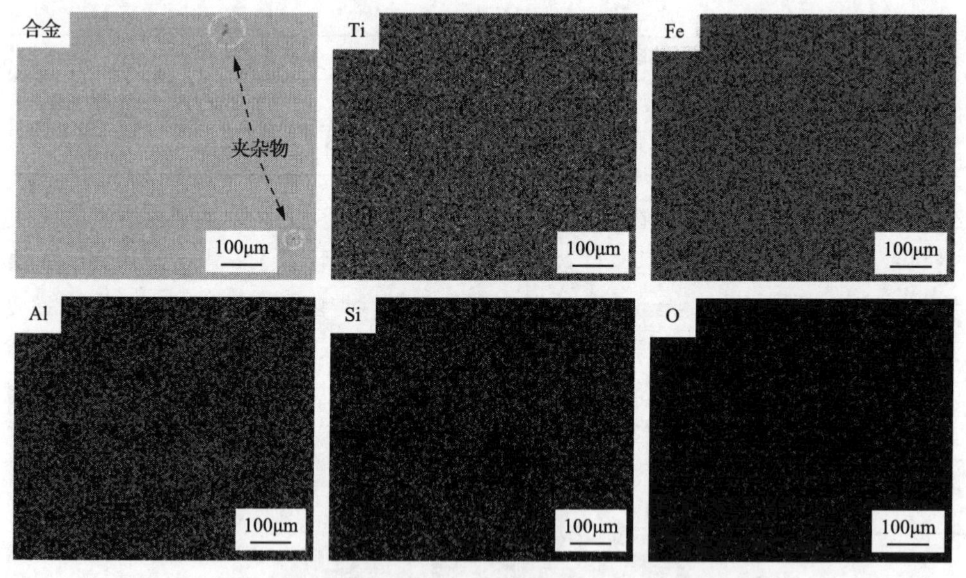

图 10-24　合金相的 SEM 显微照片和 EDS 扫描图

对铝热还原后的炉渣相进行抛光制样，并采用 SEM 和 EDS 进行检测，结果如图 10-25(a)所示。由此可以清楚地看到，一定数量的合金颗粒与主要合金相分离，合金颗粒混合在炉渣物相中，利用图像处理方法从炉渣合金混溶相中提取出光亮合金相，结果显示在图 10-25(b)中。由此可知，混溶于炉渣相的合金颗粒尺寸在 1～50 范围，且不同粒径下几乎均呈现球形分布。使用 EDS 定量测定不同颗粒合金相的平均成分与含量，结果如图 10-25(c)和表 10-16 所示。将熔分合金相与炉渣中弥散分布合金相的成分进行比对，从中可以发现，炉渣中合金相的 Si 质量分数为 20.85%，远高于主合金中的 Si 含量，而 Ti 和 Al 含量却呈现出相反的趋势，比主合金相低约 7%。

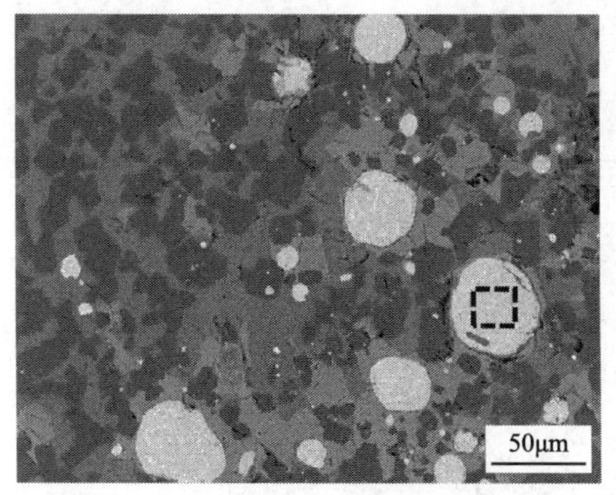

(a) 含一定数量合金颗粒的渣相SEM微观形貌

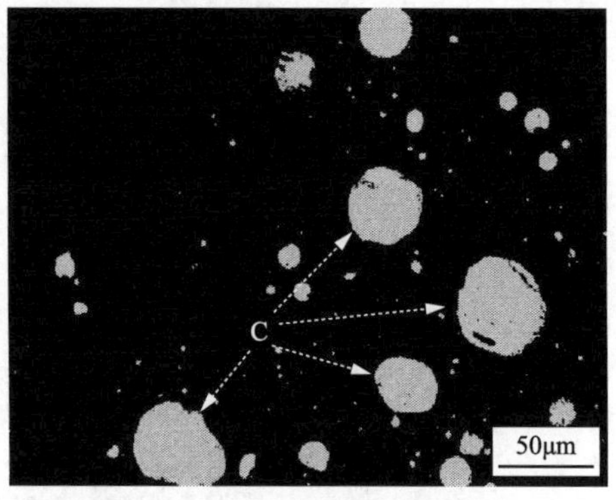

(b) 通过图像处理方法从(a)中图形提取的合金相的微观形貌

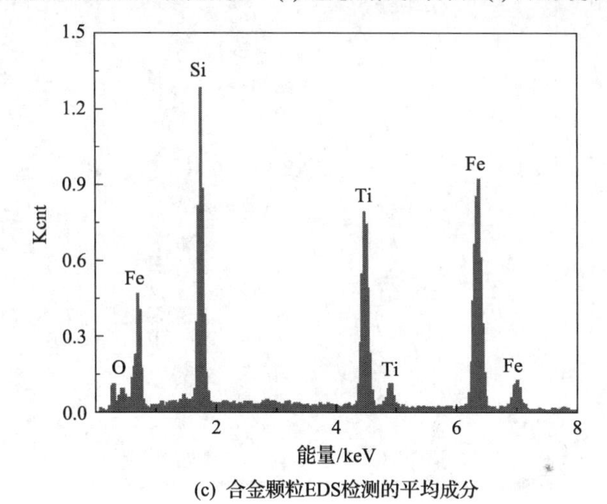

(c) 合金颗粒EDS检测的平均成分

图 10-25　炉渣相的 SEM 照片和 EDS 分析

将图 10-25(a)中虚线方形标记区域进一步放大，以深入研究炉渣中的颗粒状混合合金相，结果如图 10-26 所示。从图 10-26(a)中不难发现，混合合金相由含量不同的两种物相组成，将其标记为物相 B 和物相 C，根据图 10-26 中的 EDS 能谱分析结果和表 10-16 中的成分检测结果，物相 B 是一种富 Ti-Si 物相，而物相 C 则主要包括 Fe-Si。然而，这两种物相在组成和含量上都与主要合金相存在较大差异，推测其原因主要是由于铝热反应的剧烈进行，部分液态合金混入炉渣相中，形成合金颗粒。与此同时，由于炉渣中 SiO_2 的含量较高，炉渣与炉渣中合金颗粒之间的反应接触面积较大，这使得炉渣中的 SiO_2 易被合金颗粒中的 Ti 和 Al 还原，所以炉渣中合金颗粒 Si 的含量高而 Al 的含量低。此外，结合图 10-22(d)的热力学结果，即在冷却过程中，降温至 1800℃时液相合金相首先形成 Ti_5Si_3，此后当冷却至 800℃时，Fe_2Si 和 Fe_2Ti 两相开始分离。因此，推测图 10-26(a)中两种不同合金相产生的原因是由两种物相析出温度具有较大差异及合金颗粒所处的高

SiO_2含量炉渣环境所致。

表 10-16 基于 EDS 检测的炉渣中合金颗粒的主要元素含量 单位：%

元素	Ti	Fe	Si	Al	O	位置
合金平均成分	23.65	53.36	20.85	0.55	1.59	图 10-25(c)
富 Ti-Si 合金相	32.23	43.70	22.19	0.39	1.49	图 10-26(b)
富 Fe-Si 合金相	8.08	74.37	15.74	0.44	1.37	图 10-26(c)

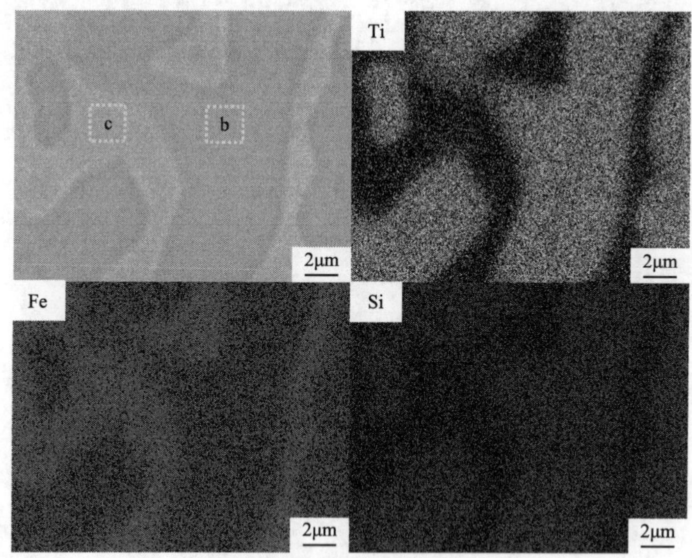

(a) 图10-25(a)中虚线部分的局部放大图

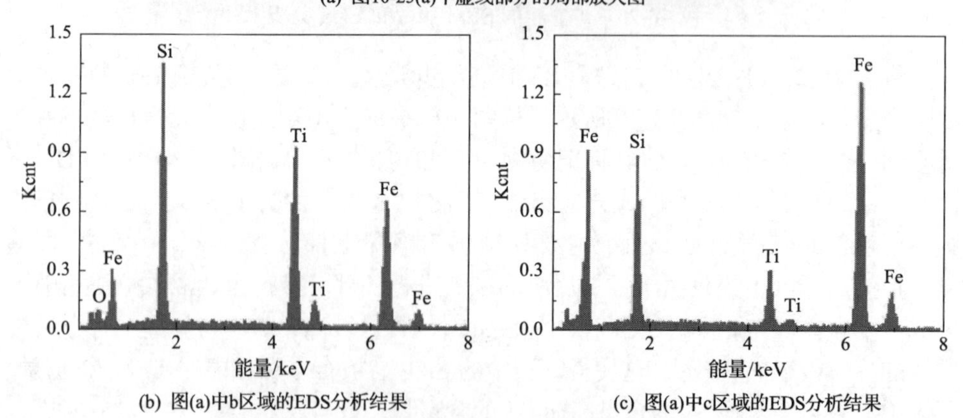

(b) 图(a)中b区域的EDS分析结果　(c) 图(a)中c区域的EDS分析结果

图 10-26 炉渣中合金颗粒的微观形貌和元素分布

[(Ti)、(Fe)和(Si)是(a)中相关元素的 EDS 面扫描图]

图 10-27(a)是铝热还原后炉渣相的 SEM 微观形貌。由此可知，炉渣主要由三

种物相构成，如图中 a、b 和 c 所示。通过 EDS 定量测定三相的含量，其结果见图 10-27。为了研究 a、b 和 c 三种渣相的组成和形成机理，通过 XRD 对渣相进行检测，如图 10-27(b)所示。由此推测并获得了 a、b 和 c 三种渣相的主要组成和元素含量(原子摩尔分数)，其结果如表 10-17 所示。结果表明，a 为富 Ti 氧化物物相，Ti 含量超过 40%，且根据图 10-27(Ti)中 Ti 的面扫结果，可以发现渣相 a 大部分散布在合金颗粒周围。考虑到渣相 a 主要由 Ti 氧化物(TiO/Ti_2O_3)组成，推测渣相 a 是合金中 Ti 还原炉渣中 SiO_2 所形成的反应产物，这也与图 10-25 和图 10-26 的结果非常吻合。渣相 b 的主要成分是 MgO 和 Al_2O_3，其中 MgO 主要来自最初的钛渣，而 Al_2O_3 除来自最初的钛渣带入，还有一部分来自铝热还原产物。此外，Al_2O_3 极易与 MgO 结合形成高熔点的尖晶石相($MgAl_2O_4$)，因此，渣相 b 沉淀并分散在炉渣相中，如图 10-27(a)和(Al)所示。炉渣中的 Ca 和 Si 元素则

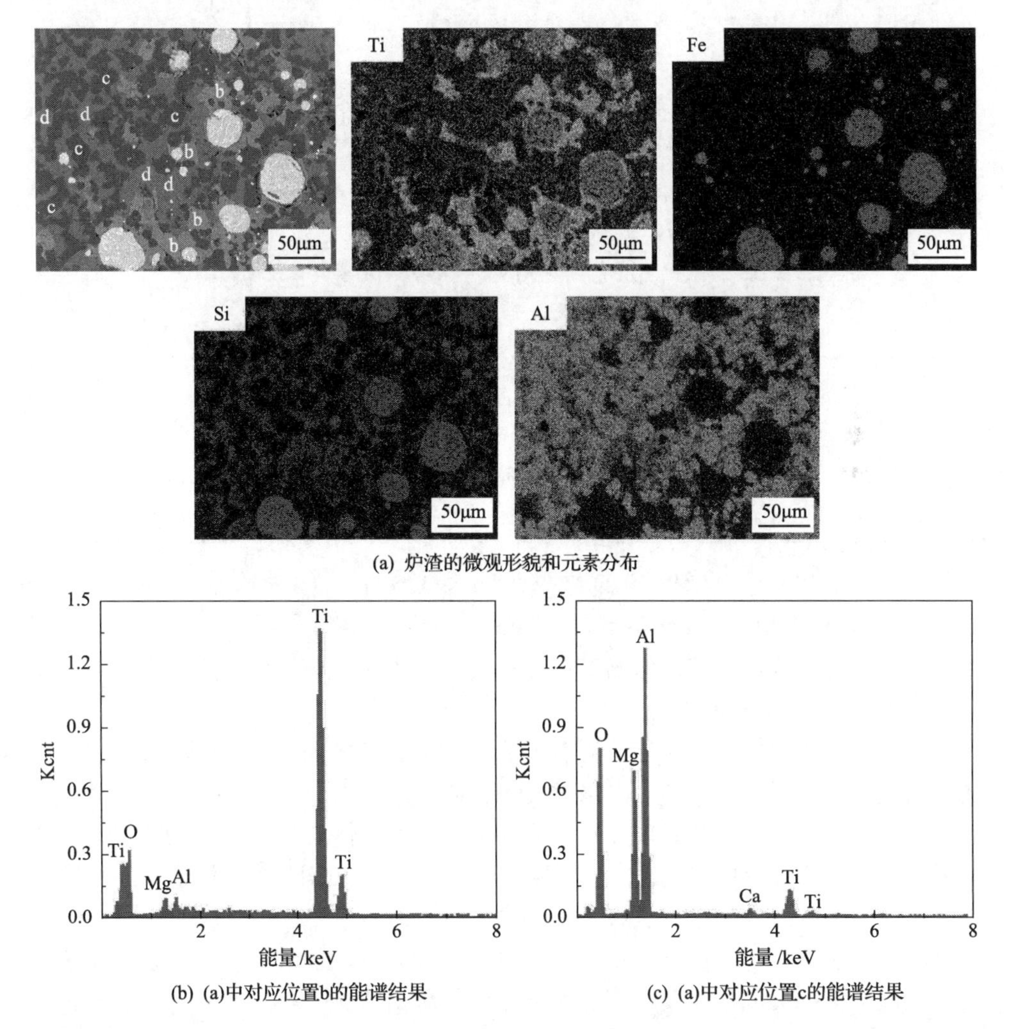

(a) 炉渣的微观形貌和元素分布

(b) (a)中对应位置b的能谱结果

(c) (a)中对应位置c的能谱结果

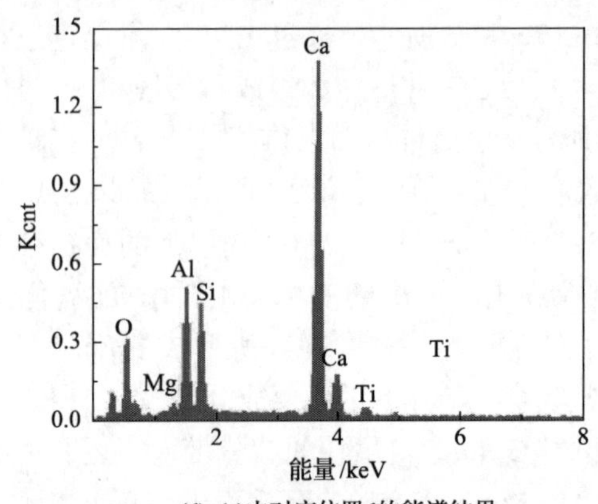

(d) (a)中对应位置d的能谱结果

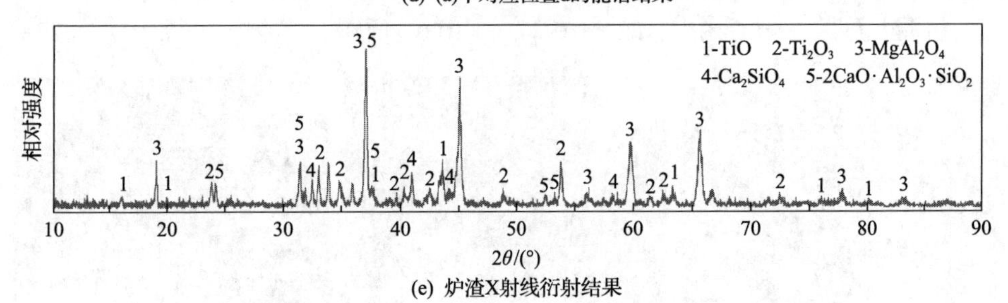

(e) 炉渣X射线衍射结果

图 10-27　铝热反应后炉渣的微观形貌、元素分布及物相

表 10-17　图 10-27 中 a、b、c 三相元素含量与相应的可能物相

元素	Ti/%	Mg/%	Al/%	Ca/%	Si/%	Bal./%	主要成分
区域 a	40.70	3.25	2.26	<0.5	<0.5	53.79	TiO/Ti_2O_3
区域 b	3.50	13.45	26.83	<0.5	<0.5	56.22	$MgAl_2O_4$
区域 c	0.97	1.19	9.60	23.39	8.72	56.13	$Ca_2SiO_4/2CaO\cdot Al_2O_3\cdot SiO_2$

主要集中在渣相 c 中，依据 XRD 结果，Ca_2SiO_4是主要的结合方式。另外，在渣相 c 中，额外的 Al_2O_3 和 SiO_2 也以 $2CaO\cdot Al_2O_3\cdot SiO_2$ 的形式被 CaO 固定，这有助于防止 Al_2O_3 与 TiO 结合生成 $TiAl_2O_4$，有利于保证铝热还原的持续进行并提高合金等级。

海砂矿经预还原与高温熔分后获得含钛炉渣，利用该部分含钛炉渣通过铝热还原法成功制取了钛铁合金。在该过程中，通过额外添加 CaO 和 Fe_2O_3 以确保足够的炉渣流动性和物理热量。此外，增加铝渣比可以使合金中 Ti、Al 和 Si 的含量增加。根据红外原位观察，铝热还原反应强烈的放热阶段维持了近 7min，最终获得了 30.5%Ti、8.4%Al 和 3.2%Si 的钛铁合金。然而，激烈的反应使一定量的合金颗粒混入炉渣相中，产品产率约为 12.7%(合金/初始二氧化钛渣=12.7g/100g)。由于 Al 还原 SiO_2 的反应条件更好，因此与合金相(3.2%)相比，炉渣中混入的合金颗粒中含更高含量的 Si(20.9%)，因而也导致了 Ti_5Si_3 和 Fe_2Si 物相的析出并增加了炉渣中合金颗粒的黏度。因此，部分合金颗粒分散于炉渣中，无法与熔分合金相汇聚。炉渣中存在三种物相：富钛氧化物相主要围绕合金颗粒；大量铝热还原产物 Al_2O_3 与 MgO 结合形成第二物相；而 CaO 则有效固定了 Al_2O_3 和 SiO_2 形成第三物相，有助于促进反应的持续进行并提高合金等级。

10.6　小　　结

通过气基还原和熔融分离从钒钛磁铁矿中获得了 40%以上品位的 TiO_2 炉渣。90%预还原度海砂矿配加 12%的助熔剂 CaF_2 后，在 1550℃的条件下，可以实现充分的渣铁分离，并获得约 44%TiO_2 品位的钛渣。通过三元系炉渣 TiO_2-Fe_2O_3-CaO 与金属铝的预实验，验证了铝热还原反应制备钛铁合金的可行性，通过热力学计算优化 Al 的添加比例，进行了铝热还原法生产钛铁合金。在该反应中，通过额外添加 CaO 和 Fe_2O_3 以确保炉渣的流动性及合金的合格质量和足够的系统物理热量。该反应较为剧烈与迅速，可在约 10s 内达到较高温度，并在约 7min 时完成反应，所形成的合金相聚集较为理想。依据预实验所获得的还原率数据，以海砂矿熔分钛渣为基础原料，进行了制备钛铁合金实验，成功制备了具有 30.5%Ti、8.4%Al、3.2%Si 含量的钛铁合金。符合国家标准(FeTi30-B)的钛铁合金分析表明，一些不同含量的合金颗粒分散在炉渣中，并且炉渣由三个不同的相组成。

第 11 章　海砂矿短流程工业试验与应用案例

11.1　新西兰法冶炼海砂矿工业的应用案例

回转窑-电炉法采用回转窑作为预还原设备，当预还原产品进入电炉冶炼时，采用氮气作为保护性气体，使矿石熔化并迅速被还原，从而实现海砂矿的冶炼并获得优质铁水。新西兰根据本国的资源及能源特点，采用回转窑-电炉法冶炼海砂矿，已稳定运行多年。

新西兰的回转窑-电炉法炼钢工艺采用 Waikato 铁矿的海砂为原料，以褐煤为还原剂，配加部分造渣材料。经多层炉干燥、预热后加入回转窑，在回转窑内还原为海绵铁，再经熔化炉将铁水和炉渣分离，铁水送至炼钢车间提钒炼钢。该流程的特点是不经过磨矿和造球，可直接将选矿得到的粗粒级铁精矿用于冶炼，流程短，而且经回转窑还原后所得的海绵铁直接热装进入电炉进行熔分冶炼，省去了海绵铁的冷却、钝化。

新西兰所用的铁砂是选矿厂生产的，采用的方法是湿磁选，然后再用螺旋分离机和锥形分离装置进行重选。磁选后的海砂矿精矿的化学成分见表 11-1。

表 11-1　含铁原料海砂矿的化学成分　　单位：%

成分	TFe	TiO_2	Al_2O_3	SiO_2	MgO	CaO	V_2O_5	MnO	P	S
含量	54.0	20.8	2.61	3.4	1.81	0.8	0.6	0.6	0.06	0.004

煤粉选用劣质烟煤（挥发份≥30%）部分碳化形成的半焦（兰炭）或选用褐煤，煤在回转窑还原时，煤被转化成焦粒，煤的成分见表 11-2 发热值为 6897kcal[①]/kg。

表 11-2　新西兰法所用煤粉的工业分析与元素分析

工业分析	质量分数/%	元素分析（干，无灰）	质量分数/%
水分	17.2	C	75.1
灰分	4.2	H	5.3
挥发分	36.1	N	1.1
固定碳	42.6	S	0.3
硫	0.23	O	18.2

① 1kcal=4185.85J。

回转窑直接还原铁的化学成分见表 11-3。

表 11-3　回转窑预还原后直接还原铁的化学成分　单位：%

TFe	MFe	TiO_2	Al_2O_3	SiO_2	MgO	CaO	V_2O_5	MnO	P	S	C
62.57	57.9	24.44	3.02	3.94	1.9	0.93	0.69	0.69	0.06	0.003	0.19

注：金属化率=88%。

新西兰法的工艺流程图如图 11-1 所示，海砂矿和褐煤在多膛炉中经干燥、预热后加入回转窑。回转窑长 75m，外径 4m，倾斜度 3.5%，通过密封传送斜槽与窑下的 36m×35m 回转冷却器相接。沿窑安装 12 个空气管，空气管与风机相连，风机配有文氏进气阀以控制燃烧空气的输入量。

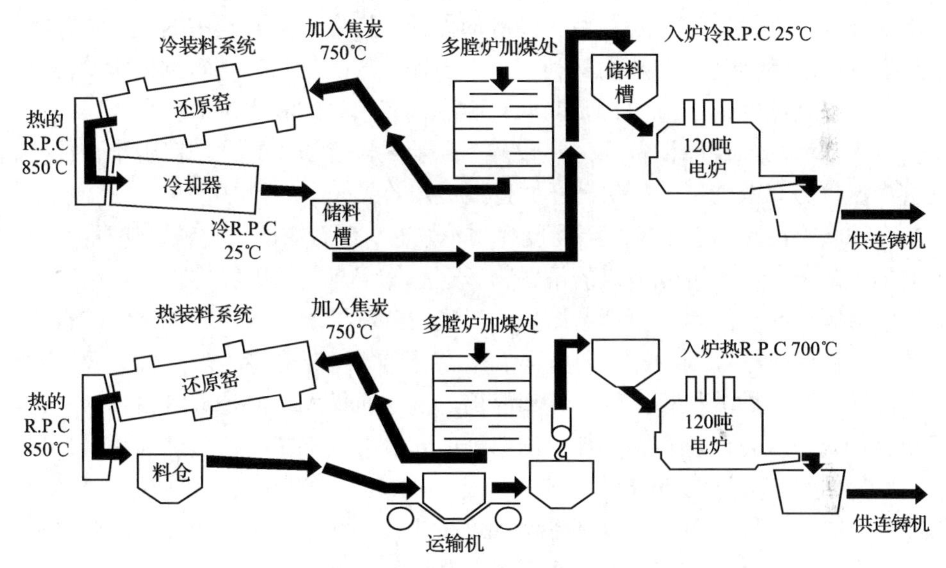

图 11-1　热装与冷装工艺流程图

回转窑与电炉的送料方式可分为冷装工艺和热装工艺。

冷装工艺采用回转冷却器将海绵铁由 850℃冷却至 25℃。从冷却器出来的产品温度为 25℃，分别经 150mm、25mm 粒度进行筛选。筛上物经破碎与筛下物重新混合，并在磁鼓分选机里进行磁选，将磁性物即海绵铁贮存作为电炉原料。非磁性物作为返回碳返回窑中，也可在电炉熔炼时作为配碳加入海绵铁中。

而热装工艺不冷却，直接将海绵铁用运输机送至电炉冶炼。电炉将热装的海绵铁分离为含钒铁水和高含钛的炉渣，冶炼时间为 200min，电耗 650kW·h，含钒铁水送至炼钢车间进行提钒和炼钢。

依据新西兰法冶炼海砂矿，其注意要点为：

(1)对于含钛矿物，回转窑一般保持 85%～90%的金属化率，这是由于若进一步还原海砂矿则需要更高的窑内温度，这会造成结圈严重；

(2)劣质烟煤部分碳化形成的半焦(兰炭)或褐煤是非常合适的还原剂；

(3)由于摩擦、膨胀、粉化、铁晶须等原因易造成黏结而结圈，而海砂矿粒度合适，产生铁晶须较少，相比普通球团矿而言不易结圈。

11.2　攀钢回转窑-电炉法冶炼钛精矿工业试验案例

攀钢 410 厂也成功试验了回转窑电炉冶炼含钛铁精矿的工艺流程，但未进行工业化生产。

攀钢试验的新流程与新西兰流程的不同之处在于，含钛铁精矿须经过磨矿与造球。球团矿在回转窑中还原后，经冷却再经一道磁选除去其中的煤灰渣，电炉冶炼时不添加造渣材料，从而有利于进一步提高产品的品位，攀钢试验所得电炉渣中钛含量在 55%左右，可用于制取钛制品，有较高的利用价值。

以上二者的预还原设备均为回转窑，由于回转窑的还原操作较困难，须控制好窑内温度分布及气氛才能保证还原得到最佳效果。

在回转窑内是固态反应，当温度控制不好时，矿石中的氧化铁、脉石和燃料、还原剂中的灰分将生成低熔点的熔融物，这些低熔点的熔融物常黏结在回转窑的耐火炉衬上或在反应料层里产生结块，造成回转窑结圈。而攀西地区的矿石特性需要解决造球、结圈、冷却及防止再氧化、磁选分离等诸多问题。

此外，与高炉流程相比较，其流程长、占地面积大，但是可以回收钛，且基建投资低。与国外比较多了冷却、磁选分离、增碳等工序。从精矿到铁水，铁、钒、钛的回收率分别为 69.80%、53.96%、73.77%，与高炉流程铁收率 90.78%、钒收率 74.74%相比，还有一定差距。加之生产成本相较高炉流程偏高，因此该法技术可行，但经济效益较低，最终未能实现工业化应用。

第12章 结　语

(1)本书所研究的海砂矿，其主要物相为钛磁铁矿(TTM，$Fe_{3-x}Ti_xO_4$)与钛赤铁矿(TTH，$Fe_{2-y}Ti_yO_3$)。海砂矿以表面光滑、元素分布均匀的均质颗粒(TTM)为主，同时也存在层状物相(TTH)析出在基底(TTM)上的非均质颗粒。对海砂矿进行磁选研究，其最优磁选强度分别为80mT和120mT。经磁选受力分析，当海砂矿颗粒直径在0～30μm时，水阻力为主要作用力，而当直径增加至59μm及以上时，磁场力大于总阻力，截留比大于1，矿粒可以达到磁鼓表面并被回收。

(2)通过配加不同比例、不同粒级的海砂矿，研究了其对烧结工艺参数的影响。从中发现配加海砂矿后，烧结利用率和成品率整体增加，烧损率降低，烧结矿产量指标提升，这主要与海砂矿的致密程度较高，自身烧损率很低有关。返矿率与垂直烧结速度均随粒级下降而向好发展。固体燃耗随海砂矿配加量的增加而下降，在小配加量下(2%和5%)粒径越小，燃耗越低，大配加量(8%)下的粒径变化对燃耗的影响已不明显。配加海砂矿及海砂矿粒级的下降，烧结工艺参数均向好发展，但是仍要考量对烧结矿质量本身带来的影响。

(3)通过改变海砂矿的配比及其粒度，探索对烧结矿物理性能的影响，发现海砂矿配比主要对烧结矿成分、微观形貌的影响较为显著，而海砂矿粒度则对烧结矿转鼓强度、平均粒径及粒度分布产生影响。随着海砂矿配比增加，烧结矿的TFe品位、碱度波动变化不大；FeO、MgO含量增加，但仍处于优质烧结矿标准范围内；Al_2O_3、P、S含量下降，有利于烧结矿质量的提升，TiO_2则呈线性相关的增加趋势。配加原粒级海砂矿的烧结矿与基准样相似，其微观形态以复合铁酸钙为主，并与赤铁矿和硅酸盐胶结良好。但配加中间粒级或细粒级海砂矿至8%时，出现骸晶状菱形赤铁矿相，这将影响烧结矿的冶金性能。此外，配加原粒级海砂矿后，烧结矿不仅保持了较好的粒度分布和平均粒径，转鼓强度也比较稳定。综上，当原粒级海砂矿配加至8%时，烧结矿的物理性能满足要求，但当海砂矿粒级下降时，微观矿相、粒度分布、转鼓等物理性能出现劣化的趋势。

(4)在不同海砂矿粒级和配加量下，对烧结矿的高温冶金性能进行了研究。由于增加的TiO_2在高碱度烧结矿中会与CaO结合形成脆性的钙钛矿，故原粒级海砂矿增加至8%，烧结矿的低温还原粉化现象明显。当海砂矿粒级下降后，骸晶状菱形赤铁矿相增多，多呈粒状分布，这同样导致低温还原粉化率增加。由于Ti的固溶对铁氧化物还原产生的阻碍作用，虽然不同粒级条件下当海砂矿配比增加至8%后，其还原度下降，但仍高于优质标准。随着粒度的下降，还原性出现劣化趋势，原因在于海砂矿粒度变细阻碍了烧结料层的透气性，烧结矿的微孔结构变少。随着烧结矿中海砂矿配比的增加，总特征值 S 呈现增加的趋势，烧结矿在软熔带的透气性逐渐下降。这主要是碳氮化钛质点颗粒增加，增加了气体穿透熔融层的阻力和压差所致。与物理性能类似，当原粒级海砂矿配加至 5%时，烧结矿的高温冶金性能可以满足要求，但是当增加配量或降低粒度后，其高温冶金性能不同程度地低于行业标准。

(5)对海砂矿的磨矿特性及将其应用于造球工艺进行了分析研究，发现海砂矿球磨 35min 后(小于 0.074mm 粒级比例 85.63%，比表面积 2741cm^2/g)，粒级达到造球标准。当海砂矿配比为 10%～100%时，在预热、焙烧温度分别为 950℃和 1250℃，预热、焙烧时间为 15min 的条件下，生球与成品球的强度指标达到工业标准。随着海砂矿配比增加，球团中钛铁固溶体含量增加，其在低温区的还原反应进行缓慢，晶型转变程度较低，因此球团还原粉化性能向好。但其还原性的劣化趋势明显，这主要与钛铁固溶体的还原度差，钛元素阻碍铁氧元素迁移相关。此外，由于海砂矿球团的还原性差，影响了铁晶须的生长与发展，故球团还原膨胀得以改善，当进行全海砂矿造球时，其还原膨胀指数仅为 10.11%。

(6)在海砂矿非等温预氧化过程中，物相转变过程为 TTM→TTH→PSB，其钛元素逐步富集于层状结构中，而铁、铝、氧元素则富集于均质区域。在实现钛与铁、氧元素部分分离的同时，也降低了钛对铁、氧元素在随后还原反应中迁移的阻碍作用。DDTG 揭示的五个预氧化亚反应与 XRD 和热力学分析的结果一致。XRD 晶胞精修结果表明，预氧化过程中海砂矿主要物相的晶胞尺寸以收缩为主。

(7)在海砂矿氢气预还原实验中，体积分数为 40%的氢气浓度和 900℃反应温度为适宜的还原参数。在 900℃、体积分数为 40%的氢气浓度下，2.5min 后 TTH 组分 Fe_2O_3 快速还原至 Fe_3O_4，TTH 消失；Fe_3O_4 在 15min 内还原完毕，包括 TTM 组分 Fe_3O_4 及 TTH 还原产物 Fe_3O_4；初始存在的 $FeTiO_3$ 在 5min 内完全还原为 Fe 和 TiO_2，新生成的 $FeTiO_3$(TTM 组分 Fe_2TiO_4 的还原产物及 TTH 组分 $FeTiO_3$)在 5～10min 产生。$FeTi_2O_5$ 的出现(25min)意味着 $FeTiO_3$ 再次被还原。50min 时，$FeTiO_3$、$FeTi_2O_5$、Fe_2TiO_5 消失。

(8)经预氧化后的海砂矿，相比原矿其还原速率明显提升，这表现在相同条件下的转化率及表观反应速率常数上。模型拟合法所获得海砂原矿的动力学参数为 E=80.94kJ/mol，A=346.29min^{-1}；预氧化海砂矿参数为 E=67.20kJ/mol，A=127.61min^{-1}，这表明预氧化处理降低了海砂矿的还原能量壁垒。预氧化海砂矿在实验条件范围内，均符合化学反应控速机理(一级化学反应)，其表观反应活化能维持在 67kJ/mol；而海砂原矿则被还原产物形核与长大、一级化学反应、气体三维扩散，三种机理先后速控。

(9)相比于原矿，预氧化海砂矿具有更大的比表面积，且在相同孔径条件下

(介孔范围为4～50nm)，孔体积有所提升，这表明预氧化处理扩大了海砂矿内部的孔隙结构，为还原产物的形核长大提供了充分的区域，为气体扩散提供了充分的通道，因而预氧化海砂矿还原过程并未出现形核长大及气体扩散的控速环节，从而提高了还原反应的动力学条件。综上推测，通过使海砂矿中主要物相的晶胞尺寸收缩，预氧化处理使海砂矿内部孔隙扩大并出现微裂纹，从而改善了其还原动力学条件。

(10)无论是海砂原矿还是预氧化海砂矿，还原初期首先出现暗纹状结构。在金属铁出现之前的极短时间内，暗纹状结构由矿物颗粒外部发展至中心区域。对于海砂原矿，还原以有序、由外向内且位于中心的单一未完全反应核的模式进行，而对于预氧化海砂矿，由于微裂纹的影响，还原以无序、更加细小的未完全还原反应核随机分布于海砂矿颗粒中的方式进行。还原末期的结构受颗粒初始成分和物相的影响，出现了富铁、富钛的块状交替结构、钛氧化物网状结构等。

(11)综合考量熔分炉渣的熔化特性、黏度及结构变化，较适宜的海砂矿预还原度为90%。90%预还原度海砂矿在1550℃的条件下，可以实现充分的渣铁分离，并获得约44%TiO_2品位的钛渣。通过铝热还原反应，利用TiO_2-Fe_2O_3-CaO三元渣系制备钛铁合金是可行的，预实验中钛的还原率约为45%，铁的还原率接近100%，所获得的合金相与炉渣分离彻底，聚集较理想，且钛品位达到约55%。以海砂矿熔分钛渣为基础原料，该反应剧烈且迅速，可在反应开始后约10s内放出大量热量，在约7min后完成反应并恢复至环境温度，可得到符合牌号FeTi30-B标准的钛铁合金，其中钛品位为34.6%，铝、硅品位分别为5.9%和2.3%。

参考文献

[1] Mitchel G. An account of a new semi-metallic substance, called menacane, and its ores[J]. The Transactions of the Royal Irish Academy, 1806: 11-30.

[2] Jung S M. Effects of CaO/$CaCO_3$ on the Carbothermic Reduction of Titanomagnetite Ores[J]. Metallurgical and Materials Transactions B: Process Metallurgy and Materials Processing Science, 2015, 46(3): 1162-1174.

[3] 沈维华. 以含铁海砂为原料的含碳球团直接还原研究[D]. 重庆: 重庆大学, 2010.

[4] 张鹏. 印尼钒钛磁铁砂矿气基还原基础工艺研究[D]. 沈阳: 东北大学, 2014.

[5] 李永麒. 印尼海砂球团矿气基还原基础研究[D]. 北京: 北京科技大学, 2015.

[6] Thomson T. XVI. Chemical analysis of a black sand, from the river dee, in Aberdeenshire[J]. The Philosophical Magazine, 1810, 35(142): 98-105.

[7] Thomson T. VII. Chemical Analysis of a Black Sand, from the River Dee in Aberdeenshire; and of a Copper Ore, from Arthrey in Stirlingshire[J]. Earth and Environmental Science Transactions of The Royal Society of Edinburgh, 1812, 6: 253-268.

[8] Weaver T I. On the gold-workings formerly conducted in the county of Wicklow, Ireland[J]. The London, Edinburgh, and Dublin Philosophical Magazine and Journal of Science, 1835, 7(37): 1-6.

[9] Weaver T. IV. On Irish Tin Ore[J]. The London, Edinburgh, and Dublin Philosophical Magazine and Journal of Science, 1841, 19(121): 27-31.

[10] Smith A. XXVIII. On Irish tin ore[J]. The London, Edinburgh, and Dublin Philosophical Magazine and Journal of Science, 1841, 18(115): 134-136.

[11] Forbes D I. Researches on the mineralogy of South America[J]. The London, Edinburgh, and Dublin Philosophical Magazine and Journal of Science, 1865, 29(193): 1-10.

[12] Davidson J 1. Laboratory note—analysis of titaniferous iron sand from North Berwick[J]. Proceedings of the Royal Society of Edinburgh, 1875, 8: 523-525.

[13] Wright C R A, Luff A. LX—Second report to the chemical society on "researches on some points in chemical dynamics" [J]. Journal of the Chemical Society, Transactions, 1878, 33: 504-545.

[14] Monckton H W, Herries R. On some bagshot pebble-beds and pebble gravel[J]. Proceedings of the Geologists' Association, 1889, 11(1): 13-23.

[15] Jukes-Browne A J. The geology of Devizes: With remarks on the grouping of Cretaceous Deposits[J]. Proceedings of the Geologists' Association, 1892, 12(6): 254-256.

[16] Cope T H. Note on the titaniferous-iron sand of Porth Dinlleyn[J]. Proceedings of the Liverpool Geological Society, 1902: 208-219.

[17] Mackenzie G C. The Magnetic Iron Sands of Natashkwan, County of Saguenay, Province of Quebec[M]. Ottawa: Government Printing Bureau, 1912: 145.

[18] Heskett J A. The utilisation of titaniferous iron ore in New Zealand[J]. The Journal of the Iron and Steel Institute, 1920, 101: 201.

[19] Scott A. Hafnium and New Zealand Sand[J]. Nature, 1923, 111(2792): 598.

[20] Scott A. CV—Isolation of the oxide of a new element. A correction[J]. Journal of the Chemical Society, Transactions, 1923, 123: 881-884.

[21] Thorpe T. Hafnium and titanium[J]. Nature, 1923, 111(2782): 252-253.

[22] Bishop L. A note on the composition of a maori compost from Taranaki[J]. The Journal of the Polynesian Society, 1924, 33(4): 317-320.

[23] Inouye K. Iron resources of Japan[J]. Journal of Geography (Chigaku Zasshi), 1924, 36(5): 7-10.

[24] Wylie A W. The Ironsands of New Zealand[M]. New Zealand: Government Printer, 1937.

[25] Gibbs H S. The vanadium content of taranaki ironsand[D]. Wellington: Victoria University of Wellington, 1937.

[26] Kirkaldy J F, Wooldridge S. Notes of the geology of the country around Haslemere and Midhurst[J]. Proceedings of the Geologists' Association, 1938, 49(2): 135-147.

[27] Hull A J. An investigation on the extraction of titanium and vanadium present in taranaki ironsand[D]. Melbourne: Victoria University College, 1939.

[28] Hutton C O. The Titaniferous Ironsands of Patea, With an Account of the Heavy Residues in the Underlying Sedimentary Series[M]. London: Department of Scientific and Industrial Research, 1940.

[29] Hutton C O. The Ironsands of Fitzroy, New Plymouth[M]. New Zealand: Government Printer, 1945.

[30] Hutton C O. Vanadium in the Taranaki titaniferous iron-ores[J]. New Zealand Journal of Science and Technology, 1945, 27: 15, 16.

[31] Sudo T. Geology and mineralogy of the tertiary iron-sand deposits in Japan[J]. The Journal of the Geological Society of Japan, 1942, 49(558): 335-355.

[32] Modriniak N. A preliminary geophysical survey of the Whakatane district[J]. New Zealand Journal of Science and Technology 26B, 1945: 327-331.

[33] Mason B. The utilization of New Zealand ironsands as a source of iron, titanium and vanadium[J]. Journal of Science and Technology, 26: 227-238.

[34] Ongley P A. Possible New Zealand base metal industries[J]. New Zealand Engineering, 1947, 2(12): 1236.

[35] Fleming C A. Magnetic ironsand-ores west of Wanganui[J]. New Zealand Journal of Science and Technology, 1946, 27: 347-365.

[36] Finch J. The Wanganui Wangaehu Ironsands[M]. New Zealand: Journal of Science and Technology, 1947.

[37] Beck A C. Ironsand deposits at Waitara[J]. New Plymouth, 1947.

[38] 岡田丈五郎. 含チタン銑鉱選鉱試験[J]. 東北大学選鉱製錬研究所彙報, 1950, 5(2): 1-6.

[39] Martin W R B. The iron and titanium ores of New Zealand: Occurrence, composition, attempts to use and status today with special reference to ironsands[J]. New Zealand Engineering, 1955, 10(10): 317.

[40] Nicholson D S, Cornes J, Martin W. Ilmenite deposits in New Zealand[J]. New Zealand Journal of Geology and Geophysics, 1958, 1(4): 611-616.

[41] Nicholson D S, Fyfe H. Borehole survey of North Island ironsands from New Plymouth to Kaipara Harbour[J]. New Zealand Journal of Geology and Geophysics, 1958, 1(4): 617-634.

[42] McDougall J C. Ironsand deposits offshore from the west coast, North Island, New Zealand[J]. New Zealand Journal of Geology and Geophysics, 1961, 4(3): 283-300.

[43] Hirst J A, Kennedy E. Singatoka Iron Sands[M]. New Zealand: Government Press, 1962.

[44] Maung M T. Beneficiation of ironsands from Raglan, New Zealand[D]. Dunedin: University of Otago, 1962.

[45] Ross D I. Surface magnetic permeability measurements on some Taranaki ironsand deposits[J]. New Zealand Journal of Geology and Geophysics, 1963, 6(2): 197-208.

[46] Wright J. Iron-titanium oxides in some New Zealand ironsands[J]. New Zealand Journal of Geology and Geophysics, 1964, 7(3): 424-444.

[47] Wright J, Lovering J. Electron-probe micro-analysis of the iron–titanium oxides in some New Zealand ironsands[J]. Mineralogical Magazine and Journal of the Mineralogical Society, 1965, 35(272): 604-621.

[48] Wright J. Heating experiments on New Zealand ironsands and the presence of pseudobrookite[J]. New Zealand Journal of Geology and Geophysics, 1967, 10(3): 659-665.

[49] Wright J. Pseudobrookite in New Zealand Ironsands and Related Notes[J]. New Zealand Journal of Geology and Geophysics, 1968, 11(2): 546.

[50] Gow A J. Petrographic studies of ironsands and associated sediments near Hawera, South Taranaki[J]. New Zealand Journal of Geology and Geophysics, 1967, 10(3): 675-696.

[51] Jessop A F. Steelmaking from New Zealand ironsands.(Retroactive Coverage) [C] // Ironmaking Proceedings. 1971: 439-450.

[52] Pajalich W G. Sand and gravel[J]. Commodity Data Summaries, 1976: 146-147.

[53] Mcadam G D, ÓBrien D, Marshall T. Rapid reduction of New Zealand ironsands[J]. Ironmaking & Steelmaking, 1977, 4(1): 1-9.

[54] Mcadam G D. Instability of titanium-rich ironsands in reducing gases[J]. Ironmaking & Steelmaking, 1974, 1(3): 138-150.

[55] McConnell A M, Ade G, Cooper R, et al. Symposium on Taharoa ironsands project[J]. New Zealand Engineering, 1974, 29(5): 129.

[56] Christie A B. Sedimentology of pleistocene and recent ironsands, west coast of the North Island, New Zealand: A study of grain size distributions of some recent ironsands and the sedimentology[D]. Victoria University of Wellington, 1975.

[57] Foley-Fisher N J. The Waipipi ironsands project—Aspects of mineralogy and beneficiation[J]. Unpublished MSc thesis, lodged in the Library, University of Otago, New Zealand, 1975.

[58] Ingram J M, Cooper R. Steelmaking from ironsands in New Zealand[J]. Metals Australia, 1975, 7(1): 12-13.

[59] Watson J L. Magnetic assessment of Waipipi ironsands[J]. New Zealand Journal of Science, 1979, 22: 87-93.

[60] Watson J L, Falconer A. The application of magnetic assessment to ironsands production[C]//New Zealand Conference. 1980: 205-213.

[61] Graham I J, Watson J L. Compositional, structural, and magnetic variations in Waipipi titanomagnetites[J]. New Zealand Journal of Geology and Geophysics, 1980, 23(4): 447-454.

[62] Low H F. Mineralogical-beneficiation relationships for Waipipi ironsands[D]. Dunedin: University of Otago, 1981.

[63] Carter L. Ironsand in continental shelf sediments off western New Zealand—A synopsis[J]. New Zealand Journal of Geology and Geophysics, 1980, 23(4): 455-468.

[64] Falconer A J. The Application of Magnetic Assessment to Ironsands Production[D]. Dunedin: University of Otago, 1979.

[65] Watson J L, Low H. The role of titanomagnetite composites in gravity separation of New Zealand ironsands[J]. Process Mineralogy II: Applications in Metallurgy, Ceramics and Geology, 1982: 135-149.

[66] Watson J L. Conceptual model of a drum magnetic separator to beneficiate beach sands[C] // Journal of Metals. 1983: 20-40.

[67] Smith P N. Metallurgical-operations Evaluation for Waipipi Ironsands[D]. Dunedin: University of Otago, 1982.

[68] Hukkanen E, Walden H. The production of vanadium and steel from titanomagnetites[J]. International Journal of Mineral Processing, 1985, 15(1-2): 89-102.

[69] Stokes S, Nelson C S, Healy T R, et al. The Taharoa ironsand deposit. Mineral deposits of New Zealand[J]. Australasian Institute of Mining and Metallurgy Monograph, 1989, 13: 105-109.

[70] Lawton D C, Hochstein M P. Geophysical study of the Taharoa ironsand deposit, west coast, North Island, New Zealand[J]. New Zealand Journal of Geology and Geophysics, 1993, 36(2): 141-160.

[71] Bates C P, Lawrence B. An integrated flat products steel works based on the use of New Zealand ironsands[C] // Proceedings of International Symposium on Exploitation and Utilization of Vanadium-Bearing Titanomagnetite. 1989: 73-86.

[72] MacKenzie K J D, Berezowski R, Cardile C. The formation of ferrites from spinel ironsands[C] // Materials Science Forum. 1988: 893-897.

[73] Mangkusubroto K. Indonesia's ocean resource developments[C] // First ISOPE Ocean Mining Symposium. 1995.

[74] Pearce C I, Henderson C M B, Telling N D, et al. Fe site occupancy in magnetite-ulvospinel solid solutions: A new approach using X-ray magnetic circular dichroism[J]. American Mineralogist, 2010, 95(4): 425-439.

[75] Akimoto S I. Thermo-magnetic study of ferromagnetic minerals contained in igneous rocks[J]. Journal of Geomagnetism and Geoelectricity, 1954, 6(1): 1-14.

[76] Néel L. Some theoretical aspects of rock-magnetism[J]. Advances in Physics, 1955, 4(14): 191-243.

[77] Akimoto S I, Katsura T, Yoshida M. Magnetic properties of $TiFe_2O_4$-Fe_3O_4 system and their change with oxidation[J]. Journal of Geomagnetism and Geoelectricity, 1957, 9(4): 165-178.

[78] O'reilly W, Banerjee S. Cation distribution in titanomagnetites $(1-x)Fe_3O_4$-xFe_2TiO_4[J]. Physics Letters, 1965, 17(3): 237-238.

[79] Wechsler B A, Lindsley D H, Prewitt C T. Crystal structure and cation distribution in titanomagnetites ($Fe_{3-x}Ti_xO_4$) [J]. American Mineralogist, 1984, 69(7-8): 754-770.

[80] Kakol Z, Sabol J, Honig J. Cation distribution and magnetic properties of titanomagnetites $Fe_{3-x}Ti_xO_4$ ($0 \leqslant x < 1$) [J]. Physical Review B, 1991, 43(1): 649.

[81] Hamdeh H, Barghout K, Ho J, et al. A Mössbauer evaluation of cation distribution in titanomagnetites[J]. Journal of Magnetism and Magnetic Materials, 1999, 191(1-2): 72-78.

[82] Bosi F, Halenius U, Skogby H. Crystal chemistry of the magnetite-ulvospinel series[J]. American Mineralogist, 2009, 94(1): 181-189.

[83] Kasama T, McEnroe S A, Ozaki N, et al. Effects of nanoscale exsolution in hematite-ilmenite on the acquisition of stable natural remanent magnetization[J]. Earth and Planetary Science Letters, 2004, 224(3-4): 461-475.

[84] Gehring A, Mastrogiacomo G, Fischer H, et al. Magnetic metastability in natural hemo-ilmenite solid solution ($y \approx 0.83$) [J]. Journal of Magnetism and Magnetic Materials, 2008, 320(23): 3307-3312.

[85] Wei X, Lu X G, Zou X L, et al. Phase transitions, micro-morphology and its oxidation mechanism in oxidation of ilmenite ($FeTiO_3$) powder[J]. Transactions of Nonferrous Metals Society of China, 2013, 23(8): 2439-2445.

[86] Zhang L, Zhang L, Wang M, et al. Dynamic oxidation of the Ti-bearing blast furnace slag[J]. ISIJ International, 2006, 46(3): 458-465.

[87] Mcadam G D, Dall R, Marshall T. Direct Reduction of New Zealand Ironsand Concentrates. 1. gaseous reduction[J]. New Zealand Journal of Science, 1969, 12(4): 649.

[88] McAdam G D, Dall R, Marshall T. Direct reduction of New Zealand ironsand concentrates. 2. solid reductants[J]. New Zealand Journal of Science, 1969, 12(4): 669.

[89] Park E, Ostrovski O. Effects of preoxidation of titania-ferrous ore on the ore structure and reduction behavior[J]. ISIJ International, 2004, 44(1): 74-81.

[90] Park E, Ostrovski O. Reduction of titania-ferrous ore by carbon monoxide[J]. ISIJ International, 2003, 43 (9): 1316-1325.

[91] Wang Y M, Yuan Z F. Reductive kinetics of the reaction between a natural ilmenite and carbon[J]. International Journal of Mineral Processing, 2006, 81 (3): 133-140.

[92] Kucukkaragoz C S, Eric R H. Solid state reduction of a natural ilmenite[J]. Minerals Engineering, 2006, 19 (3): 334-337.

[93] Wang Y M, Yuan Z F, Guo Z C, et al. Reduction mechanism of natural ilmenite with graphite[J]. Transactions of Nonferrous Metals Society of China, 2008, 18 (4): 962-968.

[94] Paunova R. Thermodynamic study of the reduction of titanium magnetite concentrate with solid carbon[J]. Metallurgical and Materials Transactions B: Process Metallurgy and Materials Processing Science, 2002, 33 (4): 633-638.

[95] Schwebel G L, Filippou D, Hudon G, et al. Experimental comparison of two different ilmenites in fluidized bed and fixed bed chemical-looping combustion[J]. Applied Energy, 2014, 113: 1902-1908.

[96] Longbottom R J, Ostrovski O, Zhang J Q, et al. Stability of cementite formed from hematite and titanomagnetite ore[J]. Metallurgical and Materials Transactions B: Process Metallurgy and Materials Processing Science, 2007, 38 (2): 175-184.

[97] Park E, Ostrovski O. Reduction of titania-ferrous ore by hydrogen[J]. ISIJ International, 2004, 44 (6): 999-1005.

[98] Shankar A, Gornerup M, Lahiri A K, et al. Experimental investigation of the viscosities in $CaO-SiO_2-MgO-Al_2O_3$ and $CaO-SiO_2-MgO-Al_2O_3-TiO_2$ slags[J]. Metallurgical and Materials Transactions B: Process Metallurgy and Materials Processing Science, 2007, 38 (6): 911-915.

[99] Park H, Park J Y, Kim G H, et al. Effect of TiO_2 on the viscosity and slag structure in blast furnace type slags[J]. Steel Research International, 2012, 83 (2): 150-156.

[100] Saito N, Hori N, Nakashima K, et al. Viscosity of blast furnace type slags[J]. Metallurgical and Materials Transactions B: Process Metallurgy and Materials Processing Science, 2003, 34 (5): 509-516.

[101] Nam S J, Kang Y B, Jung S M, et al. Feasibility of BF hearth protection using spinel formation by slag composition control[J]. ISIJ International, 2013, 53 (10): 1779-1785.

[102] Tang H Q, Ma L, Wang J W, et al. Slag/metal separation process of gas-reduced oolitic high-phosphorus iron ore fines[J]. Journal of Iron and Steel Research International, 2014, 21 (11): 1009-1015.

[103] Park J O, Jeong I H, Jung S M, et al. Metal-slag separation behaviors of pellets consisted of iron, graphite and $CaO-Al_2O_3$ based slag powders[J]. ISIJ International, 2014, 54 (7): 1530-1538.

[104] Ohno T, Sarukawa K, Tokieda K, et al. Morphology of a TiO_2 photocatalyst consisting of anatase and rutile crystalline phases[J]. Journal of Catalysis, 2001, 203 (1): 82-86.

[105] 陆平. 攀钢高炉渣综合利用产业化研究进展及前景分析[J]. 钢铁钒钛, 2013, 34 (3): 33-38.

[106] 彭毅. 攀钢高炉渣提钛技术进展[J]. 钛工业进展, 2005, (3): 44-48.

[107] 王筱留. 钢铁冶金学（炼铁部分）[M]. 北京：冶金工业出版社, 1991.

[108] 高洋, 贵永亮, 宋春燕, 等. 高钛高炉渣综合利用现状及展望[J]. 矿产综合利用, 2019, (1): 6-10.

[109] 熊瑶, 李春, 梁斌, 等. 盐酸浸出自然冷却含钛高炉渣[J]. 中国有色金属学报, 2008, (3): 557-563.

[110] 贾峰, 刘荣, 杨铭. 盐酸直接浸出高钛型高炉渣[J]. 南京师范大学学报（工程技术版）, 2012, 12 (2): 43-49.

[111] 王曾洁, 张利华, 王海北, 等. 盐酸常压直接浸出攀西地区钛铁矿制备人造金红石[J]. 有色金属, 2007, (4): 108-111.

[112] 杨德建, 刘代俊, 徐程浩. 钛白废酸浸取攀钢高炉渣的研究[J]. 四川化工, 2007, (2): 44-46.

[113] 仲斌年, 薛天艳, 胡国平, 等. 磷酸活化焙烧-酸浸法富集低品位还原钛渣[J]. 过程工程学报, 2013, 13(3): 378-384.

[114] 刘娟. 攀枝花钛资源制备沸腾氯化用富钛原料研究进展[J]. 中国有色冶金, 2018, 47(6): 49-53.

[115] 王强, 张庆武. 熔盐法处理富钛渣制备金红石型 TiO_2[J]. 应用化工, 2008, (2): 140-141, 145.

[116] 薛天艳, 齐涛, 王丽娜, 等. 钠碱熔盐法处理高钛渣制备 TiO_2 的基础研究[C]//2008 年全国冶金物理化学学术会议. 贵阳, 2008: 5.

[117] 李兴华, 蒲江涛. 攀枝花高钛型高炉渣综合利用研究最新进展[J]. 钢铁钒钛, 2011, 32(2): 10-14.

[118] 张荣禄. 含钛高炉渣制取四氯化钛的方法: 中国, CN87107488.5[P]. 1987.10.27.

[119] 彭毅. 碳化攀钢高炉渣低温选择氯化的热力学分析[J]. 钛工业进展, 2005, (6): 45-49.

[120] Fujishima A, Honda K. Electrochemical photolysis of water at a semiconductor electrode[J]. Nature, 1972, 238(5358): 37-38.

[121] 杨合, 薛向欣, 左良, 等. 含钛高炉渣催化剂光催化降解亚甲基蓝[J]. 过程工程学报, 2004, (3): 265-268.

[122] 赵娜, 杨合, 薛向欣, 等. 高钛渣作为光催化材料降解邻硝基酚的实验研究[J]. 硅酸盐学报, 2005, (2): 202-205.

[123] 仇圣桃, 张明博, 李建新, 等. 含钛高炉渣资源化综合利用研究现状与展望[J]. 钢铁, 2016, 51(7): 1-8.

[124] 易小祥, 李亚伟, 杨大兵. 攀钢含钛高炉渣碳氮化后磁选提钛研究[J]. 矿冶, 2008, (3): 46-49.

[125] 隋智通, 郭振中, 张力, 等. 含钛高炉渣中钛组分的绿色分离技术[J]. 材料与冶金学报, 2006, (2): 93-97.

[126] 许仁泽, 张建良, 常治宇, 等. 高钛型高炉渣中钛组分选择性富集与析出研究进展[J]. 钢铁钒钛, 2017, 38(6): 6-12.

[127] 高启瑞, 宋波, 杨占兵, 等. 含钛高炉渣碳化及超重力分离碳化钛的研究[J]. 有色金属科学与工程, 2017, 8(2): 1-7.

[128] 余代权. 钛生产中含钛废渣的电炉熔炼回收利用研究与实践[J]. 轻金属, 2001, (8): 45-47.

[129] 杨仁牧. 浅谈钛渣电炉熔炼的设计优化[J]. 有色金属设计, 2009, 36(4): 58-61.

[130] 李唐礼, 李维成, 杨逸仙, 等. 还原-锈蚀法生产人造金红石十年实践[J]. 稀有金属与硬质合金, 1992, (4): 46-51.

[131] 胡克俊, 锡淦, 姚娟, 等. 还原-锈蚀法生产人造金红石技术现状及攀钢采用该工艺可行性分析[J]. 钛工业进展, 2006, (4): 17-22.

[132] 王祥丁, 郑汝宁, 王青. 预处理——电炉联合冶炼高钛渣新工艺[J]. 有色金属设计, 2018, 45(2): 82-85.

[133] Panigrahi M, Shibata E, Iizuka A, et al. Production of Fe-Ti alloy from mixed ilmenite and titanium dioxide by direct electrochemical reduction in molten calcium chloride[J]. Electrochimica Acta, 93: 143-151.

[134] Konovalov K N, Krasnoryadtsev N N, Pashchenko V E, et al. Melting stainless steel with different brands of ferrotitanium[J]. Metallurgist, 1977, 21(8): 515-518.

[135] Shutkin N I, Goncharenko M S. The smelting of titanium-containing stainless steel without using ferrotitanium[J]. Metallurgist, 1959, 3(10): 424-425.

[136] 黄润, 吕晓东, 武庆慧, 等. 攀枝花钛精矿真空碳热固相还原[J]. 重庆大学学报, 2019, 42(4): 56-62.

[137] 刘畅, 黄润, 袁溢, 等. 攀枝花钛精矿真空碳热还原热力学模拟研究[J]. 钢铁钒钛, 2015, 36(4): 13-18.

[138] 王凯飞, 张国华, 王璐, 等. 添加 Fe_2O_3 对碳热还原含钛高炉渣的影响[J]. 过程工程学报, 2018, 18(6): 1276-1282.

[139] Gou H P, Zhang G H, Hu X J, et al. Kinetic study on carbothermic reduction of ilmenite with activated carbon[J]. Transactions of Nonferrous Metals Society of China, 2017, 27(8): 1856-1861.

[140] Schwandt C, Doughty G R, Fray D J. The FFC-cambridge process for titanium metal winning[J]. Key Engineering Materials, 2010, 436: 13-25.

[141] Hussain P, Bhagat R, Dashwood R. Precursor preparation for Ti-Al-V-Y alloy via FFC cambridge process[J]. Applied Mechanics & Materials, 2013, 330: 62-67.

[142] Mohanty, Jayashree. Electrolytic reduction of titania slag in molten calcium chloride bath[J]. JOM, 2012, 64(5): 582-584.

[143] Qi C, Hua Y, Chen K, et al. Preparation of ferrotitanium alloy from ilmenite by electrochemical reduction in chloride molten salts[J]. JOM, 2016,68(2): 668-674.

[144] Ma M, Wang D H, Hu X H, et al. A direct electrochemical route from ilmenite to hydrogen-storage ferrotitanium alloys[J]. Chemistry-A European Journal, 2010, 12(19): 5075-5081.

[145] Ersin K. Hysteretic features of Ising-type segmented nanostructure with alternating magnetic wires[J]. Journal of Alloys and Compounds, 2016, 676: 337-346.

[146] Li X, Hua Y, Xu C, et al. Effect of CaO addition on preparation of ferrotitanium from ilmenite by electrochemical reduction in $CaCl_2$-NaCl molten salt[J]. Nonferrous Metals, 2016, 676: 383-389.

[147] Suput M, Delucas R, Pati S, et al. Solid oxide membrane technology for environmentally sound production of titanium[J]. Mineral Processing & Extractive Metallurgy Transactions, 2008, 117(2): 118-122.

[148] Ye X S, Lu X G, Li C H, et al. Preparation of Ti–Fe based hydrogen storage alloy by SOM method[J]. International Journal of Hydrogen Energy, 2010, 36(7): 4573-4579.

[149] Zou X L, Lu X G, Zhou Z F, et al. Environmentally friendly electrochemical method for the direct extraction of titanium from high-titanium slag[J]. Advanced Materials Research, 361: 655-659.

[150] Wang Z, Zhang J, Liu Z, et al. Production of ferrotitanium alloy from titania slag based on aluminothermic reduction[J]. Journal of Alloys and Compounds, 2019, 810: 151969.

[151] Gao Z X, Cheng G J, Yang H, et al. Preparation of ferrotitanium using ilmenite with different reduction degrees[J]. Metals, 2019, 9(9): 962.

[152] Pourabdoli M, Raygan S, Abdizadeh H, et al. A new process for the production of ferrotitanium from titania slag[J]. Canadian Metallurgical Quarterly, 2013, 46(1): 17-23.

[153] 甄玉兰，张国华，周国治. 铝热法还原含钛高炉渣的试验研究[J]. 钢铁钒钛, 2014, 35(5): 40-44.

[154] 豆志河，张廷安，张含博，等. 采用铝热自蔓延法制备低氧高钛铁合金[J]. 中南大学学报(自然科学版)，2012, 43(6): 2108-2113.

[155] 牛丽萍，张廷安，张含博，等. 铝热还原制备高钛铁的热力学和动力学[J]. 中国有色金属学报, 2010, 20(S1): 425-428.

[156] Dou Z h, Wang C, Fan S G, et al. Al control in high titanium ferro with low oxygen prepared by thermite reaction[C]//6th International Symposium on High-Temperature Metallurgical Processing, Switzerland: Springer International Publishing, 2016: 11-17.

[157] Cheng C, Dou Z H, Zhang T A, et al. Sulfur distribution in preparation of high titanium ferroalloy by thermite method with different CaO additions[C]. Rare Metals, 2019, 38(8): 793-799.

[158] Huang R, Bai C, Lv X, et al. Preparation of titanium alloy from titania-bearing blast furnace slag[C]//3rd International Symposium on High-Temperature Metallurgical Processing. Hoboken, NJ, USA: John Wiley & Sons, Inc., 2012: 75-83.

[159] 周廉，赵永庆，王向东. 中国钛合金材料及应用发展战略研究[M].北京：化学工业出版社, 2012.

[160] 孙路恩. 铝还原含钛高炉渣制备 Ti-Si-(Al)合金的基础研究[D]. 昆明：昆明理工大学, 2017.

[161] 孙仁斌, 王秋舒, 元春华, 等. 全球钛资源形势分析[J]. 中国矿业, 2019, 28(6): 1-6, 12.

[162] 吴贤, 张健. 中国的钛资源分布及特点[J]. 钛工业进展, 2006, (6): 8-12.

[163] 王立平, 王镐, 高颀, 等. 我国钛资源分布和生产现状[J]. 稀有金属, 2004, (1): 265-267.

[164] 张福良, 刘诗文, 胡永达, 等. 我国钛产业现状及未来发展建议[J]. 现代矿业, 2015, 31(4): 1-4.

[165] 赵一鸣. 金红石矿床的类型、分布及其主要地质特征[J]. 矿床地质, 2008, (4): 520-530.

[166] 刘玉芹, 丁浩, 谢迪. 中国钛资源与海绵钛加工环境效应[J]. 地学前缘, 2014, 21(5): 281-293.

[167] 孙元智, 张清. 我国氯化法钛白生产技术的进展和今后的工作[J]. 钛工业进展, 2001, (3): 6-10.

[168] Bowles J A, Jackson M J, Berquo T S, et al. Inferred time- and temperature-dependent cation ordering in natural titanomagnetites[J]. Nature Communications, 2013, 4(1): 1916.

[169] Hu T, Lv X W, Bai C G, et al. Reduction behavior of panzhihua titanomagnetite concentrates with coal[J]. Metallurgical and Materials Transactions B: Process Metallurgy and Materials Processing Science, 2013, 44(2): 252-260.

[170] Zboril R, Mashlan M, Petridis D. Iron(III) oxides from thermal processes-synthesis, structural and magnetic properties, Mossbauer spectroscopy characterization, and applications[J]. Chemistry of Materials, 2002, 14(3): 969-982.

[171] Ayyub P, Multani M, Barma M, et al. Size-induced structural phase transitions and hyperfine properties of microcrystalline Fe_2O_3[J]. Journal of Physics C: Solid State Physics, 1988, 21(11): 2229.

[172] Katsura T. Generalized titanomagnetite in Hawaiian volcanic rocks[J]. Pacific Science, 1964,XVIII: 223-228.

[173] Pascal C, Pascal J, Favier F, et al. Electrochemical synthesis for the control of γ-Fe_2O_3 nanoparticle size. morphology, microstructure, and magnetic behavior[J]. Chemistry of Materials, 1999, 11(1): 141-147.

[174] Cannas C, Gatteschi D, Musinu A, et al. Structural and magnetic properties of Fe_2O_3 nanoparticles dispersed over a silica matrix[J]. The Journal of Physical Chemistry B, 1998, 102(40): 7721-7726.

[175] Dormann J, Viart N, Rehspringer J, et al. Magnetic properties of Fe_2O_3 particles prepared by sol-gel method[J]. Hyperfine Interactions, 1998, 112(1): 89-92.

[176] Reilly W O′. Rock and Mineral Magnetism[M]. Boston: Springer, 1984.

[177] Gillot B. Infrared spectrometric investigation of submicron metastable cation-deficient spinels in relation to order-disorder phenomena and phase transition[J]. Vibrational Spectroscopy, 1994, 6(2): 127-148.

[178] Goodenough J, Loeb A. Theory of ionic ordering, crystal distortion, and magnetic exchange due to covalent forces in spinels[J]. Physical Review, 1955, 98(2): 391.

[179] Li N, Hu P, Zhang X H, et al. Effects of oxygen partial pressure and atomic oxygen on the microstructure of oxide scale of ZrB_2-SiC composites at 1500 degrees[J]. Corrosion Science, 2013, 73: 44-53.

[180] Kazanskii V. Chemical potential of mass transfer in colloidal bodies[J]. Journal of Engineering Physics, 1966, 10(3): 233-234.

[181] Kim M S, Lee H G, Kang Y B. Determination of gibbs free energy of formation of MnV_2O_4 solid solution at 1823K(1550℃)[J]. Metallurgical and Materials Transactions B: Process Metallurgy and Materials Processing Science, 2014, 45(1): 131-141.

[182] Hekmat-Ardakan A, Ajersch F. Thermodynamic evaluation of hypereutectic Al-Si (A390) alloy with addition of Mg[J]. Acta Materialia, 2010, 58(9): 3422-3428.

[183] Gillot B, Jemmali F, Rousset A. Kinetics and mechanism of ferrous spinel oxidation studied by electrical conductivity and thermogravimetry[J]. Journal of Materials Science, 1986, 21(12): 4436-4442.

[184] Sanders J P, Gallagher P K. Thermomagnetometric evidence of γ-Fe_2O_3 as an intermediate in the oxidation of magnetite[J]. Thermochimica Acta, 2003, 406 (1-2) : 241-243.

[185] Sanders J, Gallagher P. Kinetics of the oxidation of magnetite using simultaneous TG/DSC[J]. Journal of Thermal Analysis and Calorimetry, 2003, 72 (3) : 777-789.

[186] Li K Y, Huang X Y, Fleischmann C, et al. Pyrolysis of medium-density fiberboard: Optimized search for kinetics scheme and parameters via a genetic algorithm driven by Kissinger's method[J]. Energy & Fuel, 2014, 28 (9): 6130-6139.

[187] 王振阳, 张建良, 刘征建, 等. 海砂矿球磨微观解离与细粒级磁选受力分析[J]. 东北大学学报(自然科学版), 2016, 37 (5) : 711-715.

[188] Wang Z, Pinson D, Chew S, et al. Behavior of New Zealand ironsand during iron ore sintering[J]. Metallurgical and Materials Transactions B: Process Metallurgy and Materials Processing Science, 2016, 47 (1) : 330-343.

[189] Yu Z W, Li G H, Liu C, et al. Comparison of reduction disintegration characteristics of TiO_2-rich burdens prepared with sintering process and composite agglomeration process[J]. International Journal of Minerals, Metallurgy and Materials, 2016, 23 (4) : 389-398.

[190] Wang Z Y, Zhang J L, Xing X D, et al. Phase transitions and atomic-scale migration during the preoxidation of a titania/ferrous oxide solution[J]. JOM, 2016, 68 (2) : 656-667.

[191] Yu Z W, Li G H, Jiang T, et al. Effect of basicity on titanomagnetite concentrate sintering[J]. ISIJ International, 2015, 55 (4) : 907-909.

[192] Geng C, Sun T C, Yang H F, et al. Effect of Na_2SO_4 on the embedding direct reduction of beach titanomagnetite and the separation of titanium and iron by magnetic separation[J]. ISIJ International, 2015, 55 (12) : 2543-2549.

[193] Bernasowski M. Theoretical study of the hydrogen influence on iron oxides reduction at the blast furnace process[J]. Steel Research International, 2014, 85 (4) : 670-678.

[194] Dang J, Hu X, Zhang G, et al. Kinetics of reduction of titano-magnetite powder by H_2[J]. High Temperature Materials and Processes, 2013, 32 (3) : 229-236.

[195] Bold T, Kuziak R. Phase transformations during oxidizing roasting of titanomagnetite pellets in vanadium recovery process[J]. Ironmaking & Steelmaking, 1990, 17 (3) : 167-178.

[196] Chen L, Li J W, Rye R O, et al. Mineralogical, chemical, and crystallographic properties of supergene jarosite-group minerals from the Xitieshan Pb-Zn sulfide deposit, northern Tibetan Plateau, China[J]. Miner Petrol, 2013, 107 (4) : 487-499.

[197] Singh Y, Viswanathan R, Parihar P S, et al. X-ray crystallography of uraninites associated with the albitite belt of western India: Evidence for the high-temperature origin of uranium and associated mineralisation[J]. Journal of the Geological Society of India, 2013, 81 (1) : 79-90.

[198] Gu X P, Xie X D, Wu X B, et al. Ferrisepiolite: A new mineral from Saishitang copper skarn deposit in Xinghai County, Qinghai Province, China[J]. European Journal of Mineralogy, 2013, 25 (2) : 177-186.

[199] Wall A J, Mathur R, Post J E, et al. Cu isotope fractionation during bornite dissolution: An in situ X-ray diffraction analysis[J]. Ore Geology Reviews, 2011, 42 (1) : 62-70.

[200] Gonzalez L M, Forssberg K S E. Utilization of a vanadium-containing titanomagnetite: Possibilities of a beneficiation-based approach[J]. Transactions of the Institution of Mining and Metallurgy, 110: C63-C72.

[201] Ren S, Zhang J L, Wu L S, et al. Effect of TiO_2 on equilibrium phase sinter at oxygen partial pressure of 5×10^{-3}atm[J]. Ironmaking & Steelmaking, 2014, 41 (2) : 132-137.

[202] Sun Y, Zheng H Y, Dong Y, et al. Melting and separation behavior of slag and metal phases in metallized pellets obtained from the direct-reduction process of vanadium-bearing titanomagnetite[J]. International Journal of Mineral Processing, 2015, 142: 119-124.

[203] Zhou L H, Zeng F H. Reduction mechanisms of vanadium-titanomagnetite-non-coking coal mixed pellet[J]. Ironmaking & Steelmaking, 2011, 38(1): 59-64.

[204] Bonalde A, Henriquez A, Manrique M. Kinetic analysis of the iron oxide reduction using hydrogen-carbon monoxide mixtures as reducing agent[J]. ISIJ International, 2005, 45(9): 1255-1260.

[205] Parisi D R, Laborde M A. Modeling of counter current moving bed gas-solid reactor used in direct reduction of iron ore[J]. Chemical Engineering Journal, 2004, 104(1-3): 35-43.

[206] Kim W H, Lee S, Kim S M, et al. The retardation kinetics of magnetite reduction using H_2 and H_2-H_2O mixtures[J]. International Journal of Hydrogen Energy, 2013, 38(10): 4194-4200.

[207] Kuila S K, Chatterjee R, Ghosh D. Kinetics of hydrogen reduction of magnetite ore fines[J]. International Journal of Hydrogen Energy, 2016, 41(22): 9256-9266.

[208] Rajput P, Bhoi B, Sahoo S, et al. Preliminary investigation into direct reduction of iron in low temperature hydrogen plasma[J]. Ironmaking & Steelmaking, 2013, 40(1): 61-68.

[209] Vyazovkin S, Burnham A K, Criado J M, et al. ICTAC Kinetics Committee recommendations for performing kinetic computations on thermal analysis data[J]. Thermochimica Acta, 2011, 520(1-2): 1-19.

[210] Piotrowski K, Mondal K, Wiltowski T, et al. Topochemical approach of kinetics of the reduction of hematite to wustite[J]. Chemical Engineering Journal, 2007, 131(1-3): 73-82.

[211] Vyazovkin S, Wight C A. Model-free and model-fitting approaches to kinetic analysis of isothermal and nonisothermal data[J]. Thermochimica Acta, 1999, 340: 53-68.

[212] Galwey A K, Brown M E. Application of the Arrhenius equation to solid state kinetics: Can this be justified?[J]. Thermochimica Acta, 2002, 386(1): 91-98.

[213] Brown M E, Maciejewski M, Vyazovkin S, et al. Computational aspects of kinetic analysis Part A: The ICTAC kinetics project-data, methods and results[J]. Thermochimica Acta, 2000, 355(1-2): 125-143.

[214] Cruz-Sanchez E, Alvarez-Castro J F, Ramirez-Picado J A, et al. Study of titanomagnetite sands from Costa Rica[J]. Journal of Alloys and Compounds, 2004, 369(1-2): 265-268.

[215] Longbottom R J, Ostrovski O, Park E. Formation of cementite from titanomagnetite ore[J]. ISIJ International, 2006, 46(5): 641-646.

[216] Sun H Y, Dong X J, She X F, et al. Solid State Reduction of Titanomagnetite Concentrate by Graphite[J]. ISIJ International, 2013, 53(4): 564-569.

[217] Wang Z Y, Zhang J L, Ma J F, et al. Gaseous reduction of titania-ferrous solution ore by H-2-Ar Mixture[J]. ISIJ International, 2017, 57(3): 443-452.

[218] Leofanti G, Padovan M, Tozzola G, et al. Surface area and pore texture of catalysts[J]. Catalysis Today, 1998, 41(1-3): 207-219.

[219] Groen J C, Peffer L A A, Perez-Ramirez J. Pore size determination in modified micro- and mesoporous materials. Pitfalls and limitations in gas adsorption data analysis[J]. Microporous and Mesoporous Materials, 2003, 60(1-3): 1-17.

[220] Kruk M, Jaroniec M. Gas adsorption characterization of ordered organic-inorganic nanocomposite materials[J]. Chemistry of Materials, 2001, 13(10): 3169-3183.

[221] Migas P. High-temperatures rheometric analysis of selected heterogeneous slag systems[J]. Archives of Metallurgy and Materials, 2015, 60 (2): 697-704.

[222] Liao J L, Li J, Wang X D, et al. Influence of TiO_2 and basicity on viscosity of Ti bearing slag[J]. Ironmaking & Steelmaking, 2012, 39 (2): 133-139.

[223] Dong X J, Sun H Y, She X F, et al. Viscosity and viscosity estimation model of fully liquid slags in TiO_2-Al_2O_3-CaO-SiO_2 and TiO_2-Al_2O_3-CaO-SiO_2-MgO systems with high TiO_2 concentration and low mass ratio of CaO to SiO_2[J]. Ironmaking & Steelmaking, 2014, 41 (2): 99-106.

[224] He S P, Huang Q Y, Zhang G X, et al. Solidification properties of CaO-SiO_2-TiO_2 based mold fluxes[J]. Journal of Iron and Steel Research International, 2011, 18 (7): 15.

[225] Li Y, Li Y Q, Fruehan R J. Formation of titanium carbonitride from hot metal[J]. ISIJ International, 2001, 41 (12): 1417-1422.

[226] Pan C, Lv X, Bai C, et al. Melting features and viscosity of SiO_2-CaO-MgO-Al_2O_3-FeO nickel slag in laterite metallurgy[J]. Journal of Mining and Metallurgy, Section B: Metallurgy, 2013, 49 (1): 9-12.

[227] Sohn I, Min D J. A review of the relationship between viscosity and the structure of calcium-silicate-based slags in ironmaking[J]. Steel Research International, 2012, 83 (7): 611-630.

[228] Li J L, Shu Q F, Chou K C. Structural study of glassy CaO-SiO_2-CaF_2-TiO_2 slags by Raman spectroscopy and MAS-NMR[J]. ISIJ International, 2014, 54 (4): 721-727.

[229] Taylor M, Brown Jr G E, Fenn P M. Structure of mineral glasses—III. $NaAlSi_3O_8$ supercooled liquid at 805℃ and the effects of thermal history[J]. Geochimica et Cosmochimica Acta, 1980, 44 (1): 109-117.

[230] Riebling E. Structural similarities between a glass and its melt[J]. Journal of the American Ceramic Society, 1968, 51 (3): 143-149.

[231] Huang W J, Zhao Y H, Yu S, et al. Viscosity property and structure analysis of FeO-SiO_2-V_2O_3-TiO_2-Cr_2O_3 slags[J]. ISIJ International, 2016, 56 (4): 594-601.

[232] Zheng K, Zhang Z T, Liu L L, et al. Investigation of the viscosity and structural properties of CaO-SiO_2-TiO_2 slags[J]. Metallurgical and Materials Transactions B: Process Metallurgy and Materials Processing Science, 2014, 45 (4): 1389-1397.

[233] Mysen B O, Virgo D, Scarfe C M. Relations between the anionic structure and viscosity of silicate melts—A Raman spectroscopic study[J]. American Mineralogist, 1980, 65 (7-8): 690-710.

[234] Yasui I, Hasegawa H, Imaoka M. X-ray diffraction study of the structure of silicate glasses. Pt. 1: Alkali metasilicate glasses[J]. Physics and Chemistry of Glasses, 1983, 24: 65-71.

[235] Zheng K, Liao J L, Wang X D, et al. Raman spectroscopic study of the structural properties of CaO-MgO-SiO_2-TiO_2 slags[J]. Journal of Non-Crystalline Solids, 2013, 376: 209-215.

[236] McMillan P. A Raman spectroscopic study of glasses in the system CaO-MgO-SiO_2[J]. American Mineralogist, 1984, 69 (7-8): 645-659.

[237] McMillan P. Structural studies of silicate glasses and melts—Applications and limitations of Raman spectroscopy[J]. American Mineralogist, 1984, 69 (7-8): 622-644.

[238] Mysen B O, Virgo D, Seifert F A. The structure of silicate melts: Implications for chemical and physical properties of natural magma[J]. Reviews of Geophysics, 1982, 20 (3): 353-383.

[239] Mysen B O, Finger L W, Virgo D, et al. Curve-fitting of Raman spectra of silicate glasses[J]. American Mineralogist, 1982, 67 (7-8): 686-695.

[240] Mohassab Y, Sohn H Y. Analysis of slag chemistry by FTIR-RAS and Raman spectroscopy: Effect of water vapor content in H_2-H_2O-CO-CO_2 mixtures relevant to a novel green ironmaking technology[J]. Steel Research International, 2015, 86(7): 740-752.

[241] Ueda S, Koyo H, Ikeda T, et al. Infrared emission spectra of CaF_2-CaO-SiO_2 melt[J]. ISIJ International, 2000, 40(8): 739-743.

[242] Panigrahi M, Iizuka A, Shibata E, et al. Electrolytic reduction of mixed(Fe, Ti) oxide using molten calcium chloride electrolyte[J]. Journal of Alloys and Compounds, 2013, 550: 545-552.

[243] Corathers L A, Gambogi J, Kuck P H, et al. Minerals Yearbook 2008: Ferroalloys[M]. Washington DC: U.S. Department Interior, 2010.

[244] Sokolov V M, Babyuk V D, Zhydkov Y A, et al. Aluminothermic studies of a liquid partial reduced ilmenite[J]. Minerals Engineering, 2008, 21(2): 143-149.

[245] Mohanty J. Electrolytic Reduction of titania slag in molten calcium chloride bath[J]. JOM, 2012, 64(5): 582-584.

[246] Ma M, Wang D H, Hu X H, et al. A direct electrochemical route from ilmenite to hydrogen-storage ferrotitanium alloys[J]. Chemistry-A European Journal, 2006, 12(19): 5075-5081.

[247] Chen G Z, Fray D J, Farthing T W. Direct electrochemical reduction of titanium dioxide to titanium in molten calcium chloride[J]. Nature, 2000, 407(6802): 361-364.

[248] Panigrahi M, Shibata E, Iizuka A, et al. Production of Fe-Ti alloy from mixed ilmenite and titanium dioxide by direct electrochemical reduction in molten calcium chloride[J]. Electrochimica Acta, 2013, 93: 143-151.

[249] Zhou Z R, Hua Y X, Xu C Y, et al. Preparation of ferrotitanium from ilmenite by electrolysis-assisted calciothermic reduction in $CaCl_2$-NaCl molten salt[J]. JOM, 2016, 68(2): 532-539.

[250] Xiong L, Hua Y, Xu C, et al. Effect of CaO addition on preparation of ferrotitanium from ilmenite by electrochemical reduction in $CaCl_2$ NaCl molten salt[J]. Journal of Alloys and Compounds, 2016, 676: 383-389.

[251] Pourabdoli M, Raygan S, Abdizadeh H, et al. A new process for the production of ferrotitanium from titania slag[J]. Canadian Metallurgical Quarterly, 2013, 46(1): 17-23.

[252] Babyuk V, Friedrich B, Sokolov V. Investigations of liquid phase aluminothermic reduction of ilmenite[J]. World of Metallurgy, 2007, 60: 288-294.

[253] Sibum H. Titanium and titanium alloys—from raw material to semi-finished products[J]. Advanced Engineering Materials, 2003, 5(6): 393-398.

[254] Wang Z Y, Zhang J L, Jiao K X, et al. Effects of pre-reduction degree of ironsand on slag properties in melting separation process[J]. Steel Research International, 2018, 89(3): 1700363.

[255] Wang Z Y, Zhang J L, Jiao K X, et al. Effect of pre-oxidation on the kinetics of reduction of ironsand[J]. Journal of Alloys and Compounds, 2017, 729: 874-883.

[256] Bale C W, Belisle E, Chartrand P, et al. FactSage thermochemical software and databases, 2010-2016[J]. Calphad-Computer Coupling of Phase Diagrams and Thermochemistry, 2016, 54: 35-53.

[257] Friedrich B, Hammerschmidt J, Stoephasius J C. Aluminothermic Reduction of Titanium Oxide[J]. Erzmetall, 2003, 56(2): 82-93.

[258] White W B, Johnson S M, Dantzig G B. Chemical equilibrium in complex mixtures[J]. The Journal of Chemical Physics, 1958, 28(5): 751-755.

编 后 记

《博士后文库》是汇集自然科学领域博士后研究人员优秀学术成果的系列丛书。《博士后文库》致力于打造专属于博士后学术创新的旗舰品牌，营造博士后百花齐放的学术氛围，提升博士后优秀成果的学术和社会影响力。

《博士后文库》出版资助工作开展以来，得到了全国博士后管委会办公室、中国博士后科学基金会、中国科学院、科学出版社等有关单位领导的大力支持，众多热心博士后事业的专家学者给予积极的建议，工作人员做了大量艰苦细致的工作。在此，我们一并表示感谢！

《博士后文库》编委会